黄河水利委员会治黄著作出版资金资助出版图书

# 宋代黄河史研究

吉冈义信　著

薛　　华　译

黄河水利出版社

·郑州·

## 内 容 提 要

日本人吉冈义信撰写的《宋代黄河史研究》,是一部宋代黄河河工史研究专著。这在已见的中国水利史研究著作方面尚不多见。全书共计四章十节,卷首有绪论。书中内容除部分稍有溯源和向下延伸外,以北宋治河为主,大体包括了宋代黄河治理的全部内容。其中就埽工的创建与应用、四季水情的鉴别、堤防修筑和堵口工程、民夫调用制度、引黄放淤、治黄机构和主要的治黄方策等均有较详细的论述。书中对欧阳修极为重视,列有专章,对其治黄方策亦有较高的评价。此外,书中对当时的地方水利及其他江河的水利还略有涉及。

本书适合黄河治理工作者及黄河治理历史研究者阅读参考。

**图书在版编目(CIP)数据**

宋代黄河史研究/(日)吉冈义信著;薛华译. —郑
州:黄河水利出版社,2013. 12
ISBN 978 - 7 - 5509 - 0370 - 8

Ⅰ.①宋… Ⅱ.①吉… ②薛… Ⅲ.①黄河 - 水利
史 - 研究 - 宋代 Ⅳ.①TV882.1 - 092

中国版本图书馆 CIP 数据核字(2012)第 251206 号

出 版 社:黄河水利出版社
　　　　地址:河南省郑州市顺河路黄委会综合楼 14 层　邮政编码:450003
发行单位:黄河水利出版社
　　　　发行部电话:0371 - 66026940、66020550、66028024、66022620(传真)
　　　　E-mail:hhslcbs@126.com
承印单位:河南省瑞光印务股份有限公司
开本:787 mm×1 092 mm　1/16
印张:15.25
字数:352 千字　　　　　　　　　　印数:1—1 500
版次:2013 年 12 月第 1 版　　　　　印次:2013 年 12 月第 1 次印刷
著作权合同登记号:图字 16 - 2012 - 124　　　　定价:48.00 元

# 目　录

# 绪　论

　　记录 1973—1974 年间黄河流域现状的摄影集《黄河流域行》[1]中有这样的记述:根据历史记载,从公元前 602 年到 1949 年新中国成立前为止的 2 000 多年间,黄河下游发生重大改道 26 次,堤防决口引发泛滥 1 500 余次,水害波及的受害面积北抵天津,南达江苏、安徽两省的 25 万平方公里。同时也提到:新中国成立后,党中央和毛主席非常关心黄河的治理工作,毛主席曾多次亲自视察黄河。1952 年视察黄河时,毛主席发出指示"一定要把黄河的事情办好",此后的 20 余年间,在国家的统一规划下,进行了大规模的治理工程,黄河的面貌发生了巨大的变化。卷首刊登了毛主席 1952 年视察黄河的照片,晴空下黄河缓缓东流,铁桥横跨河上,伸向远方,毛泽东坐在黄土山上沉思。

　　那么,怎么理解革命和黄河的关系呢?《人民中国》[2]杂志的一本名为《黄河的治理及其利用》特辑的卷首语中曾指出:"九曲东流的黄河曾经让我们深受其害,'如果能让黄河变害为利,除非天翻地覆',现在这种天翻地覆的时代终于到来了。人民当家作主的新中国逐渐征服了曾被我们视为心腹之患的黄河。"钢琴协奏曲《黄河》[3]奏响了"革命的大河"——黄河的最强音。辽阔的黄河流域,到处都掀起了新中国建设的高潮,一个崭新的黄河文明正在这里诞生。

　　距今约 1 000 年前,宋王朝结束了唐末五代的战乱,建立了统一的北宋王朝(公元 960—1127 年),要研究宋代的黄河治水历史,就无法回避卡尔·魏特夫(1896—1988 年)先生。他从第二次世界大战前到第二次世界大战后,以论证"水"为基础,来解读世界历史,取得了划时代的成绩。与第二次世界大战前相比,第二次世界大战后他的视野更加开阔,先撰写出版了《东方专制主义》[4],随后在此研究成果的基础上,又写出了总结性的两篇论文《治水文明论》(以下简称 A[5])和《中国社会论》(以下简称 B[6])。我的这本专著《宋代黄河史研究》,是北宋时期 167 年间关于黄河治水的研究,里面有部分内容和魏氏的理论相通,可以探讨以下两三点。

　　我在第一章第一节"宋代黄河堤防考证"中,主要追溯了黄河的筑堤技术,埽、锯牙埽、马头埽等建造时,大规模的人海战术为其原动力,看不到向机械化发展的动向。魏氏的 A 文中有这样的观点,即"治水文明不是由于技术革命而发生发展的,而是通过组织上的革命而发生传承下去的"。同时还极端地断言,"在治水的世界里(中略)阻碍了大规模机械工业的发展"。这种看法在宋代的确有其正确的一面,但全面来看,我不敢苟同,认为有不妥之处。

　　魏氏在 A 文中提出"治水文明的兴起有必要确立新的劳动分工和协调制度",更加具体地解说组织化的发展方向。我在第二章第一节"宋代河夫的考证"中,主要详述了宋代前期的河堤民夫、挖河民夫、春季备料民夫,以及宋代后期的春季民夫及临时民夫、雇佣民夫与免夫钱,这说明当时的河夫在进行劳动分工的同时,治水工作也在全面地、协调地进行。这种协作不仅体现在劳动方面,也体现在全国规模的地域协作上。

　　魏氏在 A 文中提出"治水劳动形态的发展(中略),由于众多人们定期的有效的协作,就必须不断地在计划、保存记录、相互联络、监督等方面强化组织机制"。关于这一点,我在第二章"河夫名簿及河夫队"中进行了具体说明。只是 A 文中"超越部族水准"的组织化未能达到,其主要是由于与当时的契丹、西夏等国之间的国际形势所致。

魏氏在 A 文中提出"治水从中心地域向没进行大规模治水事业的周边地域扩大"。关于这点,在河夫役考证部分有所述及。另外,A 文中提出"大规模治水事业的兴起,有赖于以灌溉为基础的集约农业",我认为治水和灌溉两者之间是互相依存的。灌溉农业特别是水田农业,增加了机械化普及的难度,形成了一种阻碍大规模机械化工业发展的地方特色,但治水需要大规模的人类劳动,由此带来人口密度的增大,又为治水所需的大规模人类劳动提供了动力源。还有,在大河上游分布着的水田和迄今仍可看到的植树用鱼鳞坑,起到了储水和防止水土流失的作用,也减少了下游洪水的发生。事实上,在中国,大运河担负了从江南集约灌溉农业地域向北方运送以粮食为主的大量物资的工作。

在第二章第三节"宋代的黄河与村落"中,河边经常被水淹没的土地以及因此而到处流浪的流民、强盗、散兵游勇等常据守黄河,作为"革命的大河",分析王安石变法时期的澶州曹村埽的巨大作用,可以考证黄河治水的文明意义。宋代将新开垦的耕地长期定为公田,不允许私有化。魏氏在 A 文中列举的专制手段之一"防止私有化"也佐证了这一点。

宋代后期出现了很多新型商业都市(镇),怎么理解这一现象乃是一个课题。魏氏在 A 文中指出"都市革命是将原来的以村落为中心的农业社会分成都市和农村两个区域的过程",反对考古学家 V. G. 查尔德的直线型、必然型的发展理论,在 B 文中指出"中国文明的形成过程(中略)不是都市革命而是治水革命"。同时,还在 A 文中指出"在商业革命或产业革命之前,大部分人是生活在治水文明范围之内的"。在"村镇"大量出现的宋代后期之前,特别是在位多年的仁宗治水灌溉工程兴盛,从这一点来看,虽然对魏氏的理论抱有一丝不同见解,但也绝对应该予以关注。

魏氏在 A 文中指出"构成治水文明制度有三个要素,即大规模的治水农业和治水政府,以及拥有单一中心的社会",治水专制政治的组织方式可以列举以下方面:"记录保存,人口调查,集权化的军队,关系知识和地位的国家考试制度"。另外,还有剥削制度、限制私有制发展、削弱官僚以外各种社会势力的力量,等等。在北宋时期的史料中,存有历年县乡的户口、财产调查、禁军、科举、公田和官田的保有、遗产继承法、抑制政治上的结社朋党等方面的记载。如果对第三章"宋代的黄河治水政策"进行了详尽的分析,就可以真正看清这种以皇帝为中心的官僚专制统治体制。

北宋时期的官僚可以分为两类,一类是以王安石为代表的进步官僚,另一类是以司马光为代表的保守官僚。然而,集新旧两种文化于一身,创造北宋新文化的巨人当属欧阳修了。第四章中重点述及的欧阳修,在其官僚生涯的最初阶段就和黄河结缘,升任宰相前,曾三次就黄河的治水方策上书皇帝,从中可以看出其"要把黄河治理好"的强烈愿望,以及对忧患之源的黄河的本质进行执著的探求。北宋时期的黄河正值第三活动期,黄河自然环境的改造,对建立新型的人类社会关系有着深远的影响。

回顾拙文的构成,提及了空间(堤防)和时间(十二月水名),民众(河夫和河夫队)和村镇(客户和村镇),统治治理黄河的人们的皇帝专制的官僚体制,还有人类在与自然共存中总结出来的学科"水则",将人类劳动科学化的"工",治水行政法制化的"都水监",我认为把以上这些总结起来就是欧阳修的人文精神之所在。将这些精神贯彻到底并传承下来的传统思想就是天地人和谐统一的思想。这种研究方式虽然只是对北宋时期黄河研究的尝试之一,但如果推广到黄河变迁的整个历史过程中的话,就可以清楚地看到黄河文明的发端。

在悠悠5 000年历史长河中流淌的黄河的历史是悠久的。《书经》卷二夏书中的禹贡,《史记》《汉书》以及后来的《水经注》等关于黄河史研究的资料种类多样,数不胜数。其中,《行水金鉴》[7]中收录的黄河史料最为齐全。《行水金鉴》[正编]卷首一卷(地图)到一百七十五卷为清雍正三年(1725年)河务大臣傅泽洪主编,[续编]图一卷,书一百五十六卷为清道光十一年(1831年)河务大臣黎世序"总裁",潘锡恩纂修,[再续编]五四图,书一百四十九卷由中华民国三十一年(1942年)武同举编辑。18世纪初到20世纪中叶的200年间,前后用了100年的时间共编撰480卷。内容涵盖了黄河、淮河、长江、运河、永定河等河流从古代到清代末期5 000年间的河流史,卷头部分是地图,正文分别记述了原委(从源头到入海口的流经沿革)、章牍(编年体的治水史)、工程(防治水灾工程体制)等。该书由正史本纪、列传、河渠、地理、五行构成,是学者河务大臣研究成果之集大成者。仅有关黄河的参考图书就达370种以上。全编480卷中有关黄河的达216卷,占全部的45%。从整体来看,主要着眼于明清两代。总之,《行水金鉴》把河川研究史收进了正史。

清代末期,欧美人开始参与黄河的治水工程,采用了西方的科学技术,辛亥革命以后,国际机构也积极参与,意欲改变旧貌,但由于政局不稳,所以未能取得预期的成果。中华民国政府统治下编辑的《黄河志》第一篇气象、第二篇地质志略、第三篇水文工程[8]等内容,就是这一阶段的成果。还有日本昭和十九年(1944年)六月极其秘密印刷的东亚研究所编撰的《第二调查(黄河)委员会综合报告书》,该报告书以国策推行为目的,将昭和十四年到昭和十六年三年间国内外各方面专家300余人的调查研究集结而成。其中的部分研究成果据说至今仍在实施当中。研究报告多达200多篇,有些自诩为"我确信本报告书是黄河治水及水利报告中世界最高水平的权威报告书"。全国经济委员会水利处处长郑肇经的专著《中国水利史》现在非常普及,《黄河志》也有了日文版本[9]。战后出版的专著有岑仲勉著的《黄河变迁史》[10]和申丙著的《黄河通考》[11]。前者对明清以后的诸论著投以批评的眼光,在追溯王朝史的年代中,设定问题进行研究,取得了诸多令人瞩目的成果。大凡在中国,一旦确立了权威地位,就会长久地传承下去,所以这篇著作可以说是当今革命精神的产物。作为一种历史观,对于以往河道的六大变迁,有必要加以改正,指出人类和自然的历史观的不同,该文颇有参考价值。后者可以说是一本非常好的入门工具书,该文第一节"历代河工著述考证"特别有参考价值。

沈云龙主编的《中国水利要籍丛编》[12],其第一集到第五集共91册,收录了50余种与水利有关的图书,是研究者的必备之物。本篇拙文虽不能和这个丛编相提并论,但是以《宋史》《宋会要辑稿》《续资治通鉴长编》[13]为基础,同时也参考了其他文集、地理书和地方志编纂而成的。

**【注释】**

[1]《黄河流域行》(1975年外文出版社)是将《中国画报》(中国画报社)1973年6月到1974年5月的

连载集结成册出版的摄影集,中文版名为《大河上下》。

[2] 《人民中国》(1973 年 6 月号),人民中国杂志社出版。

[3] 钢琴协奏曲《黄河》是在中央乐团革命音乐家冼星海同志(1905—1945 年)的《黄河大合唱》的基础上改编创作而成的。

[4] Karl A. Wittfogel, Oriental Despotism, A Comparative Study of Total Power, Yale University Press, 1957. 亚洲经济研究所译,1961 年论争社出版。

[5] K. A. von Wittfogel, Theory of Hydraulic Civilization(1956 年国际论坛中的报告,中岛健一译),中岛健一著《河川文明的生态史观》(1977 年校仓书房收录)。

[6] Karl A. Wittfogel 著,横山英译《中国社会论——历史的考察》(广岛史学研究会《史学研究》74 号,1959 年出版)。

[7] 全部收编在沈云龙主编的《中国水利要籍丛编》。

[8] 第一篇气象由胡焕庸主编(中华民国二十五年(1936 年),国立编译馆出版),第二篇地质志略由侯德封主编(中华民国二十六年(1937 年),同上刊),第三篇水文工程由张含英主编(中华民国二十五年(1936 年),同上刊),其中第三篇为主体篇幅。

[9] 《中国水利史》由田边泰译,1941 年大东出版社出版,《黄河志》由东亚研究所翻译刊登。

[10] 1957 年人民出版社出版的该书,在河道的六大变迁上,对清初的胡渭撰写的《禹贡锥指》中的学说进行了批评,指出"先近代而后古代,详近代而略古代,那是研究一般历史的通则,我对黄河变迁的研究,却有点循着相反的方向前进"(462 页)。

[11] 1960 年中华丛书编审委员会出版。

[12] 第一集 1969 年文海出版社出版,以下续刊。

[13] 元代脱脱等奉旨撰写(1965 年)出版《宋史》卷四九六,元至正五年(1345 年)成书。

清代徐松等编撰《宋会要辑稿》(略称《会要》),合计 200 册。1936 年北京图书馆出版,1957 年缩印版 8 册出版。

宋代李焘编撰《续资治通鉴长编》,淳熙十年(1183 年)上呈九八〇卷本,乾隆年间(1736—1795 年)现行本五二〇卷成书,集李焘 40 年间的成果。

# 第一章 黄河的自然条件

## 第一节 宋代黄河堤防考证

### 绪 言

宋代的黄河出现了许多前所未见的问题。特别是在仁宗庆历八年(1048年),澶州商胡埝发生决堤,向东奔流了近千年的黄河掉头向北而去,正值此时,北方的各个少数民族也开始蠢蠢欲动。不得已,宋代开始了自我改良,也就是这个时候,王安石开始强行推行变法。黄河的治理,也随着新法党推行积极的水利政策而从国防、党争的纠纷中摆脱出来,得到了认真的执行。随着堤防的不断溃决,河北等北方六路投入了大量的人力物力用于治水工程,给国家的政治、经济、社会造成了巨大的影响。在这种情况下,为适应国家的要求,一些治水技术也就应运而生,且有了飞速的发展,并且至今还在使用。特别是护堤用的"埽"、"锯牙"、"马头"等,在治水过程中发挥了预期的功效,成为后世治水技术的基点。本节试图就这些治水技术的发展脉络进行明确的阐述。

### 一 遥 堤

东周的战国时期,魏、齐、赵三国分别在黄河上距河道25里处修筑了一些大堤[1],这就是人工堤防的起源[2]。估计黄河的乱流也就是在这25里范围内游荡,而各地又有一些自然形成的河堤,这些就是人们当时利用的堤防。估计遥堤的雏形也是利用这种堤防。遥堤是平原中稍高的地带,是村落、耕地的最佳选址条件。

到了宋代初期,百废待兴,朝廷却仍决定动员民众修缮遥堤,为此首先在太宗年代对遥堤进行了大规模的普查,结果是百剩一二,所以决定采取分水策略。

托克托(元代脱脱)等奉旨撰写的《宋史》卷九一,河渠志四四,太祖乾德二年(公元964年)记载:"遣使案行 将治古堤 议者以旧河不可卒复 力役且大 遂止 但诏民治遥堤以御冲注之患"。就是说采取了停止官治古堤,动员民治遥堤的政策。不过事实上推行起来也很难。据李焘撰写的《续资治通鉴长编》(下称《长编》)卷二四,官员于太宗太平兴国八年(公元983年)九月癸丑朔上书报告说:"言事者谓 河之两岸古有遥堤 以宽水势 其后民利沃壤 或居其中 河之盛溢即罹其患 当令按视 苟有经久之利 无惮复修"。根据这个奏章,太宗皇帝分别向黄河南北两岸派出特使,考察从河阳到入海处的"堤之旧址凡十州二十四县 并勒所属官司条析堤内民籍税数 议蠲赋徙民 兴复遥堤利害",并要求撰写调查报告。而特使们的报告中有这样的陈述:"臣等因访遥堤之状 所存者百无一二 完补之功甚大(中略)臣以谓 治遥堤不如分水势 自孟至郓 虽有堤防 惟滑与澶最为隘狭 于此二州之地 可立分水之制 宜于南北岸 各开其一 北入王莽河 以通于海 南入灵河 以通于

淮 节减暴流 一如汴口之法 其分水河量其远近 作为斗门 启闭随时务平均 济通舟运 溉农田"。当时的遥堤已经所剩无几，百不足一二，由于滑、澶二州的河道狭窄，在这里进行分水，不仅可以减弱汹涌的激流，还可以通行漕运、灌溉农田。虽然当时并没有立即采用这个计划，但随后不久就开始大规模推行，而太宗是这个计划的积极推行者。在此之后滨、郓、滑、澶提出在各州修缮遥堤的请求，均被否定了[3]。

关于遥堤的规模，《长编》卷三〇三，神宗元丰三年（1080 年）四月丁巳记载说："郓州筑遥堤 长二十里 下阔六十尺 高一丈"，由此可知遥堤底部很宽，但堤坝不高。可能与河堤相距二三里[4]。

遥堤的分布虽无法考证，但可以想象就上述被列为调查对象的"十州二十四县"应该都有遥堤的存在。当时位于黄河流域的开封、大名二府及郓、澶、滑、孟、濮、齐、淄、沧、棣、滨、德、怀、博、卫、郑等 17 州都设有河堤使、河堤判官[5]，而其中有 10 个州以及 24 个县都距黄河非常近。

**【注释】**

[1] 班固撰《汉书》卷二九，沟洫志九，贾让奏言。

[2] 藤田元春《黄河河道变迁地域的文学考察》＜史林＞七一二，1922 年。

[3] 徐松等撰《宋会要辑稿》一九二册，方域一四，治河篇中收录的大中祥符七年（1014 年）二月的诏书。
《长编》卷八三，真宗大中祥符七年八月诏书。同书卷一〇九，天圣八年（1030 年）春正月丙子记录的内容。同书戊寅收录。同书卷三一六，元丰四年（1081 年）九月己酉收录。同书卷四二一，元祐四年（1089 年）春正月辛卯收录。
《会要》一九三册，方域一五，治河下，元祐八年（1093 年）十一月十三日的记载，等等。

[4] 明代潘季驯撰《河防一览榷》第三卷，同《河防一览》第二卷，"河议辨惑"条中有"遥堤离河颇远 或一里余· 或二·三里"。

[5] 《长编》卷八，乾德五年（公元 967 年）春正月辛卯收录。《永乐大典》一二三〇六册，《长编》开宝五年（公元 972 年）二月丙子诏书。

## 二 埽

埽的创制乃是集北宋时期黄河治水技术之大成的一个重大进步。埽的起源现已无从查考，但在古代就已采用薪柴筑堤防水，而现在对埽的结构起源，专家一致认为是源于北宋初期[1]。宋代黄河堤岸出现埽这种形式的堤防，还是源于以下的因素。据《长编》卷二十三、太宗太平兴国七年（公元 982 年）秋七月记载："先是袁廓知郓州 河水溢入城 浸居民庐舍 至冬月结冰 廓大发民凿取 以竹舆舁出城散积之（中略）及春解冻 州城地洼下 流渐自四隅入 民益被其患 于是河大涨 蹙清河 浸州城将陷 塞其门急以闻 殿前承旨刘吉 江南人习水事 诏吉往固之 吉率丁夫 叠埽于张秋堨 河水回北流入平阴 俄而清河水退 郓州不陷"。在郓州知州袁廓对郓州的水灾束手无策时，朝廷派出了殿前承旨（后改任三班奉职）刘吉前往协助治水，刘为江南人，非常熟悉水性，到任后即组织人工堆筑埽堤。河水因此向北回转流入了平阴县，防止了郓州城的陷落。这是宋代黄河埽堤成建制出现的最早记载。

《长编》卷二五于太宗雍熙元年(公元 984 年)三月丁巳记载:"先是塞房村决河 用丁夫凡十余万 自秋徂冬 既塞而复决 上以方春播种 不可重烦民力 及发卒五万人 命步军都指挥使田重进 总督其役 供奉官刘吉 自赞请行 且言若河决不塞 愿夷族 上壮之使副 重进·吉亲负土 与役徒晨夜兼作 戒从吏勿言使者至密访乃得之 归以白 上甚喜 内侍石金振者(《会要》中的"石全振")领护河堤 性苛急号为石爆裂 数侵侮吉 吉默不校 一日吉与乘小船至中流 语之曰 君恃贵近 见凌已甚 我不畏死 当与君同见河伯耳 将荡舟覆之 金振号哭搏颡求哀 吉乃止 自是不敢侮吉矣 己未 滑州言 河决已塞 群臣称贺 吉之功居多 即授西京作房副使 赐予甚厚"。房村河堤于太平兴国八年(公元 983 年)五月决口,同年十二月堵复,但是第二年春再度决口。《长编》卷二四,太宗太平兴国八年(公元 983 年)十二月癸卯记载滑州报告说:"先是役丁夫十余万 功久不就 议者多请罢之 殿直刘吉确称 役不可罢 即令助郭守文监督 及是而堤成 未几河复决"。房村堵口战役最难的就是堵口。江南人刘吉凭借着对水性的了解和坚定的信心,终于在第二年即雍熙元年(公元 984 年)三月收到了预想的成效。从与宦官石金振的抗争和对夷族的决心就能管窥刘吉的人格魅力。刘吉采用的治水技术就是"埽工"。7 年之后,滑州房村堤埽堆积的竹木梢芟已累计有 170 余万捆[2]。9 年后,负责堤埽管理的官员和各州的河堤使、长吏等一同升任为巡河主埽使臣[3]。

"埽"作为河水治理的技术,在以后的很长时间里一直占有重要的地位,而这个时期应该可以看成是其源头。那么,北宋时期埽工是怎样一种布局呢? 我从《宋史·河渠志》、《会要·方域志》、《长编·三史书》中把有埽名的地方挑选出来,编制了表 1-1(商胡北流前)和表 1-2(商胡北流后)。《宋史》卷九一、河渠志四四、真宗天禧五年(1021 年)正月条陈中列举了孟州二、开封府七、通利军二、澶州一三、大名府二、濮州四、郓州六、滑州八(含废埽一处)、齐州二、滨州二、棣州四的二府九州共四五十处埽名。从这三部史书中还找到了其他的 6 处埽工,分别是开封府阳武埽、滑州天台埽、澶州蒐固埽、郓州三百步埽、孟州雄武埽、河阳上埽。总之,从 10 世纪末太宗登基后出现埽工,直到真宗朝代,都在被广泛使用,特别是在决堤频发的澶、滑二州更是被大规模地集中使用。

追寻商胡北流以后的新埽名(见表 1-2),还可列举出孟州河阳县第一埽、其对岸的西京河南府河清埽、靠近洛口广武山下的广武上下埽、荥泽第八埽、郑州原武埽、阳武宜村埽、上下埽、卫州黄沁、卫镇、获嘉、汲县上下的各埽、延津酸枣三埽、滑州龙门埽、澶州小吴埽、灵平埽(后更名曹村埽)、通利军齐贾上下埽等。从商胡北流,黄河出现了二股河,因此朝廷又采取了第二次回河东流政策 。随后北京大名府开始不断有水灾光顾,逐渐成为治水的中心地域,之前仅有孙杜和侯村二埽,之后在这里又新筑了金堤,而鱼肋埽、金堤(新堤)又按第四、五、六的数字顺序命名,埽岸上设有递铺,上书"北京之南沙河直堤第三、第四、第七铺"、"大名埽第四铺"等。附近还有"元城第二埽"、"魏第六埽"、"阚村埽"、"德清军第一埽"、"内黄第三埽"、"内黄第一埽"、"内黄下埽",临河、临平、馆陶、南乐的各埽、堂邑七埽、相州安阳埽等一连串的埽工。另外,北京大名府以北的北流下游地区,随着水灾的频繁发生,新建的堤防也逐渐多了起来。目前知道的有恩州平恩四埽、宗城中埽、冀州南宫上下埽、南宫第五埽、枣强上埽、信都埽、房家武邑埽、邢州平乡钜邑埽、沧州清池埽、

表 1-1　商胡北流(1048 年)之前的埽堤

| 皇帝 | 东流 | 北流 | 政策 | 决堤地点（公历纪年） | 埽名（府州）及各种地方堤防用语 |
|---|---|---|---|---|---|
| 960 年<br>↑<br>太<br>祖<br>↓<br>976 年<br>↑<br>太<br>宗<br>↓<br>997 年<br>↑<br>真<br>宗<br>↓<br>1022 年<br>↑<br>（仁宗） | 960 年<br><br>京<br>东<br>河<br>（天<br>禧<br>河）<br><br>横<br>陇<br>河 | | 960 年<br>遥堤策<br>978 年<br>↑<br>分<br>水<br>策<br>↓<br>1019 年<br>↑<br>滑<br>州<br>天<br>台<br>埽<br>堵<br>口<br>↓<br>1034 年<br>横<br>陇<br>埽<br>堵<br>口<br>1048 年 | 棣、滑（960）<br>澶州濮阳（972）<br>开封府阳武（972） | 古堤、遥堤、大堤、河堤、高岸<br>堤岸、黄河堤 |
| | | | | 滑州房村(983)<br>澶州（993）<br>郓州(982) 王陵埽(1000)<br>澶州横陇埽（1004）<br>河中府（1010）<br>通利军、棣州聂家口（1011）<br>澶州大吴埽（1014） | 房村埽（滑）、韩村埽（滑）、大吴埽（澶）<br>张秋埽（郓）、王陵埽（郓）、横陇埽（澶）<br>王八埽（澶）、阳武埽（开封）<br>河阳上埽（孟）<br>堤防、埽岸、南岸、堤埽、河防<br>西岸、新堤 |
| | | | | 滑州天台山傍（1019—1027）<br>澶州王楚埽（1028） | 鱼池埽、大韩埽、天台埽、石堰埽（滑州）<br>王楚埽、嵬固埽（澶州）、三百步埽（郓）<br>滑州—凭管·州西·迎阳·七里曲各埽<br>通利军—齐贾·苏村2埽<br>澶州—濮阳·商胡·曹村·明公·依仁·大北·冈孙·陈固8埽<br>大名府—孙社·侯村2埽<br>濮州—任村·东·西·北4埽<br>郓州—博陵·关山·子路·竹口4埽<br>齐州—采金山·史家涡2埽<br>滨州—平河·安定2埽<br>棣州—聂家·梭堤·锯牙·阳成4埽<br>河上埽、月堤、木龙、埽约、马头、锯牙、木岸、慢埽、旧堤、生堤、紧埽、长堤、陈公堤 |
| | | | | 澶州横陇埽（1034） | 商胡埽、明公埽（澶）、雄武堤（孟）、金堤、直堤、护城堤、南岸诸埽、北岸诸埽 |

表 1-2　　商胡北流(1048 年)之后的埽堤

| 皇帝 | 东流 | 北流 | 政策 | 决堤地点（公历纪年） | 埽名（府州）及各种地方堤防用语 |
|---|---|---|---|---|---|
| （仁宗）<br>1063 年<br>（英宗）<br>1067 年<br><br>（神宗）<br><br>1085 年<br><br>（哲宗）<br><br>1099 年<br>（徽宗）<br>1125 年<br>（钦宗）<br>1127 年 | 1060 年<br><br>二股河<br><br>1081 年<br><br>小吴北流<br><br>1092 年<br>孙村东流<br>1099 年 | 商胡北流<br><br>1069 年<br><br>1081 年<br><br>小吴北流<br><br>1094 年<br><br>1099 年<br>内黄北流<br>1127 年 | 回河东流北流闭塞 1060 年<br><br>回河东流北流闭塞<br><br>1069 年<br>东流填淤·北流再开<br><br>1081 年<br><br>孙村回河东流·北流闭塞<br><br>1099 年内黄河间治水·伍三山大桥堵口（内黄、孟州）<br>1127 年 | 澶州商胡埽 (1048)<br>大名府馆陶郭固 (1050)<br>澶州六塔河 (1056) | 龙门埽（滑）、上下约、进约 |
| | | | | 大名府魏县第 6 埽 (1060)<br><br>二股河派出<br>大名府第 5 埽 (1062)<br>（二股河通快、北流闭塞）(1069) | 魏第 6 埽、大名第 5 埽（大名）、房家、武邑枣疆埽（冀）<br><br>乐寿埽（瀛）、乌栏堤（恩）<br>堤身、创堤 |
| | | | | 北京第 4 第 5 埽 ⎫<br>澶州曹村埽　⎬ (1071)<br>卫州王供埽　⎭<br><br>澶州曹村埽 (1077) | 黄沁、王供埽（卫）、大名第 4 埽·鱼助埽（大名）<br>荥泽埽·广武上下埽·河阳北岸埽·雄武埽（孟）<br>灵平上埽（澶）、盐山·无棣埽（沧）、博州 7 埽、埽埠<br>马头、方锯牙、锯牙水埽、缕河堤、水堤、本埽、蛾眉埽 |
| | | | | 澶州小吴埽 (1081)<br>东流填淤 (1081)<br>北京内黄·澶州大吴埽　⎫<br>郑州原武埽·沧州南皮埽　⎬ (1082)<br>永静军·阜城下埽　⎪<br>洛口广武上下堤　⎭<br><br>北京元城埽 (1064)<br>大名小张口 (1085)<br><br>冀州南宫下埽 (1087)<br>″上埽 (1088)<br>宗城中埽 (1089)<br><br>德清、内黄、梁村、宗城 (1093) | 南乐·金堤·内黄 3 埽·内黄第 1 埽·临河·临平·元城第 2 埽·元城<br>阙村（大名）小吴·灵平下埽（澶）、安阳埽（相）<br>原武埽（郑）、南皮上下·清池埽（沧）<br>阜城下·将陵（永静）<br>南宫上下·南宫第 5 埽（冀）、堂邑埽（博）<br>齐贾埽（通利军）<br>乾宁军埽岸·平乡·钜鹿埽（邢）、迎阳埽（滑）<br><br>德清军第 1 埽·宗城（大名）、宜村（开封）、获鹿（真定）<br>顺流堤、顺水堤、重堤、横堤、直堤、截河堤、元城第 2 埽<br><br>废堤、弃堤、沙堤、缕堤、签横堤、签横顺水堤<br><br>河埽、埽绲、止水锯牙、截河马头、埽约、栏水签堤 |
| | | | | 内黄口 (1099) 东流断绝 (1099)<br>通利军苏村 (1100)<br>邢州钜鹿县 (1108)<br>冀州信都·南宫 (1108)<br>″枣强埽 (1115)<br>″信都·清河 (1121)<br>天成圣功桥毁坏 (1121) | 乐寿（瀛）、酸枣 3 埽（开封）、荥泽 8 埽（郑）<br>枣强·信都等埽（冀）、枣鹿上埽（深）<br>河阳县第 1 埽（孟）、清河埽（河南府）<br><br>正堤、副堤、塘堤、八尺之堤、长堤、锯齿、堤岸堤、桥埽、向著埽、退慢埽第 3 向著 |

南皮上下埽、永静军阜城下埽、将陵埽、深州束鹿上埽、武强埽、瀛州乐寿埽、沧州盐山、无棣两埽,其他的还有乾宁军埽岸、德清军第一埽等,全部总和应该超过 100 处。这里有一个新的动向,由于河水贯穿整个荒芜的低洼地带,或是仅用地名无法加以区别,所以就用第一、第二等序数来称呼新建的埽岸。

仔细研究表 1-2 就会发现,商胡北流后大量的新埽名主要出现在神宗、哲宗时代,特别是王安石执政熙宁二年(1069 年)之后。时值新旧两党围绕施政方针正在进行激烈的争斗,黄河的治理问题也卷入其中,都水监这一官职,特别是外监此时已经确定,都水监官员也都非常活跃。此时的黄河两岸大堤,也以岸埽为中心,出现了大量的新的堤埽和用语,除了以岸埽为中心的锯牙(锯齿)、马头(方锯牙),还有上下约(约束)月堤、水堤、金堤、正堤、副堤、直堤、横堤、重堤、顺水堤(顺河堤)、缕堤(缕河堤)、截河堤、废堤、弃堤、生堤、创堤、签堤等,还出现了向著埽(紧埽)、退背埽(慢埽、退慢埽)、埽缠(埽棄)、埽约、本埽、蛾眉埽、水埽等堤埽及其用语。这些新出现的堤埽和相应的"新名词"导致了理解上的混乱,这大概也就是把宋代当成黄河治理的一个新的里程碑的缘故吧。所谓"河为中国患二千岁矣 自古竭天下之力 以事河者莫如本朝 而徇众人偏见 欲屈大河之势以从人者 莫甚于近世"[4]。我认为这主要是指"回河东流 北流闭塞",而同时也从另一个侧面证实了宋代黄河治理技术的发展。商胡北流的出现不仅意味着一个全新的黄河的诞生,还反映出宋代人们对自然的感悟以及新的治水技术的诞生。

那么,埽的结构究竟是个什么样子呢? 它的技术又有什么样的发展呢? 以下试作一个分析。

所谓埽,有两个含义。一个是如上所述各地处广为分布的埽岸的埽,一个是与其结构有关的在修堤筑坝时用的一种特殊材料,也叫埽[5]。《宋史》卷九一,河渠志四四,真宗天禧五年(1021 年)正月记载:"先择宽平之所为埽场 埽之制密布芟索铺梢 梢芟相重压之以土 杂以碎石 以巨竹索横贯其中 谓之心索 卷而束之 复以大芟索击其两端 别以竹索自内旁出 其高至数丈 其长倍之 凡用丁夫数百或千人 杂唱齐挽 积置于卑薄之处 谓之埽岸既下以橛皋芟阂之 复以长木贯之 其竹索皆埋巨木于岸以维之 遇河之横决 则复增之以补其缺 凡埽下非积数叠 亦不能遏其迅湍"。卷制埽的地方叫埽场,人们在这里把用芦荻和竹子编的芟索密密地铺开,再在上面铺上用榆、柳等山杂木的树枝编成的梢,再在梢上面铺上数层芟索、木梢,然后再撒上碎石和黏土的混合土压实,这时要将一根长度为 10 米到 100 米的竹索(心索)横摆在上面,卷起绑紧,竹索则从里面穿出,再用粗大的芟索系在两端。这样一个高达数丈,长是高 1 倍的埽就制作完成了。随后再由数百人至上千人的丁夫一起喊着号子,把埽拉到河边堤岸薄弱处,投放进水中堆积起来,这就叫"岸埽"。而前面已经推到河里的埽就固定在河桩上,这些河桩则又被用长木一根根连接着。岸边埋有巨木,埽就被竹索牢牢地拴在这些巨木上。河堤一旦溃决,就立即再补上新埽。如果在底部不多铺几道埽,就挡不住湍急的水流。

《长编》卷一〇〇记载,仁宗天圣元年(1023 年)春正月诏书说:"岸汩则易摧 故聚刍藁薪条 枚实石而缒之 合以为埽 凡埽之法 若高十尺百尺 其长算以径围各折半 因之得积尺七千五百 则用薪八百围(史藁作薪五百围)刍藁二千四百围 所谓藁索·心索·底篓·搭篓·箍首索·签桩·磕撅·枊撅·拽后撅 其多寡称所用 若大小广袤不同 则随时捐益

之 而亦视此为率焉 故凡置埽 必仞水之深 度岸之高 或叠二叠三四 一埽之长居岸二十步 而岸长或数百步或千余步 埽坏辄牵连而去 又置埽以补救之 其费动为缗钱数万 凡埽初下水曰扑岸 居上而捍水曰争高 阙地置之以备水曰陷埽 埽实垫为亡所患浮湍则危 其卷埽之器 则有制脚木·制木·进木·拒马·短长木籤·大小石籤·云梯·引橛·推梯·卓斧·绵索·鼓旗· 所以利工作 而为号令之节也 凡度役事 负六十斤行六十里为一工 土方一尺重五十斤 取土二十步外者一工 二十五尺上接斜高 皆折计之 水背向不常 则埽各从地而易"。虽然《宋史》与《长编》记载的内容多少有些出入,但"埽"作为宋代普遍采用的技术,应该是当时最佳的治水技术了。向一般人士征询治水方策是从太祖朝就开始的一股新风[6]。当时被瞧不起的南方人中较突出的就是刘吉,他应该是站在了黄河治理技术革新的先头。这篇文章记载卷埽的功效及制作方法,所用材料的种类及体积的计算方法,埽的规模和各部位的名称、特殊用语、卷埽用的器具即工具,还首次使用"一工"来表示"度役事",即一个民工在单位时间内的劳动量,并展示了两种标准,明确提示了今后需要把握的问题点。关于这些问题,在元代沙克什编撰的《河防通议》(以下称《通议》)中均有所涉及[7],该书汇集了北宋沈立的《河防通议》和南宋周俊的《河事集》以及金都水监本,是集大成之作。《通议》上卷,制度第二、卷埽一文中记载:"埽之制非古也 盖近世人创之耳 观其制作亦椎论于竹楗石葷也 今则布薪刍而卷之 环竹绲以固之 绊木以系之 挂石以坠之 举其一工以称之 则曰橐(案橐音混字书大束也) 既下又以薪刍填之 谓之盘篿 两橐之交或不相接 则以网子索包之 实以梢草塞之 谓之孔塞 盘篿孔塞之费 有过于埽橐者 盖随水去者大半故也 其橐最下者 谓之扑崖埽 又谓之入水埽 橐之最居上者 谓之争高埽 河势向著恐难固护 先于堤下掘坑卷埽以备之 谓之陷埽 叠二三四五 而卷者盖河埒皆沙壤疏恶 近水即溃 必借埽力以捍之也 下埽橐 既朽 则水刷而去 上橐压下 谓之实垫于上 又卷新埽以压之 俟定而后止 凡埽去水近者 谓之向著 去水远者 谓之退背 水入埽下者 谓之紧刷 向著之刷 积橐有长三二百步或至千步者 埽橐之高 自十尺有至四十尺者 其橐之长不过二十步 故一埽稍垫动二三十橐 计其薪刍竹石兵士之费 已二三万缗(官得其人,则可省三分之一,官不得其人,则费加倍) 若暴水泛滥 走流埽橐 下埽既去 上埽摇动 谓之埽喘 大危矣(汴本)"。其中,《汴本》就是指沈立所著的《河防通议》[8],沈立在商胡埽堵口时,为"提举商胡埽"而去现场进行了大量的调查,并著此书,其中提到的治河方法为后世所尊崇。随后他还参与了六塔河、五股河、漳河等堵口工程。这里著述的内容也是总结"大河事迹 古今利病"而成[9]。

那么,埽的制作技术究竟有什么发展呢?让我们从当时的三本书来看吧。首先来看《宋史》,《宋史》中记载"高至数丈 其长倍之 凡用丁夫数百或千人 杂唱齐挽 积置于卑薄之处",由此可知,技术已经发展到了集团化,但是由于过于巨大,反而阻碍了其使用的普及。在《长编》里是这样记载的,"或叠二叠三四 一埽之长居岸二十步 而岸长或数百步或千余步",而《通议》中也记载说:"今则布薪刍而卷之 环竹绲以固之 绊木以系之 挂石以坠之 举其一工以称之 则曰橐",足见埽的制作工序已经被细分了,卷埽的第一阶段是先制作橐。北宋后期还有一个词被广泛使用,就是"埽緷"[10],緷通橐,都是"大束"的意思。史书记载说:"橐埽之高自十尺有至四十尺者 其橐之长不过二十步 故一埽稍垫动为二三十橐",由此可见,埽工已经出现了分工细化的倾向。《通议》之外还有两个不被注意的特

· 11 ·

点，就是"盘篸"和"孔塞"，其技术已经非常精密。《长编》的内容继承了《通议》，"度役事"及工时和物料的计算方式也空前发达。这两本史料还记载有"浮湍则危"、"埽喘大危矣"，这一点既是技术细分化的一般化问题，也是治水工程技术人员所面临的一个重大课题。前者是水工高超所面临的挑战，后者则是河北都转运使王居卿所面临的挑战。

据沈括所著《梦溪笔谈》卷十一，官政一中记载："庆历中河决北都商胡 久之未塞 三司度支副使郭申锡亲往董作 凡塞河决垂合中间一埽 谓之合龙门 功全在此 是时屡塞不合 时合龙门埽长六十步 有水工高超者献议 以谓埽身太长 人力不能压 埽不至水底 故河流不断 而绳缆多绝 今当以六十步为三节 每节埽长二十步 中间以索连属之 先下第一节 待其至底 方压第二第三 旧工争之 以为不可 云二十步埽 不能断漏 徒用三节 所费当倍 而决不塞 超谓之曰 第一埽水信未断 然势必杀半 压第二埽 止用半力 水纵未断 不过小漏耳 第三节乃平地施工 足以尽人力 处置三节既定 即上两节自为浊泥所淤 不烦人功 申锡主前议 不听超说 是时贾魏公帅北门 独以超之言为然 阴遣数千人于下流收漉流埽 既定 而埽果流 而河决愈甚 申锡坐谪 卒用超计 商胡方定"。

水工高超提议将高达六十步（这里所说的高度实际应该是长度）的一根大埽分成长三节的短埽，每节长二十步，再重叠投入水中。第一埽相当于其他两本史书中的"扑岸（崖）埽"，第三埽则相当于"争高埽"。正是从力学角度细分了埽岸，同时也对埽的卷制方法进行了合理化的改进。这"三节法"堵水一度看似成功了，但实际上商胡堵水并未完全成功。最后的合龙工程"合龙门"也还有许多的遗留问题。

宋代吕祖谦编著的《皇朝文鉴》卷七十六收录了知制诰孙洙撰写的"澶州灵津庙碑"碑文，文中是这样记载的："明年改元元丰（中略）以闰正年丙戌首事 方河盛决时 广六百步 既更冬春益多大雨 河溪之间遂逾千步 始于东西签为堤以障水 以傍侧辟为河 以脱水疏渠 为鸡距以骤水 为牙以约水 然后河稍就道 而人得以奏功 既左右是疆 而下方益伤焉 初仞河深一丈八尺 至是役兴九十日矣 河未合者余二十步 而仞水深至百一十八尺 奔流悍甚 新具不属 士吏失色 主者数以疾置间请调急夫尽输诸郡之储 以佐其乏 天子不得已 为调 于傍近郡俾得镯 来岁春夫以纾民（中略）四月丙寅 河谓合水势颇却 而埽下伏流尚驶 堤若浮寓波上 万众环视 莫知所为 先是转使者创 立新意制 为横埽之法 以遏迎南流 至是始用之（中略）五月甲戌朔 新堤忽自定 河还北流"。就是说在熙宁十年（1077 年），澶州曹村的黄河大堤严重决口，第二年即元丰元年（1078 年）从闰正月开始实施堵口。溃堤时决口只有六百步，但开工时已经超过了千步。先在决口东西两侧构筑了签堤用以挡水，在侧旁开一条渠把水引出来，靠鸡距（估计是马头吧）把水流集中起来，再靠牙（应该是锯牙）把水挡在狭窄的人工渠内流走，形成了一条河道。随着左右两侧大堤逐渐变窄，水流对底部的冲刷越来越厉害，最初深只有一丈八，但工程进行了 90 天后，决口处宽仅剩二十步时，水深已达 180 尺。由于水流湍急，准备进行合龙时，新埽根本靠不上去。因此，在岸边聚集了大量的人员和物资。及至 4 月，水势已相对减弱，但埽下的暗流依然湍急，埽岸漂浮在河面上，众人面面相觑却又都束手无策，因此转运使决定采用新研究的"横埽法"，5 月 1 日新堤岸终于筑成，从此黄河回归北流。

不过这个碑文只写了"转运使"，却未提及王居卿的名字。但是《长编》卷二九五的神宗元丰元年（1078 年）十二月丙辰权御史中丞蔡确的奏折中有这样的记载："河决曹村 方

议塞决口未定 闻转运使王居卿建横埽之法 决口断流 实获其力 而奏功之时居卿不欲自陈 独见漏落 乞验问居卿所置横埽 如有明功令都水监著以为法 从之 仍令修入灵津庙碑"。《宋史》列传中记载"居卿立软横二埽",而《会要》里也写到"各减磨勘三年 赏应副河事毕也"[11]。由此看来王居卿其人的情况已经清楚了,但"横埽法"依然是个未解之谜,只有列传中提到"立软横二埽"。"软"相对于"硬","横"相对于"纵",这充分表明这些优秀的技工根据长期的经验对埽工技术进行了改进。而所谓"埽下伏流尚驶 堤若浮寓波上",就相当于《长编》和《通议》中说的"浮湍则危"、"埽喘大危矣"。

"横埽法"是最终解决问题的关键技法。王居卿历任宋代的官员,而水工高超则无论从出身还是受教育程度都与其有巨大差异,但是他却是位天生的技术能手,这一点从列传中可得到证实。这位天才巨匠在堵口的关键时刻提出了关键的技术,使堵口工作顺利完成。但碑文中对其姓名却只字未提,再加上"居卿不欲自陈 独见漏落",正是由于蔡确的奏折,才首次明确了他的姓名与功绩。而"曹村埽"更名为"灵平埽"的理由,也归功于在堵口时出现的一条赤蛇,神灵的功力远远超过了正常的人力。但是,这里所说的成功不是指的庆历八年(1048年)高超的"三节法",而是指的元丰元年(1078年)王居卿的"横埽法",前后相距有30年。这说明,在这30年间,黄河治水有了巨大的发展。需要强调的是,在这期间国家新增设了都水监一职,新法党大力推行水利新政,同时决定实施回水东流等措施,在这样一个大背景下,水利综合治理技术也有了长足的进步,这些都是"横埽法"得以成功实施的前提条件。

此时的黄河沿线有埽岸100处以上。每个埽岸每年投入的财力人力少则数万,多则数百万。由于有了资金保障,就可以对多个堤埽进行合理的运营管理,而这也在很大程度上对财政以及埽岸地区的发达产生了巨大的影响。《宋史》卷九一,河渠志四四,真宗天禧五年(1021年)正月记载:"旧制岁虞河决 有司常以孟秋预调塞治之物 梢芟薪柴橛竹石茭索竹索凡千余万 谓之春料 诏下濒河诸州所产之地 仍遣使会河渠官吏 乘农隙率丁夫水工 收采备用 凡伐芦荻谓之芟 伐山木榆柳枝叶谓之梢 辫竹纠芟为索 以竹为巨索 长十尺至百尺有数等"。就是说天禧年间,春料要求备足千余万束,各地要出大批的丁夫水工上堤筑坝。《通议》上卷制度第二条记载:"卷埽棄高一丈 长二十步 合用物料"、"计用三千八百五十条束 梢一千一百束(略) 草二千六百二十五束(略)"。其中梢、草总计3 725条束,占99.7%。同一本书下卷算法第六的"卷埽"一条记载有"除心索例常例卷埽梢三草七",亦如前述,"盘篝孔塞之费 有过于埽棄者,盖随水去者大半故也"。也就是说,制作卷埽的材料中梢和芟占了99%,其中梢与芟的比例为3:7,而大部分用于盘篝、孔塞。

提出对这些数量巨大的人财物进行合理化管理建议的人是高官文彦博的父亲文洎。《会要》一九二册,方域十四,治河中有仁宗天圣八年(1030年)十月的治河记载,其中写到:"三门白波发运使文洎言 汴河诸埽岸物料内 山梢每年调河南陕府号解绛泽州人夫 正月下旬入山采斫 寒节前毕 虽官给口食 缘递年采斫山林渐稀 亦有一夫出钱三五千已上雇人采斫 今年所差三万五千人 内有三二家共著一丁 应役之人计及十万 往复千里已上苦辛可悯 所有桩橛竹索出自向南北 山梢又更北远 虽芟榆所出地近 劳役亦重 近年计度迭增 新旧折腐实多 山梢旧每年止一·二百万束 去年所及三百七十六万束 近年七百八十余万束 以至竹索桩橛比旧数倍多(中略) 又汴河堤上甚有杂木 并可采斫充梢橛(下略)"。即在仁宗天圣年间,黄河所用的山梢是从距离黄河较近的河南、陕、虢、解、绛、泽各州采伐运来,每年七八百万束。当时山林稀少,一旦遇到大型工程时还必须从河北、陕西、河东、京东、京西、淮南等7地调集。

工期从正月到清明前的寒食节,大约两个月。雇一个人要支付3~5缗。天圣八年所雇用的河工为35 000人,再加上二三家出一丁,合计上堤的人员应达10万人。其中河工一般往返最多也就是1 000里,所以这些河工很可能是从距黄河500里范围内招募来的。而开春后定额10万的丁夫则由河北、京东、京西、府界征召[12]。关于杂梢,国家首次按照户籍等级强制命令种植规定数目的榆、柳等树木,并派士兵在大堤上大量种植树木。另外就是茅草,各州采取了禁止割取低洼湿地的茅草[13]以及禁止割取作物秸秆的措施,有些地方甚至出现了无薪炊事。巨大的工程需要大量的梢草,导致其价格飞涨,而不良奸商也常常乘机大肆囤积[14]。

面对有待解决的诸多问题,北宋后期出台了一系列的措施。首先把埽岸分成向著、退背等三级,并把人员和物资的合理管理由地方转为军队,使军队成为"埽岸制度"规定的守埽者,还充实了负责堤埽日常管护的都水监外监[15],设立了免夫钱,规定"上户出钱免夫 下户出力充役",免除了往返千里之苦[16]。另外,由于施工作业的种类繁多,劳动量也各有差异,在公平安排河夫的劳动量、合理计取劳务报酬等方面下了很大工夫,规定了详细的用"工"制度[17]。

由此可以看出,治理黄河的核心问题实际就是堤防的问题,它给国家及社会带来了巨大的影响。了解这些,也能管窥中国人对待自然、人类和技术的一些独特的做法。利用卷埽筑堤的原动力仍然完全是基于人力,而卷埽的器具也还只是停留在"工具"阶段,距离"技术革新"、"燃料革命"还相去甚远。

**【注释】**

[1] 沙克什撰《河防通议》上卷,制度第二,关于卷埽是这样记载的,"埽之制非古也,盖近世人创之耳"。李协(《戊午夏季直隶旅行报告》第五编论埽)、张含英(《黄河志》第三篇水文工程·卷三·第七章·护岸·二·埽工)、朱延平(《黄河志》所收的《黄河埽工之研究》)、岑仲勉(《黄河变迁史》第十节·六·宋人治河的技术·甲·埽岸〈1957年,北京人民出版社刊〉)、申丙(《大陆杂志》十八~一○〈黄河堤工考〉《黄河通考》第四章·河工考·〈1960年,中华丛书编审委员会刊〉)、麟庆(《河工器具图说》卷三·大埽)等。

[2] 《会要》一九二册,方域一四,治河,端拱二年五月。

[3] 参照本书第三章第一节"宋代初期的黄河堤防管理"。

[4] 《宋史》卷九三,河渠志四六,黄河下,建中靖国元年左正言任伯雨奏。

[5] 吕叔湘《笔记文选读梦溪笔谈注》。沈括著,胡道静校注《梦溪笔谈校证》卷十一,官政一的注释。

[6] 《宋史》卷九一,河渠志四四,黄河上,太祖开宝五年六月诏。

[7] 薮内清《河防通议》、《生活文化研究》第十三。

[8] 《钦定四库全书提要》中记有"河防通议二卷沙克什撰(略)是书具论治河之法以宋沈立汴本"。

[9] 参照本书第二章第二节"一 沈立撰写的《河防通议》"。

[10] 《长编》卷四三三,哲宗元祐四年九月乙未,右谏议大夫范祖禹又言。同书卷四六八,哲宗元祐六年十二月丙子,工部言。

[11] 《宋史》卷三三一,列传九〇,王居卿。《会要》一九三册,方城十五,治河下,元丰元年五月二十六日诏。

[12] 参照本书第二章第一节"宋代河夫的考证"。

[13] 参照本书第三章第一节"宋代初期的黄河堤防管理"。

[14] 《长编》卷四一六,哲宗元祐三年十一月甲辰,范纯仁又言。同书卷四二一,元祐四年春正月戊戌,梁焘、刘安生等言。

[15] 参照本书第三章第三节"一 都水监官制"。

[16] 同注释[12]。

[17] 参照本书第二章第二节"宋代的河工——关于'工'的含义"。

## 三 马头和锯牙

"马头"起源于南北朝时期。元代胡三省解释说:"附河岸筑土植木夹之至水次以便兵马入船 谓之马头",清代赵翼说:"水陆总汇泊舟之地 曰马头"。池田静夫认为马头是随着治理黄河的技术发展而出现的[1]。也就是说一般上下船用的码头估计最早起源于南北朝,而作为治理黄河的工程之一的马头应始于宋代。如今,码头作为一个地名广泛用于全国各地,多与河流、山川、关寨、城乡、市镇等一起使用。这说明马头从其起源之日起就显示出了其功能的多样性及重要性。本书所述马头为用于黄河治理技术中的马头。

明代潘季驯写到:"顺水坝俗名鸡嘴 又名马头",说明在明代"马头"一词已经退居到顺水坝之后,到了清代,顺水坝更被挑水坝所代替。潘季驯进一步就顺水坝的设置位置解释到:"吃紧迎溜处",而关于其结构和功能则说:"顺水坝一道长十数丈或五六丈 一丈坝可逼水远去数丈 堤根自成淤滩 而下首之堤俱涸矣",构筑马头时使用了埽[2]。或许司马光为了避免与渡船的码头混淆,才把这个马头称为"方锯牙"[3]吧。锯齿是三角形的,马头"呈长方形锯齿状",所以才叫"方锯牙"。不管"马头"也好,锯齿也罢,其功能都是用来挡水、挑水,它们只是形状上不同的称呼而已[4]。锯牙确实最早用在汴河上,一经使用即刻显示出其强大的功能[5]。是不是可以认为,如果把司马光的思路详细展开的话,实际就是将用于汴河的锯牙的结构加大,功能加强,再加上新的埽岸技术,用在黄河上,成了"方锯牙"即"马头",也就是后来的顺水埽、挑水埽。综观《宋史》《长编》《会要》等三部史书,黄河堤岸最早出现马头时,其功能并未得到很好的发挥。随后马头作为约的构造的一部分,在河道和滩地同时出现,这时它的功能终于得到了体现。最后在"锯牙马头连亘数十里"的时期,锯牙的功能得到了充分的发挥。在多数情况下,锯牙不过是作为马头的辅助设施来补充马头的功能,故并称为"锯牙马头"。以下我们来试着回顾其发展的进程。

《宋史》卷九一,河渠志四四,天禧五年(1021年)正月记载:"又有马头锯牙木岸者 以蹙水势护堤焉",实际是紧跟在埽后,并列记录的。估计马头锯牙在埽前后出现在黄河堤岸。人们发现马头的功能还是在澶州横陇埽堵口时,仁宗景祐元年(1034年)秋七月,黄河横陇埽溃决,虽然计划堵口,但是"以为河势奔注未定"[6],如果要想控制河水流势,就必须"兴筑两岸马头"[7]。其后虽然多次推进实施该工程,但结果还是于庆历元年(1041

年)三月终止了施工,取而代之的是在大名府修筑了金堤[8]。总之,码头并未能发挥其功效。但随着北宋后期大规模黄河治理工程的开展,特别是庆历八年(1048 年)澶州商胡埽堵口,之后出现商胡北流,还有连续三次的"回河东流"等治理工程,在这些工程中马头锯牙技术都发挥了巨大的作用,显示出了治水功能。第一次"回河东流"工程是著名的"六塔河之役",当时有"约水入六塔河"、"擅进约"、"有上下约"、"埽约"[9]等,出现了几种"约"的称呼,但是,尚未看到马头和锯牙。而此时的"约"并未能发挥其应有的功效。随后在仁宗嘉祐五年(1060 年)大名府魏的第六埽发生溃决,河水一分为二。此时根据二股河水流情况,分别兴建了"回河东流"和"北流闭塞"两个工程。《会要》一九二册,方域一四的治河(付二股河)篇,英宗治平三年(1066 年)十月二十五日记载:"同判都水监张巩(中略)乞增修二股河上下约 缘正当河冲滩面低下斜狭 欲乞来春先且极力增修下约 候夏秋委是牢固 至次年方得相度紧慢 次量进卷上约归 从之"。

上约下约的区别在于滩面。神宗熙宁元年(1068 年)六七月份恩、冀、深、瀛 4 州即北岸下游流域遭遇洪水,"开二股以导东流"的策略也成了问题。司马光在熙宁二年正月回朝复命时上奏说:"于二股之西 置上约擗水令东 俟东流渐深北流淤浅 即塞北流",又于三月再一次上奏说,修建于二股河西岸的上约已推进到河道中间,河水已经开始东流,原来只有二分的河水东流,估计今后能达到八分[10]。当时在北京大名府的韩琦也上书汇报了这个工程的现状,奏章中说:"今岁兵夫数少 而金堤两埽修上下约甚急 深进马头欲夺大河 缘二股及嫩滩 旧阔千一百步 是以可容涨水 今截去八百步有余 则将束大河于二百余步之间 下流即壅 上流蹙遏湍怒 又无兵夫修护堤岸 其冲决必矣"[11]。再次明确提到在上下约使用了马头。到四月份,当时的高级水利官员司马光、张巩、李立之、宋昌言、张问、吕大防、程昉等人,对上约和方锯牙进行了考察,最后在下约开会协商,随后司马光上奏说:"二股河上约并在滩上 不碍河行 但所进方锯牙已深 致北流河门稍狭 乞减折二十步令近后 仍作蛾眉埽 裹护其沧德界 有古遥堤 当加葺治 所修二股本欲疏导 河水东去"[12]。上约在滩上,方锯牙即马头由此伸入河道,按韩琦之说是从 1 100 步缩小到 200 步。在这些奏章里,我们可以看到约、马头、方锯牙、蛾眉埽、遥堤等名字,说明堤岸技术有了新的发展。这个工程于熙宁二年(1069 年)结束了,但是到熙宁十年(1077 年)七月澶州曹村埽又发生大规模决口。对于当时的情况,我们已经叙述了与堤埽的关系,现在再一次考察其与马头锯牙有什么关系。

据《长编》卷二八九,神宗元丰元年(1078 年)五月己卯记载:"都大提举修闭曹村决口所言 见修月(《会要》中的"河")堤增卑倍薄(中略)承受韩永式言 新修马头于大河 倾注之间签成堤岸 河流虽断 堤面尚垫 尤须众力 乞且留诸处役兵 一月候马头不垫 新堤增固(下略)"。就是说采用了入内东头供奉官走马承受韩永式的上奏。在大堤的外侧再修一道月堤,用以加强大堤,而在内侧修筑马头以抵御河水的冲刷,再筑起签堤阻断水流。修筑马头约一个月,新堤就得到加固。对照前文提到的《澶州灵津庙碑》碑文来看,马头外侧还多了个牙,也就是锯牙。不过如此浩大的工程,技术之复杂,仅靠月堤、马头、签堤、锯牙是根本不行的,也只有在采用了王居卿的"横埽方法"之后,才得以收到了预期的功效。这次浩大的工程聚集了六七路的民工,虽说是临时征集的,也就是从这次开始临时征收免夫钱的[13]。由于借助了赤蛇的神力,终于成功封堵了决口,因此得名"灵平埽"。曹村埽成功堵口具有划时代的意义,给其后的众多堵口工程带来了巨大的影响。但是,也不能说绝对百试不爽,比如,随后在元丰六年(1083年)"导洛通汴"的工程中使用了马头锯牙"约水势入新河",并在武济河堵口时也曾用过,却没有收到预期的效果[14]。

元丰四年(1081年),东流的河水再次被淤塞,在澶州的小吴埽发生了大规模的决口,黄河河水在小吴段再次发生北流。因此,水利官员上书请求进行第三次"回河东流,北流闭塞"工程,史称"孙村口之役"。从元丰七年(1084年)七月大名府水灾开始到宋哲宗元祐五年(1090年)的6年间,先后封闭了阚村、阳邵、樊河3处河口,在大名府第四铺到孙村口之间开签河疏导水流,同时构筑了止水(指水)锯牙、截河马头[15]。而元祐五年梁村口黄河决口,河水北流,到宋哲宗绍圣元年(1094年)四月,北流的河水已有八九成回归东流,至十月北流已完全断流,在这5年间,也是将北流的河水引导流入距梁村口16里的孙村黄河故道,同时堵塞了其他北流的河口。《长编》卷四八一记载了宋哲宗元祐八年(1093年)二月已未门下侍郎苏辙的奏折,奏折上说:"自建议回河 先塞此三门 又于西堤作锯牙马头约水 东流直过北京之上 故北京连年告急(中略)北流河门只留一百五十步 盖北流河门本阔三百余步(中略)尝闻顷岁北流河门阔十余里 水面阔七八里 今来河门止阔三百余步 盖水官数年以来堙塞大河(中略)又东流河门止阔百余步 每年涨水东行已有满溢之惧 今复欲并入北流(中略)自去年十一月后来至今百日间 水官凡四次妄造事端 摇撼朝廷 第一次 安持十一月出行河 先乞一面措置 河事旧法马头不得增损 臣知安持意 在添进马头(中略)第二次 乞于东流北 添进五七埽縆 臣知安持意 欲因此多进埽縆约令北流入东(中略)第三次 即乞留河门百五十步 臣知安持意在回河 改进马头之名 为留河门(中略)第四次 即乞作软堰 凡安持四次擘画 皆回河意耳"。

这里所提到的"安持",即吴安持,宰相吴充之子,王安石的女婿。由他主持的从元祐七年(1092年)十一月到次年二月这近百天的封堵北流河道的过程,反而由于反吴急先锋苏辙的奏折变得清晰起来。宽达10余里的北流河道,如今仅余150步,几乎就要被完全封堵了,所采用的技术就是绵延数十里的锯牙马头加上埽縆和软堰(实际应该是"硬堰"吧)。说它是水利官员"妄造"的,是为了"摇撼"北宋政权,但事实不是这样,正是延续了既定的国策,使治水工程明里暗里得到了推进。

"孙村口之役"是北宋举全国之力进行的最后一次回河东流、北流闭塞工程,应该说是集北宋时期黄河治水技术之大成的一次巨大工程。这一巨大工程也为当时朝野的党争提供了绝好的工具,在朝廷的朝令夕改中工程建建停停、时断时续,这也充分暴露了北宋政权的弱点。即使是这样举全国之力,历经10年的艰苦努力,到最后还是化为一场空,宋哲宗元符二年(1099年),内黄黄河大规模决口,黄河河水依然又复归北流。徽宗政和五年(1115年)至六年期间,在大伾三山建桥工程中也出现了马头,但此时的马头已经回归到了它的本来的功用,建在三座山的山脚处的马头实际成了固定永久浮桥的桥头堡[16]。而在北宋南迁时,又亲手把辛苦构筑的黄河大堤破坏殆尽[17],这就是历史的矛盾。同时"马头锯牙"也随之从黄河大堤中销声匿迹了。同样,旧法党鼓吹国防论,新法党鼓吹治水论,他们都犯了严重的错误。在此我们可以说这是严酷的历史审判。滚滚黄河东逝水,汹涌的浊流承载着四千年悠久历史,不舍日夜奔流至今,其中又隐藏着多少已知和未知的问题啊。

**【注释】**

[1] 司马光撰《资治通鉴》卷二四二,唐记五八,长庆二年(公元 822 年)九月记注。

　清代赵翼撰《陔馀丛考》卷四二《马头马门》以及池田静夫的《马头与埠头》(文化 606·10)的《码头的意义与沿革》(生活社·1940 年《中国水利地理史研究》)。另外,日野开三郎所著的《中国带埠的地名及其沿革》中的"历史教育"第十三篇第九章也有有关马头的记载。

[2] 明代潘季驯著,并与其孙数人校阅的明刊《河防一览榷》。《东洋文库》收藏卷四、一筑顺水坝。清代蒋阶撰《河上语》语挑坝第七。

[3] 《宋史》卷九一,河渠志四四,黄河上,神宗熙宁二年四月司马光等奏。

[4] 清代蒋阶撰,陈汝珍、刘秉锴绘《河上语图解》中语挑坝第七"碎石坝石梁及护岸图"中,既绘有顺水坝、挑水坝图,也绘有三角形的矶嘴坝和人字坝。估计锯牙也大同小异(请参考后面的绘图)。

[5] 《长编》卷八五,真宗大中祥符八年(1015 年)十二月甲午,韦继升关于汴河的奏折中说:"仍请于沿河作头踏道擗岸 其浅处为锯牙以束水势 使水势峻急 河流得下泄"。这里锯牙被用来约束水势。

[6] 《长编》卷一一五,仁宗景祐元年(1034 年)秋七月甲寅和乙卯的记载。

[7] 第[6]的冬季十月癸亥,杨阶言。

[8] 《长编》卷一三一,仁宗庆历元年(1041 年)三月庚戌朔。

[9] 《长编》卷一八一,仁宗至和二年(1055 年)九月丁卯的诏书。同年十二月辛亥条陈。《宋史》卷九一,河渠志四四,黄河上,仁宗嘉祐元年(1056 年)四月壬子朔条陈。

[10] 《宋史》卷九一,河渠志四四,黄河上,神宗熙宁二年(1069 年)正月司马光入对,同年三月司马光奏。

[11] 同注释[10]三月的记载。

[12] 同注释[10]四月的记载。

[13] 《长编》卷四二一,哲宗元祐四年(1089 年)春正月戊戌,御史中丞李常言。同书卷四四四,元祐五年六月,御史中丞苏辙言。

[14] 《长编》卷三三八,神宗元丰六年(1083 年)八月庚子,都水使者范子渊言。同书卷三四八,神宗元丰七年八月癸未条陈。

[15] 《长编》卷三四七,神宗元丰七年(1084 年)秋七月甲辰和辛亥的条陈。《宋史》卷九二,河渠志四五,黄河中,元丰八年十月,同元祐二年(1087 年)十一月丙子。《长编》卷四一六,哲宗元祐三年(1088 年)十一月甲辰,赵瞻的奏折。另外,还请参考本书的第三章第三节中的"吴安持和李伟"。

[16] 《会要》一九二册,方域一三,桥梁篇,政和四年(1114 年)十一月二日及政和六年正月一日及七月二十日的记载。《宋史》卷九三,河渠志四六,黄河下。

[17] 徐梦莘《三朝北盟会编》卷六三,靖康元年(1126 年)十一月十三日甲戌的记载。

# 结束语

　　宋代的黄河就像是一个宇宙世界。黄河在流出河东、河南的广阔地域之前,是在天地间逶迤奔流,而一旦进入河北、山东平原,则又回到人世间蜿蜒流淌。可正是这个大自然赐予我们人类的黄河,却把人类及其历史一同卷进了那滚滚浊流之中,在这里展开了一幕又一幕破坏与建设交替更迭的历史画卷。人类要凭借团体的建设能力去挑战大自然的巨大破坏力量,就必须有强有力的政权对其进行有效地组织和管理。只有这个集体的力量是其唯一的原动力。因此,治理黄河的技术,也只有在团体的推动下,才能发挥其功效。"埽、锯牙、马头"等都是如此。这些技术可以说正是由于有了像刘吉、高超、王居卿等这样的优秀技术人员的苦心钻研才得以发明创造的,也可以说是由政治集团基于政治利益,利用政治权力组织实施的。作为一项治理黄河的技术，是第一次付诸实施。通过在河北、河南、河东、山东、淮南等广大地域大量征调囤积人力、物力，其功能得到了充分的发挥。同时，负责治水的官员及技术人员都得到了上级负责官员的鼎力支持，使他们得以充分施展才能。"商胡埽之役"中高超的上司贾昌朝，"六塔河之役"中李仲昌的上司文彦博、富弼，在治理二股河以及后来的水利工程中张巩的支持者司马光，程昉的支持者王安石，"孙村口之役"中李伟的支持者吴安持等都是如此。北宋后期的科学技术已经"迈出了坚实的一步"，特别是"水利学已成为北宋时期的一个特色学派"[1]，这一学派的主要成员大都来自南方，他们参与黄河治理工作，不能说取得了显著的成果。正如沙克什在《河防通议》中指出的，黄河治水工作正在朝着如何平等合理地使用人工、如何节约使用物料等方面推进。宋代黄河的治理更倚重的是人与物，而不是技术的革新。

杂石坝石垛及护岸图如图1-1所示，石坝图如图1-2所示，石坝护岸图如图1-3所示。

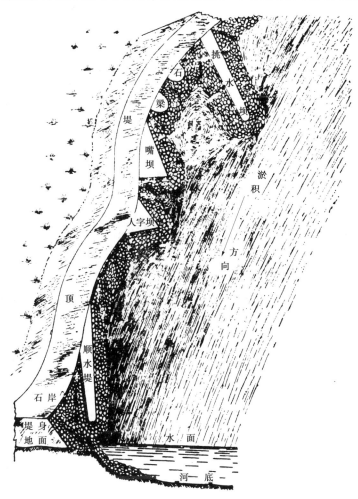

图1-1　杂石坝石垛及护岸图

图 1-2　石坝图

图 1-3　石坝护岸图

**【注释】**

[1] 薮内清编《宋元时代科学技术的发展》(收录《东方学报》京都第三七册,《宋元时期的技术》1966年)。

薮内清《宋元时代科学技术史》。京都大学人文科学研究所研究报告,1967年。

补充:清代蒋阶撰,陈汝珍、刘秉镔绘的《河上语图解》中语挑坝第七中有前页的图解。石坝位于马头内,矶嘴坝、人字坝等均呈锯牙状。

# 第二节 黄河的四季区分

## 绪 言

《宋史》卷九一,河渠志四四篇中天禧五年(1021年)正月的文中收录有关于黄河的概括性记载。内容收录了有关一月到十二月的水势名以及能波及埽岸的水名、土壤、春料、埽法和各府州埽名。这里主要考证一下黄河十二个月的水势名,一月为信水,二、三月为桃华水即春末的菜华水,四月为麦黄水,五月为瓜蔓水,六月为矾山水,七月为豆华水,八月为荻苗水,九月为登高水,十月为复槽水,十一、十二月为蹙凌水。《宋史》是第一个将黄河十二个月的水名作这样完整形象比喻的[1],并一直沿用至今。只不过现在更多使用的是桃汛、伏汛、秋汛,再加上凌汛这四汛。长长的两道大堤紧紧束缚着桀骜不驯的滚滚浊流,这就是黄河。希望通过对宋代黄河十二个月的水名是如何确定的研究以及如何向三汛或四汛转变的探究,以有助于了解黄河的四季变化。

**【注释】**

[1] 申丙《黄河通考》。中华丛书编审委员会,1960年,第八卷,河工成法考的"黄河汛期考"中列举了黄河十二月水名,并说:"按以上各月汛候名词 实创于宋"。

## 一 宋代黄河十二月水名考证

据《宋史》卷九一,河渠志四四,黄河上,天禧五年正月记载:"说者以黄河随时涨落 故举物候为水势之名。"根据大家的说法,黄河水势是随时间而涨落的,为此采用黄河流域的一些风物来命名水势。一年十二个月中,黄河的水势都不尽相同,同时黄河流域的四季风物也各具特点,因此水势的涨落与四季的风物似乎有某种关联。接下来文中又说:"自立春之后 东风解冻 河边人候水初至 凡一寸则夏秋 当至一尺 颇为信验 故谓之信水"。立春(旧历正月,新历2月4日)之后,春风拂面,结冰的大地开始解冻,春水初次到来。河边的人们开始测量水位,如果水深一寸,估计到了夏秋就会深达一尺。根据以往的经验,测得的结果还是相当可信的。因此,立春后的水就称之谓"信水"。水深一寸是水势,立春后东风解冻是物候,夏秋水深达一尺是人们的判断,当这三者同时确立时,"信水"就成立了。还是这篇文章,在十二月水名的末尾写到:"水信有常率以为准,非时暴涨谓之客水",与日常标准相同的水势称为"信水",而超过常态暴涨的水势就称为"客水"。元代沙克什在撰写《河防通议》时,也继承了《宋史》中水名,在上卷河议第一篇中对十二月水名进行解释,并在文末说:"立春之后春风解冻 故正月谓之解凌水 水信有常率以为准(汴本与监本异,故两存之)。"《宋史》中存在"水信"和"信水"两种说法,对此《河防通议》则把立春正月的水称为"解凌水","水信"还是继续沿用《宋史》的称呼。绍兴十九年(1149年)叶廷珪编撰的《海录碎事》卷三上,地部上篇总载水门里有"解凌水·黄河正月水名"的记载,可见当时已经使用"解凌水"(多数都写"解凌水"、"解冻水",这个应该是正确的)了。

《会要》一九三册,方域十五,治河下,哲宗元祐五年(1090年)三月二日记载:"都水使者吴安持言 大河信水向生 请鸠工预治所急 诏发元丰库封桩钱二十万 充雇直"。吴安持是王安石的女婿,在李伟麾下负责黄河的治理工作,他上奏说,大河信水已于近期发生,打算对危险地段的河堤进行加固整修,因此得到了朝廷拨发的雇工钱二十万缗。这是三月二日的事,说明这里所说的信水应该是指二月的水。《河防通议》的十二月水名中也提到"二月信水"。推而广之,一、二月的水都应该称之为"信水"。《长编》卷四四三记载了元祐五年五月侍御史孙升的奏折,在末尾有李焘的割注,是这么写的:"实录于三月二日书吴安持奏 信水向生 可考"。李焘对"信水向生"似乎有所怀疑,但"信水"一词却的的确确被载入实录中。

元代沙克什撰《河防通议》上卷,弁信二水一文中写到:"信水者上源自西域远国来 三月间凌消其水浑冷 当河有黑花浪沫 乃信水也 又谓之上源信水 亦名黑凌(监本)"。河水上游远在西域国,三月间冰雪消融,浑浊的冰水泛着黑色的飞沫流淌而来,此时的水也叫做"信水"。别名叫"上源信水",也称"黑凌水"。吴安持所说"信水"应该就是指这个水吧。

在《宋史》河渠志的同一文中还记载说:"二月三月桃华始开 冰泮雨积 川流猥集 波澜盛长 谓之桃华水"。桃花始开,冰消雪化,雨水聚集,众多河流汇集,河水盛长。这时的水叫桃华水。《海录碎事》只说:"二月三月水名桃花水",而《河防通议》则沿袭《宋史》的称谓。

班固撰《汉书》二九,沟洫志卷九中记载有审如焉在河平元年(公元前28年)所说:"来春桃华水盛 必羡溢 有填淤反壤之害",颜师古(公元581—645年)批注道:"月令仲春之月 始雨水 桃始华 盖桃方华 时既有雨水 川谷冰泮 众流猥集 波澜盛长 故谓之桃华水耳 而韩诗传言 三月桃华水 反襄者水塞不通 故令其土壤返还也"。颜师古的仲春二月桃华水的注释应该就是《宋史》桃华水的由来,而汉代韩婴的诗中却说三月桃华水。这二者统合正好是"二月三月"。桃华水盛则必然会羡溢,因此有填淤反壤之害。所谓反壤就是水流不畅,倒流回土壤。

北魏郦道元(公元467?—527年)撰写的《水经注》卷一河水一文说:"汉大司马张仲(为大司马史张仲功之误)议曰 河水浊 清澄一石水 六斗泥 而民竞引河溉田 令河不通利 至三月桃花水至 则河决 以其噎不泄也 禁民勿复引河 是黄河兼浊河之名矣"。三月桃花水一到,黄河就决口。人们引河水灌溉,造成河道堵塞,流通不畅。因此,应该禁止百姓引水灌溉。张戎,字仲功,他的提议与审如焉的说法一致。可以想象汉代人们已经开始引黄淤田灌溉了。

宋代李昉(公元925—996年)等奉旨编撰《太平御览》卷三〇,其中时序部一五三月三日记载说:"韩诗曰溱与洧方涣涣乎(涣涣乎也谓三月桃华水下之时至盛也) 惟士与女方秉蕳乎(秉执也蕳兰也当此盛流之时众士与众女方执兰拂除邪恶郑国之俗放三月上巳之辰此雨水之上招魂续魄拂除不祥(以下略))"。宋代高承撰《事物纪原集类》卷八,岁时风俗部四二篇,祓禊一文中也有类似从韩诗引用的句子。溱洧二水侧畔,当三月桃花水到来时,众男女手持兰花拂除不祥,这是郑国的习俗。另外,在三月上巳之日,如果桃花雨水涨了,就开始招魂驱邪,拂除不祥。

溱洧二水都流过现在的新郑县。梁代宗懔(公元498?—556?年)撰《荆楚岁时记》中说:"注谓 今三月桃花水下 以招魂续魄 以除岁秽",唐代孙思邈(公元581?—682年)

撰《千金月令》中也有与之几乎完全相同的记述[1]。

桃花水是二月仲春到三月季春的水。其间有二十四节气的启蛰、春分、清明、谷雨四个节气,特别是清明节前还有个寒食节。河夫的工期到寒食节前结束,因为清明一过就开始进入农忙期了。桃花水不仅预示着黄河即将进入丰水期,同时还提醒农民即将进入农忙期。寒食、清明期间,被楔祭祖,驱除邪恶,调整身心,准备进入农忙期,这时桃花水正好起到了提示的作用。从某种意义上讲,更贴近一般百姓生活的是由桃花水略微演变而成的桃汛,时间也缩短了,"从清明节到立夏约一个月"[2],这也许是能够沿用至今的理由吧。

明代潘季驯(1521—1595 年)的《河防一览》卷一四的奏疏中收录了都给事中常居敬的《酌议河道善后事宜疏》,内有"正月办料 二月兴工 三月终工 未就而桃花水发 五六月而伏水发 七八月而秋水发 是无一时可忽也"的说法。即正月准备工料,二月开工,三月收工。这个工期方式与宋代的春料、春夫、寒食节前完工是同样的想法。接下来,三月工程未完则桃花水已发,五六月发的是伏水,七八月发的是秋水。明代徐光启(1562—1633 年)撰《农政全书》卷十一,农事占候一文关于三月是这样说的:"月内有暴水 谓之桃花水 则多梅雨",把三月大水称桃花水,预示着梅雨季节将多雨。清代李世禄撰《修防琐志》第三卷,水性一文也列举了十二月水名,几乎都与《宋史》相同。但是明、清时期的桃花水多与伏水、秋水相续,不是十二月水名,而是预示三汛的桃花水。

《宋史》河渠志里写到桃花水之后有:"春末芜菁华开 谓之菜华水",而《海录碎事》和《河防通议》没有这方面的记述,也没找到类似的用例。接下来写到:"四月末袭(《通议》为陇)麦结秀擢芒(《通议》缺"擢芒"两字,改用"为之"二字)变色 谓之麦黄水"。《海录碎事》和《河防通议》都缺"末"字。四月的黄河水可以称之为麦黄水。接着写到:"五月瓜实延蔓 谓之瓜蔓水"。其他两本书皆相同。虽然麦黄水、瓜蔓水的用例也没有找到,但是东汉崔寔的《四民月令》中关于六月写到:"六月初伏 荐麦瓜于祖祢",即用麦和瓜祭祀祖先[3]。把这与黄河水结合起来不就成了瓜蔓水、麦黄水了。估计这几个水名也与桃花水一样,起源于汉代。

接下来《宋史》关于矾山水是这样记述的,"朔野(《通议》作"方")之地 深山穷谷 固阴冱寒 冰坚晚泮 逮乎盛夏 消释方尽 而沃荡山石 水带矾腥 并流于河(《通议》为"入河")故六月中旬后(《通议》缺"故"与"中旬")谓之矾山水"。北方的山既深又穷,坚固封闭,冰封千里,坚冰融化迟缓,到了盛夏才完全消融。融化的雪水冲破山石,携着矾性,带着腥气冲入黄河。故六月中旬的水称为矾山水。《河防通议》上卷的辨信涨二水一文写到:"涨水者系六月 临秋生发 通常无定 上有浮柴困鱼 其水腥浑 验是矾山远水也 又水兼深浓(或曰红浓,监本)",所谓涨水,主要指六月,即临近秋季时出现,水量超乎常例,多少难以预料。水面上漂浮着柴禾和困住的大鱼,河水既腥又浑。这些如果都验证了,就证明是矾山远水啦,而且水的颜色深浓(红浓)。这是来自金代都水监本的对矾山水的解说。矾山多用于山名、镇名、堡名,并非是特定的地名。

那么,返回头再看看宋代矾山水的用例,明显远远多于其他水名。

《宋史》卷九五,河渠志四八,御河,熙宁四年(1071 年)十二月记载说:"命知制诰熊本与都水监河北转运司官相视 本奏(中略)捍黄河之患者一堤而已 今穴堤引河 而置闸之地 才及堤身之半 询之土人云 自庆历八年后大水七至 方其盛时游波 有平堤者 今河流

安顺三年矣 设复矾水暴涨 则河身乃在闸口之上 以湍悍之势而无堤防之阻 泛滥冲溢下合御河"。熊本携都水监官员及河北转运司一同去视察了御河的黄河引水处的引水闸,回来后上奏其现状,说目前能防止黄河水患的就只有大堤了,为在堤上开口引水而设置了引水闸,其位置正好在大堤的一半处。据当地人讲,庆历八年(1048 年)以来有过 7 次大洪水,水大时几乎漫过河堤,如今河流安澜已经 3 年。如果矾(山)水暴涨,河水超过闸口,就极有可能漫过河堤流进御河。这里所说的"矾水"应该可以理解为矾山水吧。矾为明矾[4],这是重点关注的。从庆历八年(1048 年)到熙宁四年(1071 年)发生了 7 次矾山水,而至今的 3 年间又是安澜,就是说 21 年间发生了 7 次大洪水,平均三年一次。

《永乐大典》一二五〇六册中收录了《长编》有关熙宁八年(1075 年)四月戊辰(《宋史》卷九五,河渠志四八)的记载:"管辖京东淤田 李孝宽言 乞候矾山水至 开四斗门引水淤田 权罢漕运三二十日 从之 以矾山涨水颇浊 可用以淤故也"。这是京东路管理淤田的官员李孝宽的奏折。等候矾山水的到来,届时开启四斗门引水淤田[5],为此请求暂停漕运二三十天,并获得准许。

《长编》卷二七七,神宗熙宁九年(1076 年)八月庚戌记载:"权判都水监程师孟言 臣昔提点河东刑狱兼河渠事 本路多土山 高下旁有川谷 每春夏大雨 众水合流 浊如黄河矾山水俗谓之天河水 可淤田"。这是权判都水监程师孟回忆兼任河东路的河渠事的往事时,谈到了淤田的好处。河东路即今天的山西省,山岳川谷众多。每年春夏时如有大雨,众多水流汇集,浑浊如黄河矾山水,河东把这水唤作天河水,正好可以用来淤田。

沈括在所著《梦溪笔谈》(胡道静校注)卷十三的权智校证部中记载:"侯叔献 宋宜黄人 字景仁 庆历(1041—1048 年)进士 累官两浙常平使兼都水监 相地利 引矾山水灌田四十万顷 迁河北水陆转运判都水监"。侯叔献其人,请参考本书"都水监官员"所收录的都水监官员进路表,熙宁九年(1076 年)任判都水监一职[6]。判别地利,引矾山水灌溉了 40 万顷田地。

《长编》卷三一六,神宗元丰四年(1081 年)九月己酉记载:"河北都转运使王居卿乞自王供埽上添修南岸 于小吴口北 创修遥堤 候将来矾山水下 决王供埽 使河直注东北 于沧州界或南或北 从故道入海(朱本云奏)"。前面说到,王居卿是位优秀的技术官员[7]。从卫州的王供埽上添修南岸,在澶州小吴口北创修遥堤,等矾山水来到后,就掘开王供埽,河水直接注入东北,回到从前的河道入海。这是想借用矾山水的力量。

《宋史》卷九三,河渠志四六,黄河下,右正言张商英绍圣元年(1094 年)六月上奏:"九年为水官蔽欺如此 九年之内年年矾山水涨 霜降水落 岂独今年始有涨水 而待水落 乃可以兴工耶 乞遣按验虚实"。这里提到的是梁村口工程,朝廷被水官欺瞒了 9 年。这 9 年间,年年矾山水涨,到霜降又回落。为什么只汇报说今年涨水了?是不是打算等水回落后要大兴土木?黄河的这种矾山水、霜降水实际上年年都有。请求朝廷派遣使臣去调查水官所说地区的虚实情况。前面熊本的上奏提到矾山水 3 年涨一次,这里又说年年涨水,熊本所说应该理解为暴涨。

矾山水一词,在 11 世纪末的神宗和哲宗年代经常被都水监官员及熟悉水事的官员所使用。沈立的《河防通议》此时业已完成[8],同时元丰五年(1082 年),由李清臣负责编写收录有黄河十二月水名的《两朝国史》也终于完成。其中的桃花水多与民俗和灌溉两方面相关,而矾山水则几乎专门用于淤田灌溉。

《宋史》还写到:"七月菽豆方秀 谓之豆华水"。《海录碎事》和《河防通议》的"释十二月水名"中没有记载。而吴代周处的《阳羡风土记》(江苏省宜兴县的地理志)和梁代宗懔的《荆楚岁时记》里面有"八月雨谓之豆花雨"的记载[9],转过来使用就成了黄河流域的"七月豆花水"了吧。金代都水监本里也提到"八月豆花"。

接下来《宋史》又写到:"八月葭苭华 谓之荻苗水"。《海录碎事》和《河防通议》的"释十二月水名"中把七月、八月的水统称为荻苗水,应该是由于没有七月豆华水的缘故。葭苭指的就是荻。

《宋史》还有"九月以重阳纪节 谓之登高水"的记载。豆华、荻苗、重阳季节等与黄河水并没有明显的关系。《海录碎事》中说:"九月谓之登高水",而金代都水监本却说:"九月霜降"。前面提到的张商英的奏折中也说:"矾山水涨 霜降水落"。《长编》卷四四八记载了元祐五年(1090年)九月御史大夫苏辙的上奏,奏文说:"依吴安持等所谓 候霜降水落 从北外丞司相度(下略)"。霜降为二十四节气之一,重阳是九月九日的民间习俗[10]。

《长编》卷四四九记载了元祐五年(1090年)冬十月癸巳(二日)侍御史孙升的上奏,其中引述了李伟的修治策说:"今只得夫二万 于九月便兴工 至十月塞 冻时已为毕",说的是,秋季开始治理工程的一个目的就是避开农忙和重阳节。九月登高水可以看成是与三月桃花水相对应的。

《宋史》河渠志中还有"十月水落安流 复其故道 谓之复槽水"的记载。《海录碎事》和《河防通议》的汴本、监本也都有相同的记载。只是监本的"十二月水名"中写的是"十月伏槽"。

《长编》拾补八中记载了朝奉大夫郭知章于元祐八年(1093年)十二月丙寅写的奏折,其中写到:"臣以谓 地形有高低 水势有逆顺 河道有浅深 河流有缓急 利害皆可自睹 方兹隆冬霜降水落复槽 则利害尤易辨也",提到了"霜降水落复槽"。

《长编》拾补九中记载了权河北路转运副使赵偁于绍圣元年(1094年)正月戊子的上奏,他在奏折中说:"开阚村等三河门 使伏槽之水就不顺直"、"北流伏槽之水"、"请俟涨水伏槽"。"伏槽"同"复槽"。哲宗的元祐年间(1086—1093年)还能看到许多文章里面提到"霜降"、"复槽"等用语[11],但没看到"登高水"。

《宋史》河渠志最后写到:"十一月十二月断冰杂流 乘寒复结 谓之蹙凌水"。与《海录碎事》的记载基本一样,但与监本《河防通议》的"十二月水名"中说法不同,监本为"十一月噎凌 十二月蹙凌"。噎为蔽塞,凌为积水。噎凌水是指由于淌凌聚集,淤塞河道而形成的黄河水。蹙是由于外物聚集而形成的。蹙凌水是指顺水流淌的杂乱冰块即流冰,遇到寒冷天气又重新冻住的黄河水。噎凌也好,蹙凌也罢,实际并没有多大的差别。因此,《宋史》河渠志就把十一、十二月的水统称为蹙凌水,就是河道里结成冰的黄河水。其实人与河都一样,只能自己把自己紧紧封闭在长期栖息的老地方。

叶庭珪在《海录碎事》十二月水名的最后说:"已上出《水衡记》"。即上述十二月水名引用自《水衡记》。《太平御览》、《太平广记》、《宋史》芸文志等书籍目录中均未见到《水衡记》。但是,水衡是汉武帝元鼎二年(公元前115年)首次设置的水衡都尉的官名。后于晋武帝(公元265—289年)时期设置过都水台,隋代以后由于设置了专门的都水,因此水衡被废止。《水衡记》可能是有关汉代水衡的记事吧[12]。

**【注释】**

[1] 守屋美都雄著《中国古岁时记研究》,帝国书院,1963年版。

[2] 张含英《黄河志》第三篇"水文工程"(商务印书馆,民国二十五年(1936年))中记载:"桃花水 清明节至立夏前后所涨之水"。

[3] 唐代孙思邈著《千金月令》里记载"六月 可以饮木瓜浆 其造木瓜浆法 用木瓜削去皮细切 以汤淋之 加少姜汁 沈之井中冷以进之(养生月览)",提供了瓜浆药用的法子。

[4] 佐伯富的《宋代明矾专卖制度》以及他的《中国史研究第一》,东洋史研究室,1969年。

[5] 佐伯富的《王安石淤田法》以及他所著前揭书所收。

[6] 《宋史》卷九五,河渠志,熙宁二年(1069年)十一月记载:"(侯)叔献又引汴水淤田(熙宁三年)(1070年)八月(侯)叔献和(杨)汲并权都水监丞 提举沿汴河淤田"(《长编》卷二一四也有相同记录)。

另外,《长编》卷二三〇,熙宁五年(1072年)二月壬子也有记载:"知都水监丞公事侯叔献等言 见于官田(下略)"。

[7] 参见本书第一章第一节"宋代黄河堤防考证"。

[8] 参见本书第二章第二节"宋代的河工——关于'工'的含义"。

[9] 同注释[1]。

[10] 宋代高承撰《事物纪原》卷八岁时风俗部登高一篇写到:"续斋谐记曰 汉桓景随费长房学谐 曰九月九日汝家当有灾厄 急令家人作绢囊盛茱萸悬启 登高山饮酒 祸乃可消 景率家人登山 夕还 鸡犬皆死 房曰此可以代人 则九日登高始于桓景"。可见登高的风俗也是始于汉代。

另外,东汉崔寔的《四民月令》也有"九月治场圃涂囷仓 修宝窖 缮五兵习战射(以下略)"。

还有宗懔的《荆楚岁时记》四一也记载:"九月九日四民并籍野饮宴 按杜公瞻言 九月九日宴会 未知于何代 然自汉至宋未改 今北人亦重此节 佩茱萸食饵饮菊花酒 云令人长寿"。

[11] 梁焘(1089年1月)、孙升(1090年)、苏辙(1089年8月和1090年9月)、曾肇(1088年1月)、李常(1089年1月)、王岩叟(1087年4月)、赵偁(1094年1月)、郭知章(1093年)、李伟(1089年7、8月)等上奏的奏折中分别出现了"复槽"、"伏槽"、"河槽"、"霜降"等词语。

[12] 班固撰《汉书》十九,百官公卿表七上文中有关于水衡都尉的注释,说:"应劭曰 古山林之官曰衡 掌诸池苑 故称水衡 张晏曰 主都水及上林苑 故曰水衡 主诸官 故曰都 有卒徒武事 故曰尉 师古曰 衡平也 主平其税入"。

## 二 十二月水名的确立及诠释

(一)《宋史》卷九一,河渠志四四,黄河上

天禧五年正月十二月水名的记载

说者以黄河随时涨落故举物候为水势之名

自立春之后东风解冻

河边人候水初至凡一寸则夏秋当至一尺颇为信验故谓之信水

二月三月桃华始开冰泮雨积川流猥集波澜盛长谓之桃华水

春末芜菁华开谓之菜华水

四月末袭(垄的误写)麦结秀擢芒变色谓之麦黄水

五月瓜实延蔓谓之瓜蔓水

朔野之地深山穷谷固阴沍寒冰坚晚泮逮乎盛夏消释方尽而沃荡

山石水带矾腥并流于河故六月中旬后谓之矾山水

七月菽豆方秀谓之豆华水

八月萩蓼华谓之荻苗水

九月以重阳纪节谓之登高水

十月水落安流复其故道谓之复槽水

十一月十二月断冰杂流乘寒复结谓之蹙凌水

水信有常率以为准非时暴涨谓之客水

(_____线部分为两文基本相同的部分)


(二)沙克什撰《河防通议》上卷河议第一一文对黄河十二月水名的记载

释十二月水名的条目

黄河自仲春迄秋季有涨溢春以桃花为候

盖冰泮水积川流猥集波澜盛长二月三月谓之桃花月(水的误写)

四月陇麦结秀为之变色故谓之麦黄水

五月瓜实延蕚故谓之瓜蕽水

朔方之地深山穷谷固阴沍寒冰坚晚泮逮于盛夏消释方尽而沃荡

山石水带矾腥并流入河六月谓之矾山水今土人常候夏秋之交浮柴死鱼者谓之矾山水非也

七月八月萩蓼花出谓之荻苗水

九月以重阳纪候谓之登高水

十月水落安流复故槽道谓之复槽水

十一月十二月断凌杂流乘寒复活谓之蹙凌水

立春之后春风解冻故正月谓之解凌水水信有常率为准(汴本和监本略有不同,所以并列对比之)

(_____线部分为两文基本相同的部分)


(三)叶庭珪撰《海录碎事》卷三的地部上篇总载水门

绍兴十九年(1149年)序

凌解水黄河正月水名

二月三月水名桃花水

麦黄水四月水名

苽蔓水五月苽延蔓故以名

矾山水六月水也

荻苗水七月八月荻花故以名

九月谓之登高水

十月水落复故道谓之复槽

蹙凌水盖言十一月十二月水断复结

已上出《水衡记》

(四)沙克什撰《河防通议》上卷,河议第一黄河十二月水名的记录

(金代都水监本)

正月解凌

二月信水

三月桃花

<u>四月麦黄</u>

<u>五月瓜蔓</u>

<u>六月矾山</u>

七月荻苗

八月豆花

九月霜降

<u>十月伏漕</u>

十一月噎凌

十二月蹙凌(监本)

(____线部分为两者水名相同的部分)

以上四资料用 A、B、C、D 来表示,各水名比较如下。

解凌水(凌解水)(正月的水名)——B、C、D　A 文虽然没有这个名称,但有说明

信水(正月的水名)——A、B、D（但为二月的水名）

桃花水(二月、三月的水名)——A、B、C、D（但为三月的水名）

菜花水(春末的水名)—— A 独有

麦黄水(四月的水名)—— A、B、C、D

瓜蔓水(五月的水名)—— A、B、C、D

矾山水(六月的水名)—— A、B、C、D

豆花水(七月的水名)—— A、C（八月的水名）

荻苗水(七月八月的水名)—— A（八月的水名）,C、D（七月的水名）

登高水(九月的水名)—— A、B

霜降水(九月的水名)—— D

复槽水(十月的水名)—— A、B、C、D

蹙凌水(十一月、十二月的水名)—— A、B、C、D（十二月的水名）

噎凌水(十一月的水名)—— D 独有

水信和客水的记录——A、B(没有"客水"的名称)

根据这个表制作了如下四份史料中有关水名表。

四资料中完全相同的水名有四个——麦黄、瓜蔓、矾山、复漕

四资料中水名相同而月份不同的有三个——桃花水、荻苗水、蹙凌水

A 文中没有,其他三资料中有——解凌水(凌解水)。但 A 文中只有说明

C 文中没有,其他三资料中有——信水(但是在 D 文中是二月的水名)

只有 A、B 文中有——登高水

只有 A、D 文中有——豆花水(A 文中是七月水名,D 文中是八月水名)

只有 A 文中有——菜花水、水信和客水(这两者都不是月名)

只有 D 文中有——霜降水、噎凌水

另外,根据物候名作了如下分类。

以植物命名——桃花、菜花、麦黄、瓜蔓、豆花、荻苗等 6 种,以二 ~ 八月成熟的农作物、果实水草等命名

以水的形状和水质命名——信水(水信、客水)、矾山、解凌、复槽、蹙凌等。正月的是水深,六月的是水质,冬季是水的形态

以民俗和节气命名——登高和霜降,都是 9 月水名

春、夏、秋的物候多和农家生活关系深厚,冬季多对应黄河河水形态的变化。总之,水名和黄河以及农民的生活密切相关,互相对应。

上文从各个角度分析了宋代黄河十二个月的水名,下面我们考证一下它们是如何确立的。关于从沈立到沙克什传承编修的《河防通议》,请读者参照本文的第二章第二节“宋代的河工——关于‘工’的含义”。

南宋初年成书的叶庭珪著的《海录碎事》的序中有这样的描述:“尝恨无资不能尽得写间 作数十大册 择其可用者手抄之名海录(中略) 其细碎如竹头木屑者为海录碎事(以下略)”。意为在采录书写过程中,收集了如竹片木屑般细碎的资料并集结成册,所以取名《海录碎事》。值得注意的是黄河十二月的水名最早是出现在《已上出水衡记》中,是从汉代的《水衡记》中摘引的。那么,《宋史》河渠志所提的黄河十二月水名是如何确立的呢?

《长编》卷三二六,元丰五年(1082 年)五月辛巳记载:“吏部尚书李清臣言 久常当史识 国史今已成 书写录进册将毕止(中略) 欲乞自五月一日废罢修国史院”。而同年六月甲寅的《长编》卷三二七还记录了“修两朝正史成一百二十卷 上服靴袍 御垂拱殿 引监修国史王珪·修史官蒲宗孟·李清臣·王存·赵彦若·曾巩·进读纪传(以下略)”。《仁宗、英宗两朝正史》共一百二十卷,于神宗元丰五年成书,编修者中出现了李清臣[1]。

《宋史》卷三二八,列传八七篇中关于李清臣有这样的记载:“作韩琦行状 神宗读之曰 良吏才也 召为两朝国史编修官 撰河渠律历选举诸志 文直事详 人以为不减史汉 同修起居注”。晁补之的《资政殿大学士李公行状》(收于《济北晁先生鸡肋集》卷六二)里面也提到:“迁太常博士 召充国史院编修官(中略) 公为河渠律历选举等志 文核事详”。这些都证明李清臣当时是《两朝国史》河渠志的编撰者。

《长编》卷一〇〇,仁宗天圣元年(1023 年)春正月壬午记载:“凡埽之法 若高十尺百尺 其长算以径围 各折半 因之得积尺七千五百 则用薪八百围(史藁作薪五百围)(以下略)”。以下详细表述埽的铺设方法,在该文的最后有这样的注释:“自河入中国至此因本志附此 李清臣史藁戴埽法 尤详 本志删取之”。

《宋史》卷九一,河渠志四四,黄河上序文中说:“河入中国行太行西(中略) 然有司所以备河者亦益工矣”。《长编》的天圣元年正月壬午的诏书中也有几乎相同的文章。注释

中所说的《本志》是指《宋史》河渠志的原文,大概是从李清臣编修的《两朝国史》的《河渠志》中删取而成的。李清臣的史藁里详细记载了埽法,李焘的"埽之法"的内容据说也是从中删取而来的[2]。司马光著有《官制遗藁》,李焘著有《四朝史藁》,洪迈著有《赘藁》,所以我想李清臣写《两朝国史》一定也有相应的史料原稿,李焘将其称为"李清臣史稿"[3]。关于"埽法"的记述,《宋史》河渠志中,真宗末年的天禧五年(1021 年)的《说者》第一说中有概括性的叙述,而《长编》中,仁宗初年的天圣元年(1023 年)中以附说记事形式作了记载。并且《宋史》和《长编》中关于埽法的记述,两者往往是相辅相成的。沙克什继承沈立的学说写出的《河防通议》似乎是两者的集大成者[4]。由于真、仁两朝期间进行国史编修,所以史馆中应该收集有大量的此类资料。《长编》中没有黄河十二个月水名的记述,大概是李焘将之从李清臣的史稿中删除的缘故。现在李清臣的史稿原文已经看不到了,原文的出处也无从考证,但是还是可以从北魏(公元386—534 年)阚骃撰写的《十三州志》中找到一些线索,但是并不十分确定[5]。总之,李清臣的史藁和《水衡记》等与十二个月水名的确立有着很深的关系,这一点是确定无疑的,且其与汉魏的文章也有很深的渊源。这些资料突然以黄河的十二个月水名出现在《宋史》的河渠志中,一定有其原因,这与宋代社会背景有直接的关系。

宋代陈振孙撰《直斋书录解题》卷二二,篇六,时令类序记载:"前史时令之书 皆入子部农家类 今案诸书 上自国家典礼 下及里闾风俗 悉戴之 不专农事也 故中兴馆阁书目 别为一类列之史部 是矣 今从之"。即在前史中,时令是列入子部农家类的,但里面有上至国家典礼、下至乡村风俗的记录,并不仅限于农事。所以《中兴馆阁书目》(南宋陈骙等撰,淳熙四年(1177 年)成立)被列入史部,大约原因就在此吧。宋代王尧臣等奉旨撰写《崇文总目》(庆历元年(1041 年)成立)将宋代高承撰写的《事物起原》的卷八《岁时风俗部》[6]定为"卷二十·岁时类"。这一时期,还有贾昌朝写的《国朝时令集解十二卷》,吕希哲写的《岁时杂记卷二》。《宋大诏令集》(卷一二四典礼九明堂一,卷一三三典礼一八明堂一〇)里明确记录了北宋后半叶特别是政和七年(1117 年)至宣和三年(1121 年)5 年间的明堂月令。北宋后半叶到南宋期间,特别关注岁时、风俗、月令,并成为那个时期的思潮[7]。黄河十二个月水名的确立也是借助于这股思潮。文学领域的复古运动也同样源于这股思潮。那么就不能不考证一下宋代确立的十二个月水名在后来是如何发展和推而广之的。

金、元时期的十二个月水名正如沙克什的《河防通议》中所论述的那样,是宋代的直接延续。明代潘季驯(1521—1595 年)撰写的《河防一览》卷四的修守事宜中有"一、伏秋修守"的说法,其中的"一、水汛"可以说原封不动地引用了《宋史》河渠志中的十二个月水名。这里出现了"伏、秋"的表述,十二个月的水名被统一概括成一个新词"水汛"。两者结合起来就成为"伏汛"和"秋汛"。同书卷十四,奏疏中,常居敬的《酌议河道善后事宜疏》记述:"正月辨料 二月兴工 三月终工 未就而桃花水发 五六月而伏水发 七八月而秋水发 是无一时可忽也"。这里已经出现"伏水"、"秋水"的提法[8]。徐光启(1562—1633 年)撰写的《农政全书》卷十一中农事的"占候"一文中,对于二月则有:"初四有水 谓之春水"。对于三月则说:"月内有暴水 谓之桃花水"。这里出现了二月春水、三月桃花水的说法,这说明明末时期,十二个月水名在向四季水名变化。

到了清代的顺治年间,十二个月水名和水汛名同时并用[9]。

傅泽洪的《行水金鉴》卷一七二里关于夫役的记录中有顺治十六年(1659 年)正月初八总河朱之锡题写的"桃花水汛"。18 世纪康熙年间又出现了使用"桃汛"、"伏汛"、"秋汛"三汛的文章。

张鹏翮撰《河防志》卷八康熙四十年(1701 年)的《恭报清水盛出情形疏》里有这样的记述:"今三月初二初三初四三日 桃汛已至 黄淮并长 清水盛出 敌黄有余"。而在《加高堰堤工疏》中记载:"今三月初二初三初四等日 桃汛水长 风暴大作"。将 3 月 2、3、4 日三天的水称为桃汛[10]。

傅泽洪撰《行水金鉴》卷五四记载了康熙四十年(1701 年)十一月二十六日,总河张鹏翮谨题桃汛,同一本书的卷五五提到康熙四十一年(1702 年)七月十二日的伏汛,在九月初六记述中还提到了秋汛,另外在康熙六十年(1721 年)正月月日也提到了桃汛。这说明 18 世纪桃、伏、秋三汛的说法已经非常普及。而在 19 世纪的道光年间又增加了凌汛的说法。

徐端撰《安澜纪要》(道光九年(1829 年)七月重刊)上,《大汛防守长堤章程》里有"桃伏秋凌四汛",而《防守凌汛》中说:"河工本有桃伏秋凌四汛 而历来皆以桃伏秋三汛安澜后 便为一年事毕 殊不知凌汛亦关紧要也",强调了防止"凌汛"的重要性。徐端在嘉庆九年(1804 年)至嘉庆十五年(1810 年)间曾历任南河总督和东河总督。他从实际经验中得出这个结论。

麟庆撰《河工器具图说》(道光十六年(1836 年)刊)卷三中关于打凌船是这样记载的:"风俗通 积冰曰凌 冰壮曰冻 水流曰澌 冰解曰泮 河工向有凌汛"。在同一本书的《石磨》一文中也有"凌汛"的记载。麟庆在道光十三年(1833 年)至二十二年(1842 年)期间曾任南河总督。

蒋阶撰《河上语》(光绪二十三年(1897 年)刊)语水第三篇中也引用了《宋史》河渠志中的水名。而关于信水在山东省志有这样的记载:"水初至凡一寸 则夏至当至一尺 清明日亦然 今河兵以清明卜伏汛 与省志同(中略)而清明长水 则伏汛必大 故屡验不爽也"。意思是"水初至"在清明那天(新历四月五日),若水升一寸,则夏至涨一尺。另外,关于登高水是这样说明的:"俗以九月十七日为河伯生辰 虽旱岁是日必涨 故堤工过此 方庆无虞"。意思是九月十七日为河伯的生日,必然涨水,到了次日河工就不必担心了。

历史进入民国时期,开始利用现代西洋科学进行调查,并将调查结果汇集成《黄河志》发表[11]。担任调查和编撰的张含英在《黄河志》第三篇水文工程中也引用了《宋史》中的水名,但不是按月而是按二十四节气进行了说明。

(1)信水 立春后东风解冻 古语水初至长一寸 则夏秋一丈 历有信验 故名
(2)桃花水 清明节至立夏前后所涨之水
(3)菜花水 春末所涨之水
(4)麦黄水 芒种节前后所涨之水
(5)瓜蔓水 夏至节前后所涨之水
(6)矾山水 大暑节前后所涨之水
(7)豆花水 处暑节前后所涨之水
(8)荻苗水 秋分节前后所涨之水
(9)登高水 霜降节前后所涨之水

（10）复槽水　立冬节前后所涨之水

（11）蹙凌水　结凌时因凌块拥挤所涨之水

关于信水，《宋史》认为信水一尺涨水一丈。蒋阶也撰文说："惟山东堤　埝无出水一丈者　清明长水一尺　则固有之"，认同《宋史》的说法。张含英还进行了实地调查[12]，申丙撰写的《黄河通考》第八卷河工成法考中黄河汛期考一文中也有一丈的说法，大概事实的确如此。

那么民国的学者是如何评判宋代黄河十二个月水名的呢？其调查结果是怎么得出的呢？现就此进行介绍，以结束这个章节。

申丙的《黄河通考》第八卷河工成法考的黄河汛期考中这样记述："按以上个月汛候名词　实创于宋　前清顺治之初　始规定治用　业已成为法典　所以前清奏报文牍　悉仍其旧　宋时尚有其他名词　则已全然不用矣　民国以来　三汛期之名　尚沿其旧　月汛则罕有人能道之也（以下略）"。意为各月水汛即十二个月水名创立于宋代，清顺治初年才正式规定沿用并成为法典。清的奏报和文牍中基本上悉数沿用，但宋代的其他水名都不再使用。民国以后一直沿用三汛期的名词，月汛的名词已很少有人使用。顺治年间的确只零散出现过汛名。

张含英在《黄河志》第三编水文工程中解释十二个月水名时这样说："因涨水之时期不同　各有专名　虽无高深意义之表示　然沿河率多用之"。并且还说："此等名词　在水文统计上　殊少实用　惟于科学不甚昌明之时　治河者用以表示水文之景象　传达涨落之意义　盖以昔日测量之术不精　流量之记戴毫无　率多设立水标以示涨落　然亦只有此等名词以作参考　而乏记录也"。因涨水的时期不同，故有相应的固有名称，并没有水深的含义，但黄河流域多有使用。这些水名在水文统计上没有多少实用价值，只是治河者对水文现象的表述并传达涨落的方法。过去没有精密的测量技术，也没有流量记载，只是树立个标志观察涨落，可以作为参考，但没有记录的价值[13]。

《黄河志》第三编水文工程第一卷的第一章，水文"概论"记载："黄河的科学调查始于民国八年（1919年），民国二十二年（1933年）设立黄河水利委员会，次年的民国二十三年在黄河干流沿岸设立十余处水文站进行正规调查。调查结果记录在同书第一卷第一章的水文二一篇"流量"一文中。每年到六、七月（阳历）时，黄河水流量逐渐增加，并且经常急速地增减。在八月水量达到最高峰，随后九、十月递减，十一月进入枯水期。冬季水量最低，解冻期间略有增加，但随后又减少。到三、四月又略有波动，五、六月进入低水位状态[14]。

同文"三、低水流量"中记载："陕州下游最低流量的成因是由于严寒，北风降雪时节黄河流域逐渐冻结，流量减少至每秒一百五十立方米以下，有时甚至降至每秒五十立方米以下。当冰层变厚时，下面流水的热量散不出去，就停止结冰，流量再次增加。二月中旬河北、山西、河南各省的上游逐步解冻，但是下游的纬度高，还未到解冻期，水流不畅引起壅水位上涨，进而造成堤坝和水闸崩溃，带来灾祸"。

虽然凌汛期含沙量最小，但是积冰阻碍水流顺利下泄，冰块冲垮堤坝的危险性和最高水位时发生大水漫堤的危险性几乎是一样的。五、六月的含沙量最大，大部分泥沙出现在七月至十月的4个月期间，占全年的90%左右。最高水位和最低水位相差约两米。

民国期间的郑肇经撰写的《中国水利史》一书的第一章中对黄河的决口与漫堤进行了统计。宋代的167年间，共发生漫堤66次，决口中整修不详63次，大堤修缮30次，迁徙5次，并且改道1次，洪水115次。也就是说，决口和漫堤合计164次，宋代167年间，每年都发生决口和漫堤。根据拙作的表1-3宋代黄河决溢年表的统计，北宋167年间，

表 1-3 宋代黄河决溢年表

| 旧历月份 | 1月 | 2月 | 3月 | 4月 | 5月 | 6月 | 7月 | 8月 | 9月 | 10月 | 11月 | 12月 | 计 |
|---|---|---|---|---|---|---|---|---|---|---|---|---|---|
| 12月 水名 | 信水 | 桃花水 | 桃花水（菜花水） | 麦黄水 | 瓜蔓水 | 矾山水 | 豆花水 | 获苗水 | 登高水 | 复槽水 | 蹙凌水 | 蹙凌水 |  |
| 四汛 | 凌汛 |  | 桃汛 |  | 伏汛 |  |  | 秋汛 |  |  | 凌汛 |  |  |
| 孟州 |  |  |  |  |  |  | 977.7.24 |  |  | 982.10.10<br>1082.10.4 |  |  | 3 |
| 怀州 |  |  |  |  |  | 972.6 | 1077.7 |  |  |  |  |  | 2 |
| 郑州 |  |  |  |  |  | 971.6.21 | 977.7.24<br>977.7 | 1077.8<br>1082.8.29 |  |  |  |  | 5 |
| 开封府 |  |  |  |  |  | 972.6 |  | 965.8.18 |  |  |  |  | 2 |
| 卫州 |  |  |  | 978.4.26 |  |  | 1077.7 | 967.8.28 | 979.9.3 | 1071.10 |  |  | 5 |
| 滑州 |  |  | 984.3.7 |  | 983.5<br>1023.5.12 | 1019.6.3<br>1020.6.16 | 977.7.24<br>1077.7 | 966.8.24<br>1019.8.3 | 1040.9.2<br>1082.9.25 | 960.10.16<br>978.10.17<br>1085.10.18 |  | 980.12 | 15 |
| 澶州 |  |  |  | 1056.4.1<br>1081.4.28 | 972.5.13 | 966.6.11<br>974.6<br>975.6.10<br>1048.6.9 | 977.7.24<br>1034.7.27<br>1077.7.28<br>1080.7.9<br>1082.7 | 1013.8<br>1014.8<br>1028.8.13<br>1071.8 | 965.9.14<br>1004.9.24 | 993.10<br>1098.10.23 | 971.11 |  | 21 |
| 曹州 |  |  |  |  |  |  |  | 966.8.4 |  |  |  |  | 1 |
| 濮州 |  |  |  | 1100.4 |  |  |  | 1011.8.24 |  |  |  |  | 2 |
| 濮州 |  |  |  |  | 975.5<br>983.5 |  |  |  |  |  |  |  | 2 |

续表 1-3

| 旧历月份 | 1月 | 2月 | 3月 | 4月 | 5月 | 6月 | 7月 | 8月 | 9月 | 10月 | 11月 | 12月 | 计 |
|---|---|---|---|---|---|---|---|---|---|---|---|---|---|
| 水名 | 信水 | 桃花水（菜花水） | | 麦黄水 | 瓜蔓水 | 矾山水 | 豆花水 | 荻苗水 | 登高水 | 复槽水 | | 蹙凌水 | |
| 四汛 | 凌汛 | 桃汛 | | | 伏汛 | | | 秋汛 | | | 凌汛 | | |
| 郓州 | | | | | 1000.5.26 | 966.6.1<br>972.6 | | | 1071.9.5 | | 1000.11.2 | | 5 |
| 济州 | | | | | 983.5 | 1000.6.4 | 1011.7 | | | | 1014.11.3 | | 4 |
| 淄州 | | | | | | | | 966.8.8 | | | | | 1 |
| 棣州 | 1021.1.14 | | | | | | | | | 960.10.16 | 1011.7 | | 3 |
| 大名府 | | | | | | 1072.6 | 1051.7.17<br>1071.7.8<br>1084.7.7<br>1099.7.9 | | | 1085.10.18 | | | 6 |
| 恩州 | | | | | | 1068.6<br>1121.6 | | | | | | | 2 |
| 冀州 | | | | | | 1068.6.19<br>1109.6.17 | | | | | | | 2 |
| 永静军 | | | | | | | | | 1082.8 | | | | 1 |
| 沧州 | | | | | | | | | 1082.9 | | | | 1 |
| 瀛州 | | | | | | | 1068.7 | | | | | | 1 |
| 雄州 | | | | | | | | | 1016.9.2 | | | | 1 |
| 霸州 | | | | | | | | | 1016.9.2 | | | | 1 |
| 邢州 | | | | | | | | 1108.8.4 | | | | | 1 |
| 计 | 1 | 0 | 1 | 4 | 7 | 17 | 18 | 14 | 10 | 10 | 4 | 1 | 87 |

注：数据出自《宋史·河渠志·黄河》以及陈均编撰的《皇朝编年纲目备要》，宋史提要编撰协力委员会编撰的《宋代史年表》所收录的《宋代天文灾异年表》。时间用公历年月日表示（如1021.1.14代表1021年1月14日）。

23 个州府的主要决口与漫堤次数达 87 次,其中 49 次集中发生在农历六、七、八这三个月,占全部的 56.32%。七月豆花水发生率最高,与现代调查的结果基本吻合。12 次大决口集中在四月至八月,其中七月发生率最高。决口的地点集中在澶、滑二州,87 次中有 36 次发生在这里,占全部的 41.38%。表 1-4 是宋代黄河大规模决口和十二月水名之间关系的说明。

表 1-4　宋代黄河大规模决口和十二月水名的关系

| 4 月(麦黄水) | 澶州六塔河(1056 年)、澶州小吴埽(1081 年) |
|---|---|
| 5 月(瓜蔓水) | 澶州濮阳(公元 972 年)、滑州房村埽(公元 983 年) |
| 6 月(矾山水) | 滑州天台山傍(1019 年)、澶州商胡埽(1048 年)、大名府内黄(1099 年) |
| 7 月(豆花水) | 澶州横陇埽(1034 年)、大名府魏县第 6 埽(1060 年)、澶州曹村埽(1070 年)、大名府元城埽(1084 年) |
| 8 月(荻苗水) | 澶州大吴埽(1014 年) |

**【注释】**

[1] 参照东洋文库出版的周藤吉之的《宋代史研究》,1969 年所收录的"宋代国史的编撰和国史列传"的"4 仁宗和英宗两朝正史一二〇卷"。

[2] 《长编》卷二八七,元丰元年闰正月记载了曹村埽工程的有关内容:
"提举修闭曹村决口所言 以今月丙戌 筑签堤 开脱水河 遣权判太常寺李清臣乘驿祭告"。

[3] 《宋史》卷二〇三,芸文志一五六记述:"李焘 续资治通鉴长编一六八卷 又四朝史薰五〇卷 司马光官制遗薰 洪迈 赘薰"。
另外,李清臣的著作在同文芸文志中也有列举,如《平南事览》、《吴书实录》、《真宗圣政纪》、《又政要》、《仁宗观文览古日记》、《重修都城记》、《元丰土贡录》等。但没有《史薰》。

[4] 关于埽法请参照本书第一章第一节"宋代黄河堤防考证"。

[5] 参照诸桥辙次编著的《大汉和词典》中的"瓜蔓水"和"豆花水"。"阚駰十三州志"收录在王谟编撰的《汉唐地理书钞》中(中华书店出版,1961 年)。

[6] 宋代晁公武撰写的《郡斋读书志》和《宋史》芸文志中将其归类到农家类中。

[7] 西岛定生在岩波讲座《世界历史》别卷,岩波书店 1971 年出版的《中国历史意识》一文中论述了宋代新确立的岁时类。

[8] 明代刘天和撰写的《问水集》卷一黄河中的"统论黄河迁不常之由"的条目中有这样的记述:"河水至浊 下流束隘停阻则淤 中道水散流缓则淤 河流委曲则淤 伏秋暴涨骤退则淤 一也"。

[9] 清代崔应阶编撰的《靳文襄公治河方略》卷八的名论的条目中,作为"修宜事宜"提到了《宋史》河渠志的黄河十二个月的水名。靳文襄公是清代初期的著名河务大臣靳辅。

[10] 张鹏翮编撰的《河防志》卷五,"黄运两河水势及秋汛情形"的条目中,有"凡江河之涨不过三日"的记载,另外也可见"桃汛"、"伏汛"的说法。

[11] 张含英编撰的《黄河志》由黄河志编撰会编辑,商务印书馆在民国二十五年(1936 年)十一月首次出版。

[12] 民国二十五年(1936 年)由商务印书馆首次出版的张含英撰写的《治河论丛》中,有"十五视察黄河杂记"。

[13] 关于水标,本书第一章付论参照了"宋代水则考证"一文。

[14] 张含英的论文集《治河论丛》中收录的"黄河改道之原因"中有这样的说明:"黄河流量最低之时恒为十二月及一月 间或亦在五月 盖自一月以后为凌汛桃汛 其间之水 遇汛则涨 汛过则落 至五月则降落几与冬月等 必至六月而后 始逐渐涨发 及八月而达于最高洪水峰"。

# 结束语

我们在这里考证了宋代所用黄河十二个月水名从汉代至今二千余年的变迁。水信跟风信及花信一样,是水的"消息",人们根据它来判断一年中黄河水量的增减。《易经》作为一部圣贤书,也可以说是基于民族精神对黄河河水的一种基本认识的表达。水信或信水应该是其他水名的基点。对于生活在黄河流域的农民来讲,一年中最关心的就是黄河水量的增减。农民几乎一切都存乎于天地自然之间,自然对河水的细微变化也都十分敏感。桃、菜、麦、瓜、豆、荻等是黄河流域二、三、四、五、七、八月农村特有的具有代表性的作物和风物。开花结果中,农民的心似乎已经与黄河的洪流息息相通。炎热的夏季,当黄河的河水流过干渴的喉咙,感觉到有腥酸味(矾腥)时,就会想到六月矾山水。华北平原漫长的秋季,几乎天天都是晴空万里。九月九,碧空如洗,人们登高,远眺从天际间流淌而来的黄河水,共同举起飘着菊花的美酒,庆祝丰收的时候,大概会有一种"今年不会发大水喽"的放心感吧。桃花盛开的三月、寒食清明节和九月的重阳节,不论是对农民还是对黄河河水来说都是一年十二个月中的关键"节点"(季节)。随后农民就进入了冬忙,而黄河水也回归河道,静静地流淌,不久复槽的河水就开始结冰,变成了蹙凌水。

拥有十二月水名的黄河,是一条与沿河农民生活息息相关的大河。不过这些水名随之就被三汛、四汛的名称所替代。十二月水名与四汛的对应关系如下所示。

桃汛——桃花水、菜花水——三月季春、清明和谷雨的季节

伏汛——麦黄水、瓜蔓水、矾山水——夏季从立夏到大暑三个月的季节

秋汛——豆花水、荻苗水、登高水——秋季立秋到霜降三个月的季节

凌汛——复槽水、蹙凌水、信水、桃花水——冬季三个月加春季二个月共五个月,立冬到春分的季节

先说桃花水演变到桃汛。桃花开放与黄河涨水以及开始农耕,基本处在同一个季节,因此很容易理解桃花水这个名称为何得以沿用了两千多年,正是人与自然两全其美。

伏汛的伏是三伏的伏,是指夏季炎热酷暑时分,也是黄河水涨势最为凶猛的阶段,此时不论农事有多忙,中午的二三个小时也一定会放下手里的农活回去避暑。

秋汛相应的是秋季,但凌汛却不一定就正好赶在严冬时节。由此可知,黄河的四季随着太阳的季节而变化,有时多少会推迟,并不完全与农民的生活作息相一致。

从北宋后期开始,春季施工基本就程序化地被固定在了寒食节前一个月,农民可以通过缴纳"免夫钱"而免除河役,远离黄河。国家通过设立都水监的外监,组织埽兵对黄河堤防实施管理,实现了黄河堤防管理向国家的转移,使农民与堤防的关系日益疏远,这种管理方式也被明、清所传承。这即意味着社会及地域性行业分工的进步,同时也使农民的生活逐渐远离黄河,而这个远离正是黄河十二月水名变为四汛的最重要的理由。从政治上讲,就是农民的黄河变成了皇帝的黄河。而如今重新成为人民的黄河,人民真正成为黄河的主人。

# 付论　宋代水则考证

## 绪　言

明代徐光启(1562—1632 年)所著《农政全书》卷十六,水利、浙江水利册,流水用法一篇的第五条记载:"江河塘浦 源高而流卑 易涸也 则于下流之处 多为闸以节宣之 旱则尽闭以留之 潦则尽开以泄之 小旱潦则斟酌开合之 为水则以准之 水则者 为水平之碑 置之水中 刻识其上 知田间深浅之数 因知闸门启闭之宜也 浙之宁波绍兴 此法为详 他山乡所宜则效也"。江河塘浦的水源在高处,顺势流下极易干涸,因此在下游设置水闸。干旱时,关闭水闸以储水,洪涝时开启水闸以排水,而小旱小水时则根据灌溉与排水的需要适当开闭水闸。在水中设置水则作为水闸开闭的标准。所谓水则,就是放置在水中用来测量水平面的石碑,石碑上有刻度线,用来表示田间水面的深浅,人们根据刻度就知道水闸开闭是否合理到位。浙江省的宁波、绍兴最了解这种方法,其他山村也在积极仿效。

上述是徐光启对水则的记述。而不论是唐末五代初期韩鄂所著的《四时纂要》中,还是北宋末到南宋初陈旉所著的《农书》(1149 年刊行)中都没有提到过水则。可是,在宋代的一些文献中多处出现过水则。北宋是在唐末五代战乱的废墟中建立的王朝,水则在黄河治理及兴修水利设施中究竟起到了什么作用呢? 如今,我在这里发掘到了一个埋在水边的水则,轻轻洗去石碑上的泥土,读取碑上的刻度线,在理解上尚有很多困惑萦绕着我,正是在这种心情下,我起草了这份拙稿,敬请各位专家不吝赐教。

## 一　河边与鉴湖的水则

李焘(1115—1184 年)的《续资治通鉴长编》卷一一七,景祐二年(1035 年)冬十月癸西记载:"景祐初 刘平去真定 杨怀敏领屯田司 如故 塘泊日益广 至吞没民田 荡弱丘墓 百姓始告病 乃有盗决以去水患者 怀敏奏立法 依盗决堤防律 于是知雄州葛怀敏 请立木为水则 以限盈缩 从之"[1]。从太宗淳化四年(公元 993 年)开始,根据河北缘边屯田使何承矩和判官黄懋提出的针对契丹的国防政策,在河北路北边开垦水田,种植稻谷[2]。到了仁宗景祐年间,又扩大了灌溉水田用的蓄水池,结果时常水淹民田,还冲毁了民居和坟茔。因此,老百姓就去告官,更有甚者,为了防止水患,还有人偷偷挖开水坝放水。屯田使杨怀敏奏请不要对这些人动用盗决堤防律[3],同时雄州(河北雄县)知事葛怀敏也上奏请求立木桩为水则,用以调节水位,两个奏请均获恩准。这时的水则是木制的,但是究竟是什么样的结构,在什么范围使用等详细的情况却无从知晓,应该是广泛设立于各个池塘,用于调节灌溉用水,这样既避免淹了附近的民田、民居和坟墓,防止了水患,又间接起到了防止盗决堤防的作用,可谓一举两得。

那么让我们按着徐光启说的,先看看越州即绍兴府的水则吧。绍兴府的鉴湖曾因争论湖田问题[4]名噪一时,湖中也设有水则。熙宁二年(1069 年)曾巩(1019—1083 年)著的《序越州鉴湖图》[5]以及南宋初期王十朋(1112—1171 年)著的《鉴湖说》[6],还有绍兴年间(1131—1162 年)的进士徐次铎(1131—1162 年)著的《复鉴湖议》[7]等,都是宋代鉴湖湖田争论的代表文章,这些文章中都提到了水则。

曾巩著《序越州鉴湖图》一文,综合了许多人的论证文章,做了大量的结论导向性的事实论证,其中引用了杜杞(1005—1050 年)的论述:"杜杞则谓 盗湖为田者 利在纵湖水 一雨则放声以动州县 而斗门辄发 故为之立石则水 一在五云桥 桥水深八尺有五寸 会稽主之 一在跨湖桥 水深四尺有五寸 山阴主之 而斗门之钥 使皆纳于州 水溢则遣官视则 而谨其闭纵 又以谓 宜益理堤防斗门(以下略)"。占湖造田,可使湖水自由流淌,是一件好事。可一旦降雨,湖水就会随之上涨淹没周围的湖田,于是几十人上百人一起呼叫着来到州县上访,当地政府迫于压力,只好开启斗门泄洪,结果下泄的洪水又把下游的农田给淹了[8]。后来就决定立石为则作为调节水位的标准。一处位于五云桥,水深八尺五寸,归会稽县管理。另一处设在跨湖桥,水深四尺五寸,归山阴县管辖。开启斗门的钥匙则掌握在两县的上级主管部门越州手里。如果涨水,就派官员前去观察水则,对斗门的开闭采取的是谨慎的政策。同时,杜杞主张禁止围湖造田,并退湖还田,为此应强化对堤防和斗门的管理。曾巩针对杜杞的观点进行了如下的批判:"又山阴之石 则为四尺有五寸 会稽之石 则几倍之 壅水使高 则会稽得尺 山阴得半 地之洼隆不并 则益堤未为有补也"。山阴县的则水石(水则)四尺五寸,会稽县的则水石(水则)八尺五寸,水深几乎是山阴县的一倍,大堤也高,湖水也深,会稽县水涨一尺,山阴县只涨了它的一半。地势有高低,并不平整,即使加高堤防也于事无补。曾巩在这里提出了相反的意见,对于这个意见,正如清水茂先生指出的:"不明白"[9]。

王十朋的《鉴湖说》中却没有水则的记载,而徐次铎的《复鉴湖议》中,关于水则有下述记载:"两县湖及湖下之水 启闭又有石碑以则之 一在五云门外小凌桥之东 今春夏水则深一尺有七寸 秋冬水则深一尺有二寸 会稽主之 一在常喜门外 跨湖桥之南 今春夏水则高三尺有五寸 秋冬水则高二尺有九寸 山阴主之 会稽地形 高于山阴 故曾南丰述杜杞之说 以为会稽之石 水深八尺有五寸 山阴之石 水深四尺有五寸 是会稽水 则几倍山阴 今石碑浅深乃相反 盖今立石之地 与昔不同 今会稽石 立于濒堤水浅之处 山阴石 立于湖中水深之处 是以水则浅深 异于曩时 其实会稽之水 尝高于山阴 二三尺 于三桥闸见之 城外之水 亦高于城中 二三尺 于都泗闸见之 乃若湖下石碑 立于都泗门东 会稽山阴接壤之际 春季水则高三尺有二寸 夏则三尺有六寸 秋冬季皆二尺 凡水如则 乃固斗门 以蓄之 其或过则 然后开斗门以泄之 自永和迄我宋几千年 民蒙其利"。

会稽、山阴两县所辖湖区的农田,在放水时根据石碑即水则来确定水闸的开闭。其中一个石碑位于五云门外的小凌桥东,今年春夏水深 1 尺 7 寸,秋冬水深 1 尺 2 寸,属山阴县管辖。会稽县的地势比山阴县高,所以才有曾巩引述杜杞的叙述说,会稽石碑水深 8 尺5 寸,山阴石碑水深 4 尺 5 寸,所以会稽水位比山阴高近一倍。现在石碑的深浅与曾巩所处的时代正相反。那是因为现在立碑的地方与过去的地方不同。会稽的石碑立在靠近大堤的浅水位置,山阴的石碑立在湖中深水处。这些地方水的深浅与以往不同。在三桥闸可以非常清楚地看到会稽的水面实际要比山阴的高了二三尺。在都泗闸可以看到城外的水面要比城中高了二三尺。如果把石碑立在都泗门东边会稽与山阴湖水交界处,则春季水高 3 尺 2 寸,夏季水高 3 尺 6 寸,秋冬季水高一样,都是 2 尺。一般来说,根据水则来关闸蓄水,当水面超过水则的基准时,则开闸放水。自东汉永和至宋近千年间,沿湖百姓获益匪浅。

将以上对水则的记述进行归纳,总结如下:

(1)最初会稽一侧的水深为8尺5寸,山阴一侧的水深4尺5寸;后春夏用水季节,会稽一侧水深1尺7寸,山阴一侧水深3尺5寸;秋冬枯水期,会稽一侧水深1尺2寸,山阴一侧水深2尺5寸。水则显示的两县水位数据前后如此差异的原因是石碑移动的缘故。

(2)会稽的水面比山阴一侧高二三尺(三桥闸)。

(3)城外水面比城内高二三尺(都泗闸)。

(4)会稽和山阴两县的水面在都泗闸东相接,春种时水深3尺2寸,夏季生长期为3尺6寸,秋冬枯水期为2尺。

似乎还能得出以下推论:

(5)水则的设置最初是为了对应湖田耕作者的要求设立的,能避免淹没下游民田,更能防止盗挖水坝,确保合理调节灌、排水。

(6)鉴湖以三桥闸为界,一分为二,分别隶属会稽和山阴两县管辖,但是斗门的钥匙又掌握在两县的上级主管单位府州手里。

(7)都泗闸是绍兴城内外水与鉴湖连接处的关键闸门。

为了加深对事情原委的理解,根据曾巩、王十朋和徐次铎3人的上述文献,试描述鉴湖的自然状态以及水利灌溉设施状况如下。

越州即绍兴府的会稽、山阴两县的地势是东南高,西北低。会稽县境内有会稽山、秦望山,山阴县境内有龟山、蕺山[10],从这些群山里流出的平水溪、灶溪、攒宫溪、宠瑞宫溪等流向会稽县,兰亭溪、南池溪、离渚溪等流向山阴县,这3条溪水的流向是西北。另外,东有曹娥江,西有西小江,这些江河最后汇合注入杭州湾。东汉永和五年(公元140年),太守马臻筑堤蓄水,形成了堤长358里(179公里)的名为镜湖(鉴湖、长湖、南湖、庆湖)的人工大湖,可资灌溉水田达9 000余顷(5 400公顷)。鉴湖南临诸山,北接绍兴城及漕渠(运河),东达曹娥江,西控西小江,从城墙到曹娥江的北堤共有2处水础[11]和19处阴沟(暗渠),均与民田相通,民田的南边又与漕渠相连。经府城东60里(30公里)东城镇到曹娥江边是南堤,有阴沟14处,均与民田相通,而民田北边也与漕渠相通,灌溉着南抵山、西达堤、北到曹娥江的广大农田。城西30里(15公里)有柯山斗门,与民田通,灌溉着南抵大堤、北达漕渠、西到西小江的广大农田。湖东有曹娥斗门、蒿口斗门,湖西有广陵斗门、新迳斗门,湖北有朱储斗门,分别与东边的曹娥江、西面的西小江相连,最终注入杭州湾流入大海。另外,在曹娥江入海口的三江口处有两座小山,还利用这两座山建两处斗门。雨小时开启一处,雨大时开启两处斗门以排水。

"湖之势 高于民田 田高于江海 故水多则泄民田之水 入于江海 水少则泄湖之水 以溉民田 而两县及湖下之水启闭 又有石碑以测之"(徐次铎《复鉴湖议》),讲述了湖水的作用。

另外,徐次铎的《复鉴湖议》中还就鉴湖说:会稽一侧的大堤从五云门东到曹娥江大约七十里,山阴一侧的大堤常禧门西到西小江四五里。鉴湖被一分为二,会稽一侧的叫东湖,山阴一侧的叫西湖。东西两湖以稽山门驿路为界,距稽山门一百步处有三桥,桥下设有水闸,把两湖隔离开来[12]。

根据以上记述,基本可以搞清如下事实:

(1)鉴湖是在2世纪中叶,由东汉会稽郡太守马臻修建的人工湖,是把从东南向西北流向的三六源溪流汇集起来,并在府城南建大堤而成。

(2)大堤长度为:州城东侧的长60~72里,西侧的长30~45里,合计长达90~117里。周长358里,是一个东西长的大湖(清代顾祖禹著《读史方舆纪要》卷九十二图志一文中说:"鉴湖水阔五里 东西百三十里")。

(3)三桥闸把湖水分为东西两湖,大堤有水碆两处,暗渠33条,经过民田通过曹娥、嵩口、广陵、新迳、朱储五个斗门与东西两江相连,两江汇合处的三江口又有两处斗门,与大海相通。依靠上述42处渠闸,绍兴一带14乡约9 000亩田地得以水利灌溉。其心脏部位即鉴湖,而斗门就是瓣膜,水则则起到了中枢神经的作用,把心脏的跳动、瓣膜的开闭等敏感地传送到大脑。

另外,前面还有一个遗留问题,即曾巩说的:"壅水使高 则会稽得尺 山阴得半 地之洼隆不并 则益堤未为有补也"。这又该如何解释呢?这里必须着眼在"地之洼隆不并"这句上。即会稽一侧的地势比山阴一侧的地势高,徐次铎所在的南宋时期,湖水被三桥闸一分为二,分为东西两湖,会稽的东湖比山阴的西湖高二三尺。但曾巩所处的北宋中期,湖水是否已经被分成了东西两湖,已无从知晓,如果是连在一起,则形成东西狭长的大湖。这样的话,地形低的山阴一侧的水就会汇集起来,曾巩的"会稽得尺 山阴得半"的理论就不成立。因此,曾巩时代一定是被三桥闸分成了东西两湖。如果不是这样,那么"山阴之石 则为四尺有五寸 会稽之石 则几倍之"也不成立,应该在这个前提下来进行考察。

距会稽山100步的三桥闸把鉴湖分为东西两湖,东湖堤长60~72里,西湖堤长30~45里,如前所述,东湖的水碆和阴沟比西湖的多得多。由此可见,东湖的规模比西湖大,蓄水量也就多。保证如此之大蓄水量的自然是大堤啦,如果蓄水量增大,大堤就必须承受巨大的水压,所以东湖的大堤应该比西湖要坚固得多。估计有人会说那是东湖比西湖高。其实,水则正好位于斜处的差不多正中间,当高处的会稽一侧水深显示为八尺五寸时,低处的山阴一侧的水深显示为四尺五寸。和这个一样,高处一尺时,低处也才有它的一半。但是,仍有问题待解。

另外,也可以作如下考虑。曾巩的《序越州鉴湖图》中引述了范师道(天圣九年(1031年)进士)和施元长(天圣五年(1027年)进士)两人的著述:"又以湖水较之 高于城中之水 或三尺有六寸 或二尺有六寸 而益堤壅水使高 则水之败城郭庐舍 可必也"。还有王十朋的《鉴湖说》也说:"尝闻 绍兴十八年(1148年)越大水 五云门 都泗堰水 高一丈 城之不坏者幸也"。在三桥闸可以看到,会稽一侧的水位比山阴一侧的水位高2~3尺,在都泗闸可以看到城外水位比城内水位同样高2~3尺。湖面水位又比城里高2尺6寸~3尺6寸。大概来说,城内水、城外水、山阴水、会稽水之间的水位高差依次都是各差2、3尺。因此,如果盲目加高湖堤,洪水季节暴涨的湖水就有可能越过并冲破湖堤,冲垮城墙,冲走城内外的民房。绍兴十八年(1148年)就曾经遇到过一次这样的危险。山阴一侧的湖水与城内外的水系直接相连,由于大堤不能建得过高,只能尽可能保持会稽与山阴的水位一样高,但是山阴一侧的水位并不总是像会稽一侧的水位那么高。由此可见,立在水中间的水则,不仅只负责自然的安定,也对社会治安的稳定起着重要的作用。同时还必须注意到湖水与漕运的关系。

连接城内外的水门是都泗闸,鉴湖和城外的联系也是靠都泗闸。同时,都泗闸还连接着漕渠(运河)和鉴湖。《宋史》卷九十七,河渠志五十,孝宗隆兴二年(1164 年)绍兴府知事吴芾(1104—1184 年)上奏:"修鉴湖全籍斗门堰闸蓄水 都泗堰闸尤为要害 凡遇纲运及监司使命舟船经过 堰兵避免车拽 必欲开闸通放 以致启闭无时 失泄湖水 且都泗堰 因高丽使往来 宣和间方置闸 今乞废罢(从之)"[13]。

鉴湖全境全面修筑斗门、堰、闸,用以蓄水。其中都泗堰处在最为重要的地点。纲运和转运使、提点刑狱等官员赴任途中,在通过这里时,都是事先通知打开水门放行,以避免所乘坐的船被勾住,再被不知情的堰兵用辘轳卷上来。因此,水门的开闭没有时间方面的规定,只是开门的话容易造成湖水的流失。都泗堰水门曾经因高丽国使者往来便利,于宣和年间(1119—1125 年)首度设置,现在申请废除,已获得许可。这样做对方圆达 129 公里的鉴湖有巨大影响,涉及沿湖的城市、乡村、湖田、下游的农田、渔业、交通运输及观光游览等方方面面。要加高堤防从地形、城镇、水运等方面来看是困难的,特别是山阴一侧更是如此。

正如徐光启指出的,除绍兴府有水则外,宁波府也有大量的水则。最著名的是由吴潜(？—1263 年)设立在城西南隅月湖尾的"平水则"。据吴潜的《建平水则记》[14]记载:"四明郡背山面海 无灌溉田地 建有碶闸(堰闸)以蓄水 水瀛而开闸 水涸而闭闸"。

"是故碶闸四明水利之命脉 而时其启闭者 四明碶闸之精神 故其为闭之则 曰平水尺往往以入水三尺为平 夫地形在水之下者 不能皆平 水面在地之上者 未尝不平 余三年积劳于诸碶 至洪水湾 一役大略尽矣 己未劝农翠山 自林村由西门泛舟以归 暇日又自月湖沿竹州 舣城南遍度水势 而大书平字于上方 暴雨急涨 水没平字 戒吏卒 请于郡 亟启钥若四泽适均 水沾平字 钥如故 都鄙旱涝之宜求其平于此而已 故置水则于平桥下 而以平字为准 后之来者 勿替兹哉"。

上述内容可概括如下:

(1)碶闸是四明水利的命脉,四明碶闸开闭的标准是平水则。

(2)以水深 3 尺为"平"。所谓"平",即水面和地面都处在一个水平面上。

(3)为何设置"平水则"? 是因为辛辛苦苦修葺了 3 年的诸碶,被一场大洪水几乎全部冲毁了,己未年间为劝农[15]。去翠山,经林村,泛舟西门而归。又一日,从月湖经竹州驾舟抵城南。这全都是为了测量水势。依据测量结果在水则上方书写了一个大大的"平"字。

(4)当洪水淹没了"平"字时,吏卒即刻向都水监汇报并请示开闸,获得批准后,立即启动手轮。而水位回复到平常水位,"平"字从水中露出后,钥匙又还回郡守。故此不论城镇乡村,不论旱涝,水面始终都处在平水的状态。

水则设立在几股水汇合的平桥南侧,而这个《建平水则记》又把水则的宗旨充分地传承了下来。

同属宁波府(鄞县)之下的东钱湖也有水则。《宋会要辑稿》水利,乾道五年(1169年)九月六日记载:"至今诸堰有所谓则水石者 言水遇此则 须开闸破堰放泄水 可见岸下足以潴蓄",由此可知,则水石是与诸堰闸共同设立的。另外,温州府(浙江省永嘉县)治下的东钱湖,也于哲宗元祐三年(1088 年)设立了水则。上书"永嘉水则 至平字 诸乡合宜平字上高七寸 合开陡门 平字下低 合闭陡门 宋元祐三年立"[16]。水如果涨过平字 7 寸,就开启斗门排水,低于平字 3 寸,就关闭斗门以蓄水。

关于浙江省萧山县治下的湘湖湖水分配,佐藤武敏氏有详细的报告[17]。主要是针对下游乡村实施的均水法。由知县顾冲于淳熙九年(1182 年)制定的均水法规定,水门阔 5 尺,水面下深 3 尺,在门旁设立石柱,基座也为石质。不论哪座水门,其大小尺寸均以此规格制作。各水门的开启时间依据其所灌溉的面积大小而定,根据水门高低依次开启放水。其实还能列举出许多详细的数据。据明末清初的毛奇龄(1623—1716 年)所著《水利永禁私筑勒石记》[18]记载:"历南渡 高孝两朝 邑令顾公讳冲者 以九乡争水 度地势高下 定诸乡放水之则 以算毫厘 酌多寡 勒石门县门 困有划堤断臂 穴水钬趾之令"。

从详细的数据里可以读出隐藏在其背后的社会状况。9 个乡村民激烈的争水结果是出现了均水法,刻石为则,长久置于县城城门边,依此调节水量分配。佐藤指出"水量分配不均",根据详细数据制定的均水法则,表面看似兼顾了各方利益,实际在这些数字里隐藏着不合理。这个不合理的法则又被刻在了石柱上,在农村长期处于支配地位,由此产生了许多遗留问题。均水法虽然是个用水分配法则,但实际分配的仅是人造湖湘湖的水。目前可以确认的还有宁波府慈溪县的慈湖也是水则和碶共同设置[19]。由此可以推断,当时浙江各地湖泊都设有水则,而湘湖的水则又处在平均分配水源的心脏地带,将其指令传输给大脑。

【注释】

[1]《宋史》卷九五,河渠志四五,仁宗"明道二年"和"景祐二年"都有相同的记载。

[2] 同注释[1]。另见《宋史》卷九五,河渠志四五,淳化四年春诏。还有李焘著《续资治通鉴长编》卷一一二,仁宗明道二年三月壬午的记载。

[3] 窦仪等奉敕撰《宋刑统》卷二七,"不修堤防盗掘堤防"。

[4] 见拙稿《宋代的湖田》"铃峰女子短大研究集报"第三集(1956 年)。

[5] 曾巩撰《元丰类藁》卷一三序。

[6] 王十朋撰《梅溪先生文集》卷二七,杂文。

[7]《浙江通志》卷二六七,芸文九,议篇。徐光启撰《农政全书》卷一六,水利篇。

[8] 徐次铎撰《复鉴湖议》中也有"耕湖者惧其害己 辄请于官 以放斗门 官不从 相与什伯为群 决堤纵水 入于民田之内"的记载。

[9] 清水茂著"唐宋八家文"的《中国古典选》(朝日新闻社,1960 年)。

[10] 见王存撰《元丰九域志》卷五,两浙路越州。

[11] 水碶又称水湴、水揵、水槿等。集韵的石部解释为"所以泄水",估计就是排水的水门。《宋会要辑稿》的水利杂录篇,熙宁三年(1070 年)二月二日和三日分别记载说:"创置水湴一座 遇涨水时 任其自流 比之修斗门 大省费";乾道七年(1171 年)十月十三日记载,练湖"石碶三座 旧有启闭闸板 岁久板木不存"。另外,还与"斗门石碶"并用。总之指门是没错的,只是闸板有的是木制的,有的是石造的。

[12] 清水茂著《浙州全省与图并水陆道里记》(1894 年)中转载的"绍兴府地图",供参考。

[13]《宋会要辑稿》食货八,与隆兴二年(1164 年)二月十三日的记载相同。但这里错别字更多。

[14]《浙江通志》卷五六,水利五,宁波府。

[15]元代王元恭撰《至正四明续志》(收录于《浙江通志》)记载:"宋宝祐(1253—1258)间 丞相吴潜 于郡城平桥南 立水则","己未"年为开庆元年(1259年),两者有差异。

[16]《万历温州府志》(《浙江通志》卷六一,水利第十篇,温州府条)。

[17]佐藤武敏著《宋代的湖水分配》一书的"人文研究"第七卷,第八号。

[18]《浙江通志》卷二六二,芸文第四篇。

[19]《浙江通志》卷五六,水利第五篇,慈溪县条。

## 二 灌县的水则

孝宗淳熙四年(1177年)五月二十九日,去成都旅行。

第二天六月一日。送妻子登上去眉州彭山县的客船后,独自一人西行岷山道中,途中渠流滔滔,声震四野,新秧苗勃然郁茂,路遇田翁,欣喜今年又是个丰收年。50里,至郫县。城里房屋众多,家家有流水修竹,流水穿城,竹林环绕。

六月二日。行20里,抵安德镇,小憩。又行40里,到达永康军(四川灌县)。一路江水分流入诸渠,皆雷鸣雪卷,美田弥望,所谓岷山之下沃野正在于此。

六月三日。离堆是李太守凿崖中断,分江水一支入永康军,一直流至彭、蜀。并筑长堤以遏水,长堤号"象鼻",因其形似象鼻而得名。西川夏旱,支江水涸。即遣使致祷,增堰壅水,以入支江。三四宿,水即遍,谓之"摄水"。我在成都任职时,连年派遣郡丞冯俌去摄水祠祈祷,全部应验,连续多年丰收。我转遍了所有庙宇,徜徉3楼,取道青城,再渡绳桥。每桥长百二十丈,分为5架。

以上是南宋范大成(1126—1193年)的游记《吴船录》[1]中的一节。它生动地描写了从成都到永康军(灌县)沿途的景观以及位于永康军的离堆周边景致。竹丛环绕的庭院,门前小河流水潺潺,浪花飞溅,时而隐入远处的竹林中。流水灌溉田野,稻苗郁郁葱葱,生机盎然,预示着今年的丰收。不论是现在还是以往,成都平原都是"天府沃野"。范大成参拜的庙宇是离堆的祭祀寺庙还是距离堆一公里的祭奠李冰父子的二王庙哪?随后沿着绳桥返回。由数根粗竹破开编成的大绳建成的安润桥,至今我们依然能一睹其风采[2]。

《史记》卷二十九,河渠志七记载:"于蜀 蜀守冰 凿离堆 辟沫水之害 穿二江成都中 此渠皆可行舟 有余则用灌浸 百姓飨其利 至于所过 往往引其水益用溉田畴之渠 以万亿记 然莫足数也"。公元前3世纪中叶,秦昭襄公时期,蜀郡太守李冰凿穿离堆,解除了沫水的危害[3]。在成都郡内穿过二江,这条渠还可以行船,而多余的水还可以用来灌溉。《汉书》卷二十九,沟洫志九也有相同的记载,只是多了句"沟渠甚多"。

这里为了更容易了解以离堆为中心的灌溉水渠网络,我再把当地的状况说明一下。离堆在灌县南一里处,初与对面宝瓶山相连,李冰父子在此处将山岩凿开,引江水入蜀,岷江在此处一分为二,此堆就被称为离堆。现在崖壁上仍刻有"深淘滩 高作堰"[4]6个大字。又在它的西北修建了都江堰,来调节水位。从此岷江下游主河道被分为以下两部分:

南江——岷江主流,经过新津到达彭山。

北江 内江(锦江)——从离堆往东南,经成都再折向西南,在彭山县与主流汇合。

外江——从离堆向东北至焦沙尾汇入沱江。

"南江、内江、外江之间,有众多的分支流,其中较大的有9条,都是从灌县分离出来的。各个渠口均有堤堰,这些堤堰又均为民间修筑"[5]。"李冰父子看到岷江流到这里遇到丘陵后向右折流走,于是就将丘陵劈开一条高近百米,宽约数米的石渠,引岷江水流入成都平原。平时引水入内江,引水量灌溉大约400万町步,涨水期则把水直接导入外江(主流)。(中略)这一段水流流速3米,流过狭窄的'宝瓶口',来到了被凿开的称做'离堆'的山丘,这里有祭祀李冰父子的庙宇。庙同时兼做都江堰管理处,担负着调节流水的任务"[6]。

"为了阻挡洪水,堤堰通常是把被河水冲来的鹅卵石装进竹笼里修筑的。都江堰是一个防洪减灾的水利设施,主要作用就是分流岷江,以起到在夏季洪水期排洪防灾的功效。同时还可以起到引水灌溉成都平原田地的作用。(中略)中华人民共和国成立以来,(中略)都江堰的灌溉面积从过去的20万公顷扩大到了40万公顷"[7]。

而且,关于都江堰"自灌县西北分为内、外江,起到了既防洪又灌溉的双重作用。为了分流,在江中修筑了鱼嘴形的大堤,绵延长达3公里,古时把这段大堤以及附属的堤防和水路统称为都安堰,(中略)灌溉面积达14县300余万亩"[8]。再看看桑原武夫的摄影作品《都江堰》[9],就会发现,右侧悬崖上有一座二层结构形似寺庙的建筑物,悬崖下是波涛汹涌的河流,左侧被高丘挟持,河道仅宽数米。

地图方面,在《新中国地图》里有"成都平原及灌县的水利"一文[10]。气候温和湿润,特别是西部岷江流域,自古以来就多雨,被称为"西蜀漏天"。地形是岷江冲积出来的巨大扇形堆积平原,灌县是扇形的顶点,而往下到成都有60余公里,形成快速堆积状,但非常均匀,没有看到悬河形成的现象,也没有发过大水[11]。

《史记》、《汉书》中提到的离堆,与都江堰(古称都安堰)一起都是同一水利体系里有机的一部分。工程最初的目的主要就是用来行船,多余的水量才用来灌溉。随后水利灌溉的作用越来越突出,并成为重点,都江堰才逐渐为人们所重视。岷江从西藏的雪山中走来,冲出位于巨大扇形平原顶端的灌县,汹涌澎湃地来到了成都平原。被离堆与都江堰分流,水势得到了减弱,既防止了洪水泛滥,又灌溉了扇形的成都平原。

《宋史》卷九五,河渠志四八,有关岷江有如下的记述:"岷江水发源处 古导江 今为永康军 汉史所谓秦蜀守李冰始凿离堆 辟沫水之害 是也 沫水出蜀西徼外 今阳山江、大皂江 皆为沫水 入于西川 始嘉眉蜀益间 夏潦洋溢 必有溃暴衡决 可畏之患 自凿离堆 以分其势 一派南流于成都 以合岷江 一派由永康至泸州 以合大江 一派入东川 而后西川沫水之害减 而耕桑之利博矣"。岷江的发源地为宋代的永康军,即现在的灌县,是汉书所说的地方。沫水出西蜀藩地,宋代称为阳山江、大皂江。沫水流经西川嘉眉蜀益等地,夏季给所经之地带来了严重的洪水灾害。李冰在此劈开离堆,使岷江水分成三股,一股经成都汇入岷江主流,即内江(锦江);一股出泸州与扬子江汇合,即外江;还有一股进入东川。宋史把岷江在灌县分成西川和东川,西川应该是主河道。而西川相当于《新中国地图》中的南江部分,东川相当于北江部分。

接着《宋史》又说:"皂江支流 迆北曰都江 口置大堰 疏北流为三 曰外应 溉永康之导江 成都之新繁 而达于怀安之金堂 东北曰三石洞 溉导江与彭之九龙·崇宁·濛阳 而达于汉之雒 东南曰马骑 溉导江与彭之·崇宁 成都之郫·温江·新都·成都·新繁·华

阳"。皂江的支流,往北斜下去的都江口处有一条大堰,这条堰把北去的流水一分为三,分别为外应、三石洞和马骑三股水流。"三流而下派别支分 不可悉纪 其大者十有四 自外应而分 曰保堂 曰仓门 自三石洞 曰将军桥 曰灌田 曰雒源 自马骑 曰石址 曰豉羹 曰道溪 曰东穴 曰投龙 曰北 曰樽下 曰玉徒 而石渠之水 则自离堆别而东 与上下马骑乾溪合"。江水被分成三条大的支流,三条支流又被分成了无数条小的支流,其中大一点的支流有14条。但是现在算起来,外应有2条,三石洞有3条,马骑有8条,共计13条,还少1条。石渠应该就是少的这一条吧。总而言之,马骑的较大支流最多,流经导江、崇宁、郫、温江、新都、新繁、成都、华阳等地,成为惠及成都平原巨大灌溉网的一个重要部分。"凡为堰九 曰李光 曰膺村 曰百丈 曰石门 曰广济 曰颜上 曰弱水 曰济 曰导 皆以堤摄北流 注之东 而防其决"。

另外,还建有9处渠堰,均是依靠堤堰控制从北边流来的江水,使其转向东流,以防止河道溃决,洪水泛滥。范大成把这称作"摄水"。从群山中奔流而出的岷江,一路南下,可是流到位于扇柄顶部的灌县,被人工大堤阻挡住,改向东流,去灌溉扇形的成都平原。同时这个分水工事兼有防洪的功能。

此时我们才真正来到了设有水则的地段。"离堆之南 实支流故道 以竹笼石 为大堤 凡七垒如象鼻状 以捍之 离堆之址 旧镌石为水则 则盈一尺至十而止水 及六则流始足用 过则从侍郎减水 河泄而归于江 岁作侍郎堰 必以竹为绳 自北引 而南准水则第四 以为高下之度"。

为使河水能按照人们的意愿回流到以前的故道,在离堆南侧用竹笼石[12]修建起了大堤,堤石垒砌了7层,其形状犹如象鼻,终于实现了控制水流的目的。而在离堆迎水一侧又雕凿了水则。"蓄水水位从一尺到十尺,不得超过十尺。水位达到六尺,即可分流,多余的水流就可以用于灌溉。如果水位超过十尺,就要启用侍郎堰降低水位"。只是排出的江水又回流到了岷江。每年都要修建侍郎堰,修建时用竹结绳,从北面牵引过来,固定住南侧以第四水则为准,作为水位高低的尺度。

上一段引文里的内容就是前文引用的《宋史》记载中有下画线部分的解释,关于这个问题,还可以从《元史》卷六十六,河渠志十七下,蜀堰中找到解答,文中说:"秦昭王时 蜀太守李冰 凿离堆 分其江 以灌川蜀(中略)北旧无江 冰凿以辟沫水之害 中为都江堰 少东为大小钓鱼 又东跨二江 为石门 以节北江之水 又东为利民台 台之东南 为侍郎 杨柳二堰 其水自离堆分流入南江 南江东至鹿角 又东至金马口 又东道大安桥 入于成都 俗称大皂江 江之正源也"。

据此可知,北江原本是没有的,是由于李冰开凿了离堆后才出现的,为了调节北江水势,后来又在离堆的西北修建了都江堰。从都江堰经大钓鱼堰、小钓鱼堰、石门堰、利民台、侍郎堰和杨柳堰一直往东抵达离堆。《宋史》中提到的侍郎堰在离堆上游,当江水超过离堆水则的10尺刻度时,利用这个侍郎堰放水。还知道了《宋史》中的"大皂江"是从大安桥流到成都,为南江的正源。接下来《元史》又说:"北江少东为虎头山 为斗鸡台 台有水则 以尺画之 凡十有一 水及其九 其民喜 过则忧 没其则则困"。北江的斗鸡台下设有水则,水则刻度划分为11尺,江水达到9尺时,老百姓满心欢喜,超过9尺则开始担心,一旦超过11尺,则变得非常忧虑。如果把这个说法与《宋史》中对离堆的水则的说法对照来看,就不难发现这个水则变成了10尺,水位在6尺以内,百姓欢喜,水位过了6尺,百姓开始担忧,而水位一旦过了10尺,大家就非常忧虑,于是就从侍郎堰分流放水。《元史》中还说:"都江及利民台之役最大 侍郎·杨柳·外应·颜上·五斗·次之",意思是说,从都江堰到离堆的水利工程规模都非常宏大[13]。

我们现在是这样来解释宋代的水则的,但是让我们再往前追溯去还原一个真实的水则。

北魏的郦道元(公元? —527年)所著《水经注》卷三十三,江水一条中记载:"江水又历都安县 县有桃关汉武帝祠 李冰做大堰于此 壅江作堋 堋有左右口 谓之湔堋 江入郫江 捡江以行舟 益州记曰 江至都安 堰其石 捡其左 其正流遂东 郫江之右也 因山颓水 坐致竹木以溉诸郡 又穿羊摩江灌江西 于玉女房下白沙邮 作三石人 立水中 刻要江神 水竭不至足 盛不没肩 是以蜀人 旱则藉以为溉 雨则不遏其流 故记曰 水旱从人 不知饥馑 沃野千里 世号陆海 谓之天府也 邮在堰上 俗谓之都安大堰 亦曰湔堤 又谓之金堤 左思蜀都赋云 西逾金堤者也 诸葛亮北征 以此堰农本国之所资 以征丁千二百人主护之 有堰官"。

岷江流经都安县(今四川省灌县西北),县城的桃关有汉代的武帝祠,李冰在这里修建了大堰。截江作堋,堋有左右两个开口,把它叫做"湔堋"。江水注入郫江,水面平稳,可以行船。《益州记》说,岷江到都安县,右侧有堰,左侧通航,主流向东。郫江(内江)是右侧河道。江水从山中流出,可以毫不费力地用竹木制作的水闸灌溉农田。另外,还开凿了羊摩江用以灌溉江西岸土地,并且在玉女、房下和白沙3个驿站分别制作了3个石人,放置在水中,用石人迎接水神。即使干涸,水面也不至于降到石人脚部,即使涨水也涨不到石人的肩部。蜀人据此判断,干旱时引江水灌溉田地,下雨时就不再截流而任由江水自由流走。故以此为记。"水旱皆随人愿,不知饥饿是什么,沃野千里,世称'陆海',又称'天府'"。驿站地处江堰大堤上,江堰俗称都安大堰,也称湔堰,还称金堤。左思(公元? —308年)在《蜀都赋》里盛赞道"西蜀中坚数金堤"。诸葛亮(公元181—234年)北征时认为,都安大堰是农业的命脉,关系到国家的重大利益,于是派军队1 200人重点守护江堰大堤,还设有堰官。这里要特别注意的是,都安大堰即后来的都江堰堰边有3所驿站,驿站前的水中分别设有3个石人,说是为迎接江神的到来,其实已经具有水则的功能了。石人实际具有双重功能,一是显示供奉大江为母亲河,另外就是作为提示人们何时该灌溉、何时该排水等参考标准的水则的原型。

《水经注》卷三三,水条中引用了汉代应劭的《风俗通义》说:"风俗通曰 秦昭王使李冰为蜀守 开成都两江 溉田万顷 江神岁取童女二人为妇 冰以其女与神为婚 径至神祠 劝神酒 酒杯恒澹澹 冰厉声以责之 因忽不见 良久 有两牛斗于江岸旁 有间冰还 流汗谓官属曰 吾斗大亟 当相助也 南向腰中正白者 我绶也 主簿刺杀北面者 江神遂死 蜀人慕其气决 凡壮健者 因名冰儿者"。蜀守李冰开凿成都二江,灌溉万顷良田。两江的河神每年都要娶两个童女。李冰就答应把自己的女儿许配给河神。他经小道来到神庙,一个劲儿地给河神敬酒,自己慢慢地喝。当即将结束的时候,突然厉声谴责河神,河神随即消失,稍过片刻,只见有两头牛在江岸旁相互缠斗。李冰立即返回官邸,满身大汗地对下属说:"快来帮我斗牛。南边那个腰间有白圈的是受到我册封的牛。"于是主簿就挥剑斩杀了北面的牛。就这样,江神被杀死了。蜀人敬佩李冰的勇武和决断,就把强壮干练的后生称为"冰儿"。

波涛汹涌的大河,冲碎岩石的激流,四处泛滥,成了吞噬人畜冲毁家园的洪水,控制这些洪水猛兽的竟是河神。为安抚河神不让他发怒,每年都要准备年轻貌美的女子投进江中,供奉给河神。能与凶悍的河神相抗衡的只有人间的天子或伟人杰士。这里河神的使者是北面的牛,而天子的使者则是印绶变化成的南面"腰系印绶的白牛"。南北两牛争斗,其实背后都有人支援,就是河神和李冰及其下属。随着北面的牛被刺杀,河神也败下阵来。这个传说在都江堰一带广为流传。

在《水经注》卷三十六也记载:"昔沫水自蒙山至南安溷崖 水脉漂疾 破害舟船 历代为患 蜀郡太守李冰 发卒凿平溷崖 河神巇怒 冰乃操刀入水 与神斗 遂平溷崖 通正水路 开处 即冰所穿也"。四川省南安即夹江县西部有溷崖(也称溷严,现在称龟都山),水急滩险,李冰派人凿开溷崖,疏通水道,使行船变得安稳。李冰还持刀跳入河中与河神搏斗,最终战胜了河神。这个传说充分显示了李冰超人的神力。这就是说李冰在四川各地都在发挥着他的神威。广都县、武阳县、什邡县等地的水利工程都归到了李冰一个人身上。凭借李冰的神力可以征服自然,但是要让自然的恩惠能惠泽万民却不是一般人所能做到的。随着李冰的出现,预示着川蜀将迎来英雄时代。因此,设置在都江大堰的3个石人应该可以看成是李冰被英雄化的雕塑。从这3个石人所处的地点玉女、房下、白沙的地名推断,这3个石人应该是女性,至少是仿女性的雕塑,是用来抚慰江神的。

这3个石人既具有抚慰江神的神力,也具有平均分配水量以惠及万民的能力。干旱时水位不会低于脚踝,涨水时也不会超过石人的肩膀。就是说,水位始终在石人的膝盖上部到肩部之间,理想的水位是正好处在石人的腰部。立在离堆的宋代水则上说:"盈一尺至十而止水 及六则流 始足用 过则从侍郎堰减水",而元代立在虎头山下斗鸡台的水则写到:"以尺画之 凡十有一水及其九 其民喜 过则忧 没其则则困"。由此推断石人应该比普通人类高得多,仅肩部高度就达到了10~11尺。膝盖以下有1尺,6~9尺应该正好是石人的腰部到肩部,水位超过10尺、11尺石人整个也就淹没在水中了。就是说江神的法力超过了石人。这时就必须借助其他的力量来救援石人,水淹石人不仅是石人的悲哀,同时也使农民忧心忡忡。农民最希望水位始终处在6~9尺的位置。水则也和这石人一样,成为反映民众心愿的晴雨表。竖立在水中,历经数千年的水则,反映着不同时代、不同地域人们的喜怒哀乐,表面上还刻着反映真实水情的数字,也反映了历史的变迁。也就是说,水则是伴随着人类共生共长的。

**【注释】**

[1] 清代鲍廷博(1728—1814年)编,《知不足斋丛书》第十八卷。

[2]《世界文化地理大系》七,平凡社,1958 年。

[3] 也指孝文王时期。《春秋战国时代》(增渊竜夫执笔),《亚洲历史辞典》,平凡社,1959 年。

[4]《元史》卷六六,河渠志十七的"蜀堰"中有"深淘滩 高作堰"的说法。

[5] 褚绍唐编辑,田中启尔监修,森下修一翻译《新中国地理》第八章,秦岭四川区二,水利。

[6] 与注释[2]同。

[7]《新世界地理三·中国》(米仓二郎执笔),朝仓书店,1960 年。

[8]《亚洲历史辞典》(都江堰项,日比野丈夫执笔),平凡社,1959 年。

[9]《世界史大系二》,二四六页,诚文堂新光社,1958 年。

[10] 与注释[5]同。

[11]《世界地理》卷四,中国二,四川盆地(北田宏藏执笔),河出书房,1952 年。

[12] 徐光启著《农政全书》卷十七,水利中记载:"石笼又谓之卧牛判竹 或用藤萝或木条 编作圈眼大笼 长可二三丈 高约四五尺 以签桩止之 就置田头 内贮块石 以擗暴水 或相接连 延远至百步 若水势 稍高 则垒作重笼 亦可遏止 如遇堤岸盘曲 尤宜周折 以御奔浪 并作回流 不致冲荡埂岸 农家濒溪 护田 多习此法 比于起叠堤障 甚省工力 又有石擗水 与此相类。

另外,在《续资治通鉴长编》等典籍中也偶尔能看到"。

[13]《元史》卷六六,河渠志十七下,关于蜀堰中都江堰一文记载:"都江又居大江中流 故以铁万六千斤 铸成大龟 贯以铁柱 而镇其源 然后即工诸堰 皆甃以石 范铁以关其中 取桐实之油 和石灰 杂麻丝 而捣之 使熟以苴罅漏岸善崩者 密筑江 石以护之 上植杨柳 旁种蔓荆椊比鳞次 赖以为固"。由此 可以推测其规模是非常大的。

# 结束语

水则是水利工具之一。在中国从战国时期到秦汉帝国时期,是农业灌溉水利工程大 发展、大跃进的时代。随着铁制农具的出现,水则也在各地逐渐出现。其最早的原型估计 就是上面说的那 3 个石人,既是奉献给河神的童女,旱涝时还起到了指示调整水位的水则 的作用,可谓身兼二职。公元前 3 世纪,正是李冰活跃的时期,成都平原也正处在从到处 河流泛滥的"蛮荒时代"向"文明时代"转型过渡的"英雄时代",李冰就是打败河神的超 级英雄,而能帮助他战胜强敌的武器,从技术上看应该归功于铁器的普及。3 个石人也可 以说是"英雄时代"的产物。宋代的水则虽然已经看不到它的原型是什么了,但是上面镌 刻的数字除了具有合理性,还暗含着对石人的传承,同时还隐含着人类很多的不切实际的 感情。这也就是我为什么要对水则进行如此大篇幅地阐述的主要原因。由此可以感觉到 绍兴府鉴湖的水则和离堆都江堰的水则都各自拥有自己的个性。

河北与契丹交接地方用于灌溉的水塘里也设有水则,那主要是应军方要求设置的,但 同时还兼有合理分配水量、维护城乡社会治安稳定的重要作用。绍兴府所处的江浙地带 自古就是中国的粮仓,文化也非常繁荣,这里是吴越两国的争霸舞台,同时这片土地还孕 育了书圣王羲之(公元 303—379 年)、南宋第一诗人陆游(1125—1210 年)和新中国文学 的开创者鲁迅(1881—1936 年)等一批文人学者。这里的经济同样也非常发达,江浙财阀 同样闻名天下。在这样一个文化底蕴极其丰厚的地方,在公元 2 世纪中叶,凭借人力,开 凿出了鉴湖。但是,在北宋向南宋转型期,承载了绍兴府千年经济、政治、文化的鉴湖却在许多有识之士的反对声中逐渐人为地消失了。现在仅仅只剩了个鉴湖的名字，实际上已经成了一条运河。鉴湖的水则也同鉴湖一样多灾多难，显露出了不可思议的一面。这段历史经历赋予了鉴湖水则以个性，延续了水则的生命。

另一方面，如早于鉴湖四百多年开凿的灌县离堆和都江堰，最早的开凿工程始于公元前3世纪，它既孕育了成都平原的文化历史，历经两千多年至今仍然灌溉滋润着千里沃野。在四川盆地，足以富国强民、催生丰富独特文化的动力源泉应该就是这个离堆和都江堰。这也是为什么诸葛亮要对这里严加防守的原因。而设立在这里的水则又起到了支撑国家富强、文化发展的重要作用。因而不论是人还是石头，都被神话，这看似离奇，实则不足为怪。这里的水则与鉴湖的水则不同，现在依然竖立在那里，发挥着应有的作用。鉴湖水则的地点时常变换，这反映了鉴湖周边人们生活方式和思维方式的变化。离堆和都江堰的水则，至今还在发挥作用，这说明两千多年来，岷江一直都流经离堆和都江堰，没有改过道。李冰、诸葛亮、范大成、左思他们各自在不同的时代看离堆及都江堰，一定会感觉到有某种东西贯穿其中。那就是意味着人类的理性与自然法则相互协调达到了共赢的产物。我认为那就是处在自然与人类交叉点上的水则。如今中华人民共和国正在实施的大规模"南水北调"工程计划，将会使四川的河流焕发出新的光芒。相信在那里又会有更合理、更现代化的水则出现并发挥作用。

## 补充说明

根据王文才著的《东汉李冰石像与都江堰"水则"》(《文物》1974年第7期，中国文物出版社发行)记载，1974年3月3日，在都江堰灌溉工程维修现场发现了李冰石像。石像左袖有"建宁元年闰月戊申朔廿五日 都水掾"，右袖有"尹龙长陈壹造三神石人 珍水万世焉"字样，中间有"故蜀郡李府君讳冰"等3行题铭刻字。建宁是东汉孝灵帝的年号。关于李冰任蜀郡太守有两个说法，分别是秦昭王(公元前306—前251年在位)说和孝文王(公元前250年在位)说，这个石像是在李冰任蜀郡太守大约四百年后雕刻的。由都水掾尹龙和都水长陈壹共同雕刻了3座石人。王氏说："秦时的石人 到建宁初已四百年 或被水淹没 陈壹重造三人立置水中"。"石人"作为测量水深的工具，如何测量？实际在《华阳国志》、《宋史》河渠志、元人《蜀堰碑》等众多专著中已有了大量详尽的叙述。

申丙编著《黄河通考》(1960年，中华丛书编审委员会)第八卷，河工成法考中关于"水则碑"有一幅水则碑图，并说明了使用方法。

宋代沿河到处都设有水则碑。为比较地势的高低，作为一个基准，在适当的地方放置石碑。观察水位在碑上第几则，用来调节石碑周围数十百里内均衡取水。

图1-4是江苏吴县垂虹亭的水则碑。

原本有宋徽宗宣和二年(1120年)立的水则碑两座。左碑刻有七段，第一则为水平线，附近民田用水均一没有问题，第二则表示最低洼处的田地已经淹了，第三则是较低的田淹了，第七则表示界内的田地不论地势高低都已经淹没了，这就要立刻速报各乡。右碑记录着各个月份三旬的水位涨落，以利于将来治水。

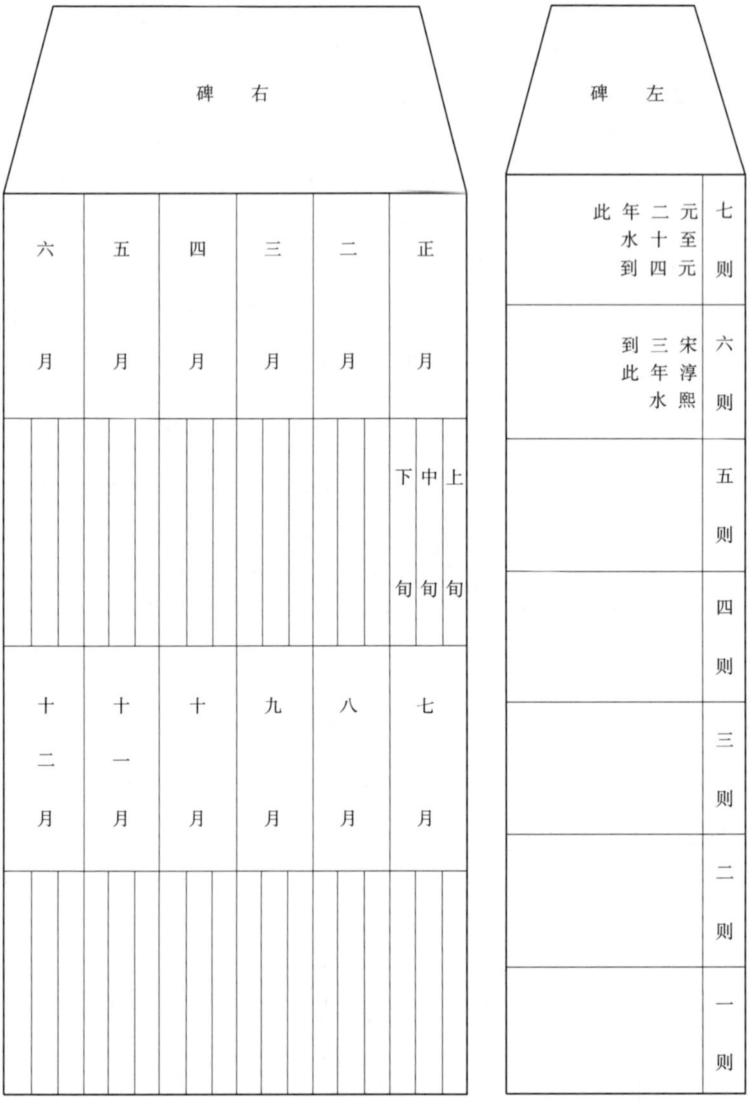

碑　右

| 六月 | 五月 | 四月 | 三月 | 二月 | 正月 |
|---|---|---|---|---|---|
| | | | | | 上旬 中旬 下旬 |
| 十二月 | 十一月 | 十月 | 九月 | 八月 | 七月 |
| | | | | | |

碑　左

| 七则 | 元至元二十四年此水到 |
| 六则 | 宋淳熙三年到此水 |
| 五则 | |
| 四则 | |
| 三则 | |
| 二则 | |
| 一则 | |

图1-4　江苏吴县垂虹亭的水则碑

# 第二章 宋代的河役

## 第一节 宋代河夫的考证

### 绪 言

所谓"役",就是指从事军旅或者土木工程等,主要有"军役"和从事黄河等河流治理工作的"河役"[1]。从事河役的成年男子被称作"河夫"。北宋时期由于频繁进行大规模的黄河治理工程,在这个过程中,朝廷不断地发现问题,解决问题,这些问题不仅是黄河流域百姓遇到的,还包括更大的与河役有关的范围所遇到的问题。朝廷正是通过治理黄河逐渐掌握了如何统治老百姓的技巧。

长濑守对宋代河夫进行了详细研究,他认为河夫就是黄河治理工程的劳动力[2]。

笔者试图从宋代统治地域的广度及社会深度方面对此进行探讨。而曾我部静雄则着眼于河夫的另一种形式"雇夫、免夫钱",试图确定徭役货币化在唐宋财政史上的位置[3]。笔者认为河夫制度的发展是王安石变法的一个方面。另外,周藤吉之则着眼于河夫队伍的指挥者——团头、甲头、火夫与形势户之间的关系[4]。笔者打算从河夫队的组成这一角度来解读河役。总之都试图从北宋河夫的发展来解读河夫制度。图 2-1 为宋代疆域图。

【注释】

[1] 马端临撰《文献通考》卷十三,职役考第二条:"古之所谓役者 或以起军旅 则执干戈冒锋镝 而后谓之行 或以营土木 则亲畚锸疲筋力 然后谓之役"。

[2] 长濑守文章《北宋治水事业——以黄河为中心》,东京教育大学编《东洋史学论文集五》,不昧堂书店,1960 年。

[3] 曾我部静雄《宋代财政史》中的《宋代的杂役》一文,生活社,1941 年。

[4] 周藤吉之《唐宋社会经济史研究》中的《宋代陂塘管理机构与水利制度》一文,东京大学出版会,1965 年。

### 一 河堤民夫

《永乐大典》一二三〇六册,《长编》,开宝四年(公元 971 年)七月己酉记载:"令河南府及京东河北四十七州 各委本州判官 互往别部同令佐 点阅丁口 具列 子("丁"的误写)籍 以备明年河堤之役 如敢隐落 许民以实告 坐官吏罪 先是诏京畿十六县 重括丁籍独开封所上 增倍旧额 它悉不如诏 上疑官吏失职 使豪猾蒙幸 贫弱重困 故申警之"。意思是令河南府以及京东、河北等四十七军州,各抽调判官到其他地区,会同当地同级官员一起,清点人口,登记造册,以备明年河堤抽丁使用。如有隐瞒不报,一旦被举报将追究官

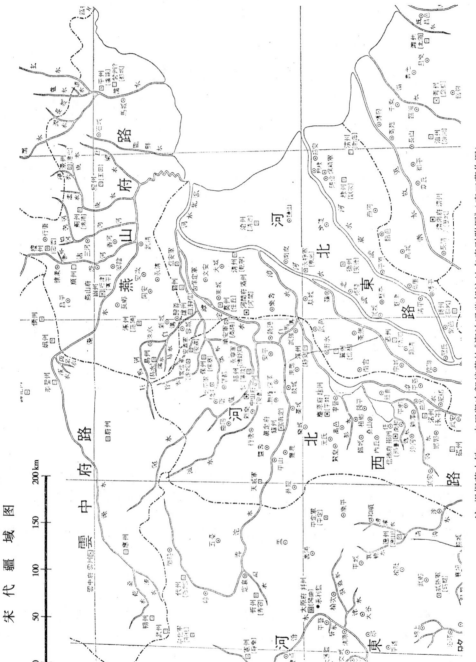

图 2-1 宋代疆域图

注：根据荒木敏一、未田贤次郎编著的《资治通鉴胡注地名索引附图》（森三藏作图）。

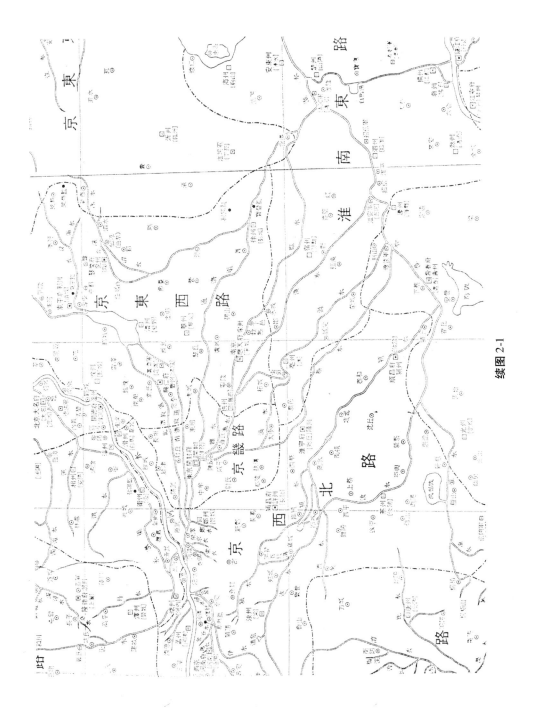

续图 2-1

员的责任。之前在京畿 16 县丁籍登记时，除开封比以前数字翻倍外，其他没有按照诏书的要求呈报数字。太祖疑是官员失职，对富商等有钱人网开一面，增加了贫苦百姓的负担，对此予以警告。因为如果不统计清楚，即使来年春天的河堤所需人工够用，也会造成不公平现象。

这个《长编》的原始出处应该是《会要》和《文献通考》。

《会要》一二七册，食货一二，户口杂录（同书一六一册，食货六九，户口杂录以及《文献通考》卷一一，户口考二）中记载："开宝四年（公元 971 年）七月诏曰（中略）春初修河 盖是与民防患 而闻豪要之家多有欺罔 并差贫阙 岂得均平（中略）应河南、<u>大名府</u>、宋、亳、宿、颖、青、徐、兖、<u>郓</u>、曹、<u>濮</u>、单、蔡、陈、许、汝、邓、<u>济</u>、<u>卫</u>、淄、潍、滨、<u>沧</u>、德、贝、冀、<u>澶</u>、滑、怀、孟、磁、相、邢、洺、镇、博、瀛、莫、深、杨、泰、楚、泗州、高邮军、所抄丁口 宜令逐州判官互相往彼 与逐县令佐 子细通检 不计主户、牛客、小客尽底通抄 差遣之时 所贵共分力役 敢有隐漏 令佐除名 典吏决配 募告者以犯人家财赏之 仍免三年差役"。

这里列举了《长编》中"四十七军州"的详细名称。仔细数一数《会要》中提到的 45 个州，再加上《文献通考》提到的棣州，共 46 个州，还有《长编》中提到的"开封府"总共 47 个州。设置河堤使、河堤判官的 17 个州府是诏文中有下画线的 14 个州府，再加上棣州和开封以及郑州共 17 个。因此，加上郑州的话，应该共有 48 个州府。如果将这些州府军在地图上定位，就像《宋代疆域图》显示的那样，这些州府军基本上集中在黄、汴、御、清等河流的沿河地带。《会要》和《文献通考》中对《长编》的"坐官吏罪"有具体的描述，"令佐除名 典吏决配"，就是说县令将被免职，而从事具体工作的典吏将被流放。另外，对"许民以实告"，则"募告者以犯人家财赏之"，即对故意隐瞒遗漏者没收家财，将其家财赏给举报人，并免除举报人 3 年差役。

被确定来年上河堤服役的丁夫，不论主户还是牛客、小客，一律只按人口登记造册，服差役时，劳动量大家平均分配。但是豪绅和狡猾之徒总是勾结官吏逃避服役，而那些贫苦的百姓只能无奈地辛苦服役。关于牛客和小客，日野开三郎指出："没有牛的农户称为小客，有牛的农户称为牛客"[1]。周藤吉之对客户进行了分类，他指出："使用地主家的牛耕作的人，或用自己的牛耕作地主土地的人，以及借用他人的土地、房屋、农具向他人支付租金的人"[2]。对此，草野靖则认为："牛客、小客一般都被认为是佃户阶层，但其实这是不对的"，比如还有"贩牛小客"和"贩盐小客"，他指出小客里面也有走乡串村贩牛的和沿街流动贩盐的小客[3]。总之，不管是牛客、小客、主户，还是各种手工作坊者，都必须服"河堤之役"。宋太祖时期，虽然治理黄河的国策是"官治大堤 民治遥堤"，但是每年依然以"春初修河 盖是与民防患"为由，动员百姓共同修堤防止水患。那么太祖对"河堤之役"所征用的"夫"采取如此严格的政策，又是出于什么样的政治上的考虑呢？

《宋史》卷一七五，食货志一二八，食货上三中对漕运这样记载："漕运 宋都大梁有四河 以通漕运 曰汴河 曰黄河 曰惠民河 曰广济河 而汴河所漕为多 太祖起兵间有天下 征唐季五代藩镇之祸 蓄兵京师 以成强干弱支之势 故于兵食为重 建隆以来 首浚三河 令自今诸州岁受税租 及筭榷货利 上供物帛 悉官给舟车 输送京师 毋役民妨农 开宝五年 率汴蔡两河公私船 运江淮米数十万石 以给兵食 是时京师岁费有限 漕事尚简 至太平兴国初 两浙既献地 岁运米四百万石"。通往宋都大梁的漕运河道有四条，即黄河、汴河、惠民河

（下游是蔡河）、广济河（别名五丈河）。太祖自立朝以来，汲取唐末五代藩镇之乱的教训，蓄兵京师，采取"强干弱支"的政策。为了保证京师的军粮，疏浚三河（汴河、惠民河、广济河），用官船官车把每年的租税、专卖的利润、进贡的物帛运往京师。开宝四年（公元971年）重新登记47州的人口，开宝五年（公元972年）自江淮运粮数十万石。自太宗太平兴国三年（公元978年），吴越王钱俶归顺大宋，献出两浙地区，每年的运米达400万石。漕运水路的治理以及堤防的加固就成了太祖"强干弱支"政策实施的最重要的紧急要务[4]。

建隆元年（公元960年）春正月下诏，以前丁夫从事河道疏浚时，自备干粮，后改为官府供给[5]。而建隆三年（公元962年）十月的诏书下令，汴河沿岸的官吏，开春组织民夫在河堤种植榆树和柳树以加固堤防。乾德五年（公元967年）春，在17个州府设立河堤使，组织沿岸各县以及周围各郡的民夫数万人修整河堤，并且从这一年开始形成惯例，每年正月开始动工，春末完工。这个制度后来被称为"春夫"。开宝元年（公元968年）十一月癸巳下诏，令天下县令，根据农作物的耕作情况确定税收、兵役和河夫。开宝三年（公元970年）春正月己巳又下诏说，河防官吏如若克扣丁夫的工钱，或者挪用河堤工程材料者将处以极刑[6]，这个规定后来写进了叫《作邑自箴》的河夫施工队工头的规范中[7]。开宝四年（公元971年）在"四十七军州"，全面展开重新登记兵丁，同年三月设立河堤判官，强化河堤使。重新登记兵丁的工作由各州府的判官负责。河防官吏时常克扣丁夫的工钱，对此将在后面的"雇佣民夫和免夫钱"一节中具体阐述。此外，官府还要求沿黄、汴、清、御等河流的两岸百姓义务植树，种榆树、柳树等杂木。规定一等户50株，二等户40株，三等户30株，四等户20株，五等户10株，这成为后来"春料夫"的基础，这是最低的要求。当然孤鳏老人、残疾人、女户无男、女劳力者可以除外，这些是对贫弱者的照顾。宋代初期，各种水利工程的劳力形式已初具雏形，并且逐渐发展完备，可以随时随地完成各种工程。

"河堤之役"的民工主要是维修河堤的薄弱处、蛇鼠打洞的地方、牛羊踩坏的地方，以及河岸被踩踏成为道路的地方，还有就是在河堤种植防护林等工作[8]。他们对河堤使、河堤判官负责，被称为"河堤夫"或"河堤之夫"。

【注释】

[1] 日野开三郎《宋代耕牛租赁考》，原书《史渊》五六和五八页。

[2] 周藤吉之《宋代佃户制度》，原书《中国土地制度史研究》，东京大学出版会，1954年发行。

[3] 草野靖《宋代的主户客户和佃户》，发表在东洋学报四六、一期。

[4] 青山定雄《宋代漕运的发展》，原书《唐宋时代的交通、地方志和地图研究》，吉川弘文馆，1963年发行。

[5] 《长编》卷一，建隆元年（公元960年）春正月的记载："汴都仰给漕运 故河渠最为急务 先是岁调丁夫 开浚淤浅 糇粮皆民自备 丁未诏悉从官给 遂著为式"。

[6] 以上均参考本书第三章第一节"宋代初期的黄河堤防管理"。

[7] 参考本章第一节中"河夫名簿及河夫队"。

[8] 与注释[6]相同。

## 二 挖河民夫

宋太祖时期实行"官治大堤"的政策,派出大量"河堤之夫"对黄、汴、济、御等河的大堤进行了大规模的整治,以确保通往京师开封的漕运,确保"强干弱支"政策的实施。太祖时期出现了"埽的制度",并增加了"开渠分水"的新内容,因此大批的河夫投入到这些大规模的土木工程中。真宗时期随着官僚体制的强化,黄、汴等河的堤防管理体制已经涉及县的下一级,各级都必须严格认真地处理河务工作[1]。真宗末年到仁宗初年,滑州修建天台埽大规模工程,在施工过程中出现了"沟河司"和"沟河夫"。

《长编》卷一〇二,天圣二年(1024 年)三月己丑记载:"同提点开封府界诸县镇公事张君平言 南京·陈·许·徐·宿·亳·曹·单·蔡·颖等州 古沟洫与畿内相接 岁久不治 故京师数罹水患 请委官疏凿之 诏从其请 君平陈八事"。列举了以下八项。

《长编》卷一〇三,天圣三年(1025 年)二月丙寅(十三日)记载:"提点开封府界诸县镇公事 屯田员外郎张嵩 同提点供备库副使张君平 并兼管勾开治沟洫河道事 仍诏 开封·应天府·陈·许·徐·宿·亳·曹·单·颖·蔡等州及属县亲民官并带开治沟洫河道事 先是君平言 今岁畿甸雨泽均诉水灾者 犹及数万户 此积潦不泄 州县纵驰之咎也 今方治沟洫 或令佐中徙任 则从来者漫不知绪 何以集事 请俟春料毕役许其去

时单州砀山下地污下 古河塞不通 遂立法督令佐 于是河将成

又奏非有司专其事 后必复废 请本州县长吏并兼沟洫河道事 府界提点谨察 举民诉水 亟按视之 诏皆从其请

又左侍禁李守忠 专管勾沟洫河道司"。

张君平(《宋史》卷三二六,列传,八五)的父亲张承训在与契丹作战时阵亡,君平也立下了战功。后来转任治水官,活跃在滑州治水一线,人们赞扬他是"君平有吏才 尤明于水利"。他的儿子张巩也一直参与治水事业。

《长编》中把天圣二年三月至天圣三年二月期间的所有资料都统一收编到三月和二月的条目里:

(1)对象地区——开封府、应天府、陈、许、徐、宿、亳、曹、单、蔡、颖等 11 个府州。就是京畿路、京东西路、淮南路北部、京西北路北部的河南、淮北地区,都是汴水等连接开封与江南的漕运网络中的比较发达的京都圈周边地区。

(2)上述 11 州府自古就有很多河沟与京师相通。由于年久失修,京师地区经常遭受水灾,波及数万户。主要原因是各州县的官吏对沟洫河道疏于治理。

(3)天圣二年七月,张君平针对如何解决这些问题上书,提出八条建议[2]。

(4)据此,天圣三年二月,张嵩和张君平被任命为管勾开治沟洫河道司官员。

(5)同时,各州县的主要官员必须兼任沟洫河道司工作。

(6)天圣四年单独设置沟洫河道司,任命李守忠为管勾沟洫河道司官员[3]。

(7)单州砀山的古河成功开通。

天圣二年三月张君平上书后,在他的带领下,对 11 府州的古河道进行了详细的调查,调查结果汇总后形成同年七月张君平的八条上书,天圣三年二月朝廷任命张嵩、张君平以及各州县的主要官员出任沟洫河道司官员,天圣四年又单独设立了沟洫河道司。

那么,张君平上书的八条内容究竟是什么呢? 正如后文所述,至道初年,他们提出了在上述地区实行开垦荒田的建议,而没有沟洫河道的内容。这里实际有新的含义。可参考的资料是《宋史》和《长编》,内容大同小异,对比如下。

先看《宋史》卷九四,河渠志四七,京畿沟洫记载的内容:

"天圣二年七月 内殿崇班合门祗侯张君平等言 准敕按视(中略)诸州沟河形势疏决利害凡八事

一、商度地形 高下连属开治水势 依寻古沟洫浚之 州县计力役 均定置籍以主之

二、施工开治后按视 不如元计状 及水壅不行 有害民田者 按官吏之罪 令偿其费

三、约束官吏 毋敛取夫众财货入己

四、县令佐 州守倅 有能劝课部民 自用工开治 不致水害者 叙为劳绩 替日与家便 官功绩尤多 别议旌赏

五、民或于古河渠中 修筑堰堨 截水取鱼 渐至淀淤 水潦暴集 河流不通 则致深害 乞严禁之

六、开治工毕 按行新旧 广深丈尺 以校工力 以所出土 于沟河岸一步外 筑为堤埒

七、凡沟洫上广一丈 则底广八尺 其深四尺 地形高处 或至五六尺 以此为率 有广狭不等处 折计之 则毕工之日 易于覆视

八、古沟洫在民田中 久已淤平 今为赋籍 而须开治者 据所占地步 为除其赋 诏令颁行"。

再看《长编》卷一〇二,天圣二年三月己丑记载:

"同提点开封府界诸县镇公事张君平言(中略) 诏从其请 君平陈八事

一曰、商度地形 循古迹深广之数 敕州计土工 置籍以记其事

二曰、功不如所计 或水壅害民田 官坐罪 偿费置

三曰、察吏贪墨 傍缘役事 箕敛民钱者

四曰、知州通判令佐 能诱部民佐工费 书为劳课 与家便 官功多与重赏

五曰、禁民筑堰堨 潴水捕鱼 以障河流

六曰、浚治毕 按新书('旧'的误写)广深凡几何 校功力 因其所出土 积为堤

七曰、凡沟洫上广一丈 则下广八尺 深四尺 高阜加深焉 用此为率 宂隆折计之便于覆视

八曰、古沟平淤为民田 系赋籍 虽开治者 以乡县保证 除其赋 悉领为定令"。

以上可以归纳总结为:

(1)调查地形水势,寻找古沟洫进行疏浚。各州县要统计出土方量和用工量,并将其登记造册。

(2)工程完工后,如没有达到原设计要求,水道仍然不通,或造成民田受灾,将追究官吏的责任,并责令赔偿损失。

(3)约束贪婪的官吏,不允许出现贪污民夫的工钱和挪用工程款。

(4)知州通判以及县令要督促自己的下属,主动开始治理工程的要给予支持,有功者要重奖。

(5)严禁百姓在古河道中设立围堰捕鱼,以防止出现淤塞、漫堤、河流不畅,造成灾害。

（6）整治工程结束后，丈量新旧河道的宽度和深度，用以核对工程量和用工量，挖出的土方堆积在距河岸外侧一步之处，用来筑堤。

（7）河道要求上宽1丈，下宽8尺，深4尺。地势高的地方要求深5~6尺。总之，要符合10∶8∶4的比率。

（8）古河道如果已经成为农田，且交赋税的，开挖部分应免除赋税。

总之，针对整治古河道、沟渠，防止京畿地区发生水灾，张君平提出了八条很具体且简单可行的方案。但是，针对整治工程所需要的劳动力如何解决却只字未提，似乎是由州县各自解决。

《长编》卷三七记载了度支判官陈尧叟和梁鼎于至道元年（公元995年）戊申朔的上书，其中有以下内容："自汉魏晋唐以来 于陈许邓颖既蔡宿亳至寿春 用水利垦田陈迹具在 望选稽古通方士分为诸州长吏兼管农事 大开公田以通水利 发江淮下军散卒及募民以充役"。这个方案比张君平的早30年，施工人员是那些"江淮下军散卒及募民"。地域基本相同，但工程的内容不同，不是为水利，而是为垦田。

《会要》七五册，官职三〇沟河司记载："宝元二年省罢 只令随处官员令佐等与府界提点司并转运司 各认地分管勾掌 每年开淘沟河人夫兵士功料不定"。

《长编》卷一二四，宝元二年（1039年）秋七月癸卯（四日）记载："罢沟洫河道司 令逐处州县分领之"。宝元二年秋七月废止中央沟河司，其职责由各州县分担，但当时沟河的民夫、兵士以及工料等并没有确定。

开挖沟渠河道的民夫就是沟河夫，我们就这个话题继续探讨。《长编》卷一〇六，天圣六年（1028年）八月丁亥（二十五日）记载："赐南京修沟河役卒缗钱"，《长编》卷一〇七，天圣七年（1029年）三月戊寅记载："赐畿内治沟洫役卒缗钱"。军队是在国家的直接管理下，所以没有特别记录，而州县要出沟河夫，理所当然应该有记录。景祐二年（1035年）皇帝下诏激励各州县令佐兴修陂塘和沟渠[4]，景祐三年徐州知州通判兼管沟渠河道事务[5]。

《长编》卷一七一，仁宗皇祐三年（1051年）十二月戊戌记载："诏 开封诸县 岁差八分人夫以开浚沟渠 颇为烦扰 自今凡有堰塞处 听所在人户自开浚 而官为检视之"。过去开封府境内的诸县每年都要组织并派出百分之八十的民夫疏浚河渠，今后允许民间自发疏浚，由官府监督检查。

《宋史》卷九四，河渠志四七，京畿沟洫记载都水监于神宗熙宁元年（1068年）三月的上奏，文中说："畿内沟河至多 而诸县各役人夫 开淘十才二三 须二三年 方可毕工 请令府界提点司选官与县官同 定紧慢功料 据合差夫数 以五分夫 役十分工 依年分开淘 提点司通行点校 从之"。意为畿内河沟众多，各县虽然派人员上河疏浚，但也不到十之二三。计划要在两三年完工，因此各府界提点司要挑选官员会同县官进行调查，统计出工程的进度和所需物料以及用工量。五分的人工要分派十分的工作量，按照年度计划进行疏浚，完工后进行检验。"开淘沟河人夫"、"岁差八分人夫"、"诸县各役人夫"、"合差人数，以五分夫"等提的人夫就是"沟河夫"。但是开封诸县似乎没有达到预期的效果。

《长编》卷四七六，元祐七年（1092年）八月庚申记载工部上奏说："所有本路沟河夫数 并于管下以远州县均差 趣那近里州县夫 应副河埽役使（中略）诏科夫除逐路沟河夫

外 其诸河防春夫 每年以一十万人为额"。意为偏远的州县的民工担当沟河夫,临近州县的民工担当河埽夫,本年度河北、京东、京西、府界的河防春夫已经确定数量,所以不再担当沟河夫。离施工处比较远的民工担当沟河役,叫做沟河夫,离施工处较近的民工担当河役,叫河防春夫。

《宋史》卷九五,河渠志五,御河中记载政和五年(1115 年)闰正月的诏书:"于恩州北增修御河东堤 为治水堤防 令京西路差借 来年分沟河夫千人赴役 于是都水使者孟揆 移拨十八埽官兵 分地步修筑 又取枣疆上埽水口以下 旧堤所管榆柳为桩木"。在恩州北部增修御河东堤,作为治水的堤防。为此下诏令京西路拆借沟河夫千人赴役。这是沟河夫和河防夫转换互用的一个例子。同时,埽兵也参与施工作业,砍伐旧堤的榆树、柳树用做桩木。这样一来沟河夫就和河防春夫处于同等位置。

《宋史》卷一七八,食货志上六,役法下振恤中记载元符二年(1099 年)的诏书:"河北东西 淮南运司 府界提点司(中略) 其河防并沟河岁合用一十六万八千余夫 听人户纳钱以免"。沟河夫也与河防夫一样,允许缴费免夫,由此可知已经向定额化发展。这有利于国家财政。

《宋史》卷九三,河渠志四六,黄河下记载京西转运司于靖康元年(1126 年)三月丁丑上奏说:"本路岁科河防夫三万 沟河夫一万八千 缘连年不稔 群盗劫掠 民力困弊 乞量数减放 诏减八千人"。说明宋末沟河夫与河防夫一样也已经定额化。

早在太宗至道元年(公元 995 年),积极提倡兴修水利的陈尧叟和梁鼎就提出恢复江北、河南即淮河流域曾经被水埋没土地的"垦田策"。正巧仁宗天圣初年,滑州天台埽的大规模黄河治理工程正在进行时,又开始兴修京畿圈的水利。以此为契机,开始整修沟河,由积极推行治水的张君平有组织地进行实施。中央设立"沟河司",地方设立"沟河事"。后来中央取消了沟河司,但地方上的沟河夫制度一直存续到北宋末期。关于沟河夫,张君平的"陈八事"中有"州县计力役均定 置籍以主之"之说。即将沟河夫作为杂役之一,也按登记抽调民夫。当沟河夫开始实施时,汴河废止了春夫制度[6]。同时,在北宋时期春夫、河防夫和沟河夫制度并存,根据时间和施工地点的远近,两者可以互相调剂,这说明两者在服役法上有同等的地位和效力。最初民夫数量和物料数量都没有定额,但随着春夫、河防夫也实行定额化管理,沟河夫也开始实行定额化管理了。

设置沟河夫制度究竟有多大的功效,现在难以做详细的考证,但是单州的砀山下、曹州、徐州、南京、畿内等地还是有例可循的[7]。有关农田水利的官文中"沟洫"这个词频频出现,说明在宋代的农田水利政策中沟河夫起到了重要的作用。

设置"沟洫河道事"的州府共有东京、南京等 11 个,这些州府均属于太祖在"明春河堤之役"时曾经检查过丁夫情况的州府,即京畿路、京东西路、淮南东路、京西南路等。沟河夫和河堤夫一样,都担负着强化东京开封府京城境内水利设施建设任务,支撑着"强干弱支"政策中"强干"一端。"强干"就必然与强化对"弱支"地区的管理相联系。随着宋代政府对"弱支"地区水利设施建设的加强,政府的控制能力也通过漕运干线地区与内陆地区的联系而得到了加强,也就是随着"强干"政策的扩张,中央集权体制也得以扩大和强化。

【注释】
[1] 参照本书第三章第一节"宋代初期的黄河堤防管理"。

[2]《宋史》卷九四,河渠志四七,京畿沟洫,天圣二年七月。

[3]《会要》七五册,职官三〇,沟河司中记载:"天圣四年合门祇侯府界提点公事张君平擘画置司 仍专差官一员与府界提点官共同管勾府界并南京宿亳等州军沟河道"。

[4]《长编》卷一一七记载,景祐二年十二月丙子(二十六日)的诏书说:"天下旧有陂塘沟洫久废 而长吏令佐能劝民兴修及辟荒田 增税额至百千以上者当行甄赏 转运使副提点刑狱 能督部史规画者赏亦如之"。

[5]《长编》卷一一九记载,景祐三年冬十月丁巳(十三日)的诏书说:"徐州知州通判并带开治沟洫河道事"。

[6]《会要》一四三册,食货四二,宋漕运记载,嘉祐二年(1057年)十一月十三日,三司使张方平上奏说:"天圣初 有张君平者 陈利见 始罢春夫 维以浅妄小人 苟规赏利 省减役费 以为劳绩 致兹淤塞 有妨通漕"。

[7]《长编》卷二三八,熙宁五年(1072年)九月壬子记载:"诏司农寺出常平粟十万石 赐南京宿亳泗川募饥人浚沟河道"。

## 三 春季备料民夫

《宋史》卷九一,河渠志四四,天禧五年(1021年)正月记载:"旧制岁虞河决 有司常以孟秋调塞治之物 梢芟薪柴楗橛竹石茭索竹索凡千余万 谓之春料 诏下濒河诸州所产之地 仍遣使会河渠官吏 乘农隙率丁夫水工 收采备用 凡伐芦荻谓之芟 伐山木榆柳枝叶 谓之梢"。这个记载是研究"春料民夫"最基本的史料。利用农闲时节从事春料采伐的民夫和水工叫做"春料民夫",太宗时期"埽制"出现。一个埽所需要的梢草就要3 725捆,占全部材料的99%,而其中梢和芟的比例是3∶7。芟在黄河流域周边就可以割到,而梢必须到远处的山区去砍伐[1]。因此,自太祖以来一直都非常重视春料的准备,文中也有提及。

太祖时期按五等分户,要求户户种植榆柳。同时,黄、汴河沿岸各州县必须在河堤上植树,太宗时期用竹索代替了芦索,真宗时期将榆柳种植扩大到河北全境,严禁盗伐河堤上的榆柳,等等,实施了一系列的与春料有关的政策[2]。特别是天台埽工程实施前后,澶、滑、濮、郓、大名、通利等各府州的屯军之地,经常用军士代替民夫、丁夫去采伐芦荻、蒿草[3]。如果人手仍旧不够,再从河东、河北、陕西、淮南、京东、京西等六路调集民夫,有时中等户以上的也可以用秋税冲抵官役,为了鼓励出官差和纳税还实行授官等措施[4]。

在天台埽工程的进行中,出现了沟河民夫,"春料民夫"也是这一时期出现的。

《会要》一九二册,方域一四,治河上,天圣六年(1028年)三月十六日记载:"新授京西转运使杨峤言 澶州每年检河堤春料夫万数 并自濮郓差往 备见劳扰 欲乞只于外州抽兵士五七千人与河清兵士同修 从之"。这里出现有"河堤春料夫"。澶州每年为河堤采伐春料的民夫即春料夫数以万计。其中也有从濮州和郓州两地派去的,既费时又耗力。因此,采用了京西转运使杨峤的提案,从外州抽调兵士五至七千,加上河清兵士共同从事此工程。这一时期春料夫的主要工作是在以澶、滑两州为核心的辽阔平原地带采伐芦荻、蒿草。

梢芟中的梢的主要供应地是运输便利的黄河中游丘陵地区。担负运输工作的是三门白波发运使。

《会要》一九二册,方域一四,治河上记载三门白波发运使于大中祥符九年(1016年)

正月的奏折,其中说:"沿河山林约采得梢九十万 计役八千夫一月 命发运使陈丽夫 躬自临视 仍官给粮食 毕日即散"。

黄河沿岸采伐到的梢达到 90 万捆,由 8 000 民夫采伐了一个月。发运使陈丽夫亲自督工,官府出粮,采伐结束即行解散。

《长编》卷九四,天禧三年(1019 年)八月戊子,三司中上书说:"白波发运司 采梢三百万 计用船三千只 望遣内官一员于泗州 已来拨借公私船供应 诏止以官船充用"。白波发运司采梢 300 万捆,运输需要船 3 000 只,遂派宦官一名赴泗州,征集借用公私船只准备用以运输,但诏书只允许使用官船。天禧三年六月滑州天台埽黄河大规模决口,为了堵塞决口,特别从南方的泗州调用船只,加强工程材料的运输能力。

《会要》一九二册,方域一四,治河上,天圣八年(1030 年)十月,三门白波发运使文洎的上书中说:"近年计度迭增 新旧折腐实多 山梢旧每年止一二百万束 去年所及三百七十六万束 今年七百八千(十的误写)余万束 以至竹索桩橛 比旧数倍多(中略) 外物料尚有二千五百万有余(中略) 直三二千贯(中略) 郓州去年要梢九十九万 只般三十万(下略)"。三门门白波发运使文洎是后来的宰相文彦博的父亲,他提出要对山梢等治河工料进行合理的管理。山梢在往年一般是 100 万~200 万束,去年是 376 万束,今年达到 780 万束,竹索和桩橛也是往年的一倍,其他工料还有 2 500 万有余,共值 32 000 贯。仅郓州一地就提出需要山梢 99 万束,实际只运进 30 万束就停下了。山梢的需求量巨大,采伐需要大量的春料夫。有关山梢的砍伐,文洎在通条上书中提出:"沿河诸埽岸物料内 山梢每年调河南·陕·府·虢·解·绛·泽州人夫 正月下旬入山采斫 寒节前毕 虽官给口食 缘递年采斫 山林渐稀 亦有一夫出钱三五千已上 雇人采斫 今年所差三万五千人 内有三二家共著一丁 应役之人 计及十万 往复千里已上 苦辛可怜(下略)"。沿河各埽岸所需的物料中,山梢是每年调用河南、陕、府、虢、解、绛、泽州的民夫于正月下旬进山砍伐,寒食节前结束,由官府提供口粮。随着连年的砍伐,山林渐渐稀少。有人雇佣民夫代替自己砍伐,一个民夫就需要钱三五千以上,今年需要官差 35 000 人,有的两三家共雇一名民夫。应征者达 10 万人,往返上千里,其辛苦可怜可见一斑。

有人觉得资料上很难见到有关"春料民夫"的记载,其实并非如此。无论是文洎说的"苦辛可怜",还是李昉说的"山林之木取之 极劳民力"(《长编》卷三四,淳化四年(公元993 年)夏四月),或是窦充说的"深入山林 三二十里外 采斫辛苦"(《会要》方域一〇,庆历三年(1043 年)七月二十七日),这些都说明深入山林砍伐山梢是件非常辛苦的工作。虽说官府提供口粮,而且是利用寒食节前的农闲时节,依然很多人家出钱三五千雇佣一个民夫代替。这应该是"雇夫、免夫钱"的雏形,而且还有以士兵代替民夫去砍伐山梢的。特别是在滑州天台埽的大规模工程建设时,盛行用梢芟来冲抵修河用的"秋税"。随后的澶州横陇埽和商胡埽等大型工程建设期间,河北、陕西、河东、京东、京西、淮南六路纷纷采用"民租折纳"、"授官"、"免本户徭役"等措施募集梢芟。到了王安石变法时期,为了推行缴费折抵各种劳役,就以"地远难运"为由,实施"以钱应副河防"的缴费制度。这样都水监成了中间商。对于河埽的物料"取三年中一 中数为额",出现定额化的倾向。这样春料民夫逐渐由民夫变成兵夫,他们的工作也逐渐由实际施工转变为由纳税、缴费来代替。由于山梢的砍伐区域是黄河主支流的丘陵地区,因此宋代将统治也扩大渗透到这些地区。

## 【注释】

[1]《会要》一九二册,方域一四,治河上,天圣八年(1030 年)十月,三门白波发运使文洎的上书:"所有桩橛竹索 出向南北 山梢又更北远 虽芟榆所出地近 劳役亦重"。

[2] 参照本书第二章第一节"宋代初期的黄河堤防管理"。

[3]《长编》卷九〇,天禧元年(1017 年)十二月戊辰的条目:"巡护黄河堤岸合门祇侯牛忠言 大名府·澶·濮·滑州通利军诸埽春料 望止役河清及州卒 罢调民夫"。

同年十二月戊子的诏书:"京畿诸州筑河堤 悉以军士给役 无得调发丁夫"。

[4]《长编》卷五七,真宗景德元年(1004 年)九月庚子的诏书:"陕西诸州 今年秋税折纳刍千一百二万束 宜特免四百万"。

《会要》一九二册,方域一四,治河,天禧三年(1019 年)九月,三司的请旨:"于开封府等县 敷配修河榆柳杂梢五十万 以中等以上户 秋税科纳 从之"。

《长编》卷一六四,庆历八年(1048 年)七月辛亥记载:"分遣内臣诣河北陕西河东京东西淮南六路 募民献薪刍授以官"。

## 四　春季民夫及临时民夫

宋代王应麟撰,清代翁元圻注释的《翁注困学纪闻》卷十五,考史记载:"《集证》晁说之 元符三年 应诏封事曰(中略) 五等之民 岁纳役钱 是再庸也 岁有常役 则调春夫 非春时则调急夫 否则纳夫钱 是或再或三以调也"。说明了春夫、急夫、免夫钱在劳役法中的关系和地位。

《长编》卷八,乾德五年(公元 967 年)春正月戊戌(《宋史》同上)记载:"分遣使者 发畿县及近郡丁夫数万 治河堤 自是岁以为常 皆用正月首事季春而毕"。这种丁夫后来被称为春夫,先有事实,后有名称。沟河夫、春料夫是在滑州天台埽工程进行过程中出现的,春夫的出现应该也是这样。

《会要》一四二册,食货四二,宋漕运记载了三司使张方平于嘉祐二年(1057 年)十一月十三日的上奏:"天圣(1023—1031 年)初有张君平者 陈利见 始罢春夫 维以浅妄小人 苟规赏利 省减役费 以为劳绩 致兹淤塞 有妨通漕",其中有春夫的说法。而《长编》卷一一〇,天圣九年(1031 年)春正月庚申记载:"调畿内及近州丁夫五万浚汴渠",也提到调集五万春夫疏浚汴渠。

《会要》一五九册,食货六八,赈贷中记载河北西路提刑司于仁宗天圣九年(1031 年)二月五日说:"邢·怀州连年灾伤 若令应副十分春夫 必难胜任 欲乞特赐免放一半 从之"。这是天圣九年(1031 年)的使用实例。我们可以将前面提到的"河堤春料夫",以及这里提到的"河堤夫"和"春料夫"合二为一,形成"春夫"的说法。

《长编》卷一七九,至和二年(1055 年)三月丁亥(《宋史》卷九一,河渠志四四,黄河上)记载:"翰林学士欧阳修言(中略) 夫动大众 必顺天时 量人力 谋于其始 而审'于其终'('　'的内容出自《宋史》)然后必行计 其所利者多 乃可无悔"。这段文字充分揭示了驱使百姓服役的基本原则。随后又说:"盖自去秋至春半 天下苦旱 而京东尤甚 河北次之(中略) 又京东自去冬无雨雪 麦不生苗 将逾春暮 粟未布种 农心焦劳 所向无望"。列举了京东、河北两地的严重旱情。还说"若别路差夫 又远者难为赴役",指出远距离赴劳役的困难,反对当时盛行的三大役,强烈主张要考虑天时和人力的问题,归根结底是工期的问题。为了解决远途劳役的问题,才提出了"雇夫、免夫钱"的方案。

陈师道(1053—1101年)撰《后山先生集》卷一四,"学试策问四首"中有"究观古今儒者之论 富之之道 无夺其时",说致富之路在于不误农时。

前文列举的文洎关于春料夫役也有"正月下旬入山采斫 寒节前毕"的记载。

《长编》卷四三八,御史中丞梁焘于元祐五年(1090年)二月辛丑(六日)提议:"贴黄方今农作之时 正藉人力 况农家一家之望 正在寒月前后 今夫役以三月十二日兴工一月了 当人夫得归 已是三月下旬 耕种违时",农家一年的希望就在于寒月前后。现在如果三月十二日开始一个月完工,等人夫回家时,已是三月下旬,错过播种农时。梁焘还说:"今渐近谷雨 数日间若得膏泽 便要播种 正是农忙(《长编》卷四三九,元祐五年三月辛未)"。

苏辙也说:"今河上夫役 不过二月半不手(《长编》卷四五四,元祐六年春正月)"。

总之,动用民夫必须正月下旬开始,二月中旬结束。结束时正逢即将进入农忙的寒月节前后。此后将用兵士来代替民夫[1]。

王安石变法是从仁宗末年的嘉祐(1056—1063年)年间到神宗的熙宁(1068—1077年)、元丰(1078—1085年)年间,这期间的很多资料记录工期都为一个月[2]。先计算出工程总量,再除以一个民夫一天的工作量,工程按一个月,计算出需要民夫的数量[3]。

寒食节前工程结束,有着"庶日景舒长 工力易办 兼于农事 未致失时(《长编》卷三四〇,元丰六年冬十月戊子的上批)",便于安排施工的好处。

另外,也有关于春夫减免措施的记载。

《长编》卷二四二记载熙宁六年(1073年)二月辛丑的诏书:"开封府界提点司 昨引见保丁 该免春夫一月 如当时免夫日分不及一月 即候将来差夫 各与通计免之"。

另外,《长编》卷三一〇记载的元丰三年(1080年)十二月甲戌的诏书也说:"府界都副保长 大保长 与免春夫一名"。免除开封府辖区的在任保长、保丁一个月的春夫役,如果春夫的工程不到一个月,则以后再有差役时,可将剩余日期累计免除。

《长编》卷二四四记载熙宁六年(1073年)夏四月丙子的诏书中说:"河北沿边县 自来不差春夫 于近里州军功役 自今差夫无得出本州军界"。

《长编》卷二五八记载熙宁七年(1074年)十一月丙午的诏书中也说:"差大名府·德·博州春夫 总三万人 修大名府城 仍约逐县去大名府三百里内差不足 听旨委文彦博提举取二年毕"。河北各县向来不出春夫,基本上是利用当地的军队代替差役,即使必须出差役的话,也限于大名府周边300里内。

《长编》卷二四九记载熙宁七年(1074年)春正月乙巳的诏书说:"诸路应灾伤至甚州军 合发春夫 委转运司相度减以闻"。

《长编》卷二五七记载了权提点开封府界诸县镇公事蔡确于熙宁七年(1074年)冬十月壬辰的上奏:"夏田灾伤十分 乞免来年春夫 从之"。说明受灾严重的年份可以免除春夫。

《长编》卷三〇六记载元丰三年(1080年)秋七月壬午的诏书说:"修上下惬山口役夫 计所役日 免来年春夫外更减五分"。根据工程作业的种类,春夫可以全免,或者服役日期减半。

《会要》一九三册,方域一五,治河下记载了北外丞李举之于元祐八年(1093 年)九月十三日的上奏:"春夫一月之限 减缩不得过三日 遇夜及未明以前 不得令入役 如违官吏以违制论 从之"。春夫服役以一个月为限,减缩不得超过三日,禁止夜间和凌晨施工作业。这是对春夫减免和劳动条件的规定,这些规定都是在神宗和哲宗变法时期实行的。特别是熙宁年间是实施变法时期,其中就决定对河防春夫实行定额制度。

《长编》卷二四五记载神宗熙宁六年(1073 年)六月癸巳的诏书:"河北路春夫 不得过五万人 岁以为式"。先规定河北路的春夫总数为五万人。从后来熙宁十年(1077 年)七月澶州曹村埽决口,元丰四年(1081 年)澶州小吴埽决口北流,元祐年间(1086—1093 年)孙村口和梁村口等大规模工程的实施情况来看,元祐六年(1091 年)的黄河北流动用了 3 万人,东流动用了 7 万人,合计修河司动用 10 万春夫。

《长编》卷四七六记载的哲宗元祐七年(1092 年)八月庚申(十五日)的诏书(《会要》一九三册,方域一五,治河下,元祐七年八月九日的诏书)中说:"科夫除逐路沟河夫外 其诸河防春夫 每年以一十万人为额 河北路四万三千人 京东河('路'的误写)三万人京西路二万人 府界七千人 如遇逐路州县灾伤五分以上 及分布不足 须合于八百里外科差 仰转运司保明以闻 仍自科元祐八年春夫为始 余并从之"。黄河北流、东流工程的 10 万河防春夫,从河北路、京东路加上京西路、开封府界的黄河流域 800 里以内抽调。这是次年的元祐八年开始实施的春夫新政。

《宋史》卷九三,河渠志四六,黄河下,靖康元年(1126 年)三月丁丑记载:"京西转运司言 本路岁科 河防夫三万 沟河夫一万八千 缘连年不稔 群盗劫掠 民力困弊 乞量数减放 诏减八千人"。这年是北宋灭亡的前一年,京西路的河防春夫增加到 3 万人。

春季农闲期到农忙期寒食清明节前的一个月期间,服差役的人称为春夫。其他季节紧急状况下临时征调的民夫称为急夫。黄河发生洪水泛滥多为六、七月,急夫多在这一时期征集调用,而且主要是居住在经常发生决口的埽岸附近的农民,他们必须进行夫籍登记。

《会要》一九二册,方域一四,治河上,熙宁七年(1074 年)夏四月十六日(《长编》卷二五二)记载:"诏 应黄河夏秋水势汛涨 堤岸危急 须籍夫众救护之处去 所属州府五十里已上者 委本埽申所属县分 那令佐一员 画时上言 抽差急夫入役 及申都水监丞司并本属州府 催促应副 仍令通判上河提举 如不至危急 妄有拘集人夫并坐违制之罪 仍委按察官司觉察也"。黄河夏秋时节水涨堤岸危急时,民众须向应急抢险部门登记,如果距离自己所在的州府 50 里以外,向自己所处埽的所属县申报[4]。县令只有此期间有权抽调急夫服役,并向都水监(外)丞司或者本所属的府州申报,请求拨付费用。由通判提出申请,如果并非危急时刻却危言耸听,并且征调民夫,则按违制论处,由按察司监督执行。

《长编》卷三〇七,元丰三年(1080 年)八月壬寅记载:"河阳言 雄武埽七月己丑河水变移 埽岸危急 已发河阴济源县急夫各千人救护(下略)"。由于雄武埽危急,河阴县及济源县各抽调急夫千人前往紧急增援。杨景略的调查报告中关于此事有详细记载:"丙辰权提点开封府界诸县镇公事杨景略言 雄武埽自六月至七月累危急 差河阴等县调发五县急夫共八十(《会要》中为'千')人 而河阴县独占三十(《会要》中为'千')人 本县有灾伤十分乡村 而坊郭差至第十(《会要》中是'四')等 乡村差至第四等 有一户一日之内出百

十七夫者 比之他县尤为困扰"。

"诏 河阴县所差急夫折免春夫 外每户更免杂税钱三千 如不足（《会要》中为'定'[5]）不足即计年折除"。报告中说由于雄武埽在当年的六、七月数次出现险情，河阴县、济源县等5县抽急夫8 000人，仅河阴就抽调3 000人。河阴有的村子受灾程度十分严重。坊郭户到第十等，乡村到第四等均须出差夫，其中一户一天居然须出117夫，相比其他县困扰尤甚。因此，皇上下诏，河阴县出急夫者可以折抵来年春夫，同时免除赋税三千钱。由于河阴紧邻雄武埽，其他4县合计出5 000民夫，每县1 250人，而河阴出3 000人，相当于一户一天出117夫。根据元丰三年王存的《元丰九域志》记载，孟州主客户共计30 075户，包括河阳、温、济源、王屋、河阴（汜水县作为镇在这年归属河阴）等5县[6]。就连坊郭户也被抽丁。

《长编》卷三八七，元祐元年（1086年）九月辛酉记载："人户调发春夫 因河防急夫 开修京城壕 及兴修水利 免夫罚夫钱 并与除放（下略）"。按规定须从各户抽调春夫，如果河防需要急夫，如开挖京城城壕工程等兴修水利设施的话，可以转换用途，免夫钱和罚夫钱同时免除。

《长编》卷四八〇记载，工部于元祐八年（1093年）正月庚寅上奏说："江北（'河'的误写）路转运司言 人使路上 自来遇雨雪泥水 暂差本处人户修叠 依朝旨折免向去春夫 并系以近及远应副河埽功 若只役一两日 便与折免春夫 显见大优 欲今后暂差人户 修治道路 并以二日折春夫一日 不及二日 次年准折 从之"。如果道路被雨雪冲毁，可派附近人家出民工修缮。根据朝廷指示可以折免春夫，而且可以派往离家比较近的河埽服役。但如果仅仅工作一两天就折免春夫，显得政策过于宽松。所以，今后由于修路这样的临时性派夫，按两天折抵一天春夫，如果不满两天的话，则在下一年累计冲抵。

《长编》卷二三三记载，神宗熙宁五年（1072年）五月癸未的诏书说："京东夫及本路续发急夫 适妨农时 及京东夫以道远 并免户下支移折变"。由于京东本年连续抽调急夫，已经影响农时，所以免除赴远处服春役。这样急夫就转换成春夫，还制定了详细的急夫转换春夫的换算规定。这种服役法向货币化转换的情况与雇夫、免夫钱的出现有着深刻的关系。

**【注释】**

[1]《宋史》卷九五，河渠志五，御河，熙宁二年（1069年）的诏书："调镇赵邢洛磁相州兵夫六万浚之 以寒食后入役"。

[2]《会要》一九二册，方域一四，治河上，嘉祐五年（1060年）春的记载："河北漕韩赟穿二股渠分河流入金赤河 役夫三千 一月而毕"。

《宋史》卷九七，河渠志五〇，广西水灵渠的记载："嘉祐四年（1059年）提刑李师中 领河渠事 重辟发近县夫千四百人 作三十四日乃成"。

《宋史》卷九一，河渠志四四，黄河上，熙宁元年（1068年）七月都水监丞李立之请旨的记载："于恩冀深瀛等州 创生堤三百六十七里 以御河 而河北都转运司言 当用夫八万三千余人 役一月成 今方灾伤愿徐之"。

《会要》一六二册，食货七〇，赋税杂录，熙宁四年（1071年）十月六日记载："于（襄州）诸县乡村主客户均差二千四百八十二人 开修古淳河 依功料一月了毕"。

《长编》卷二九四,元丰元年(1078 年)十一月甲戌,都水监的上言:"乞下京西差夫一万 赴汴口 限一月 开修河道 诏止差七千人"。

《长编》卷三〇,元丰三年(1080 年)夏四月丁巳,京东路转运司的上奏:"郓州筑遥堤长二十里 下阔六十尺高一丈(中略) 至是堤成 役夫六千 一月毕"。

[3] 参照本书第二章第二节"宋代的河工——关于'工'的含义"。

[4] 乾德五年(公元 967 年)设置河堤使的府州县和黄河的距离(乐史撰《太平寰宇记》)。

开封府阳武县(25 里)酸枣县(23 里)　　　大名府　朝城县(29)

郓州　平阴县(10)阳谷县(20)　　　　　　澶州　清丰县(50)临河县(5)

滑州　白马县(20 步)灵河县(10)　　　　　孟州　河阳县(临黄河)汜水县(流入)河阴县(250 步)

濮州　鄄城县(21)　　　　　　　　　　　淄州　邹平县(80)

齐州　禹城县(70)长清(50)　　　　　　　沧州　无棣县(160)

棣州　厌次县(3)滴河县(18)　　　　　　　滨州　蒲台县(110)

德州　安德县(80)平原县(50)　　　　　　怀州　武德县(黄河有)获鹿县(40)

博州　聊城县(43)武水县(20)高唐县(45)　卫州　汲县(7)

郑州　原武县(20)荥泽县(22)　　　　　　从( )内的县到黄河的距离。

田画《筑长堤》(《皇朝文鉴》一四)诗中的一节描述了调集急夫的情景:"夜来春雨深一犁 破晓径去耕南陂 南邻里正豪且强 白纸大字来呼追 科头跣足不得稽 要与官长修长堤"。

[5] 《会要》一九三册,方域一五,治河二股河附,元丰三年八月二十六日也有同文,但略有不同处为"八千人"、"三千人"、"坊郭差至第四等"、"如不定"等。

[6] 王存撰写的《元丰九域志》卷一,孟州的条目记载:"熙宁五年省汜水县为镇入河阴(中略) 元丰三年复置汜水县。六县——河阳、温、济源、汜水、河阴、王屋有主户二万二千七百四十二,客户七千三百三十三"。

# 五　雇佣民夫及免夫钱

孙洙的《澶州灵津庙碑》(吕祖谦著《宋文鉴》卷七六,碑文)记载:"唯是丁夫古必出于民者 乃赋诸九路 而以道里为之节适 凡郡去河颇远者 皆免其自行 而听其输钱以雇更则众虽费可不至于甚病 而役虽劳可不至于甚疲矣"。自古百姓都要服劳役的,劳役分为九路。以路途远近来协调,如果离劳役工地遥远,可以出钱雇佣工夫代为服劳役。这样百姓付了钱就可以免除应付役者的疾病困苦,而被雇的工夫也免除了路途跋涉之苦。这是有关熙宁十年(1077 年)澶州修筑曹村埽(后改称"灵平埽")工程中有关免夫钱的记录。

《长编》卷四四四记载当月御史中丞苏辙元祐五年(1090 年)六月上奏说:"臣窃见祖宗旧制 河上夫役岁有差法 元无雇法 始自曹村之役夫功至重 远及京东西淮南等路 道路既远 不可使民间一一亲行 故许民纳钱以充雇直 事出非常 即非久法 今自元祐三年(1088年)朝廷始变差夫旧制为雇夫新条 因曹村非常之例 为诸路永久之法 既已失之矣"(《乐城集》卷四六)。祖宗旧制只规定了河防夫役的派遣法,没有雇佣法。最初曹村埽夫役的负担很重,远达京东、京西、淮南路等地,路途遥远[1],很多人无法前去服役,于是朝廷就允许其出钱雇人代替。这只是权宜之计,不是长久之法。于是从元祐三年(1088 年)开始朝廷改革旧的派遣法,制定新的雇夫新法,曹村的权宜之计成为各路的永久之法。

《长编》卷二八五,熙宁十年(1077 年)十一月乙卯记载:"诏河北京东西淮南等路 出夫赴河役者 去役所七百里外 愿纳免夫钱者听从便 每夫止三百五百"。诏书规定河北、京东、京西、淮南等路出工夫赴河役时，如果离工地 700 里外的话，可以选择交纳免夫钱，不必亲自服役。每夫交纳 300 钱，最高不超过 500 钱。曹村埽七月二十八日决口，十一月八日就颁布免夫钱政策。这也是新法中关于官役货币化的案例。但这只是非常时期的非常手段，10 年后的元祐三年，才正式确定了雇夫新条。

《长编》卷三二四记载提举江南西路常平等事刘谊于元丰五年（1082 年）三月乙酉（《宋史》卷一七五，食货，和籴）上奏说："昔臣过淮南 淮南之民科黄河夫 夫钱十五千 上户有及六十夫者"。臣路过淮南时，了解到淮南人家要交纳黄河差夫钱，一个差夫交 15 贯，有的上等户要出差夫 60，折成钱达 900 贯[2]。

《会要》一九三册，方域一五，治河下，京西转运司于元丰七年（1084 年）十二月二十七日上奏说："每岁于京西河阳，差刈芟梢草夫 纳免夫钱 应副洛口买梢草 南路八州隋唐房州旧不差夫 金均郢邓襄州丁多夫少者 欲敷纳免夫钱 河北州军兑还 从之"。每年京西路河阳县须交纳砍伐梢芟的免夫钱，用于到洛口去买梢草。京西南路 8 州中的隋、唐、房等各州原来就没有抽调差役。金、均、郢、邓、襄等州虽然人口多，但派遣的差事少，收缴的免夫钱用于河北州的军队调用上。

据《长编》卷四〇八，元祐三年（1088 年）二月乙酉（《会要》一六三册，食货七〇，蠲放杂录）记载："诏诸路转运司下州县 今年春如已纳免夫钱并给还"。诏命各路转运司下属州县，如果已经收取了免夫钱，必须即刻返还。在免夫钱试行的 10 年间，淮南路、京西路等距施工地遥远的地区大量收取免夫钱，从中受益。但是在制定雇夫新条的元祐三年这一年，反而在全国范围出现了大规模的返还免夫钱现象，这大概是为旧制向新制转变作准备吧。正像在河堤民夫和春料民夫中论述的那样，雇夫早已出现。但是在王安石的新法下，作为河夫制度明确确立下来，这就有了新的意义。这就是元祐三年公布的雇夫新条。

《长编》卷四四四，于元祐五年（1090 年）六月御史中丞苏辙上奏说："都水使者吴安持等 因缘朝旨造成弊政令 五百里以上不满七百里 每夫日纳钱二百五十文省 七百里至一千里以上 每夫日纳钱三百文省 团头倍之 甲头·火夫之类增三分之一 仍限一月 过限倍纳 是岁京东一路差夫一万六千余人 为钱二十五万六千余贯 由此民间现钱几至一空 差人般运累岁不绝 推之他路概可见矣 近因京东转运使范锷 得替回论其不便 安持等方略变法 罢团头火长倍出夫钱 工部知罚钱之苦 又乞立限至六月以前（中略）远者多出五十 以为宽剩（中略）一夫出二百五十 亦已自过多 如臣愚见 若于每夫日支出二百文 外量出三十 以备杂费 则据上件京东所差夫数 止约合出一十一万贯省 比本监所定五分之二耳（中略）欲乞（中略）应民间出雇夫钱 不论远近一例只出二百三十文省（下略）"。

他还说："今取之良民之家 而付之河埽使臣 壕寨之手费一称十 出没不可复知（中略）且今河埽梢桩之类 纳时数目不足 及私行盗窃（中略）或托以火烛 或诿以河决（中略）今以免夫钱付之类亦如此矣 兼访问河上人夫自亦难得 名为和雇实多抑配"。

这项新政是由都水使者吴安持等修订的，新政的内容大致如下：

（1）居住距离施工地 500～700 里以内的民夫，每夫每日交纳 250 文，700～1 000 里以上的，每夫每日交纳 300 文，团头加倍，甲头和火夫加 1/3。交纳期限为一个月内，逾期者加倍。

（2）本年度即元祐三年京东路须差夫 16 000 余人，折钱 256 000 余贯。民间的现钱几乎被搜罗殆尽,差夫的运送也是连年不绝,其他各路的情况也大致如此。

（3）最近由于京东转运使范锷的反对,停止对团头、火长加倍交纳的做法。交纳时间也改为六月之前,离工地远的人原来交纳300文,比近处的多50文,现在也改为同样250文。苏辙提出应交纳230文。照这个数字计算,京东所差夫数只需要11万贯就够了,相当于原来的256 000余贯的2/5。

苏辙还对(4)、(5)项的交纳新政提出了反对意见。

（4）雇夫钱从百姓手中收上来,交给河埽使,他们用一报十也无人知晓。还有河埽所需的梢桩购买不足,被盗走当作柴草,同样也都作为修治工程用料上报。免夫钱也一样。

（5）治河工程用工很难雇,即使名义上是自愿雇,实际上也多是强制差遣。

《长编》卷四三八记载范纯仁于元祐五年(1090年)二月辛丑上奏说:"富民不亲执役者以为便 穷民有力而无钱者非所便也(中略) 今若出钱以免夫 虽三分之夫工 亦可以取其十分免夫钱 其弊无由考察 又从来差夫不及五百里外 今免夫钱无远不届 若遇剖克之吏 则为民之害无甚(下略)"。富人出钱无须出差役是他们自愿,而穷人有力气而无钱没办法,所以以钱代工不合适。现今出钱免夫的话,原本3分的工程量却按10分的工程量来收免夫钱。过去原则上差役不超过500里范围,现在的免夫钱不论远近一律照收。如果遇上贪得无厌的官吏,对百姓的危害是极大的。

范纯仁的批评得到事实的验证。随着北宋国家财政的恶化,免夫钱的纳税范围越来越大。同时,范纯仁在《长编》卷四三八的同一篇奏折中还指出:"今免夫所出七千 尽归于官矣 民又俨然坐食于家 盖力者身之所出 钱者非民所有 今舍其所无 民安得不病"。现在让百姓出钱,又在家里坐吃山空,老百姓应该是出力,而不是出钱。

《长编》卷四三八记载都水使者吴安持于元祐五年(1090年)二月甲辰上奏说:"州县夫役旧法以人丁户口科差 今元祐令自第一等至第五等 皆以丁差 不问贫富 有偏轻之弊 请除以次降杀使轻重得所外 其或用丁口或用等第 听州县从便 从之"。在旧法中,州县夫役是根据户口和人数来抽丁的。现在实行的元祐令从一等户到五等户,不问贫富都要抽丁。这有失偏颇。为了纠正偏颇,应该或按人口的数量抽丁,或者按户籍等级来抽丁,允许各州县按照各地的实际情况执行。就是说旧法是按户口人数来抽丁,而新法是按户籍等级来抽丁,不管贫富差别。州县可以根据自己的情况,按户人口数也好,按户籍等级也好,找适合自己的就行。这是元祐五年(1090年)的事情。

《长编》卷四七六工部于元祐七年(1092年)八月庚申上奏说:"都水监奏 今后一年起夫一年免夫等事(中略) 出钱免夫便或称不便者 今欲乞去役所有八百里外 更不科差 五百里内即起发正夫 八百里内如不愿充夫 愿纳免夫钱者听 缘纳钱日限内一半系正月 一半系六月 仍乞令人户据六月合纳 合纳一半钱数随夏税送纳 如出限尚未纳钱数与免倍纳罚 如此年合当夫役 须得正身前去 更不许纳钱免夫(中略)

诏科夫除逐路沟河夫外 其诸河防春夫 每年以一十万人为额 河北路四万三千人 京东河('路'的误写)三万人 京西路二万人 府界七千(中略) 余并从之"。

到了两年后的元祐七年(1092年),新法有了很大的改进。今年服劳役,来年免丁。同时规定居住地离施工地800里以上不需要服劳役,500里内的必须服劳役。800里以内的如不愿服劳役可以交纳免夫钱。交纳日期原来为正月到六月,现改为正月一半,六月一半,六月的一半可同夏税一起交纳,如到期仍未交纳,则罚金加倍。服役的年份,必须由本人亲自服役,不允许交免夫钱免役,此时河防春夫也同时实行了定额化。

《长编》卷四七七记载都水监于元祐七年(1092 年)九月壬辰上奏说:"准敕五百里外方许免夫 自来府界黄河夫 多不及五百里 缘人情皆愿纳钱免行 今相度欲府界夫 即不限地里远近 但愿纳钱者听 从之"。由于开封府境内的黄河民夫居住地一般都不超过 500 里范围,所以他们享受不到免夫钱的恩惠,请求允许不考虑远近,愿意者都可以缴款免夫。免夫钱制度上的很多问题都在逐步得到解决。现在作为政治中心的开封府境内已经取消了按距离交纳免夫钱的规定。

李埴著《皇宋十朝纲要》卷二五,政和六年(1116 年)正月癸酉记载:"修御河新堤 诏距役所百五十里以上 州军合起夫并许纳钱免役"。居住离御河周边 150 里以外的百姓都允许交免夫钱,这样关于免夫钱距离上的规定,事实上已经完全取消,只剩下交纳免夫钱一种方法了。

《会要》一九三册,方域一五,治河下记载通直郎试都水使者赵霆于崇宁二年(1103 年)五月十一日的奏折(《宋史》卷九三,河渠志四六,黄河下)中说:"臣切见黄河地分 调发人夫 修筑堤岸 每岁春首骚动良民 数路户口不获安居 内有地理遥远科夫数多常至败家破产 以从役事 民力用苦无计以免 契勘滑州鱼池埽 今春合起夫役 尝令送纳免夫之直 却用上件夫钱 收买土檐 增贴埽岸 合计工料比之调夫 反有增剩 乞诏有司应于堤岸埽 合调春夫令依此例免夫买土 仍照所属立为永法(中略) 诏河防夫工岁役十万 滨河之民困于调发 可上户出钱免夫 下户出力充役 皆取其愿买土修筑 可相度条画闻奏"。每年春天黄河流域都要调集劳力整修堤岸,搞得民不聊生。几个路的百姓得不到安居,很多居住地远的百姓以致破产,而且劳役极其艰苦。根据滑州鱼池埽的调查,用买来的土修补堤岸,工料加上工时总费用,较之调用民夫反有结余。所以,赵霆以此请旨要求,堤岸埽工程全部不调用民夫,只要免夫钱买土修治,并将此法定为永久之法。对此朝廷下旨,每年河防岁修须调用民夫 10 万,在滨河调集民夫有困难,可实行上户出钱、下户出人力的办法。准许用免夫钱买土修堤。

《宋史》卷一七五,食货上三,和籴,宣和(1119—1125 年)末年记载:"熙丰间(1068—1085 年)淮南科黄河夫夫钱十千 富户有及六十夫者 刘谊盖尝论之 及元祐中(1086—1093 年)吕大防等主回河之议 力役既大 因配夫出钱 大观(崇宁的误写)中条滑州鱼池埽 始尽令输钱 帝谓事易集 而民不烦 乃诏凡河堤合调春夫尽输免夫之直 定为永法"。这是宣和末年对免夫钱沿革的简述。在这里所说刘谊的事是元丰五年的事情,并说"夫钱十五千",有 5 000 的出入。况且免夫钱制度是元祐三年(1088 年)推行"雇夫新条"时制定的。熙宁十年(1077 年)的澶州曹村埽工程没有实行免夫钱办法。元祐新政的制定由吴安持等人主持,但背后还有吕大防的影响。在崇宁二年的鱼池埽工程中全面废止了免夫钱中有关距离的限制规定,虽然是由于都水使者赵霆的请求,但可以看出其得到了徽宗皇帝的全面支持。然而完全脱离距离限制的免夫钱制度失去了派遣春夫的原本需要,显示了席卷天下的魔力。

陈均著《宋本皇朝编年纲目备要》卷二九,宣和六年(1124 年)六月记载:"科免夫钱诏曰(中略) 调夫京西八万淮南四万两浙六万五千江南九万七千福建三万五千荆湖八万八千广南八万三千四川十七万八千 并纳免夫钱 每夫三十贯 委漕臣限两月 足违依军法（中略）于是遍率天下所得才二千万缗 而结怨四海矣"。所列八路调夫总计666 000名，每夫30贯，总计1 998万缗，全国几乎收到2 000万缗。免夫钱最初仅限于河北、京东西、淮南四路，一夫的金额为250~300文，最高不超过500文，而此时一夫的金额30贯（3万文），上涨到了最初的60倍。元祐七年河防春夫实行定额时，京西路的定额为二万人，这时已经涨到八万，是原来的四倍。混乱亡国的祸根已经埋下。

蔡攸著《北征纪实》（收录在徐梦莘编撰的《三朝北盟会编》卷三一）里有如下记载："王黼以谓 燕山之役 天下应起夫 今免其调发 独令计口多寡 尽出免夫钱 违期限者斩 天下所得免夫钱大凡六千二百余万缗 以二千万应副燕山 二千万桩管 然朝廷时时借用 及宣和七年（1125年）春正月惟六百万见在 余二千二百万有零 则莫知为何用 此实充应奉矣"。王黼在燕山（北京）堵口工程时，根据户口数征收免夫钱，逾期不交者斩首。所得免夫钱共计6 200余万缗。前面《备要》一文说宣和六年全国年纳钱2 000万缗。这里仅河北、京东等地就纳钱6 200余万，其中2 000万缗用于燕山堵口，2 000万缗用于充实桩管材料。到了宣和七年春正月时只剩下600万缗，其中2 200万缗不知去向，由于朝廷经常借用，应该是流动到朝廷的支出里了。

《长编》卷三〇四，元丰三年（1080年）五月丙寅的诏书："市易务 于封桩免夫钱内 借支十二万缗 偿景灵宫东所占民屋价钱 以修神御殿 颇侵居民故也"。下诏市易务从春天买桩管用的免夫钱中，借支12万缗，用于补偿灵宫东所修建神殿侵占民宅之用。像这样朝廷借用免夫钱的情况一直存在[3]。

《会要》一九三册，方域一五，治河下记载宣和七年（1125年）十二月二十二日的诏书："河防免夫钱并罢"，延续了半个世纪的免夫钱就此消失了。

另外，再附上两个补充材料。《会要》一九三册，方域一五，治河下，政和七年（1117年）五月二十九日的诏书："诸免夫钱 应差人管押 赴诣定埽分 送纳者元科州县 先具年分钱数 押人姓名 起发月日 实封入 递报南北外丞司 仍别给行程付 押人所至官司 即时批书出入界日时 递相关报催促 从南外都水监丞张琚所请也"，记录了各种免夫钱的交纳手续规定。免夫钱须由各工程负责管理民夫的人组织押运，分送到指定的各埽。交纳者须向自己所在的州县交纳。必须先将交钱的年份、押运者的姓名、启运的日期、具体的封存内容具实成表，由各州县呈报南北外丞司。另外还有行程表，抵达某处后负责人要立即填写抵达及再次启程时间，递报有关官员，以方便催促。这是应南北都水监丞张琚的请求下的旨。免夫钱是直接纳入负责修建的埽的工程处的，一般由州县直接送纳。州县须将交纳的年份、交纳者姓名、开始的日期以及实际的交纳数量列成表格，向南北外丞司通报。然后另作行程表，递交与纳钱有关的官员，互相督促递交到指定的埽。

下面将免夫钱一天一夫的金额变化以及地域的扩大制成一览表A。一般来说，500里以内的通常是急夫，500里以内为原则上的抽丁范围。1074年修建大名府，抽丁在300里以内。1077年澶州整修曹村埽时创立免夫钱，700里以外的交纳免夫钱300文（B）到500文（C）。1088年元祐令规定，500~700里的纳钱250文（A），700~1 000里的纳钱300文。1092年规定500里内的必须出丁，500~800里可根据自愿选择交纳免夫钱。开封府境内全面取消距离限制，自愿者均可交纳免夫钱。1103年彻底废除距离限制，全部丁夫均需交纳免夫钱。从 1124 年起,全国开征免夫钱。免夫钱变迁情况见图 2-2。

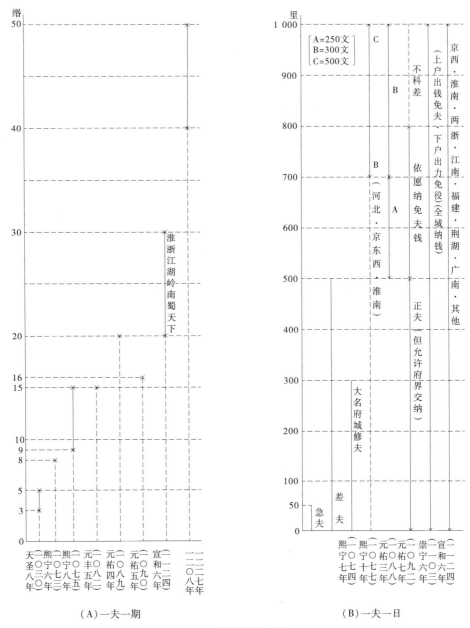

（A）一夫一期　　　　　　　　（B）一夫一日

**图 2-2　免夫钱变迁情况**

《会要》一九二册,方域一四,治河上,三门白波发运使文洎于天圣八年(1030 年)十月的奏章,其中记载了有关雇佣民工砍伐山梢所需费用,并说:"亦有一夫出钱三五千已上 雇夫采斫 今年所差三万五千人 内有三二家共著一丁"。《长编》卷二四八记述了神宗熙宁六年(1073 年)十一月丁未的讲话,说:"闻河北小军垒 当起夫五千(中略) 一夫至用钱八缗"。《长编》卷二八五,熙宁十年(1077 年)十一月乙卯关于澶州曹村埽工程中创立免夫钱时的记载:"河北·京东西·淮南等路 出夫赴河役者 去役所七百里外 愿纳免夫钱

者听从便 每夫止三百·五百",按一个月三十天计算,一个工夫一个工期交纳免夫钱九到十五缗。《长编》卷三二四,元丰五年(1082年)三月乙酉,刘谊进言到:"昔臣过淮南 淮南之民科黄科夫 夫钱十五千"。《长编》卷四二一,元祐四年(1089年)春正月记载:"先是御史中丞李常言 民间凡雇一夫不减二十千"。《长编》卷四四四,元祐五年(1090年)六月,御史中丞苏辙进言到:"是岁京东一路差夫一万六千余人 为钱二十五万六千余贯"。换算下来相当于一夫16贯,一天530文。陈均撰写的《宋本皇朝编年纲目备要》卷二九,宣和六年(1124年)六月记载:"并纳免夫钱 每夫三十贯"。《宋史》卷一七五,食货上三,和籴,宣和(1119—1125年)末年记载:"乃是王黼建议 乃下诏曰(中略) 天下并输免夫钱夫二十千 淮浙江湖岭南蜀夫三十千 凡得一千七百余万缗 河北群盗 因是大起",说明当时一夫一个工期的免夫钱全国平均20缗,边远地区达30缗。《宋史》卷一七五,食货上一,漕运中记载:"嘉定(1208—1224年)兵兴 杨楚间转输不绝(中略) 中产之家雇替一夫为钱四五十千 单弱之人一夫受役 则一家离散 至有毙于道路者"。这段讲的是南宋时期漕运的雇夫和免夫钱无关,仅作参考。

《会要》一三七册,食货三二,茶盐杂录,大观二年(1108年)正月一日记载:"行使其程数 不以水陆路 以五十里为一程"[4]。1里为550米,50里为27 500米,相当于一日行程,需要七至八小时。300里需6天,500里需10天行程。

《长编》卷四三八记载了范纯仁于元祐五年(1090年)二月辛丑的上奏说:"从来差夫不及五百里外"。说明一般来说,急夫限于50里一天行程内,差夫限于500里10日行程内。

免夫钱一天交纳钱数,最初为"每夫止三百五百"。元祐令规定为"五百里以上不满七百里 每夫日纳钱二百五十文省 七百里至一千里以上 每夫日纳钱三百文省"。对此苏辙提出"若于每夫日支出二百文 外量出三十 以备杂费",主张"不论远近一例只出二百三十文省"。《长编》卷四三八记载了御史中丞梁焘针对开挖减水河于元祐五年(1090年)二月辛丑的上奏说:"贴黄访闻和雇人夫一万人 每人支官钱二百(中略) 除官钱外民间尚贴百钱"。同书卷四三九,同年三月丁卯也记载说:"雇夫钱二百文"。说明雇一名民夫需要支出200文。免夫钱加上50~100文,是250~300文。河夫役属繁重劳动,即使民间自己雇佣也需要加上100文。根据衣川强先生的研究[5],熙宁八年(1075年)时期,一升米价为8文钱,一人一天吃一升的话,300里6天行程需伙食费48文,500里10天行程需伙食费80文钱。路程远的须多交免夫钱,大概就是因为这个原因吧。通常抵达工地开工后的伙食费由官府支出,途中则由个人负担[6]。免夫钱由10缗到15、20直至暴涨到30缗。根据衣川强先生的研究,熙宁年间米价为一升8~10文钱,大观四年(1110年)为一升40钱,宣和四年(1122年)为一升25~30钱,而靖康年间(1126—1127年)暴涨到一升100~300钱,免夫钱的暴涨和粮价的暴涨有直接关系。

那么免夫钱在大宋的国家财政中占有什么地位呢?因为没有现成的统计资料,所以将京东路的资料制成图2-3,以资参考。

统计数据是依据从熙宁十年(1077年)出现免夫钱到成为法规的元祐政令(元祐三年(1088年))颁布前后的数据得出的。元祐七年(1092年)春夫实行定额化,京东路为三万人。元祐五年(1090年)六月记载说:"是岁京东一路差夫一万六千余人 为钱二十五万六千余贯",这样计算下来,一夫的免夫钱为16贯(一个工期为30天,一天要530文)。虽

| 免夫钱 | ① | 25万6 000余贯(差夫1万6 000) | 《长编》卷四四四,元祐五年(1090年)6月(1夫16贯) |
| | | 48万余贯(定额3万人) | 《长编》卷四七六,元祐七年(1092年)8月(1夫16贯) |
| 免役钱 | ② 收入98万7 782贯两 | | 《会要》一五六册,食货六五,免役 |
| | ③ 支出58万6 051贯文 | | 熙宁九年(1076年) |
| | ④ 钱收入55万9 185贯 | | |
| 坊场河渡钱 | ⑤ 收入50万7 741贯石两 | | 同上 |
| | ⑥ 支出30万6 324贯 | | |
| 上供钱物 | ⑦ 177万2 124贯匹两<br>(钱绢棉银) | | 同上 |
| 钱 | ⑧ 26万389贯271文 | | 《会要》一五六册,食货六四,元丰(1078—1085年)收 |

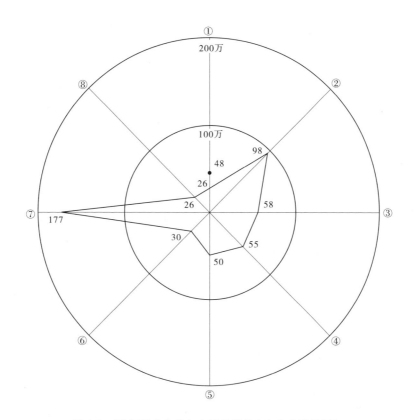

**图 2-3　国家财政中的免夫钱的地位(东京路诸统计)**

然不可能 3 万人全部都交纳免夫钱,但先按此计算全员的支出,全部为 48 万贯。按照此统计粗略推算,估计约一半人交纳了免夫钱。河防春夫的全部定额为 10 万人,一半为 5

万人,这 5 万人每夫出 16 贯的话,约是 80 万。据曾我部静雄和周藤吉之两人的研究[7]可知,熙宁九年(1076 年)的免役钱为"一千四十一万四千五百五十三贯硕匹两",京东路的收入是 98 万。免夫钱的总额还不及京东路一路免役钱的收入。而到了北宋末年,免夫钱为 2 000 万,与免役钱相当。所以,最初免夫钱在国家财政中几乎可以忽略不计,而随着距离限制的废除,其所占的地位日趋重要。

**【注释】**

[1] 《宋史》卷九五,河渠志四八,御河,神宗熙宁三年(1070 年)正月韩琦上奏:"河朔累经灾伤 虽得去年夏秋一稔 疮痍未复 而六州之人奔走河役 远者十一二程 近者不下七八程 比常岁劳费过倍 兼镇赵两州 旧以次边 未尝差夫 一旦调发 人心不安 又于寒食后入役 比满一月 正妨农务 诏河北都转运使刘庠相度 如可就寒食前入役 即亟兴工乃相度 最远州县量减差夫 而辍修塘堤兵千人代其役"。

《长编》卷四一七,哲宗元祐三年(1088 年)十一月戊辰(六日)中书舍人曾肇的上书:"亦须调发丁夫 本路不足 则及邻路 邻路不足 则及淮南(中略)驱数路之民聚之 河上暴露风雨 饥冻苦迫 弱者羸瘠死亡 强者逋窜 或转为盗贼 县官何以御之 又况一人在官 一家废业 行者斋居者 送方春农时害其耕作(以下略)"。

[2] 《长编》卷二八七,元丰元年(1078 年)春正月癸酉司农寺上书说:"淮南东路提举司乞 本路县并用乡村民户物产实直钱数 敷出役钱 从之"。说明当时淮南用"物产实直钱数"来冲抵役钱。

《会要》一二八册,食货一四,免役下,政和元年(1111 年)十二月十六日户部尚书许儿等上书说:"臣僚奏 应州县免役钱 累轻造簿 增减失实 乞委提举常平司 选官分诣所部 以田税多寡 均敷役钱 不以等第 假如有田百亩 合纳役钱一贯文 即五十亩五百文 准此为率 则上户不偏重 下户不幸免 看详州县户长 而役少则敷钱止于第三等 或户少而役多则均及第四等五等 今若计田亩不论家业税钱 及不以等第一概均出 则失输钱代役之意 从之"。据此,可以看出当时役钱数不是按门第来计算出来的,而是按田税来均算的,标准为百亩田要纳役钱一贯,50 亩要纳役钱 500 文。免夫钱数的计算应该也是一样的。

[3] 《宋史》卷二二,本纪,徽宗四记载,宣和六年(1124 年)六月壬寅的诏书说:"宗室后妃戚里宰执之家 概敷免夫钱"。说明到北宋末年为止宗室上层官僚特权阶层是不必纳免夫钱的。

[4] 青山定雄先生撰写的《宋代交通的发展》(收录在吉川弘文馆 1963 年出版的《唐宋时期交通和地方志地图研究》中),"大约一天可以移动六十里",沙克什的《河防通议》中也有一日行程 60 里的记载。六里相当于二三公里。

[5] 衣川强撰写的《官僚和俸禄——宋代俸禄之解说》收录在《东方学报》京都,四二期,1971 年出版。

《宋史》卷一七三,食货志一二六,漕运,元丰四年(1081 年)记载:"京西转运司 调均邓州夫三万 每五百人差一官部押(中略)自入陕西界至延州程数 日支米钱三十柴菜钱十文 并先并给 陕西都转运司 于诸州差雇车乘人夫 所过州交替 人日支米二升钱五十至沿边止 运粮出界止差厢军"。说明漕运的人夫每天要支米 2 升及 30~50 钱。

《会要》一七二册,兵一,乡兵,宣和六年(1124 年)五月一日中书省上书:"每遇出巡捕盗 即抄上所带的实人兵姓名月日 于所仓驿 每人每日支借口食本色米豆二升 应行逐日吃用 候回日克纳其券 一年一易 缴赴所属驱磨 从之"。说明在保甲法中规定出巡盗时,官府每人每天支出米豆 2 升,同时也负担支出路费。参考本书第二章第一节"六 河夫名籍及河夫队"的注释[11]。

[6] 在本书第二章第一节"六 河夫名籍及河夫队"的注释[11]中,保甲法规定有路费,河夫与保甲是有关联的,所以河夫队一旦出发也应该由官府支出路费。

[7] 曾我部静雄的《宋代财政史》,生活社,1941 年出版,153 页。周藤吉之"王安石的免役钱征收之诸问题"收录在周藤吉之的《宋代史研究》,东洋文库,1969 年出版。

## 六 河夫名簿及河夫队

以上章节论述了北宋时期关于河夫的历史变迁,以下我们来探讨在劳役法上是如何处理的。一般说来,根据北宋的劳役法,王安石变法前实行的是抽丁服役法,而新政实施期间实行的是招募服役法。哲宗元祐时期(1086—1093 年)实行的是抽丁服役法,这之后又采取了以招募服役法为主,抽丁服役法同时使用的政策。

开宝四年(公元 971 年)太祖严命河南府、京东、河北等四十七个军州重新进行户籍人口登记,严格实行抽丁服役制度。当时不论是主户、牛客、小客都必须一个不漏实行严格登记,统计出实际人口数目。第二年的开宝五年就完全采用了重新登记后的户籍。

《永乐大典》一二三〇六,《长编》开宝五年(公元 972 年)三月乙酉记载:"罢两京缘河诸州 每岁春秋丁账 止令夏以六月 冬以十二月申 又诸州科纳 止令县具单账供州 不得令逐乡造夹细账 以致烦扰"。东、西两京和沿河诸州每年春秋修订户籍,规定每年六月和十二月各申报一次。关于各州的课税,各县只需州提供账单即可,无须重复制作乡里的细账。各州依据丁账来抽丁服役。关于两税的缴税情况县里有账单,乡里还有明细。

《长编》(《永乐大典》一二三〇六),开宝四年(公元 971 年)七月己酉记载了太祖重修户籍的史料,"各委本州判官 互往别部同令佐 点检丁口 具列丁籍 以备明年河堤之役"。

《会要》一二七册,食货一二,户口杂录(《文献通考》卷十一,户口考二),开宝四年(公元 971 年)七月的诏书中说:"所抄丁口 宜令诸州判官互相往彼 与逐县令佐 子细通检 不计主户牛客小客尽底通抄 差遣之时 所贵共分力役 敢有隐漏 令佐除名 典吏决配"。

次年的《会要》一九二册,方域一四,治河上记载的开宝五年(公元 972 年)正月的诏书也说:"自今沿黄汴清御河州县人户(中略) 每户并须榆柳及随处土地所宜之木 量户力高低分五等 第一等种五十株(中略) 孤老残患女户无男女丁力作者不在此限"。检查户口登记的壮丁以备来年河役抽丁,不分主、客户一律彻查户口,详细登记壮丁数量,平均抽丁服役。各州县以家庭为单位,按照平均劳动能力将每个家庭分为五等,规定了各个等级最低植树的数量。同时也规定孤寡老人、残疾病人、无男丁的女户、女丁耕田家庭可以除外。

《长编》卷二七七,熙宁九年(1076 年)九月,是秋宣徽南院使判应天府张方平(中略)奏疏论率钱募役之害(张方平撰写的《乐全集》卷二六,论率钱募役事)中说:"本朝经国之制 县乡版籍分户五等 以两税输谷帛 以丁口供力役 此所谓取于田者也"。

《宋史》卷一七四,食货志一二七,赋税中记载:"诸州岁奏户账 具载其丁口 男夫二十为丁 六十为老"。制定了"按五等户交纳两税 以人口抽丁服劳役"的原则。

《长编》卷九记载开宝元年(公元 968 年)十一月癸巳的诏书:"天下县令佐 自今检苗定税部役差夫"。这说明建国之初是根据田亩的数量来定税额和抽丁的。

《长编》卷三五记载淳化五年(公元 994 年)三月戊辰的诏书:"两京诸道州府军监管内县 自今每岁以人丁物力定差 第一等户充里正 第二等户充户长"。皇上要求各县按照家庭的人口和财力确定差役人数。但是河夫差役不分牛客、小客,不考虑家庭的财力。因此,在等级登记册外还需要制作人口等级登记册。

太祖重新对四十七军州的人口壮丁进行了普查登记,并派各州判官互相对调去对方负责的县,会同当地的县令清点人口,对壮丁登记造册。如有遗漏,县令除名,负责造册的典吏将被流放。这说明当时负责制作户口壮丁名册的是县令和典吏[1]。

那么,这里所说的"逐乡造夹细账"是什么意思呢?

李元弼著《作邑自箴》卷四,处事一文中记载说:"造五等簿 将乡书手耆户长 隔在三处 不得相见 各给印由子 逐户开坐家业却一处比照 如有大段不同 便是情弊"。文中描述了各乡的五等户名册制作过程。负责的3人分别是乡里的书写手、耆老和户长。调查登记的对象是"家业"。淳化五年(公元994年)的诏书中所说的调查对象是"人丁物力"。

李元弼在《作邑自箴》卷六,劝谕庶民榜的状式一文中记载说:"某乡某村耆长某人耆分第几等人户 姓某 见住处 至县衙几里(如系客户即去 系某人客户)所论人系某乡村居住 至县衙几里 右某年若干在身有无疾荫(妇人即云有无娘孕及有无疾荫)今为某事伏乞县司施行谨状 年月 日 姓某押状"。这是耆老就调查对象向县里呈交的调查报告,上面必须列明乡村名,耆老名,户籍的等级,现在的住所,距离县城的距离(客户要注明所属的户主),被调查人本人居住的村子和县城距离,年龄,有无疾病,现在职业,年月日及耆老的姓名和印鉴,等等。

李元弼在《作邑自箴》卷八,公人家状式中记载:"某人乡贯系第几等户(中略)一某于某年月日投充某役 或投充手分 某年月日行甚案 实及若干月日替罢 见行甚案(下略)"。即必须登记某人的籍贯和姓名,家庭的等级,某年某月某日从事过什么劳役,或者担任过手分。某年某月某日曾经从事什么样的事物,何月何日从事的实际工作的内容,现在从事什么工作,等等。公人和小吏一起共同构成州县的胥吏。手分则是在现场及仓库充当工头的州县小吏。

未注名的《州县提纲》卷二的户口保伍中记载:"诸乡各严保伍之籍 如一甲五家 必载其家老丁几人 名某 年若干 成丁几人 名某 年若干 幼丁几人 名某 年若干 凡一乡为一籍 其人数则总于籍尾(下略)"。每个乡都有各自的保伍籍。如果一甲为五家,必须登记每家的资料。其中要分别有老丁、成丁、幼丁的人数、姓名和年龄。一乡为一籍,籍册末尾要注明总数。

《会要》一七二册,兵二,保甲,嘉定十五年(1222年)九月十六日记载了夔路提刑兼提举虞刚简的上奏说:"各置甲簿 书写保甲细账"。这里的保甲簿虽然与前文的保伍籍说法不同,但实质一样。这里提到了"保甲细账",前文的保伍籍是各乡制作,分类详细登记老丁、成丁、幼丁,这个就应该相当于"保甲细账"。从其中有两到三丁的户籍里,可抽一丁成为保丁。记载这些内容的文件叫甲簿。

《庆元条法事类》卷四八,赋役门二,税租账(勅令式)的职制敕一文中记载:"诸州夏秋税管额账(刺账单状并纳单账同)"。这里出现了"刺账"、"单状"和"纳单账"的说法。"保甲细账"中记载的保甲候补者的内容叫做"保甲单账",要向州里提交。

依此类推到河夫,应该也是各乡制作河夫细账,县里以此为依据,制成河夫单账提交给州政府,再由州政府提交给中央政府[2]。佐竹靖彦先生认为劳力的账簿不是五等丁产簿,而是由丁口单制成丁口簿[3]。

由于治河规模不断扩大、治理次数越来越频繁,加上埽法的普及,在真宗末年到仁宗初期进行的滑州天台埽大型工程中,由太祖和太宗两朝的"河堤夫",派生出来沟河夫、春料夫等。而且除抽调的民夫外,还有兵夫和雇夫。黄河的决口主要集中在澶州,相继发生了天台埽、横陇埽、商胡埽等特大决口,随后又有了商胡北流。后来新设了统一管理治水工程的都水监,王安石变法时期,河夫法逐步得到了充实,确立了春夫、急夫和雇夫、免夫钱制度。同时隶属另一系统的沟河夫法也得到了完善。

新法实行时期,关于河夫役招致最多议论的是免夫钱。它的出现是熙宁十年(1077年)澶州曹村埽工程中作为一种非常时期的非常之法出现的。在旧法党统治时期的元祐三年(1088年)以《元祐新条》的形式确定下来。对此,旧法党的代表苏辙和范纯仁提出"祖宗旧制 河上夫役止有差法 元无雇法",主张改善,但并没有强烈要求废止。提议增设雇夫新条的吴安持则以"州县夫役 旧法人丁户口科差 今元祐令自第一等到第五等 皆以丁差 不问贫富 有偏轻之弊"为由,上奏要求按"或用丁口 或用等第 听州县从便"来实施。换言之,即认可旧法和新法两法选择其一的做法。50里内抽急夫、500里内抽差夫的旧法,五百里外交纳免夫钱的新法,在《元祐新条》中新旧两法得到巧妙的结合,但还是没有解决实际服役的差夫到底是按丁口还是按等第抽调的问题。"一年起夫 一年免夫"也好,"上户出钱免夫 下户出力充役"也好,都是当时情况的体现。即以雇人服差役为原则,抽丁服差役的方法并用。但是到了崇宁二年(1103年)滑州鱼池埽工程后,全面取消距离限制,彻底推行免夫钱的雇夫新条政策,其交纳的方法也从最初50里内向本埽所属的官府交纳,改为像正税一样,每年的正月和六月和正税一起征缴,也就是成为一种正税的附加税种。但是,实际抽丁服差役也没有完全消失。

正如苏辙等指出的"兼访问河上人夫自亦难得 名为和雇 实多抑配"那样,还是有很多强制抽丁服役的情况。特别是河岸50里以内的急夫强行抽调的情况始终都存在。前面列举的政和七年(1117年)五月二十九日诏书中也说:"诸免夫钱 应差人管押 赴诣定埽分",交纳的免夫钱由指定的分埽管押。同时其金额、姓名均要向南北外丞司汇报[4]。

《长编》卷二二四记载,熙宁四年(1071年)六月庚申,御史中丞杨绘又上奏说:"假如民田有多至百顷者 少至三顷者皆为第一等 百顷之与三顷已三十倍矣 而役则同焉 今若均出钱以雇役 则百顷者其出钱必三十倍于三顷者矣"。拥有民田百顷的和拥有三顷的同属第一等,差役也一样。如果出钱雇役的话,前者应是后者的30倍。

《长编》卷三三四记载,元丰六年(1083年)三月壬辰,提举开封府界保甲刘瑾上奏说:"诸县保甲每起夫役 不计家产厚薄 但以丁口均差 故下户常艰于力役 伏望令有司立法 诸县调夫 不计丁之多少 而计户之上下 不惟国家力役之政大均 而臣所训保甲亦得安居就教 诏开封府界诸路监司与提举司同相度"。保甲制度下的劳役与家产无关,按人口的多少来平均抽丁。下户出劳役通常是有困难的,主张根据户的等级来抽丁服劳役。

《长编》卷二七七,熙宁九年(1076年)九月,宣徽南院使判应天府张方平上奏章说:"至于五等版籍万户之邑大约三等以上户不满千 此旧制任差役者也 四等以下户不啻九千 此旧制不任差役者也 今令五等一概输钱 是率贫细不足之民 而资高强有之馀户也(中略)大体古今赋役之制 自三代至于唐末五代 未有输钱之法也(中略)往时州县之役若身充 若雇佣 率三分 其费而一分以薪粮取给 岂悉资于钱也"。一万户中三等户以上的有千户,按旧制需服差役,而剩下的九千户中四等以下的户不需要服劳役。而今五等各户均需交纳缗钱,对富者有利,穷人压力更大。从三代到唐末五代服劳役均无以钱代劳的做法。而且过去州县的夫役或亲自服役或雇佣人服役,雇佣的费用也是三分,其中一分是以薪粮形式支付,并非全部以钱支付。

《长编》卷三七六记载,元祐元年(1086 年)四月,殿中侍御史吕陶上奏说:"天下郡县所受版籍 随其风俗各有不同 或以税钱贯百 或以地之顷亩 或以家之积财 或以田之受种立为五等 就其五等而言颇有不均 盖有税钱一贯 或占田一顷 或积财一千贯 或受种一十石 为第一等 而税钱至于十贯 占田至于十顷 积财至于万贯 受种至于百石 亦为第一等(中略) 诸县自来税钱一贯为第一等 合于本等中差一役 其税钱两倍于一役者 即并差二役 若又倍于二役者即差三役 虽税钱更多不过三役 并听雇人祇应"。元祐年间各地制定五等户籍的标准并不一致,因各地的风俗而异,有按纳税钱数的,有按拥有土地面积、家产、耕作面积的,凡此等等,不尽相同。即便同是一等户,其数量的多少差别很大。所以,规定税钱在一贯的一等户出一差,两贯的出两差,两差倍数的出三差,最高出三差。

刘琯主张保甲夫役不应以人口多少抽丁,而应按户籍的等级来确定抽丁人数。张方平则主张自古差役皆由上等户出,下等户不出,现在不分上下户统一收取免夫钱,下等户因此生活更加艰难,对变法持反对态度。吕陶则阐述了五等户分等的各项标准。

《长编》卷二九二记载,神宗元丰元年(1078 年)九月甲申的上奏:"应诸县造乡村坊郭丁产等第簿 并录副本送州 印缝于州院架阁 从之"。

《长编》卷四七四记载,哲宗元祐七年(1092 年)六月丙寅,两浙路转运副使毛渐上疏说:"只有逐乡五等丁产文簿"。说明王安石变法期间各町村及各县均备有"五等丁产簿"或者"丁产等第簿"。

《长编》卷四二二,元祐四年(1089 年)二月己巳枢密院上书说:"保甲簿及乡村丁产簿并系三年一造 其合造簿年分 多不齐一 致重叠 勾集供运丁口物力 实为烦扰 请令府界五路保甲簿 候造丁产簿日 一就施行 如保甲簿造成未满一年 虽遇合造丁产簿 并候再造簿日 从之"。保甲簿及乡村丁产簿每三年要修订一次,因为时间不统一,造成很多重叠现象,又有勾集、供运、丁口、物力等因素,非常麻烦。因此,开封府界及五路保甲簿,待丁产簿全部完成后一并修订。如保甲簿刚修订完不满一年,即使新的丁产簿完成,也应等到统一的造簿日再行修订。因此,不仅是保甲簿,包括其他的账簿,如勾集、供运、丁口、物力,等等,都需要在每三年修订一次的最新乡村五等丁产簿的基础上完成修订。所以,河夫的账应该也是在五等丁产簿的基础上编制完成的[5]。

《会要》卷一九三记载,方域一五,治河下,政和元年(1111 年)正月十二日的诏书说:"诸路河防春夫一十万人 相度均分黄河诸河 合用春夫 本监已将诸路春夫一十万人 相度均科检准勅 都水监状春夫不具夫账上朝廷 只从本监依数料拨 路分具功役窠名申尚书省今均前项役使去讫"。

诏今后科夫并依旧具抄拟奏 所有元祐年指挥内 更不具夫账上朝廷一节更不施行"。

各路河防春夫 10 万人,根据情况平均分配到黄河及其他各河治理工程中。本监已经将各路的春夫 10 万人根据情况分拨到各处工地。都水监的状子不需上奏朝廷,只须按需要分拨下去,各路须将劳役的名册上报到尚书省即可,现在已经按需要分拨完毕。对此诏书令,今后征集劳工依旧需要向朝廷上报劳工的名单,元祐政令时期,工程指挥"不具夫账上朝廷"的政策终止。也就是说,在元祐政令时期夫账无需上报到朝廷,只需上报到尚书省就可。

政和七年(1117 年)成书的李元弼著《作邑自箴》卷四,处事一篇记载:"差役不可仓猝 先将等第簿 令逐乡抄出 用朱书 某年曾充某役 曾不曾为事 故未满抵替 今空闲实及几年 然后更将物力并税簿 点对子细 方可依条定 或同官可委即委之"。差役不能太仓促,首先要根据各乡的等第簿,用朱笔抄录各乡差夫。内容为某年某人充某役,已经完成差役、没有完成差役、因故还没有完成替代差役,还有至今已经空闲几年等,而后还得对照税簿仔细清点物力,方可根据规定抽丁服差役。或由该官员直接选定。最初要由各乡根据等第簿抄出差役人的名册,然后要进行仔细地核对和调查[6]。还要核查物力以及税簿,最终决定抽丁。同条中有"差人役总计家业钱均定 遂无偏曲"的记载。家业和物力是一个意思,就是综合性财产。州县则按平日、农田、水利、差役分类来选差吏人[7]。还要先行公示[8],所以抽丁服差役是个很严谨的过程。

下面再谈谈河夫队的情况。李元弼著《作邑自箴》卷四,处事篇一文中记载:"差人投总计家业钱均定 遂无偏曲 夫队未起前 勾集队头 逐人当面 给画一戒约指挥一本(文在后)"。夫队启程前,需要将工头们召集起来,知县要和他们见面,并授予他们统一的戒约指挥书。关于"戒约夫队头十三条"的内容,在《作邑自箴》卷九中有以下记载:

"一、不得敛掠夫众钱物"。

不允许掠夺民夫们的钱物。

"一、点检合用动使之类 各须如法齐足"。

清查必须使用的各类施工设备,按要求准备齐全。关于"动使"的具体内容,《作邑自箴》拾遗第十"登途须知"中详细列举了六十二项。

"一、拣择雇召人夫 如有疾病老弱之人 押出头呈验"。

拣选雇佣的民夫中如有疾病老弱者,须令他们面见核查。"拣选"就是选择的意思,从等第簿中选出朱笔标注的差夫;"雇召"就是雇夫的意思。在县里出发之前雇夫和差夫就编入同一队中。这说明当时已经出现"名为和雇 实多抑配"的情况。

"一、土蕢儿面阔一尺五寸 底阔八寸 深七寸 仍须壮实 担索须新麻粗打"。

土蕢儿面宽一尺五寸,底宽八寸,深七寸,很结实。同时,注明挑担的绳索用新麻编织而成。"土蕢儿"是搬运土的簸箕。其大小有定规就说明了"工"即一夫一天的工作量。

"一、严切指纳夫众 不得吃酒赌钱 及作非违并喧闹争打"。

民夫必须严守规定,不得酗酒赌钱,严禁不良行为、喧闹打斗。

"一、夫众虽未到工役处 亦须于寨内止宿"。

民夫即使未抵达工役处,也必须在集中的营地住宿[9]。

"一、夫众有不安者 画时具姓名 申乞医疗"。

如有身体不适者,可以按规定时间报名字申请就医。

"一、常切点检 火长如法做造饭食 不得令减刻米面之类 衷私杂卖"。

要经常进行检查,看伙夫是否按定量制作伙食,不得有克扣或者倒卖。

"一、部辖人夫不得蓦越(谓如第二队不得超过第一队)工役处出寨归寨亦依次第"。

管理的民夫不得越位(如第二队不得超过第一队)。不管是出工还是回营地时都要依次而行。

"一、逢见别县人民 放令先行 不得作闹"。

路遇其他县的队伍要马上让行,不得取闹。

"一、经过州县市镇 更须齐整 不得喧闹"。

路过州县集镇时,要整齐通过,不得喧闹。

"一、做罢饭食 便令打灭火烛(夜间仍不得留灯)"。

做完饭必须熄灭火烛(夜间必须熄灯灭火)。

"一、工役处分得地料 须管饱及元抛丈尺"。

这一条比较难懂,可以解释为"当抵达工地分配完作业地段,领完工程所需的材料后应检查是否够用,还需要将承担的工程地段从头到尾测量一遍,以确认工作量"。

"右画一约束 在前仰队头某人 依应遵守 如稍有违 必定依理施行 年月日具位 押"。以上统一规定从队长到民夫必须严格遵守,如有违背,依条例进行处罚。年月日、签字、画押。

施工工地位于黄河沿岸,这种民夫队叫做河夫队。元祐五年(1090年)六月,苏辙在反对吴安持主持修订的雇夫新条的条款中这样写到:"每夫日纳钱三百文省 团头倍之 甲头 火夫之类增三分之一(中略)罢团头火长倍出夫钱"。

《会要》一五二册,食货六一,水利杂录记载至和元年(1054年)八月二十日,光州仙居县令田渊的上奏说:"京畿及京东京西等路 每岁初春差夫 多为民田所兴 逐县差官部押 或支移三五百里外 工役罕有虚岁 伏知江淮并不点差夫役 当农隙之际一向安闲 比之北地实优为幸(中略)至春初 本县定日 如差夫例点集入役 仍逐处立团头陂长监催(并略)新创陂塘之处 若有水面侵却 不系使水之人田土 亦乞准前例 所差团头陂长于上等户内 如差夫队头例选差 仍给文帖令董其后(役)或过大雨即率众户防守"。意思是说,京畿及京东、京西各路每年初春都要抽丁服差役,各县需要派遣官吏对其进行管理。这些春夫需要到三五百里外的工地去工作。很少有不需派工的时候。但是江淮地区没有差役,到了农闲期非常舒服。与北方相比,能享受更多的天时地利。因此,南部各县按照北方的差夫模式,春初,以团头、陂长为首,兴修新的陂塘。这些团头和陂长的选拔方式与北方一样,从上等户中抽取,发给文帖令他们监督工程的进行[10]。

至和元年(1054年),正值澶州商胡埽工程遇到难题而停滞,有关治水的争论日益激烈的时期,至和二年(1055年)欧阳修三次就治河政策上书朝廷。次年六塔河工程强行上马。当时江淮地区还没有差役制度。《作邑自箴》中叫"夫对头"和"火长",田渊叫其为"团头"、"陂长",北方地区叫"差夫队头"。苏辙称他们为"团头、甲头、火长、火夫"。总之,团头就是夫队的头目,在其指挥下有甲头、火长(火夫)、人夫(夫众)等[11]。这样组成的河夫队整齐地通过市镇乡村,连续几天晓行夜宿,最后抵达工地。大约一个月后工程结束,再次组成整齐的队伍,回归故乡。

宋代之初,太祖皇帝实施了严格的丁籍登记造册,试图简化河夫籍制度。河役不论主客全部都有出差役的义务。这是依据古训"以丁口供力役"的原则制定的。对于偷漏者将严罚,罚没其财产,而负责的县令、典吏将被免职甚至流放。

各乡村将各户根据人口、物力、种植面积等分为五等造册,以此为基础制成含有老丁、成丁、幼丁的人数和姓名,以及服差役的经历等内容的"细账"。县里再从中选录出符合当年抽丁条件的人,制成"单账"并递交府州、中央备案。后来由于从各乡村到县里递交细账的手续过于繁复而终止。但是各县为了制成单账,仍需要各乡村向县里递交"丁口单"。

随着治河工程的频繁进行和治河技术的进步,在不断投入大量的人力、物力的同时,治水行政机关的改革和新法下的各项劳役货币化的实施等行政改革随之进行。河夫役也随之实现了货币化,出现了雇夫、免夫钱等。河夫役的抽取演化方式也日益复杂化。在原籍基础上制定的五等户标准,也由于各地的习俗不同而不统一,形式有多种多样。如北宋末期的《作邑自箴》中记述的那样,从等第簿中朱笔选出成丁,并综合考虑以前的服役情况、物力及纳税情况,来决定抽取丁夫。从北宋前期的丁夫抽取演化到雇夫、免夫钱的后期雇佣法,就不得不考虑钱物的问题。这说明作为其社会背景的货币经济日趋发达。

由这种方式选出的河夫组成河夫队奔赴工地。最初的结队方法是按照军队的体制,后期则是在保甲法的基础上由乡兵结队而成的。三十到五十名丁夫为一队,队头是指挥,副队头是甲头,五至十夫为一火,火的负责人叫火长。队头由上等户担当。从各县乡到工地期间,河夫队的行动必须整齐划一。这在《作邑自箴》中有详细记载。

## 【注释】

[1] 《长编》卷九记载,开宝元年(公元 968 年)五月甲午的诏书说:"诸道州府追属县租以籍付孔目官 擅自督摄逋赋 因缘欺诈破扰吾民 自今令录事参军躬按文簿 本判官振举之"。意为诸路州府下辖县的租税籍由孔目官(节度使下的事务官,宋代相当于政刑文移)管理弊处很多,现在由录事参军(幕职州县官选人)直接管理这个文书,由判官督促管理,这就是典吏。

[2] 《庆元条法事类》卷四八,赋役门二记载户、令说:"诸户口增减实数每岁具账四本 一本留县架阁 二本粘连保明 限二月十五日以前到州 州验实毕 具账连粘 管下县账三本 一本留本州架阁 二本限三月终到转运司 本司验实毕 具都账二本连粘 州县账一本留本司架阁 一本限六月终到尚书户部"。意为每年县里要作四本户口簿,一本留存县里,其余三本分别上呈州、转运司和尚书户部。
《长编》卷三八记载至道元年(公元 995 年)六月己卯的诏书:"自今每岁二税将起纳前 并令本县先如式造账一本送州 本县纳税版簿 亦以州印印缝给付令佐"。意为纳税簿每年开始征收前,由县里制成账簿,州里收纳后在账簿上盖章,返还县里。

[3] 佐竹靖彦在《宋代乡村制度的形成过程》(《东洋史研究》二五一三)中这样论述:"夫役不是按五等丁产簿抽取的,而是根据丁口账产生的。(中略)依据村子里收集所有人员的丁口单(中略)来制成丁口簿。从国家而言收取客户的身丁钱大概也是基于此吧。后期五等丁产簿成为制作丁口簿的基础"。

[4] 以上的论述都在本节五中的"雇佣民夫及免夫钱"中有所论述。

[5] 参考梅原郁的《论宋代户等制》(刊登在 1970 年京都大学人文科学研究所出版的《东方学报》京都四一上),以及周藤吉之的《王安石免役钱征收的诸问题》(原文收录在周藤吉之的《宋代史研究》中,1969 年东洋文库发行。

[6] 《长编》卷四七九,元祐七年(1092 年)十二月癸酉,户部的条陈记载:"检会今年九月六日役法朝旨 节文下项 一壮丁于本村合差人户 依版簿名次 实轮充役半年一替 除本等应副他役"。

[7] 《长编》卷二四九,熙宁七年(1074 年)春正月癸亥的诏书记载:"诸州县常平农田水利差役 并分为两案 吏人不以次选差 每案三人 县毋过二人 月给食钱毋过七千 州毋过十千 若因事取材 依转运提点刑狱等司法 从司农寺请也"。

[8] 李元弼著《作邑自箴》卷二,处事中说:"差役合告示 户头便于引内分明 写定某人今差充某役 庶免

动摇人户 仍出榜县门空处"。另在同书卷六中"劝谕民庶榜"的批注中说:"镇市中并外 镇步 逐乡村店舍多处 各张一本 更作小字刊板 遇有耆宿到县给与令广也"。

[9] 《长编》卷二八五,神宗熙宁十年(1077年)冬十月庚辰记载:"上批已差修塞决河提举官日久 今皆在京师 未见端绪 可令一员往 豫计兵夫宿寨 趣什物薪粮有备 庶兴功之际率皆整办 不至乏事 后差判都水监宋吕言(昌的误写)"。其内容记载澶州曹村埽工程进行之前,丁夫居住的营寨、物品、粮薪都由都水监准备妥当。

[10] 参考周藤吉之撰写的《宋代陂塘管理机构和水利规定》(收录在《唐宋社会经济史研究》东京大学出版会1966年出版)中的"三、陂塘的管理机构和有关户的关系"的条目中这样解说:"'团头、甲头、火夫'等是带领丁夫去河防工地的负责人,丁夫的上级是甲头,团头则是甲头的上级"。前章曾论述过按照南宋的保甲法,五户为一甲,任命一名甲头,编成队任命一名队长,然后再由队为基础组成团,任命一名团长。团头就是这样产生的。

[11] 《长编》卷三,太祖建隆三年(公元960年)三月戊午朔记载:"控鹤右厢都指挥使尹勋 削夺官爵 配隶许州为教练使 先是勋督丁夫浚五丈河 陈留丁夫夜溃 勋擅斩其队长十余人 追获亡者七十余人 皆刵其左耳 有诣阙称冤者 兵部尚书李涛以疑卧家 闻其事 力疾上奏乞斩勋以谢百姓"。记录了建隆三年疏浚五丈河时,陈留县发生丁夫夜逃事件,结果十多名队长被处死,七十多名抓回的丁夫被削去左耳。工程的指挥者尹勋因处置不当被削官流放。说明宋建国之初组成河夫队时就有队长了。

关于河夫队的团头、甲头、火长等,《长编》卷二五七,熙宁七年(1074年)冬十月辛巳记载:"司农寺乞废户长税坊正 其州县坊郭税赋苗役钱 以邻近主户三二十家 排成甲次 轮置甲头 催纳一税一替 逐甲置牌籍姓名 于替日自相交割县勿得勾呼 衙集役使除许催科外 毋得别承文字 违者许人告 以违制论不以去官赦降原减 从之"。意为近邻的三二十家主户组成一甲,任命甲头催缴赋税。

陈传良(1137—1203年)撰写的《止斋先生文集》卷二一,奏状劄子,《转对论役法劄子》中记载:"熙宁七年(1074年)始以保丁充甲头催税 而耆户长壮丁之属 以次罢募 利其雇钱 而封桩之法起矣 元丰(1078—1085年)遂著为令 以甲头同大保长催科 元丰赋役令 诸乡村主户每十户至三十户 轮保丁一人充甲头(并须同大保) 催租税常平等钱 嘉祐(1056—1063年)以前本有此令 元祐(1086—1093年)匆匆复旧 随即纷更 绍圣二年(1095年)二月详定所言 乡村每一都保保正副外大保长八人 其保丁轮充甲头 皆最下户人 既不服事率难集(中略)"。

另外,关于保甲法也有记载:"臣又按熙宁三年(1070年)三月九日行保甲凡十家为一保(中略)五十家为一大保(中略)十大保为一都(下略)凡选一家两丁以上通主客为之 谓之保丁 此保甲法也(中略)"。

熙宁七年的保甲法就沿用了熙宁三年的保甲法,在《长编》卷二六七,熙宁八年(1075年)8月壬子,司农寺上书说:"保甲之法 主客户五家相近者为小保 五小保为大保 十大保为都保 诸路皆准此行之"。如文所述,同年八月进行了修改,修改处是把原来的户数减半。

根据保法通过主客户来认定,有两丁的话,一人为保丁。甲法的话,主户二三十家组成一甲,任命一名甲头来督促征税。保相当于保安警察,甲则是催税的组织,合称保甲法,其中保丁中最有权力的是甲头。元丰赋役令也规定:"主户十到三十户组成一甲,任命一名保丁为甲头担当催税之责"。这个甲头相当于保法中的大保长(25家)。再组成队,称为第一队,第二队。由队再编成团,其团头相当于都保。一都保由250家组成,一团大体由5~6个队组成。

顾炎武撰写的《日知录》卷二四,火长中记载:"今人谓兵为户长 亦曰火长(中略) 通典五人为列 二列为火 五火为队 唐书兵志 五十人为队 队有正 十人为火 火有长 又云十人为火 五火为团 则直谓之火矣"。根据《通典》可知,五人为一列,二列(十人)为一火,五火(五十人)为一队,《唐书》兵志也记载五十人为队,任命一名队正,十人为火,任命一名火长。也有记载十人为火,五火(五十人)为团。火长就是十人的负责人。说明唐代就有了队和团。

因此,河夫队就是在保甲法基础上组成的。十夫为一火,任一名火长;三五火为一队,任一名甲头;十队为一团,任命一名团头。

《会要》一七二册,兵二,乡兵一文中记载元丰七年(1084年)八月十八日诏书:"河东陕西发保甲给路费 出州界二百里以上 保正三千 副保正二千 保长一千 小保长保丁七百 不满二百里及沿边不出本州界二百里以上 保正二千副保正千五百保长七百小保长保丁五百"。这种保甲法的路费应该也适用于河夫队。

# 结束语

北宋时期(960—1127年)的167年间黄河时常决堤。特别是庆历八年(1048年)澶州商胡埽决堤北流是黄河史上的重大变迁。不可否认,这种对自然的改造同样促进了北宋的社会改革。从中可以看到自然与人类的深切关系。东流的黄河改道向北,展现出一片崭新的自然新天地。同时,对人类社会的进步提出了新的挑战,人类社会也因此有了不断的新的发展。特别是黄河这样的大河,对一个国家的政治、社会、经济、文化各方面,都提出了更新更高的与之相应的体制要求。这样就产生了"黄河文明"这一新的文明形态。

治理黄河这样的大规模工程只有依靠广大百姓的劳动付出才能进行。因此,必须有强有力的政治集权才能把这些百姓聚集起来。从另一方面看,这也是推动形成强力政治权利的一大主要因素。在这里我们从黄河等河流的治理工程中出现的河夫体制这个视点,来探讨自然与人类的剧烈变动给北宋历史变迁带来的影响,以及与黄河的深刻关系。

太祖时期为了平息唐末五代的战乱,采用了给中国带来和平和统一的"强干弱枝"政策。因此,当时的治水策略偏重于确保干线漕运河道的安全。这时出现了新的夫役形式"河堤夫"。后来这种河夫又被称作"春夫",通过这种差役制度可以看到太祖时期官民一致修建大堤的决心。太祖的"官治大堤"政策由是得以贯彻。

第二代太宗皇帝继承并强化了太祖的政策,作为大堤的护岸工程采用了"埽的制度",同时增加了"开渠分水"的政策。"河堤夫"的负担也随之加重。

第三代真宗皇帝时形成了完备的以皇帝为中心的官僚体制,当时滑州的天台埽黄河段发生大规模决口,其修复工程十分浩大,一直持续到第四代仁宗皇帝初期。其间首都圈计划以治水为目的,大规模修复周边以及江北、河南等地区大量被荒弃埋没的古沟洫河道,从事这项工程的民工叫"沟河夫"。北宋时期的河夫广义上分为两个系统,一是"河堤夫",二是"沟河夫"。"河堤夫"又可以分为"春料夫"、"春夫、急夫"、"雇夫和免夫钱"。在天台埽大规模治河工程中,"沟河夫"、"春料夫"、"春夫"逐渐显现出了雏形。北宋时期形成了几个势力范围,其中有以"河堤夫"为主的黄、汴、御、清等漕运水路沿线四十七州军;以"沟河夫"为主形成的首都圈,涉及江北、淮河流域;还有依靠"春料夫"将其势力范围扩大到了黄河中游。这种统治的直接表现形式就是差夫。

第四代仁宗皇帝后期,黄河决口地区由滑州转移到澶州,黄河的商胡埽段决口北流,自然环境发生剧烈变化。继而北流的黄河又分成两股河道。此时出于对契丹和西夏的防御,主张采取回河东流策略。王安石等新法党主张采用回河东流政策,而旧法党主张采用北流的政策。黄河的治水政策陷入新旧两党的党争的旋涡中。朝廷和新法党势力下的都水监官僚强力推进河流向东回流政策。在新法各种夫役货币化的过程中，熙宁十年（1077年）澶州曹村埽特大工程中临时采用了"雇夫和免夫钱"的办法，元祐三年（1088年）成为正式法律。崇宁二年（1103年）废除其中的距离限制，使之成为全国范围的赋税形式。这种"雇夫和免夫钱"的出现使得河夫产生巨大变化。"春夫和急夫"的工期在寒食节前的一个月期间，以"工"的制度为中心改善劳动条件，以"埽岸制"规定堤防的规格，采取了一系列合理的改进。役法也采取了以招募为原则、差役并用的政策。河役也规定编成统一的河夫队。北宋后期由河夫的势力范围形成的统治圈也得以扩大，从黄河流域对差夫的直接统治，直到以雇夫、免夫钱为手段的全国范围内的间接统治。但是这种新法在外部的压力和皇帝的专制下彻底失去了理性，以惨败而告终。

# 第二节　宋代的河工——关于"工"的含义

## 绪　言

　　目前研究宋代河工，特别是对"工"的研究颇有成就的应该是最近出版的竹岛卓一著的《营造法式的研究》一书。其中《营造法式》是作者李明仲根据宋神宗的授意，以将作监为中心，从熙宁年间开始编修，到哲宗元符三年（1100年）完成，这期间历经三十余年。这部巨著可以说是一部"大量收集了数学、物理学法则、假设，看上去简直就像是一本当今先进的科学书籍"的杰作[1]。

　　几乎在建筑界出现了《营造法式》一书的同时，土木界出现了沈立著的《河防通议》。现存的《河防通议》二卷，是由西域人沙克什在元代至治元年（1321年），把宋代《汴本》和金代都水监的《监本》合二为一重新编修的，其中《汴本》又是在沈立的《河防通议》中编入了北宋末到南宋初周俊著的《河事集》的内容。薮内清先生在他的论文《关于河防通议》中写到："现存的河防通议二卷，可以说是金代承接了宋代沈立的著作，并加以补充，而沙克什只是将上述二者进行了重新编撰而已。仅从涉嫌抄袭的书名来看，就可以判断，沙克什增加的部分少得可怜"[2]。他是站在专业的层面，对内容进行了详细的解说，但是并没有涉及沈立撰写《河防通议》的事情。在这里笔者想再添一点"蛇足"，就"工"的形成与发展，以及其历史意义啰嗦几句。

【注释】
[1] 竹岛卓一著《营造法式的研究》序说、三"营造法式内容"（中央公论美术出版社，1970年）。
[2] 薮内清《关于河防通议》生活文化研究第十三篇。

## 一　沈立撰写的《河防通议》

　　沈立（1007—1078年）字立之，长江中游历阳人（安徽省和县），天圣年间（1023—1031年）考取进士，主要在现在的安徽、浙江、江苏、四川、河北等地，特别是在江淮地区担任地方官员时,颇有政绩,后又在中央政府历任三司、都水监、知审官西院和转运使、发运使等财政官员[1]。在任期间积累了大量的经验,并收集了许多当时讨论时政的著作[2],《河防通议》仅是其中一本。《宋史》列传中记述说,以商胡埽为例,列举黄河史上发生的重大事件,总结古今治河成败经验,编写成书,定名为《河防通议》。从此成为后人的治河守则,但并没有提到是什么时候成书的。反而倒是沙克什的《河防通议》原序中署名"朝奉郎尚书屯田员外郎骑都尉沈立撰"[3]。嘉祐元年(1056年)夏四月癸酉(二十二日),权盐铁判官屯田郎中沈立受命调查六塔河和商胡北流工程的重要性,并向朝廷陈述其利害[4]。由于员外郎再往上升就是郎中,所以《河防通议》的编修时间应是在嘉祐元年之前。

庆历八年(1048年),澶州商胡埽处黄河大堤大规模决口,因此就出现了著名的"商胡北流"。当时宋代并不知道这次治水有多么艰苦卓绝,在各种治理建议下莫衷一是,最后终于在嘉祐六年四月一日,决定由李仲昌负责组织实施六塔河堵口工程,结果也以失败而告终[5]。当月二十二日,朝廷颁布了对沈立的任命。归纳来看,沈立应该是在商胡埽决口后被任命为"提举商胡埽"一职,并在此后编修了《河防通议》,朝廷据此又命令他调查六塔河口的情况的。当时黄河河务由"三司河渠案"负责,皇祐三年(1051年)升格为"三司河渠司",随后在嘉祐三年(1058年)从三司独立出来,设立了都水监[6]。沈立的《河防通议》被收录进都水监,成为后世很长一段时间治水者必备的标准法则[7]。沈立本人直到晚年还一直与黄河治水保持着密切的关系,著有《都水记》二百卷。

都水监设立后的嘉祐五年(1060年),黄河决口,从原来"商胡北流"一处又分出"二股河东流",黄河治理又出现了新的局面。仁宗朝长达四十二年的统治结束后,英宗即位。第二年即治平元年(1064年),都水监疏浚治理了二股五股河,并决定实行"商胡北流闭塞"二股河,在此基础之上再实施"回河东流"的治水策略。治平三年(1066年)三月,同判都水监张巩与沈立一同对六塔河的利害进行了调查,建议在二股河河口修建上下约,建议被朝廷采纳[8]。沈立在英宗在位的四年间,曾觐见皇上[9],估计也就是这个时候。在此之后,司马光等众多高官也都参与进来,终于在神宗熙宁二年(1069年)根据张巩等人提出的建议,开始实施"回河东流 北流闭塞"规模浩大的黄河治理工程。工程竣工后,王安石才开始变法,历史进入到了新法期。熙宁元年(1068年)十一月庚辰,沈立升任右谏议大夫判都水监一职[10],第二年觐见神宗,力陈正邪治乱之道[11],但并未明确与"回河东流 北流闭塞"工程的关系。随后不久的熙宁三年(1070年),沈立又转任新设立的审官西院担任知事[12],可见他的变动很频繁。熙宁五年(1072年)十二月,由其编著的《新修审官西院敕十卷》完成,献给皇帝,得到了皇帝银绢赏赐[13]。熙宁八年(1075年)秋七月,迎来人生第六十九个春秋的沈立,又完成了《都水记》二百卷和《名山记》一百卷,献给了皇帝,也同样获得了褒奖[14]。现在我们看不到《都水记》了,估计这位老人在担任都水监时的各种感受都写进了这本书里。中国古代有个惯例,官员一旦到了古稀之年(70岁)就可以辞官归隐[15]。沈立好像70岁时担任了宣州提举崇禧观这一闲职,过着悠然自在的生活,元丰元年(1078年)正月,沈立结束了辉煌的一生,享年72岁[16]。在他去世的前一年,即熙宁十年(1077年)七月二十八日,黄河曹村埽决口,同年十一月十四日实施"工"法。沈立从40多岁开始与曹村埽(后更名为灵平埽)堵口工程发生联系,此后一直到他晚年的 30 余年,曾经数次参与了堵口工程,可以想象与黄河结下了何等的不解之缘,直至辞世。《河防通议》对沈立的后半生有着巨大的影响,那么作为构成该书最重要的基本法则的"工"究竟是如何确定的? 有些什么内容? 这将在随后的章节里继续讲述。

**【注释】**

[1]《宋史》卷三三〇,列传九二,沈立条。故右谏议大夫赠工部侍郎沈公神道碑(杨杰撰《无为集·宋人集乙编》收录)。

[2]《蜀江志》卷十(《宋史》卷二〇四,《芸文志》一五七),《茶法要览》(《宋史》列传,沈公神道碑上作《茶法易览》),《盐策总类》、《贤牧传》、《稽正辨讹》、《香谱》、《锦谱》、《泊文集》(以上沈公神道碑),《都水记》二百卷、《名山记》一百卷、《奉使二浙杂记》一卷、《河防通议》一卷(以上《宋史》卷二〇三,《芸文志》一五六),《宋史》列传中说《山水记》三百卷,估计是《都水记》二百卷加上《名山记》一百卷合编起来的数字。沙克什的《河防通议》是上下两卷,而沈立的《河防通议》只有一卷。《新修审官西院勑》十卷。

[3] 元代沙克什撰《河防通议》原序中有"署云朝奉郎尚书屯田员外郎骑都尉沈立撰"。

[4]《长编》卷一八二,嘉祐元年(1056 年)夏四月癸酉记载:"权盐铁判官屯田郎中沈立体量六塔河及北流河口利害以闻"(《宋史》卷九一,河渠志四四,黄河上,同四月壬子朔记载:"命三司盐铁判官沈立往行视")。

[5] 见本书第三章第三节"一 都水监官制"。

[6] 同注释[5]。

[7]《会要》六二册,职官五,河渠司,皇祐五年(1053 年)六月记载:"薪州判官李虚一上《溉漕新书》四十卷 诏送河渠司以备检阅",把李垂的《导河形势》(宋史"胜")书三篇并图送交史馆(《长编》七七,大中祥符五年春正月戊戌)。太祖以来,从民间广征河渠之书(《永乐大典》、《长编》开宝五年(公元 972 年)五月诏书)。估计沈立的《河防通议》也被从河渠司送到了都水监。

[8]《会要》一九二册,方域一四,治河上,治平三年三月二十五日记载:"同判都水监张巩言 已与沈立同共相度六塔河经久利害闻奏乞增修二股河上下约……从之"。

[9]《沈公神道碑》中记有:"初领朔方漕陛辞日英宗皇帝曰知卿用心公家故召卿经画边事……"

[10] 曾巩撰《元丰类藁》卷四五,沈氏夫人墓志铭上记载:"父立今为右谏议大夫判都水监……夫人年四十有五卒于熙宁元年十一月之庚辰……"

[11]《沈公神道碑》中记有:"熙宁二年当转对力言邪正治乱之道语甚切直"。

[12]《长编》卷二一一,熙宁三年五月丁巳诏书。《会要》六六册,职官一一,熙宁三年五月二十八日。

[13]《长编》卷二四一,熙宁五年十二月庚辰。《会要》六六册,职官一一,审官西院,熙宁五年十二月六日。

[14]《长编》卷二六六,熙宁八年(1075 年)秋七月甲子。

[15]《会要》一〇五册,职官七七,致仕中记载说:"雍熙二年王彦超(中略)曰吾闻朝廷之制七十致仕吾今六十九矣 自知止足之分"。

[16]《沈公神道碑》中记有:"年余七十 而交体康宁 是无一不如意也 惟日与宾朋诗酒为乐"。《长编》卷二八七,元丰元年春正月甲寅记录说:"右谏议大夫提举崇禧观沈立卒"。沈立传中也写到:"徙宣州提举崇禧观卒年七十二"。

## 二 "工"的确立

如果要列举北宋时期黄河治理工程的特点,首推作为河岸大堤保护工程的"埽"及

"锯牙、马头"等新型治水技术的出现;其次是设立了统一管理治河的官僚体制,中央设立都水监,堤防线上设置都水监外监;再次是把黄河治理上升到事关国防的国策层面上,数次果断实施"回河东流 北流闭塞"等大规模工程,对黄河进行治理,为此投入了巨额的人力和财力。同时,黄河治理问题还被新旧两党所利用,成了党争的话题,且影响越来越大。从庆历八年澶州商胡埽堵口到同一地段的六塔河堵口期间,就出现了贾昌朝的京东河说、李仲昌的六塔河说及欧阳修的商胡北流说等黄河治理学说。其中欧阳修最为激烈,曾三度上书反对。他在至和二年(1055 年)九月丙子的第二个奏章中说:"又欲增一夫所开三尺之方 倍为六尺 且阔厚三尺而长六尺是一倍之功 在于人力已为劳苦 若云六尺之方以开方法算之 乃八倍之功 此岂人力之所胜"[1]。3 尺见方即 27 立方尺,增加一倍为 6 方,即 216 立方尺,是 3 尺见方的 8 倍。如果高和宽还是 3 尺,而长是 6 尺,则为 54 立方尺,刚好是 27 立方尺的一倍。要完成这么大的施工量,几乎已经是人体的极限了,而要完成 216 立方尺那根本是人力所不能的。同一个功,一天的劳动量分别有 27、54、216 等差别。欧阳修提出了改善这些河工劳动条件的倡议。虽然欧阳修与沈立的关系现在尚不清楚,但是可以明确认为两人几乎同时关注到了黄河治水中存在的问题,沈立在《河防通议》中充分响应了欧阳修的这一倡议。

北宋后期,新法党否决了旧法党的"北流说",以都水监为中心强制推行"回河东流 北流闭塞"的政策,依靠人力使黄河改道回归东流,但黄河仍然时常冲破堤防继续北流。为此朝廷投入了大量的人力、物力,驱使民众从事繁重的劳动。特别是熙宁年间,宦官程昉强行施工,结果是"往往晚间也要求施工,践踏苗田,挖掘坟墓,毁坏桑拓"[2]。驱使数路民夫,强迫他们从事繁重的体力劳动,不管风吹雨淋,饥寒交迫,体弱者死在工地,健壮者逃走成了盗贼。夏日炎炎,苦役相继出现病死现象,而官吏又把奄奄一息者强行遣返故乡,结果在途中大量死亡[3]。对此朝廷也注意到了,同时发放了金钱、服装,并在饮食、医疗方面加大了投入。炎热的夏季实施半天工作制和倒班制,轮流休息,还定了休假日[4]。

《会要》一九二册,方域一四,治河上,熙宁十年(1077 年)十一月十四日记载:"都水监言 勘会黄河递年所役兵夫 自来土功别无成法 昨列到土法 今春试用 委得经久可 从之"。根据都水监的上奏来看,对从事黄河治理的兵夫从来就没有特别制定土工方法。这一年春天,试用了以前就有的"列到土法",确认有长期使用的价值后,就决定开始正式实施。熙宁十年七月二十八日,澶州曹村埽段的黄河大堤又出现了决口,十一月十四日开始了新的堵口工程,而在这之前六天的十一月八日,朝廷重新制定了"免夫钱"法规[5]。沈立在这两个月之后,即元丰元年正月辞世。

那么,"列到土法"到底是什么呢? 从字面上看是指对随着曹村埽工程不断推进而出现的"黄河所役兵夫"中"土功"的"成法"。所谓"列到土法",即"开挖土方,运送一定距离,排列堆积"。"土功"的功(工),借竹岛先生的话就是:"一个人一天的工作量称为一功,将此作为一个计算单位,并以此为标准,对各种工作的量按多少功来计算"[6]。《长编》卷二七三,熙宁九年(1076 年)二月癸丑记载:"上批闻淮南开河役兵夫不少 计工人日须开百二十尺(下略)"。熙宁九年是沈立献上《都水记》的第二年,"计工人日须开百二十尺"说的是一个兵夫一天要开掘 120 立方尺。大概成书于政和七年(1117 年)李元弼所著的《作邑自箴》卷九,判状印板一文中也记载说:"土蕃儿面阔一尺五寸 底阔八寸深七

寸 仍须状实 担索须新麻麗打"。规定了役夫所用竹筐的大小,用来称量各个劳力的平均
作业量。在澶州商胡埽及六塔河堵口工程之后,已经开始广泛使用"工"来计算整个工程
的总量。这个工作量不仅从中央分解到各府州县,甚至还落实到了各乡村[7]。各县分别
组织河夫队,开赴作业现场。就如《作邑自箴》中描述的那样,"工役处分得地料须管饱及
元抛丈尺",河夫队的头"在知道了作业地点后,对施工地段和工程材料一处不落地逐一
进行认真地核算,看是否能在规定的工期完工"。这样一来就逐步明确了一个役夫一天的
工作量,即一个工。

　　都水监的这些动作想必也影响到了将作监,元祐七年(1092 年),将作监编纂完成了
《营造法式》二五〇卷。两监的共同出发点都是依据土木建筑作业的"工",来合理地计算
作业量,不过,这一计算方式的先驱者正是沈立,可以说《河防通议》的出现以及实际的应
用具有极其重大的历史意义。

**【注释】**

[1]《长编》卷一八一,至和二年(1055 年)九月丙子,欧阳修上奏说:"又欲增一夫所开三尺之方 倍为六
　　尺 且阔厚三尺而长六尺是一倍之功 在于人力已为劳苦 若云六尺之方以开方法算之 乃八倍之功
　　此岂人力之所胜 是则前功即大而难兴后功虽小而不实"。

[2]《长编》卷二二三,熙宁四年(1071 年)五月乙未,御史刘挚奏章。另还见《宋史》卷九五,河渠志四
　　八,漳河同一条。

[3]《长编》卷四一七,元祐三年(1088 年)十一月戊辰中书舍人曾巩的奏折:"河上暴露风雨饥冻苦迫
　　弱者羸瘠死亡 强者逋窜或转为盗贼"。
　　《长编》卷四一六,元祐三年十一月甲辰户部侍郎苏辙的奏折也说:"盛夏苦疫病死相继 使者恐朝
　　廷知之 皆从垂死放归本郡 毙于道路者 不知其数 若今冬放冻来岁春暖复调就役则意外之患"。

[4] 孙洙撰"澶州灵津庙碑文"(《皇朝文鉴》七六所收)碑文:"行春尚寒赐以襦袍 天初暑给以台笠",还
　　有关于特支钱、衣食支给的记录。关于番休放功,见《会要》一九三册,方域一五,治河下,二股河附
　　篇的元丰元年四月二十八日和五月六日的记载。关于休假,详见《庆元条法事类》卷十一,职制门,
　　假宁格,《河防通议》上卷河防令等。

[5]《长编》卷二八五,熙宁十年十一月乙卯。

[6] 竹岛卓一著《营造法式的研究》一、序言,三、营造法式内容(中央公论美术出版社,1970 年)。

[7] 周藤吉之的《宋代浙西地方围田的发展》(《宋代史研究》收录,321 页)中郏亶著《治田利害第四》苏
　　州治水役夫计算。

### 三 "工"的诠释

　　北宋的水力学发源于长江三角洲地区[1]。北宋时期,有"苏湖熟、天下足"之称的太
湖周围地区,水利知识非常丰富,其独到的学说经北宋中期胡瑗(公元 993—1059 年)等
人的归纳总结,已经体化,又因他们均在湖州,因此被称为"湖学"。后经范仲淹、欧阳
修等人的推荐,胡瑗将其学说带到了中央,并在朝廷中推广实施[2]。可以看出,此时的庆
历新风给黄河治水以及宫殿建筑带来的影响,同时也形成了神宗时期王安石等人推行新
法的一个重要的领域。《河防通议》、《营造法式》等一批优秀的土木建筑学术著作也形成
于这个时期。沙克什的《河防通议》实际是集宋、金、元三代 270 余年成果之大成,而《营

造法式》则出现在北宋末年。将这两个版本加以对照比较,就能够对宋代沈立本进行分析研讨。

《长编》卷一百,天圣元年(1023 年)春正月壬午记载说:"中书枢密院同议塞滑州决河(中略) 凡度役事 负六十斤行六十里为一工 土方一尺重五十斤取土二十步外者一工二十五尺 上接邪高皆折计之"。这个条文附在详述澶州天台埽工程中埽岸制作经过的末尾处。《营造法式》(卷十六壕寨功限·总杂功)中说:"诸土干重六十斤为一担(中略) 诸于三十里外搬运物一担往复一功";《河防通议》(卷下功程第四陆运)也记载说:"凡搬担诸物每担重六十斤往还六十里为一功",三者记载完全一致。背负 60 斤(36 公斤)行走60 里(33 公里)为一工。所谓"假如把土方一尺即一立方尺,重达 50 斤(30 公斤)的土从20 步开外运过来算一个工,为 25 立方尺,则上接斜高的工都按对折计算",这与欧阳修的第二奏折中说的"一夫所开三尺之方"即 27 立方尺少了 2 尺,估计是附加了 20 步开外这个条件。这个想法又经沈立归纳总结,以"列到土法"加以实施。后经金、元两代的完善,最后结晶成了沙克什《河防通议》(卷下轮运第五)中的"历步减土法"。下述表 2-1 中,澶州商胡埽堵口之前黄河治水的劳动力,主要用"人"来表示,之后则更多地出现了"工"。滑州分水渠和李垂的《导河形胜书》中的治水工程等大规模工程中,商胡埽堵口之前的大型工程也有用"工"来表示的。商胡埽堵口总工程量"用工一千四十二万六千八百",动用人员"一十万四千二百六十八",用后者除前者正好是 100。即用"工"算出了总工程量,用这个除以所用人员就是工期。

表 2-1　宋代黄河治水大型工程所用劳力(人·工)

| 工程名称 | | 人工 | 出典(公历) |
|---|---|---|---|
| 滑州灵河县 | | 士卒丁夫数万人 | 《宋史》卷九一,河渠志四四,乾德四年(公元966 年)八月;《长编》卷四,同春正月丁巳 |
| 澶州濮阳县 | | 诸州兵及丁夫凡 5 万人 | 《宋史》卷九一,河渠志 四四 |
| 开封府阳武县 | | 开封、河南 13 县夫 3.6 万人及诸州兵 15 000 人 | 《会要》一九二册,方域一四,治河上开宝五年(公元 972 年)五月 |
| 滑州房村埽 | | 丁夫凡 10 余万卒 5 万 | 《长编》卷二四,雍熙元年(公元 984 年)三月丁巳<br>《宋史》卷九一,河渠志四四,太平兴国九年春正月 |
| 滑州分水渠 | | 兵夫计功 17 万 | 《宋史》卷九一,河渠志四四,淳化五年(公元 994 年)正月 |
| 滑州天台埽 | 第一次 | 兵夫 9 万人(军士 6.7 万、丁夫 2万) | 《会要》一九二册,方域一四,治河上,天禧四年(1020 年)正月。括号内为《长编》卷九三,天禧三年八月丁亥 |
| | 第二次 | 丁夫 3.8 万,卒 2.1 万 | 《长编》卷一〇五,天圣五年(1027 年)秋月丙辰 |

| 工程名称 | 人工 | 出典（公历） |
|---|---|---|
| 澶州商胡埽 | 用工 1 024 万 6 800<br>日役 10 万 4 260 人，100 日 | 《会要》同上，庆历八年（1048 年）七月<br>《长编》卷一六五，同年八月甲申 |
| 横陇口—铜城镇<br>开浚 | 役 4 490 万 4 960 工 | 《长编》卷一六六，皇祐元年（1049 年）二月<br>甲戌<br>《会要》同上，庆历八年十二月 |
| 澶州六塔河 | 6 路 100 余州军 30 万人<br>工 1 万、工 583 | 《长编》卷一七九，至和二年（1055 年）三月<br>丁亥<br>同书卷一八二，嘉祐元年（1056 年）六月戊寅 |
| 永济河穿河 | 役工 60 万（或 63 万） | 《会要》同上，嘉祐三年（1058 年）正月<br>括号内为《长编》卷一八八，同年九月癸巳 |
| 漳河开修 | 功力浩大凡 9 万人 | 《长编》卷二二三，熙宁四年（1071 年）五月<br>乙未 |
| 澶州曹村埽（改<br>名为灵平埽） | 用功 190 万（役兵 2 万）（民夫 50、<br>役兵 10 万） | 《会要》同上，熙宁十年（1077 年）七月二十<br>四日<br>《长编》卷二八九，元丰元年（1078 年）五月<br>甲戌朔 |
| 按李垂《导河形<br>胜书》治理 | 筑堤 700 里、役夫 21 万 7 000 工 40<br>日 | 《宋史》同上，大中祥符五年（1012 年）<br>任中正、钱惟演、王曾等上奏 |

　　"工"的使用范围实际很广，据《长编》卷一一〇，天圣九年（1031 年）五月丁未朔记载："祖宗时重盗剥桑柘之禁 枯者以尺计积四十二尺为一功 三功以上抵死"，如果盗剥桑柘达 42 立方尺，则为一功，达到三功即 126 立方尺，则处以死刑[3]。唐末韩鄂撰《四时纂要》卷三，四月锄禾中说："功一人限四十亩"，宋代也沿用了这一计算方法，"国朝之法一夫之田为四十亩 出米四石"（范成大《吴郡志》卷一九，水利），即一个农夫一天锄 40 亩地的劳动量定为一功。又说："每秧五百把敷一工"（《括金金石志》卷五，通济堰规、堰工），即种植秧苗 500 把为一工[4]。《大唐六典》卷七，屯田郎中员外郎中记载："诸屯田役力各有程数"，其注释中说："凡营稻一顷将单功九百四十八日禾二百八十三日……"，由此计算出耕种一顷地的稻、禾、大小豆等作物所需要的人力单位：功[5]。据薮内清先生的介绍，汉代《九章算术》中已经出现了筑堤用工的计算方法[6]。如上所述，自古以来"工"的原理实际应用领域相当广泛。

　　如前所述，熙宁十年十一月十四日，"列到土法"已正式开始应用于实际工程计算，结合"历步减土法"一起使用。那么，现就"历步减土法"进行论述。具体为"凡一步内取土以一百尺为功 每展一步则减土积一尺（谓两步取土则以九十九尺为功）展至五十步以五十尺为功 每十人破锹杵二功（以下略）"。在 1 步即 5 尺以内取土并搬运时，以 100 立方尺为一功，以后每远一步，减少土方 1 立方尺，依此类推，从两步之外取土则以 99 立方尺为一功，从 50 步远处取土时，一功就是 50 立方尺。此外，还有挖土、运土所用的铁锹以及夯实土方用的杵等工具的计算,如果 10 个人使用锹、杵时,他们的作业量折合二功。关于运输距离在 50 步以上"工"的计算方法,请参照表 2-2。

表 2-2　历步减土法

| 取土步数<br>(步内) | 1 功土方<br>(立方尺) | 取土步数<br>(步内) | 1 功土方<br>(立方尺) | 取土步数<br>(步内) | 1 功土方<br>(立方尺) | 取土步数<br>(步内) | 1 功土方<br>(立方尺) |
|---|---|---|---|---|---|---|---|
| 1 | 100 | 27 | 73 | 61 ~ 65 | 47 | 281 ~ 290 | 19.6 |
| 2 | 98 | 28 | 72 | 66 ~ 70 | 46 | 291 ~ 300 | 19.0 |
| 3 | 97 | 29 | 71 | 71 ~ 75 | 45 | 301 ~ 310 | 18.5 |
| 4 | 96 | 30 | 70 | 76 ~ 80 | 44 | 311 ~ 320 | 18.0 |
| 5 | 95 | 31 | 69 | 81 ~ 85 | 43 | 321 ~ 330 | 17.5 |
| 6 | 94 | 32 | 68 | 86 ~ 90 | 42 | 331 ~ 340 | 17.0 |
| 7 | 93 | 33 | 67 | 91 ~ 95 | 41 | 341 ~ 350 | 16.5 |
| 8 | 92 | 34 | 66 | 96 ~ 100 | 40 | 351 ~ 360 | 16.0 |
| 9 | 91 | 35 | 65 | 101 ~ 110 | 38.5 | 361 ~ 370 | 15.5 |
| 10 | 90 | 36 | 64 | 111 ~ 120 | 37.0 | 371 ~ 380 | 15.0 |
| 11 | 89 | 37 | 63 | 121 ~ 130 | 35.5 | 381 ~ 390 | 14.5 |
| 12 | 88 | 38 | 62 | 131 ~ 140 | 34.0 | 391 ~ 400 | 14.0 |
| 13 | 87 | 39 | 61 | 141 ~ 150 | 32.5 | 401 ~ 410 | 13.7 |
| 14 | 86 | 40 | 60 | 151 ~ 160 | 31.0 | 411 ~ 420 | 13.4 |
| 15 | 85 | 41 | 59 | 161 ~ 170 | 29.5 | 421 ~ 430 | 13.1 |
| 16 | 84 | 42 | 58 | 171 ~ 180 | 28.0 | 431 ~ 440 | 12.8 |
| 17 | 83 | 43 | 57 | 181 ~ 190 | 26.5 | 441 ~ 450 | 12.5 |
| 18 | 82 | 44 | 56 | 191 ~ 200 | 25.0 | 451 ~ 460 | 12.2 |
| 19 | 81 | 45 | 55 | 201 ~ 210 | 24.4 | 461 ~ 470 | 11.9 |
| 20 | 80 | 46 | 54 | 211 ~ 220 | 23.8 | 471 ~ 480 | 11.6 |
| 21 | 79 | 47 | 53 | 221 ~ 230 | 23.2 | 481 ~ 490 | 11.3 |
| 22 | 78 | 48 | 52 | 231 ~ 240 | 22.6 | 491 ~ 500 | 11.0 |
| 23 | 77 | 49 | 51 | 241 ~ 250 | 22.0 | 501 步以上计担<br>子往来 60 里每<br>石重 60 斤为功 | |
| 24 | 76 | 50 | 50 | 251 ~ 260 | 21.4 | | |
| 25 | 75 | 51 ~ 55 | 49 | 261 ~ 270 | 20.8 | | |
| 26 | 74 | 56 ~ 60 | 48 | 271 ~ 280 | 20.2 | | |

注:摘自沙克什撰《河防通议》卷下,输运第五。

那么,试将从"列到土法"到"历步减土法"期间"工"的动用情况进行汇总。表 2-3 是从北宋末到金、元期间《长编》、《宋史》、《会要》、《金史》中关于"工"的一些记载,还有参加工程施工的兵夫和民夫的人数。全部工程量用"工"来表示,其中甚至计算出了"半"、"余"、"有奇"。通过对两者的计算来确定工期。民夫的工期多在开春到清明前这一个月农闲期。随后的农忙期则多使用兵夫。元代又追加了"除风雨妨工"的条件,就是说由于风雨歇工而可以延期工程。《金史》卷二八,河渠志八,明昌元年(1190 年)给尚书省的奏章里有:"自今凡兴工役先量负土远近增筑高卑定功立限"。工程确定后,先计算运土距离的远近,增筑高卑,确定功限。沙克什的《河防通议》里有明昌二年和六年的记录各一份,还有明昌七年的记录两份,共计四份。薮内清先生在《算法第六》中的开河一问中提到,金末由学者李治主持制定的天元术(中国式的代数)得到了广泛的应用[7]。还有"每工开运土四十尺(南宋初)"、"六十尺为一工"、"四十尺为一功"(以上元代)等记载。金代明昌年间的记载除上述外,还确定了"定功脚例"、"抬桩橛"的"功"。据史料记载,澶州孙家口堵口工程中"士兵逃走三千六百九十一人 死损一千三百一十九人",而吴松江通浦工程中"死者一千一百六十二人"。由此可见,宋代治水工程是多么艰险,同时也痛感"历步减土法"等关于"功"的详细法规制定的必要性。北宋末至金、元各朝关于"工"的记录见表2-3。

表2-3 北宋末至金、元各朝关于"工"的记录

| 工程名称 | 劳动力(人工) | 出典 |
|---|---|---|
| 淮阴至洪泽开河 | 行地 57 里 赋工 259.7 万<br>民夫 9.2 万 1 月民夫 2 900 两月 | 《长编》卷三四一 元丰六年(1083 年)冬十一月己巳都水监丞 陈祐甫言《会要》一九三册 |
| 澶州孙村口(都提举修河司) | 厢军并河清 士兵 2.8 万余人<br>民夫 3.5 万余人 | 《长编》卷四一五 元祐三年(1088 年)冬十月戊戌王存等言 |
| | 兵夫 6.3 万余人 计工 530 万工<br>士兵逃走 3 691 人 死损 1 319 人 | 《长编》卷四二二 元祐四年(1089 年)二月癸丑<br>《宋史》卷九一 河渠志四四 同年正月癸未 |
| 诸埽马头上下约闭口 | 通计人工 1 479 万 9 670 工半 | 《长编》卷四二〇 元祐三年闰十二月戊辰 |
| 通利军苏村河堤 | 河堤工 44 万 | 《宋史》卷九三 河渠志四六 黄河下崇宁四年(1105 年)二月 工部言 |
| 广武(孟州)鱼池(滑州)埽堵口 | 广武役兵 1 060 夫 1.32 万人<br>鱼池兵工 1.3 万 夫工 4.1 万 | 《长编》卷三三〇 元丰五年(1082 年)冬十月壬子 |
| 导洛通汴 | 役兵 6 000 人 限 200 日<br>计役兵 4.7 万有奇 限 30 日 | 《会要》一九三册 方域一六 诸河汴河元丰六年(1083 年)八月二十八日《长编》卷三三八 |
| 吴淞江通浦 | 计工 222.7 万有奇<br>役夫 5 万 死者 1 162 人 | 《宋史》卷九六 河渠志六 崇宁二年(1103 年)同五年(1106 年) |
| 太湖治水 | 用工 330 余万 | 《宋史》卷一七三 食货上 农田 绍兴二十八年(1158 年) |
| 太湖治水(1 江 1 港 4 浦 58 港兴修) | 役工 278 万 2 400 有余 | 《宋·会要》水利 宣和元年(1119 年)六月七日<br>《宋史》卷九六 河渠志四六 东南诸水上 |

| 工程名称 | 劳动力(人工) | 出典 |
|---|---|---|
| 浙东围田治水 | 常湖通役 24 万 7 900 余工<br>秀州华亭泖通役 8 万 3 765 工 | 范成大《吴郡志》卷一九 水利 宣和元年(1119 年)十月四日 |
| 江州真州运河开修 | 用夫 526 万 1 175 工 | 《会要》食货 水利 政和四年(1114 年)二月十五日 |
| 上虞县运河开浚 | 每工开运土 40 尺共合用开撩<br>计 6 502 工 | 《会要》一九三册 方域一七 水利 绍兴元年(1131 年)十月十三日<br>《宋史》卷九七 河渠志五〇 |
| 卫州归德府筑堤 | 计工 176 万 6 000 余 日役夫 2.4 万余<br>期以 70 日毕工 | 《金史》卷二八 河渠志八 大定二十年(1180 年) |
| 河堤营筑与顾钱 | 用工 608 万余 外有 430 余万工当用民夫<br>不差夫之地均征顾钱……每工 150 文 | 《金史》卷二八 河渠志八 大定二十九年(1189 年)十二月 工部言 |
| 功限算定法 | 至今凡兴工役先量负土远近增筑高卑<br>定功立限 | 《金史》卷二八 河渠志八 明昌元年(1190 年)尚书省奏 |
| 汴堤修筑 | 下广 16 步 上广 4 步高 1 丈 60 尺为 1 工<br>堤东 20 步外取土……计工 25 万3 680<br>用夫 8 453 除风雨妨工 30 日毕……河内修堤 底阔 24 步 上广 8 步 高 1 丈 5尺 积 12 万尺 取土稍远 40 尺为 1 工 | 《宋史》卷六五 河渠志一七 延和六年(1319 年)宋濂、王袆等 |
| 沛都修堤 | 共长 12 228 步 下广 12 步 上广 4 步高 1 丈 2 尺 计用夫 6 304 人……60 尺为 1 工无风雨妨工度 50 日 | 《元史》卷六五 河渠志一七 至顺元年(1330 年)六月 |

在这里,我通过对《营造法式》与沙克什的《河防通议》的对比来考察沈立的《河防通议》。

如表 2-4 所示,两书的题材几乎完全一样。《河防通议》卷首的原序、河议第一相当于《营造法式》的序文、目录、总释,属于总论。随后两书都列举了制度、功程(功限)、物料(料例)、运输(搬运功),前者基于金、元发达的数学,列举了详细的计算方法,后者则利用全书三十四卷的三分之一,即十五卷绘制了大量的精美、准确的图案,相对于前者的二卷来说,其数量巨大。《河防通议》缺少"第三",估计应该是薮内清先生说的"物料第三"[8]。

接下来看,《河防通议》所有 69 项中,有出典的约占一半,为 33 项,其中属于宋代的有 19 项，其余 14 项出自金代监本。出处不明的主要集中在"下卷"（请参照表 2-5）。

**表 2-4　《河防通议》、《营造法式》的目录对照表**

| 《河防通议》 | | | 《营造法式》 |
|---|---|---|---|
| | | （项目数） | 序目　总释（第 1 卷～第 2 卷） |
| 卷上 | 河议第一 | 11 | |
| | 制度第二 | 6 | 制度（第 3 卷～第 15 卷） |
| | 物料附 | 11 | 功限（第 16 卷～第 25 卷） |
| 卷下 | 功程第四 | 18 | 料例（第 26 卷～第 28 卷） |
| | 输运第五 | 18 | 搬运功（第 16 卷壕寨功限） |
| | 算法第六 | 5 | 图样（第 29 卷、第 34 卷） |

**表 2-5　《河防通议》项目出处分类**

| 全部数量：69 | | |
|---|---|---|
| 卷上 | 28 | （《汴本》、《监本》等出处明确） |
| 卷下 | 41 | （出处不明） |
| 《汴本》（《沈立本》、《周俊本》） | | 14 |
| 《河事集》（《周俊本》） | | 1 |
| 《汴本》、《监本》 | | 4 |
| 《监本》 | | 14 |
| 合计 | | 33 |

　　表 2-6 列举了《河防通议》下卷出处不明，又与《营造法式》内容相同的记述，但明显是传承宋代的。《河防通议》上卷，河议第一篇中有与《监本》里的《筑城》一样的项目，几乎与《营造法式》第三卷，壕、寨制度的记述完全一样，明显是传承了宋代的说法。

**表 2-6　《河防通议》与《营造法式》中工的对照表**

| 《河防通议》 | 《营造法式》 |
|---|---|
| （1）专以修砌五十尺为功（卷下・功程第四・开凿修砌石岸） | 诸开掘及填筑城基每各五十尺一功（卷一六，壕寨功限，筑城） |
| （2）开掘出土入土以一百二十尺为功（卷下・功程第四・行墙槛子） | 诸开掘墙基每一百二十尺一功（卷一六，壕寨功限，筑墙） |
| （3）每十块为功。各长一尺五寸 阔厚各一尺 重一百二十斤（卷下・功程第四・采打石段） | 平面每广一尺长一尺五寸……右各一功（卷一六，石作功限，总造作功） |
| （4）每夫一名前去舜神山采搬石段一去三十里往回六十里 每块长一尺五寸 阔厚各一尺 重一百二十斤 每六十斤为功（卷下・功程第四・采打石段） | 诸于三十里外搬运物一担往复一功（卷一六，壕寨功限，总杂功） |

| 《河防通议》 | 《营造法式》 |
|---|---|
| (5)长一尺五百根为功(卷下·功程第四·斫撅材) | 斫撅子五百枚(卷一六,壕寨功限,筑城) |
| (6)凡搬担诸物每担重六十斤往还六十里为一功(卷下·输运第五·陆运) | 诸土干重六十斤为一担……诸于三十里外搬运物一担往复一功(卷一六,壕寨功限,总杂功) |
| (7)后定石每块长一尺 阔一尺 厚一尺 重一百二十斤(元定一百三十斤),(输运第五·诸石斤重) | 诸石每方一尺重一百四十三斤七两五钱(方一寸二两三钱)(卷一六,壕寨功限,总杂功) |
| (8)砖自方一尺重八十七斤半(方寸重一两四钱)瓦自方一尺重九十斤一十两(方寸重一两四钱半)(卷下·输运第五·杂运诸物斤重) | 砖八十七斤八两(方一寸一两四钱)瓦九十斤六两二钱五分(方一寸一两四钱五分)(卷一六,壕寨功限,总杂功) |
| (9)黄青松签赤括自方一尺重二十五斤(方寸重四钱)白括自方一尺重二十斤(方寸重三钱两分)(卷下·输运第五·枋木积寸)山杂木(枣栎榆槐之类)自方一尺重三十斤方寸重四钱八分(卷下·输运第五·山杂木) | 诸木每方一尺重依下项黄松(寒松赤甲松同)二十五斤(方一寸四钱)白松二十斤(方一寸三钱二分)山杂木(谓海枣榆槐木之类)三十斤(方一寸四钱八分)(卷一六,壕寨功限,总杂功) |

　　《河防通议》下卷,算法第六的出典也不明确。但从卷尾"开河"一篇反复使用了天元术来看,估计应该是金代以后的东西。算法第六,"竹索积寸"中"截修堤"的功、"补修一百步旧堤"的功、"修堤"的阔,以及在提到帮堤高度等问题时出现的大堤宽度表示,如"中阔三十五尺"、"阔三尺五寸"、"阔九尺"、"阔一十步"等。在计算取土的步数和一功时,使用了历步减土法。对此,《元史》卷六五河渠志里有堤防宽度的表示方法,上广和下广(广阔)都是用步数表示的。但在《元史》和成书于同时代的《河防通议》一书中,对大堤宽度的表示却有不同。主要不同在于《河防通议》没有大堤上下宽度的表述。这一点与《元史》不同。其他的文献如《宋史》的河渠志,《会要》,曾巩、范成大等人的文献著作,在提到大堤的宽度时,都用的是"五丈至八丈"、"一丈八尺"等,与《河防通议》一致。即在表示大堤宽度的方法方面,《河防通议》沿用了宋代的方式。但是,历步减土法却很难说是沿用了宋代的。只是能够推测是使用了与之极其相近的方法(关于这一点,请参照表2-7、表2-8)。

表 2-7　宋、元时期堤防的规模与功

| 出处 | 作业种类 | 长(步) | 宽 | 高 | 用夫 | 日数 | 一功 | 取土 |
|---|---|---|---|---|---|---|---|---|
| 《河防通议》(卷下算法第六) | 截修堤 | 34 | 中宽35尺 | 7尺 | | | 70立方尺 | 30步 |
| | 补修旧堤 | 100 | 3.5尺 | 15尺 | 200人 | 5日 | 34立方尺 | 140步 |
| | 修堤 | 100 | 9尺 | 10尺 | 300人 | 3日 | 50立方尺 | |
| | 帮堤 | 900 | 10步 | 10尺 | 200人 | 3日 | 50立方尺 | |

| 出处 | 作业种类 | 长(步) | 宽 | | 高 | 用夫 | 日数 | 一功 | 取土 |
|---|---|---|---|---|---|---|---|---|---|
| 《元史》卷六五，河渠志 | 汴堤、护城堤修(1319年) | 20里243步(744步) | 下宽 16步 | 上宽 4步 | 1丈 | | | 60立方尺 | |
| | 河内修堤(1319年) | | 底宽 24步 | 上宽 8步 | 1丈5尺 | | | 40立方尺 | 稍远 |
| | 沛郡安乐寺保、复水涝 | 12 228步 | 12步 | 4步 | 1丈2尺 | 6 304步 | 50日 | 60立方尺 | |

表 2-8 宋代堤防、渠道的规模

| 地点 | 长 | 宽 | 高 | 深 | 出典 |
|---|---|---|---|---|---|
| 三白渠、泾河诸陂塘防埭 | 30~50里 | 5~8丈 | 1.5~2丈 | | 《宋史》卷九四 河渠志四七至道元年(公元995年) |
| 沟渠 | 50~100里 | 3~5丈 | | 1~1.5丈 | 同上 |
| 郑渠、陂塘防埭沟渠 | 30~50里 | 5~8丈 | 1.5~2丈 | | 《会要》食货 水利杂录至道二年(公元996年) |
| | 50~100里 | 3~5丈 | | 1~1.5丈 | |
| 南京、宿、亳的沟渠 | | 上宽1丈 底宽8尺 | | 4尺地形高出5~6尺 | 《宋史》卷九四 河渠志四七天圣二年(1024年)张君平上奏 |
| 广德湖长堤 | 9 134步 | 1.8丈 | 8尺 | | 曾巩《元丰类藁》卷一九康定(1040年)中 |
| 今之塍岸长堤 | | 基宽7~8尺 | 5~6尺 | | 范成大(1126—1193年)《水利图序》 |
| 阳武上埽直河开修 | 3 440步 | 面宽80尺 底宽5丈 | | 7尺 | 《宋史》卷九三 河渠志四六黄河下 大观元年(1107年)二月诏 |

【注释】

[1] 冈崎文夫、池田静夫著《江南文化开发史》(弘文堂，1940年)。

池田静夫著《中国水利地理史研究》(生活社，1940年)。

周藤吉之著《宋代浙西地方围田的发展》(《宋代史研究》收录，东洋文库，1969年)。

[2] 《宋元时代的科技发展》的作者薮内清编的《宋元时代的科学技术》(京都大学人文科学研究所，1967年)。

[3] 《宋史》卷一七三，食货志一二六，农田一文也记载："民代桑枣为薪者罪之剥桑三工以上为首者死"。

[4] 长濑守著《宋元时代的水利法》(立正大学短大，《纪要》二)。

[5] 天野元之助著《中国农业史研究》(御茶水书房，1962年，210页)。

[6] 薮内清《数学书里看政治》(《中国科学与日本科学》收录，朝日新闻社，1972年)。

[7] 薮内清《关于河防通议》(《生活文化研究》第十三册)。
[8] 同注释[7]。

# 结束语 "工"的历史意义

所谓河工实际是黄河治水工程的总称,分为堤工、坝工、埽工、闸工等许多工[1]。工程越搞越大,投入的人、财、物也越来越多。尤其是宋代之后,黄河反复频繁的决口、堵口,北宋后期举国上下舆论沸腾。黄河治理实际上成了促进社会改革、推进王安石变法的一个重要因素。在此期间,不论是土木建筑界,还是河防工程以及宫殿营造方面,还出现了计算人工劳动量和物资消耗量的单位"工(功)",以此来统一把握,合理计算人、财、物。为响应欧阳修等人的呼吁,沈立率先从被称为"黄河第三次大改道"[2]的"商胡北流"大规模治理工程中,吸收了大量经验编成《河防通议》。随后李明仲集三十余年宫殿营造的探索成果汇集成了《营造法式》。两书贯穿的一个共同宗旨,就是秉承汉代以来的单位"工(功)"。"工"通"功",用现在的话说就是:"一个人一天的工作量"、"一个人一天的功程(定额)",可以理解为今天所说的"一个人的工作量"等[3]。作业现场以挖土筑堤为主,辅之以石岸、埽坝等加固工程。其所用材料土、石、榆柳、梢草、橛绳等分别通过水陆运输,这些材料又分别从广袤的山林原野采集而来,动用了大量的人力、物力,有必要制定一个详细的计算方式,对这些劳动和物料按统一的标准换算成每人每天的标准作业量,再根据物价的变动直接换算成等价货币[4]。在新法推行下,一切劳役均实行货币化[5],这应该是把人们的所有劳动都公平地换算成货币的前提条件吧。正是在这种社会改革的迫切要求下,《河防通议》《营造法式》两书应运而生了。根据神宗的旨意,由将作监编纂了《营造法式》二百五十册。哲宗时期,李明仲又按照哲宗的旨意,修订了试用本三十四卷。《河防通议》也在实际工程中得到了广泛的应用。

在中国五千年的悠久历史中,滔滔的黄河由北向南再向东变换流淌。北宋以及南宋的浮华犹如南柯一梦,被异族的铁骑踏碎,黄河流域也成了金、元部落王朝统治下的疆土。沈立的《河防通议》也落到了西域人沙克什手中,并被他重新修改,流传至今。"工"的定义也超越了封建王朝的兴亡和黄河的泛滥改道,流传至今。之后明代治河名臣潘季驯的《河防一览》以及清代著名河督靳辅的《治河方略》中提到的"方广一丈高一尺"都与"一工"以及"一方"的原理一脉相承。而现在中国实行的计件工资究竟是怎么来的,却不得而知(关于明清时期功的计算方法请参照注释8中的表2-9)。

《河防通议》和《营造法式》两本书中同样提到了《唐六典》中的"长功"、"中功"、"短功"。四、五、六、七月为长功,二、三、八、九月为中功,十、十一、十二、正月为短功[6]。以中功为基准,长功加一分,短功减一分。把一年十二个月分为三功。天气也用功来推测,是为天功。《宋史》卷九一,河渠志四四,天禧五年(1021年)的记载中首次出现了"十二月水名"。正月短功的水称"信水";二、三月中功的水称"桃华水"、"菜花水";四、五、六、七月长功的水称"麦黄水"、"瓜蔓水"、"矾山水"、"豆华水";八、九月中功的水称"获苗水"、"登高水";十、十一、十二月短功的水称"复槽蹙凌水"。信水是水的消息,桃、菜、麦、瓜、豆是食物,获是做饭的薪材,这些都与华北黄河流域的广大农民日夜相伴、三伏天汗流浃背辛勤耕作而盼望有个好收成的农作物息息相关。长功四个月,是决定农民一年收成好坏的关键季节。而此时矾山水也正在黄河中上游"深山穷谷"中汇聚全流域的河水,形成了"浊流怒涛",奔腾咆哮着冲向下游平原。大堤一旦溃决,水流所到之处皆成了汪洋泽国。据笔者的统计,北宋167年间,仅在沿河的二三个州府,值得记录的大规模决口就达87次,其中有35次就集中发生在六、七两个月。随后天气就进入了晚秋霜降[7]时节,人们登高赏菊,把酒临风,互祝平安。此时泛滥的黄河又回到了原来的河道,水量巨减,开始结冰。人们也开始进入猫冬季节。根据日照情况,天气也被分成了三功。根据春夏秋冬四季轮回的风物,就可以知道黄河十二个月的水势。虽然后人又将其演化为桃汛、伏汛、秋汛以及后加的凌汛等四汛,并沿用至今,但这还是源于宋代。桃华水变成了桃汛,属三功的中功;麦黄、瓜蔓、矾山三水变成了伏汛,属三功的长功;豆华、荻苗、登高三水变成了秋汛,属三功的长功、短功,其他的变成了凌汛,属三功的短功和中功。当黄河拥有"十二月水名"时,它是民俗的大河,是人民的黄河。水名经过了三(四)次的变更后,黄河就变成了皇帝的黄河了。从宋代到清代逐渐成了皇帝独裁专制的一个领域。事实是宋代的都水监、外监制度由于皇帝的权力才得以完备和强化。至此,相对于天功的地功终于确立下来[8](请参照表2-10 黄河十二月水名与三功关系表)。

《河防通议》下卷,功程第四,功程一篇进一步就三功写到:"凡役夫每日收五时辰功每时收二分 如遇风雨寒暑所避时除破 役夫每日辨明入役酉时放罢河防紧急不拘此例 夏至后立秋自巳正至未正两时放役夫憩息"。每天劳动时间为五个时辰(相当于现在的十个小时),每时为二分(一天分十分)。不过风雨寒暑休工除外。每天伴随着黎明开工,酉时(下午五时到七时)收工。夏至(阳历六月二十二日)到立秋(阳历八月八日)期间,从巳正(上午十时)到未正(下午二时)之间休息二个时辰(四个小时)。农民即民夫的服役时间,按惯例为清明节(阳历四月五日)农忙期之前的约一个月,即中功月份。然而,长功的七八月份正值三伏,也是黄河水汛最大的时期,此时的役夫按半功计算。这里天功和地功相伴随,而黄河治水工程中的人工却与之相矛盾。由此也上演了许许多多的黄河悲剧。还有很多是由于皇帝的强权而不得已实施的工程。在这里,黄河已经不再是人民的黄河了。黄河治理何时才能实现天、地、人一体,成为名副其实的"人民的黄河"呢?

**【注释】**

[1] 《清国行政法》第三卷,治水中的"河工"。
[2] 郑肇经著《中国水利史》第一章黄河,台湾商务印书馆刊,1966年。
[3] 竹岛卓一著《营造法式的研究》,中央公论美术出版社,1970年。
      薮内清著《关于河防通议》和《数学书里看政治》,收录于1972年出版的朝日新闻社《中国科学与日本科学》。
      周藤吉之著《宋代陂塘管理机构与水利规约》的注2,《唐宋社会经济史研究》七七九页,东京大学出版会,1965年出版。
[4] 沙克什撰《河防通议》中关于直接以钱换功的例子很少。
[5] 曾我部静雄著《宋代财政史》第五章宋代杂役,生活社。
[6] 李林甫等撰《大唐六典》尚书工部第七卷中记载:"凡计功程者 夏三月与秋七月为长功 冬三月与春正月为短功 春之二月三月秋之八月九月为中功 其役功则依户部式",同大唐,将作都水监第二十

三卷,将作监册记载的内容与《河防通议》、《营造法式》的内容一致。

[7] 请参照本书第一章第二节"黄河的四季区分"中收录的"宋代黄河决溢年表"。

[8] 见表2-9、表2-10。

表2-9 明清的工(方)

| 修筑堤 | 每筑方广1丈高5寸为一工……取土有远近之不一 | 潘季驯《河防一览》卷一四 河工大举疏 |
|---|---|---|
| 创开河 | 每方广1丈每夫日开深1尺为一工 | 潘季驯《河防一览榷》卷四 挑河 |
| 堤岸创筑 | 每方广1丈每夫每日就近取土者高6尺取土稍远者高5寸最远者高4寸为一工…… | 刘天和《问水集》卷一 黄河·工役之制 |
| 河道创开 | 每方广1丈 每夫每日开深1尺为一工……然后统计工数以定夫数 | 同上 |
| 疏浚河泥 | 必远置河岸40步外 | 刘天和《问水集》卷一 黄河·疏浚之制 |
| 土方则例 | 土以方1丈高1尺为1方 然有上方下方之别焉 有专挑兼筑之分焉 至挑河又有起土浅深之不同焉 筑堤亦有运土主客之不同焉 其土方工值更有人力强弱之不同焉…… | 清崔应阶编《靳文襄公治河方略》卷一 |

表2-10 黄河十二月水名与三功关系表

| 月份 | 三功 | 12月水名 | | 河水平安月份 | 三汛(四汛) | 黄河河溢 | 四季 | 二十四节气 |
|---|---|---|---|---|---|---|---|---|
| 正月 | 短功 | 信水 | 解凌水 | 正月 | (凌汛) | 1 | 孟春 | 立春、雨水 |
| 二月 | 中功 | 桃华水 | 信水 | 二月 | (凌汛) | 0 | 仲春 | 启蛰、春分 |
| 三月 | 中功 | 菜花水(3月末) | 桃花水 | 三月 | 桃汛 | 1 | 季春 | 清明、谷雨 |
| 四月 | 长功 | 麦黄水 | 麦黄水 | | 伏汛 | 4 | 孟夏 | 立夏、小满 |
| 五月 | 长功 | 瓜蔓水 | 瓜蔓水 | | 伏汛 | 7 | 仲夏 | 芒种、夏至 |
| 六月 | 长功 | 矾山水 | 矾山水 | | 伏汛 | 17 | 季夏 | 小暑、大暑 |
| 七月 | 长功 | 豆花水 | 荻苗水 | | 秋汛 | 18 | 孟秋 | 立秋、处暑 |
| 八月 | 中功 | 荻苗水 | 豆花水 | | 秋汛 | 14 | 仲秋 | 白露、秋分 |
| 九月 | 中功 | 登高水 | 霜降水 | | 秋汛 | 10 | 季秋 | 寒露、霜降 |
| 十月 | 短功 | 复槽水 | 伏槽水 | 十月 | (凌汛) | 10 | 孟冬 | 立冬、小雪 |
| 十一月 | 短功 | 蹙凌水 | 噎凌水 | 十一月 | (凌汛) | 4 | 仲冬 | 大雪、冬至 |
| 十二月 | 短功 | 蹙凌水 | 蹙凌水 | 十二月 | (凌汛) | 1 | 季冬 | 小寒、大寒 |
| 出典 | 《大唐六典》、《河防通议》、《营造法式》 | 《宋史》卷九一 河渠志四四 | | 《河防通议》河议第一 | 《河防通议》河议第一 | 清代李世禄《修防琐志》 | 根据注释[7] | |

注:另请参照本书第一章第二节"黄河的四季区分"。

# 第三节　宋代的黄河与村落

## 绪　言

黄河治理就是改造自然。宋代从政治、经济、社会文化等各方面举全国之力治理黄河，为的就是恢复国家社会治安稳定、巩固社会发展的基础，是广泛而深刻的国家行为。宋代集中了 30 万民众于黄河岸边，从事大规模的工程施工。自北宋后半期，每年在开封府和河北、京东、京西等三路集结了 10 万民工从事黄河大堤的修缮工程。所用修缮材料分别来自北方六路。王安石实施变法以后，春夫基本上全面实现了以钱代工，北宋最后 50 年所收的免夫钱几乎都拨给了驻守在黄河两岸的守备部队，供他们使用。北宋时期，没有任何一位皇帝停止过对黄河两岸的人力和物力的投入。对自然进行改造，自然也会促进社会的发展。北宋时期的大规模黄河治理活动，并未使中华文明停滞不前，反而促进了文明的进步。黄河流域的人民尽管每年苦于河役，但人口也不断增长，集镇也随之急剧膨胀。黄河非但没有使宋代的人口减少，反而带来了人口的增加和集中。在此让我们追寻它的轨迹，回首这段历史。

## 一　沿岸的土地及人口

历史需要温故而知新。我们在关注政治、经济、社会等发展动向的同时，也应该把目光温和地投向那些所谓枝节末梢的细节领域。生活在北宋时期黄河岸边的人们的动向，应该是能够充分反映当时历史动向的最末端，既能反映出与北面邻国的关系，还能反映出与自然的关系。北宋时期，这两个动向相互牵制，极其敏感，北面边境一旦有风吹草动，即刻就反映到黄河治理上。而黄河两岸还广泛分布着涨水就被淹或形成漂在水面上成了孤岛的土地。两侧的黄河大堤蜿蜒伸向远方，河堤上种植的杨柳桑榆迎风摇曳，为浑浊的河水平添了一抹绿色。微风吹拂着水边一望无际的芦苇丛，人影时隐时现。在这被人遗忘了的河边，仿佛有许多的人影在晃动。向东奔流的河水，在这里开始改变方向掉头北流了。宋代以国家的权力变北流为东流，我们关注的就是黄河东流和北流的踪迹以及晃动在这块土地上的人影。

熙宁元年（1068 年），富弼（1004—1083 年）在京西北路汝州[1]上书《论河北流民》[2]，文章开头是这么写的："臣昨在汝州 窃闻河北流民来许汝唐邓州界逐熟者甚多 臣以朝廷前许请射系官田土 后却不令请射 尽须发遣归还本贯 臣访闻流民必难发遣得回 既已流移至此 又却不得田土 徒令狼狈道路 转见失所 遂专牒本州通判张恂 立便往州界诸县流民聚处——相度 或发遣情愿人归还本贯 或放令前去别州 或相度口数给与民田土 或自令樵渔采捕 或计口支散官粟 诸般救济 庶几稍可存活 内只有给田一顷 违着朝廷后来指挥 比欲奏候朝旨"。河北的流民几乎都来到京西北路的许州、汝州和京西南路的唐州[3]、邓州，其中许多都是本乡本土的乡民。朝廷原本答应允许流民租种官田，后来不但不允许，还令其全部返回原籍。富弼反对这么做，并让通判张恂对流民进行了深入调查。调查结果将流民分为五种，分别是被迫返回原籍的、去了其他州的、按人口领取民田的、改行从事采薪捕鱼的、按人口领取官粟的。其中有分到一顷田地的,这些是违反后来朝廷出台的政策的。

接下来又写到:"又为流民来者日益多 深恐救恤稍迟转有死损 遂且用上项条件施行 去后方具奏闻 寻准中书劄子奉圣旨 一依奏陈事理 其后来者即教不得给田 候春暖劝谕令归 路上后方知其余州军所到流民 不拘新旧并只用元降朝旨 尽不许给与田土 臣其时以急于赴召 不及再有奏陈"。此后有大量流民涌来,如果救恤晚了就会出现死亡,所以先按上述条件执行之后才上奏。此后就不再发给田地,等到春暖花开就遣返回原籍。其他州的流民不论新旧一律不再发给土地。

于是富弼亲自把自己了解到的有关流民的情况上报给了朝廷。他说:"自襄城县至南薰门共六程 臣见缘路流民 大小车乘及驴马驰载以至担仗等相继不绝 臣每逢见逐队老小一一问当 及令逐旋抄劄 只路上所逢者约共六百余户四千余口 其逐州县镇以至道店中已安下 臣不见者 并臣于许州驿中 住却一日路上之人 臣亦不见者 比臣曾见之 数恐又不下一二百户 三二千口 都计约及八九百户 七八千口 其前后已过 并今未来 及有往唐邓莱州等处 臣所不见者 又不知其数多少 扶老携幼累累蒲道 寒饿之色所不忍见 亦有病而死者 随即埋于道傍 骨肉相聚号泣而去"。从襄城县到汝州的南薰门六日行程。流民有乘大小车辆的,有骑驴马的,有挑担的,人群络绎不绝。途中富弼不时地停下来与各队人群一一问答、记录。一路上共遇到了六百余户,四千余口,他们都住在各州县镇路旁的旅馆。算上富弼没见到的有八九百户,七八千口人。这个数字还不包括来自唐、邓、莱州等地的流民。这其中还有老幼病死者,惨不忍睹。

接下来又说:"臣亲见而问 得者多是镇赵邢洺磁相等州下等人户 以十分为率 约四五分并是镇人 其余五六分即共是赵州与邢洺磁相之人 又十中约六七分是第五等人 三四分是第四等人 及不济户与无土浮客 即绝无第三等已上之家 臣逐队遍问因甚如此"。富弼了解到,流民的原籍主要是河北西路的镇、赵、邢、洺、磁、相六州的下等人户,其中的四五成来自真定府镇州,其余五六成来自其他五州。其中六七成是第五等户,三四成是第四等户和不济户以及失去土地的游民,没有发现有第三等户以上的,流民主要是第四等户以下。

接下来又说:"离乡土远来他州 其间甚有垂泣告者 曰本不忍抛离坟墓骨肉 及破货家产 只为灾伤物贵 存济不得忧虑饿杀老小 所以须至趁斛斗贱处逃命 又问得有全家起离来 更不归者 亦有减人口蹔来逐熟 候彼中无灾伤斛斗稍贱 即却归者亦有 去年先令人来请射 或买置田土 稍有准备者 亦有无准备望空来者 大约稍有准备来无一二 余皆茫然并未有所归 只是路上逐旋问人 斛斗贱处便去"。这里对迁徙的理由进行了质问。第一,虽然是埋葬着亲人的故土难离,可是房屋被毁,财产受灾,担心一家老小被饿死,所以想找个容易生存的地方继续活下去;第二,还有的是举家迁来,而当地正好由于许多外逃的人没有回来,人口锐减,于是就安顿下来,逐渐落户了;第三,这部分人留在当地,在这里等待着灾害过去,物价下降,也有一部分人打算返乡。总之,迁徙的最大因素是灾害导致粮食价格飞涨,民不聊生。

随后还讲了是否是有准备的迁徙。在迁徙之前,去预定的迁徙地预先租种土地或购买土地的占一二成,其余的均是毫无准备而盲目逃荒来的。接下来,富弼就流民结队又报告说:"臣窃闻 有人闻于朝廷云 流民皆有车仗驴马 盖是上等人户 不是贫民 致朝廷须令

·101·

发遣却归本贯 此说盖是其人只以传闻为词 不曾亲见亲问 但知却有车乘行季次第颇多 便称是上等之人 臣每亲见有七八量大车者 约及四五十家二百余口 四五量大车者 约及三四十家一百余口 一两量大车者 约及五七家七十口 其小车子及驴马担仗之类 大抵皆似大车 并是彼中漫 乡村相近邻里 或出车乘或出驴牛或出绳索或出搭盖之物 递相并合各作一队起来 所以行季次第 力及大户也 今既是贫下之家 决意离去乡土逃命逐熟 而朝廷须令发遣却回 必恐有伤和气"。我听说朝廷里有一些关于流民的流言蜚语,说流民既有驴马还有车夫,都是上等人户,根本不是贫民,所以应该遣返回原籍,其实这些都是误传。表面上看他们赶着车,带着许多行李,那只是表面现象,我所亲眼目睹、亲耳所闻的完全不是这么回事。赶七八辆大车的实际是四五十家,多达 200 余人;赶四五辆车的实际是三四十家,100 余人;赶一两辆大车的实际是五七家,有 70 人;而那些推小车、牵驴马、挑担子的也与上述赶大车的情况差不多。车中堆满行李物品。邻里乡亲结伴而行,有车的出车,有驴牛的出驴牛,有的拿出了绳索、搭盖等物件,满载行李物品的小车看上去就像是一辆大车。贫民和下等户都已决意离开故土,为了延续生命,他们实际早已融进各自所在的社会。如果朝廷强行将他们遣返回原籍,就会伤害当地的和谐氛围。

随后富弼还讲述了与流民亲切交谈的情况,并汇报了某地方官员瞒报事实真相的行径,说:"臣亦曾子细说谕云 朝廷恐你抛离乡井 欲拟发遣却归河北不知如何 其丈夫妇人皆向前对曰 便是死在此处 必更难归 兼一路盘缠已有次第 如何得归 除是将来彼中有可看望 方有归者也 此已上事 并是臣亲见亲闻所得 最为详悉 与夫外面所差 体究之人不同 薄尉幕职官畏惧州府 州府畏惧提转 提转畏惧朝省 不敢尽理而陈述 或心存谄妄不肯说尽灾患之事 或不切用心自作鲁莽 申陈不实者万不侔也"。富弼苦口婆心地劝说流民返乡,可他们决意死也要留在当地,告诉他说,盘缠已经用完了,也回不去了,只有留下来才有生存的希望。这些都是富弼亲眼所见、亲耳所闻,因此比其他人都了解情况。各地方县的主簿、县尉、幕僚们畏惧州府,州府畏惧转运使以及提点刑狱,而这些路官又畏惧朝廷,他们都不敢如实汇报情况。

最后说:"伏望圣慈早赐指挥 京西一路如流民到处 且将系官荒闲田土 及见佃人占剩无税地土 差有心力向公官员四散分表 各令住佃 更不得逼逐发遣却归河北 其余或与人家作家 或自能樵渔采捕 或支官粟计口养饲之类 更令中书检讨 前后条约疾速严行 指挥约束 所贵趁此日月尚浅 未有大假死损之人 可以救恤得及"。富弼根据自己实地调查的结果,向朝廷提出了如何处置河北到京西一带流民的建议。第一,派遣系官分别调查官有闲置土地和免税出租的多余土地;第二,不再遣返那些租地耕种户;第三,对于其他的流民可以扶植他们从事采薪捕鱼,再提供部分食物。这些都是能迅速救济灾民的措施。

这些流民的流浪迁徙与河夫队伍的转移不同,是扶老携幼地从灾区逃难出来的,他们义无反顾地离开祖祖辈辈繁衍生息的家乡,背井离乡逃往陌生的异乡,只要求能活下去。为此,必须给予他们土地。他们的大多数只不过是给人家当佃户而已。其余的成了樵人渔夫,还有一些工商人员必须让他们落户到城镇。年轻力壮的都当兵了,也有一部分与强盗为伍。洪迈的《夷坚志》记载了大量的有关这些百姓的生活记录。这些流民长期在迁徙地居住,已经从客人转变成了客户,从商贾变成了街坊邻居,已经融入到当地社会中了。那么黄河及其支流的沿岸,究竟有怎样的土地,怎样的生计,生活着怎样的人,形成了怎样的村落呢?

《宋史》卷九一,河渠志四四,天禧五年(1021年)正月记载:"水退淤淀 夏则胶土肥腴 初秋则黄灭土颇为疏壤 深秋则白灭土 霜降后皆沙也"。大水退后,泥沙淤积,夏季是肥沃的黏土,初秋成了松软的黄灭土,深秋又变成了白灭土,而霜降之后都变成了土沙。

据元代沙克什撰《河防通议》卷上,河议第一的辨土脉中记载:"夫治水者必知地理形势之便 川源通塞之由 功徒多少之限 土壤疏厚之性 然后可以言水事矣 且水害中国者惟河为甚 禹迹既亡 自汉而下垂千余年 言水事者不可胜记 而未闻有成功者 不其难乎 今列土性与色于后

胶土 花淤 牛头 沫淤 柴土 捏塑胶(若先见杂草荣茂多生芦苇其下必有胶土)减('灭'的误笔)土 带沙青 带沙紫 带沙黄 带沙白 带沙黑(此系旧河底死土或多年诸杂粪土经一纪以上变成者)沙土 活沙 流沙 走沙(此三等活动走流难以成功)黄沙 死沙 细沙(一云腻沙)"。

作为治水者必须了解地理地势、河流情况、用工多少、土壤厚薄。黄河水患是中国最大的自然灾害,大禹遗迹已经消亡,自汉以来一千余年间,有关治水的著述不胜枚举,但至今没听说过有成功的。现在把土的特性和颜色列举如下,黏土可分为五种,只要杂草丛生、芦苇繁茂的地方,土地一定会肥沃。灭土有青、紫、黄、白、黑五种颜色,这是沉淀在老河底的死土,或者是常年与各种泥沙混合,历经一个世纪又二三十年之久变色而形成的。关于沙土,也列举出了六种,特别是其中的活、流、走三种非常容易四处流走,是治水中很困难的一种。《宋史》河渠志里列举了胶土、灭土、沙,《河防通议》则详细叙述了各种黏土的特性和颜色。

在《长编》卷二三六的熙宁五年(1072年)闰七月辛亥(四日)记载的"王安石曰"一文中,王安石是这么说的:"又出公私田土 为北流所占地者极众 向时泻卤 今皆肥壤 河北自此必丰富 如京东其功利非细也"。而针对主张治田主义的王安石所说的淤田的益处,《长编》卷四一六中也记载了苏辙在元祐三年(1088年)十一月癸卯朔的上奏,说:"臣闻河之所行 利害相半 夏潦涨溢 侵败秋田 滨河数十里 为之破税 此其害也 涨水既去 淤厚累尺 宿麦之利 比之它田 其收十倍 寄居邱家 以避淫潦 民习其事 不甚告劳 此其利也"。涨水后淤泥厚达数尺,宿麦获利比其他的地方高十倍,夏季涨水,水淹秋田,造成滨河数十里范围的税收流失,因此利害各半。这是坚持旧法治水的苏辙的看法。还有陈靖根据水旱的有无以及土壤的肥瘠程度把田地分为了上、中、下三品,授田面积区别对待[4]。

《会要》一二一册,食货一检田杂录前权提举河北西路常平王靓于政和元年(1111年)十二月二十七日的奏折,其中说:"河北郡县地形倾注诸水所经 如滹沱漳塘类皆湍猛不减 黄河流势转易不常 民田因缘受害 或沙积而淤昧 或波啮而昏垫 昔有者今无 昔肥者今瘠 官司利于租赋 莫肯蠲除 人户苦于催科 不无差误 欲委官悉心体究 凡如上件有账籍而别无土田 及虽有土田而弗堪耕种者 其夏秋二税依条法 开阁破放施行 诏户部坐条申明行下"。意思是说,河北郡县的地形较低,有众多河流流经这里,比如像滹沱河、漳河、塘泊,河流水势湍急。改变黄河水流形势可不是件平常的工程,会造成大量农田被毁,或沙土堆积,或被淤泥覆盖,或崩塌到河里被大水吞食。过去的东西现在没有了,以往肥沃的良田现在变成了贫瘠的不毛之地。可官府依然大肆收取租赋,却不给任何减免。农户

苦于催缴,时常出现冲突,因此希望官员能细心体察民情。对于凡是有籍无田及有田但无法耕种的农户,应该参照夏秋二税法予以适当减免。王靓在这里汇报了黄河流域以及发源于西山的滹沱河、漳河及塘泊平时的状况,实际是涉及了对黄河及其他河流堤防沿线两侧土地如何处置的问题。

太宗时期曾经对黄河沿岸十州二十四县的沿河土地状况进行了调查,结果是几乎所有的土地都已经成了民田。《会要》一九二册,方域一四,治河记载了在大中祥符三年(1010年)十二月宋真宗的圣旨:"河防所设本各有因 官吏相度容易废毁 或恣形势请射 或容疆户侵耕 非次奔流 多贻垫洪 盖听授之不审 亦兴复之倍艰 可降诏谕"。真宗时期,河防废毁,状况是形势户请射,疆户侵占耕田。

《长编》卷一一七,景祐二年(1035年)九月丙戌的记载:"兵部员外郎张锡为京东转运使 淄·青·齐·濮·济·郓六州民 买耕河壖地 数起争讼 锡命籍其地 岁取租绢二十余万 而讼者亦息"。淄、青、齐、濮、济、郓六州的黄河流域的河壖地被出售,变成了民田,诉讼不断,一年收取租绢20多万。到景祐二年,京东路堤防附属的河壖地一直没收过税。

《会要》一九二册,方域一三,四方津渡记载知郓州孔道辅在天圣八年(1030年)八月上奏:"缘河耕种人户 望许取路过往 更不问罪 与免官渡津钱 从之(时邹家渡捕得越河者皆属县税户不当为非 故道辅有是奏)"。到天圣八年为止,郓州黄河两岸的农户为耕种土地,不得不过河到对岸耕作,渡河一直被收取渡津钱,应该予以免除。这实际是北宋前期黄河沿岸的真实写照。那么北宋后期即商胡北流、回河东流之后,在新法的推动下,黄河两岸相对前期出现了新的变化。

《会要》一五一册,食货六一,民产杂录中收录知沧州郭劝于庆历七年(1047年)六月上奏:"检会本州 天圣六年(1028年)系黄河淹涝管内无(是否为无棣?)饶安·临津·乐陵·盐山等五县民田甚多 皆被水占不曾耕种 所有业主逃移 虽有归心奈以养种不得 无由复业 乃至年限外他人射为己业 然不曾耕种 每岁只以水灾被诉破却二税 酌其本情只为河淤肥浓 指望将来水退悉为良田 倍获子利 其官吏但以招携户口剥窃虚名 其于国家一无所济"。这是知沧州郭劝的奏折,时间是商胡北流的前一年庆历七年。说的是天圣六年的事,无棣、饶安、临津、乐陵、盐山等五个县大量的民田遭遇水灾,成了泽国,灾民四处逃难,虽有心回去,可回去也无法耕种,恢复不了以往的生活。即使过了规定返乡的时限,仍然在外地给人家打工,他们的田地就被别人侵占了,侵占者当然不是为了耕种,而是为每年借口水灾而免除二税。其实他们侵占这些淤田还有一个私心,就是这些河水淤积过的田地实际上非常肥沃,一旦河水退去就会成为良田,其获利将会翻倍。官员们只不过是窃取个召集了大量户口的虚名,而作为国家没采取任何救济措施。

接下来又说:"臣到任以来多有因水灾逃户 求复还本业 缘拘条难行 载详法意 所谓灾伤 其中甚有轻重 且若霜雹风旱虫蝗暴雨之类止于一时 过则仍旧 即不同黄河淹涝 动便三五岁以上 兼又不该说所请逃田 耕种与未耕种 纳与未纳着税数 窃以许人请射之法 益欲荒芜 尽辟征租有入 遂立程限 用以劝课 以此田土在积水之下 徒使兼并及外来人空占久 系版籍贫民产业 颇见奸弊"。郭劝上任以来,多次要求让那些因灾逃亡的灾民及时返回故居,恢复本业,但是由于法律条款的限制,始终难以实施。这里应该考虑法律的真谛到底是什么。灾害伤痛,有轻有重。霜雹风旱虫蝗暴雨等灾害只是危害一时,一旦过后一切又恢复原样，与黄河水灾不同。黄河水灾动辄三五年无法恢复耕作，那些所谓的逃田更不用考虑是否耕种，是否纳税。为了让其他人能依据请射法申请低价购买田地，以使土地不致摞荒，还可以开辟征收税租的途径，应该设立期限，鼓励和督促土地的原有者尽快回来复耕，并据此允许兼并以及外来人员长期占用被黄河水淹的土地，这里还有一个问题，这些土地实际还是原籍贫民名下的产业。

随后，郭劝就此提出如下处置方案："欲乞应系黄河等灾伤逃户田土 见在水下 虽有人请射 未曾耕种 未纳税数 如本主归业 委州县勘会 不以年岁远近并却给还 内有水退出地土 耕种已纳税数 兼该年限者 不在给还"。就是说，对于因黄河水灾等灾害而逃走农户的田地可按以下两个方法处置。第一，对于现在还淹没在水下的土地，虽然已经有人申购了，但还未耕种和纳税的，一旦原土地拥有者回来了，就应委托州县进行调查，不论时间长短一律予以归还。第二，对于那些水退后露出的土地，既耕种又纳了税的话，则参考耕种年限，不必归还。

对于郭劝的提议，朝廷答复如下：

"诏送三司 省司看详

欲下京东京西河北陕西转运司 指挥沿黄河州军 依劝所奏外 仍乞自今后 如有似此黄河积水流移人户田土 虽是限满未来归业 未许诸色人请射 直候将来水退 其地土堪任耕种日与依勅限 许令本户归业 如限满不来 即许诸色人请射为主 供输税赋 从之（已上国朝会要）"。

三司计划给京东、京西、河北、陕西转运司下达命令，命其指挥沿黄各州军队依照郭劝建议进行调查处置工作。各州今后如有类似因黄河积水而废弃的田地，就按郭劝的建议，即使过了规定年限地主仍未回来，也不能允许别人申购这些田地。对于那些将来水退了还可以耕种的土地，应该依据勅限仍归本户，并劝他们回乡。如果年限到了而本人又不回来，则可以允许其他人员申购成为地主，并开始纳税。另外，《会要》一五五册，食货六三，农田杂录一文在熙宁二年（1069 年）八月十九日的记载中说："黄河北流今已淤断 所有恩冀以下州军 黄河退背田土顷亩不少 深虑权豪之家与民争占 及有元旧地主 因水荒出外未知归请诏河北转运司 应今来北流闭断后 黄河退背田土 并未得容人请射 及识认指占听候朝廷专差朝官往彼 与本处当职官同行标定 乞收接请状 纽定租税 定租税均行给受"。熙宁二年正好是神宗即位的第二年，也正是这一年，黄河成功取道二股河回归东流，北流也成功被闭塞。王安石也凭借工程的顺利完工而更加强力地推行变法。

这里说"黄河北流今已淤断"，说明随着工程的逐步完成，加之恩州、冀州州军的努力，被黄河水淹的土地也逐渐显露出来了。这些土地被称为"黄河退背田土"。朝廷担心权贵豪绅、原地主以及当地百姓之间就这种土地的归属发生纷争，因此对客居者的申购和强占行为均不予认可，朝廷派遣专员与当地官员共同前往，对土地进行标定，确定租税后再接受购买申请，这样对大家都公平。

《会要》一六二册，食货七十的赋税杂录中还收录有神宗在熙宁元年（1068 年）十二月二十二日颁布的诏书："皇祐（1049—1053 年）新编京东一路敕 积水灾伤田 其人户如不系灾伤并元种不敷地亩 一例披诉并当严断 地邻知情 盖庇科不应 为重所隐户下税数勒尽元数 送纳不在减放之限 仍许诸色人告首 据所欺隐并元种不敷地亩打量 如告首一

亩以上至十亩 赏钱五千 十亩以上至一顷 赏钱十千 每一顷增 五千至百千止 以犯人家财充（下略）"。皇祐年间，正是实施商胡北流工程时期，黄河已经从京东河改道，宋代也正处在回河东流工程极端艰难时期。随着北流闭塞，恩冀往下各州军几乎同时出现了问题。京东路有大量水淹土地实际仍能耕种，可户主却又有意隐瞒耕种面积，一经发现即刻严办。邻居知道详情，但却知情不报者，就要对其课以重税，隐瞒不报面积部分的税赋，就要由知情不报者负担，且不在减免税范围内。为鼓励人们揭发，要对隐瞒复耕的土地进行实际测量，根据测量结果，如举报的面积在一到十亩的赏钱五千，十亩到一顷的赏钱一万，在此基础之上，每增加一顷给五千到十万。赏钱由犯人家产冲抵。熙宁元年的诏书再次证实了这一点。

《长编》（《永乐大典》一二五〇六）记载，熙宁八年（1075年）闰四月王安石说："又置木植三万七千贯 所开闭河四处 除漳河黄河外 尚有溉淤及退出田四万余顷 自秦以来水利之功 未有及此 以法论之 十顷合转一官 即（程）昉虽转四十余官可也"。

还有《长编》卷三三一都水使者范子渊在元丰五年（1082年）十一月丙戌（《会要》一一五册，食货六三，农田杂录）说："自大名抵乾宁跨十五州河徙地凡七千顷 乞募人耕租从之"。北流闭塞后，程昉强力推行王安石的治田政策，王安石高兴地说：即使不算漳河、黄河，淤灌和退水所得土地就达四万余顷，自秦代以来没有任何一个水利工程取得过这么大的成就。在此之后的元丰年间，从大名府到乾宁军共十五州又得河徙地七千余顷。

苏轼撰《苏东坡全集》奏议集卷二，论给田募兵状译文中记载朝奉郎礼部郎中苏轼于元丰八年（1085年）十二月的上奏说："臣伏见熙宁中尝行给田募役法 其法亦系官田（如退摊户绝没纳之类）及用宽剩钱买民田以募役人（中略）一 退摊户绝没纳等系官田地 今后不许出卖 更不限去州县里数 仍以肥瘠高下 品定顷亩 务令召募得行"，是说所有的官田可以出租雇人耕种，以确保不被出卖。退摊后的土地一律被充为官田。这些是发生在神宗熙丰年间的事，接下来的哲宗时期又如何呢？

《长编》卷三七四，元祐元年（1086年）夏四月乙未户部言中记载了吏部侍郎李常等的奏折，奏折中说："被水百姓于新河两堤之内滩地种麦 庶几一收以资穷乏 体访得本路及州县 理纳税租督责欠负"。如果遭受水灾的百姓在新河两侧的大堤内滩地种麦，最初的收成可以留作自用，使其不至于出现贫困，随后对其收成要作实际调查，确定纳税额，并督促补交所欠税赋。

《长编》卷四五〇记载了元祐五年（1090年）十一月戊子（二十八日）中书的奏章，内容是："欲差（陈）安民 诣河北东西府界沿河与州县同括民间冒佃河滩地土使出租 众已签圆 刘挚留状白 众曰此一事大扰 须三二年未可竟徒为州县乡耆河埽因缘之利 数十州百姓有惊骚出钱之患（中略）刘挚曰 括田取租 固未敢言不可 但恐遣使不便 不若下转运司令州县先出榜 令河旁之民 凡冒佃河田者使具数自首释其罪 据顷亩自令起租 严立限罚若限满即差官同河埽司检按 重立骚民受贿条法"。陈安民接受派遣，与州县共同调查河北东西路和开封府界沿河地段民间非法请佃的河滩地，催缴税租。众人已经明白了土地界线。刘挚记录下这些情况，众人都认为这件事其实给大家带来许多麻烦。尽管还不到二三年，可各州县乡耆的河埽就已经开始带来利益了。数十州的百姓开始担心让他们出钱，出现了骚动。刘挚说，按田取租，谁也不敢说不行。但恐怕派使者不便，不如直接给转运司下令,先让州县出榜告知,让河两岸的农民,凡是私自冒佃者,只要如实自首就可以免除他们的罪责。自通知张榜公布时起开始交租,确定限期,严格惩处。如果年限届满就应派遣官员会同河埽司一同勘验,建立严格的骚民受贿条法。

《会要》一五一册,食货六一,民产杂录一文中记载三省于绍圣元年(1094年)十二月二十七日的汇报:"黄河新堤外退出良田 招诱人归业 已差左朝请郎王奎 前去措置 访闻退出河淤地上 各有主名 不必更遣专使 从之"。对于黄河新建大堤外侧退出的良田,可以劝说人们回归本业,已经派遣王奎前往处置。退水后恢复的土地各有主人,所以不用派专使前往。

下面是第二年的记载,《会要》一二一册,食货一,农田杂录(农田一)中有工部在绍圣二年(1095年)三月三日的汇报,其中说:"诸黄河弃堤退滩地土堪耕种者 召人户归业限满不来立定租税 召土居五等人户 结保通家业 递相委保承佃 每户不得过二顷 论如盗耕退复田法 追理欺隐税租外地并给告人 仍给赏 从之"。对于那些黄河各处废弃的退滩土地,如还能复耕,则应该劝原业主返回耕种。即使限期已到,税租仍然还未确定的土地,应该召回原土地的五等人户,结成连保户,家业也要通保,让他们合作承租土地,每户限租二顷以下。对于如何处罚盗耕退水土地行为的法律条文还在讨论,除了追缴隐瞒的租税,还应该把那块土地转租给举报人,就相当于对他的奖励。

《长编》卷五一八记载了元符二年(1099年)十一月壬辰皇帝的诏书:"河北路黄河退滩地 应可耕垦并权许流民及灾伤第三等以下人户请佃 与免租税三年"。就是说,河北路允许流民和灾伤第三等以下家庭租种治理过的退水复耕土地,三年免租。这里值得注意的是,首次公开允许流民申请租种黄河退滩地。

《会要》一五五册,食货六三的农田杂录一文中还记载了皇帝在元祐四年(1089年)二月十三日发布的诏书:"自今应濒河州县积水占田处 在任官能为民经画 沟洫疏导 退出良田一百顷以上者 并委所属保明以闻 到部日与升半年名次每增一百顷 各递升半年名次及一千顷以上者比类取旨酬赏 功利大者 仍取特旨 从刑部侍郎范伯禄请也"。关于濒河州县的积水农田,按照当地现任官员的筹划,开沟渠疏导排除积水。对于水退后能开垦出一百顷以上良田的官员,他们的名次应该提前半年晋升;每增加一百顷,名次就提前半年。对于一千顷以上的也分别给予奖励。而对贡献特别巨大的人员也要有特别圣旨来表彰。朝廷采纳了范伯(百)禄的上述建议。

以上主要就黄河沿岸退滩地作了归纳总结,但关于汴河,《会要》一二四册,食货七,水利上文中记载了侯叔献于熙宁二年(1069年)闰十一月十五日的奏言:"臣伏思之 沿河两岸沃壤千里 而夹河之间多有牧马地及公私废田略计二万余顷 计马而牧 不过用地之半则是万有余顷 常为不耕之地 此遗利之最大者也 观其地势利于行水 最宜稻田 欲望于汴河南岸稍置斗门泄其余水 分为支渠 及引京索河并二十六陂水以灌之 则环畿甸间岁可以得谷数百万以给兵食 此减漕省卒富国强兵之术也"。汴河沿岸,沃野千里,沿河两岸有大片的牧马场和公私的荒田,加起来有二万余顷,牧马场的面积还不到总面积的一半,长期撂荒的土地有万余顷,这是个巨大的损失。从地势来看,便于行水,最适合种植水稻。在汴河南岸设置斗门,可将多余的水排进支渠,还可引京索河和二十六陂的水来灌溉,受惠于此,首都周边一年可收获粮食数百万石,足以供应士兵食用。同时,还可以减少漕运量和漕兵,这是富国强兵的良策。熙宁十年(1077年),引汴河水灌溉了京东西沿汴河的九千余顷土地[5]。此外,还于熙宁八年(1075年)再引汴水到位于开封、陈留、咸平等三县交界陈留界内的新旧大堤之间,淤灌造田,种植水稻[6]。

其实在熙宁四年十月,根据王子渊的建议对济州南李堰和濮州马陵泊等多年淹没于水下的土地进行了排水复垦,得良田四千二百万余顷,收获菽麦二三百万余硕[7]。熙宁六年(1073年),王安石答复神宗说,在蔡河上设置多处漕运水闸,旁边又挖了个邓艾塘,利用水渠引水改造旱地为水田,陈颖数州丰衣足食[8]。

《长编》卷二三五记载东头供奉官赵忠政于熙宁五年(1072年)秋七月辛卯时的奏折,奏折说:"界河以南至沧州城 虽有塘泊二百余里 其水或有或无 夏秋可徒涉 遇冬冰冻即无异平地 今齐棣间数百里 榆柳桑枣四望绵亘 人马实难驰骤 若自沧州东接海 西彻西山 仿齐棣植榆柳桑枣 候数年间可以限戎马 然后召人耕佃塘泺益出租 可助边储"。界河以南到沧州的水塘相距200多里,可塘水经常时有时无,到了夏秋还可以徒步涉水过河。冬天河面封冻,看上去跟地面一样平。现在齐棣两州数百里大量种植榆柳桑枣,放眼望去连绵不断,人马通行也很难。如果在沧州东至大海,西达西山这片广大的地域效仿齐棣两州的做法,大面积种植榆柳桑枣,只需数年即可阻止戎马通行。然后,再号召人们前来租种塘泺土地,也有助于稳固边疆。黄河北流闭塞之后,沧州一带塘泊的水位急剧下降,几乎干涸,因此御敌的功能也几乎消失了。所以,在大规模召集人员开垦复耕、植树种树的同时,也要充分考虑恢复塘泊[9]。

《会要》一二一册,食货一的农田杂录农田一记载有户部侍郎范担('坦'的误写)于政和元年(1111年)六月六日的奏折:"凡应副河防沿边招募弓箭手或屯田之类并存留 凡市易抵当折纳籍没常平户绝天荒废庄废官职田江涨沙田弃堤退滩濒江河湖海 自生芦草荻场圩埠湖田之类并出卖 从之"。北宋末年徽宗政和元年六月六日,户部侍郎范担上奏说:"河防沿岸招募弓箭手或实施屯田,凡是市易的抵当、折纳、籍没、常平、户绝、天荒、废庄、废官职田、江涨沙田、弃堤退滩、濒临江河湖海等处芦草荻自生的场所,希望与圩埠湖田一样可以出卖"。朝廷采纳并实施了他的建议。而神宗熙丰年间对这样的官田只实施了招募佃户耕种收租,并没有出卖。像这种大量出卖各种各样官田的情况,已经成了北宋末期的一个普遍现象。这时的租赁耕种者经过长期租种土地,已经具有相当的实力,甚至于相互出卖土地了。崇宁二年(1103年)在全国推广的雇夫免夫钱,也说明了这一点,一切都量化为金钱了。出卖官田实际也是如出一辙。

下面我们试就河清兵进行考察。

《宋史》卷一八九,兵志一四二中关于"兵"有如下记载:"皇祐(1049—1053年)中河北水灾 农民流入京东三十余万 安抚使富弼募以为兵 拔其尤壮者 得九指挥 教以武技 虽廪以厢兵而得禁兵之用 且无骄横难制之患"。说的是皇祐年间,河北遭受水灾,约三十万难民涌入京东路。安抚使富弼从中招募了大量新兵,并选拔出一批精壮人员,得到九指挥,并教他们武功。供给与厢兵相同,但实际能力相当于禁兵。还不用担心他们骄横难管。这里所说的河北水灾,是指庆历八年(1048年)商胡北流之后的河北水灾。难民基本与前面说的一样,都落到了官田,同时编入兵籍。

黄河大堤配备了大量的埽兵,他们日夜警惕地坚守在大堤上。这些埽兵中就有河清兵。沙克什撰写的《河防通议》上卷的河议第一中关于河埽的利害是这样说的："又每埽所屯河清军 多是差拨上纲 及诸处占役 有河上功料 却自京东西淮南发卒为之 各离本管 贫弊困苦 逃死大半 而失制置(河清前谙熟河役却令上纲杂役客军去营三二千里逃死者十四五故谓两失制置)此完固之弊三也(汴本)"。由于是汴本,所以可以断定是宋代。驻扎在各埽的河清军,经常被上纲调往别处参与毫不相干的劳役,但河上的各种相关工作却由京东西淮南派军队进行。他们远离各自的驻地,贫弊困苦,途中就已经有大半逃走了,这完全是由于双方处置失当造成的(河清军熟知河役事务,却让他们去干上纲这类的杂役,而客军离开军营远去 32 000 里,半路逃亡者已达十之四五,因此说两地均处置失当)。这只提到河清军和客军的使用弊端,实际情况究竟如何并不清楚。有人指出,尽管河清军原本应该归属于各个河埽,但也时常从事漕纲和杂役。总体来讲,要想掌握河清军的实体的确非常困难,北宋后期,随着各种大规模黄河治理工程的实施,河清兵一词才逐渐被提及。

《长编》卷七七记载有内殿崇班阁门祗侯钱昭厚于大中祥符五年(1012 年)二月乙巳间的进言:"河清卒有惰役者 以镰斧自断足指 利于徙邻州牢城 自今望决讫隶本军 从之"。有的河清卒为逃避河役,自断脚趾,期望被送到邻州的监狱去。要杜绝他们的念头,就要让他们在归属本军的监狱中服刑。对此,《长编》卷七九还记载了大中祥符五年(1012 年)闰十月戊申皇帝的诏书:"如闻 缘汴护堤河清卒 贼害行客取其资财弃尸水中 颇难彰露可明 揭赏典募人纠告"。守护汴河大堤的河清卒杀害旅行者,抢夺财物,还将尸体投入水中,由于极难发现,因此对举报者予以奖赏。从真宗大中祥符时期,"河清卒"一词开始逐渐出现。据此可以判断,他们都是些自断脚趾、杀害路人等违法犯罪分子[10],将他们关入本军监狱,再从那里派去守护河堤[11]。

《会要》一九三册,方域一六,诸河汴河大中祥符八年(1015 年)八月记载:"其浅处为锯牙以束水势 使其浚成河道 止用河清下卸卒 就未放春水前 令逐州长吏令佐督役 自今汴河淤淀可三五年一浚(中略) 并从之"。使用河清刷下来的士兵从事汴河河道治理工程。《长编》卷一〇六记载有天圣六年(1028 年)十一月戊子的诏书,诏书中说:"汴口清河卒 月给钱三百"。朝廷每个月给汴口的河清卒发 300 钱。真宗年间的滑州天台埽堵口前后开始使用"河清卒"这一称谓,通过这次工程,也明确了他们的地位。特别是北宋后半期,处在变法时期的河清兵,其处境值得我们来考证一下。

《宋史》卷一八九,兵志一四二,厢兵一条中写到:"河清街道司 隶都水监"。就是说,河清街道司隶属都水监。《宋史》卷一六五,职官志一一八中关于都水监说:"街道司掌辖治道路人兵 若车驾行幸 则前期修治 有积水则疏导之",而《长编》卷一八六于嘉祐二年(1057 年)十二月戊辰记载说:"置街道司指挥兵士以五百人为定额",说明街道司是掌管道路、整治人兵的,当有车驾行幸时,他们在事前要对道路进行整修,有积水时还要及时疏导排水。街道司于嘉祐二年设立,所辖士兵定编 500 名。嘉祐三年设置都水监。《宋史》卷一九四,兵志一四七,拣选之制嘉祐五年(1060 年)记载:"选京东西陕西河北河东 本城牢城河清装卸马递铺卒长五尺三寸胜带甲者补禁军"。于嘉祐五年选京东西、陕西、河北、河东各路的本城、牢城、河清、装卸、马递铺卒中,身高 5 尺 3 寸以上且带甲者补充禁军的缺员。

《宋史》卷一八九，兵志一四二，厢兵一条中还写到："元丰五年（1082年）三月以西边用兵 诏诸处役兵并罢 令诸路转运司划刷京东西 河东北 淮南厢军 又令都水监刷河清及客军共三万余人 赴陕西团结"。元丰五年二月，西夏军数十万人大举进攻兰州，持续进攻了三、四、五三个月。于是朝廷决定停止各处参与工程的役兵工作，集体划归各地转运司。这样从京东西、河东、河北、淮南的厢军以及都水监属下的河清兵和客军共选拔了三万余人，随后从各地开赴陕西集结。由此可知，河清兵隶属于都水监治下，平时配属于街道司，偶尔补充到禁军，而发生战事时则又作为战士被派往前线。

《会要》六二册，职官五一文中记载了是月范子渊于熙宁七年（1074年）四月三日有关疏浚黄河司的叙述："今创置司局具条约（中略）本司官当直兵士 只于都大司河清差拨（下略）从之"（《长编》卷二五二，同年四月庚午）。熙宁七年四月设立疏浚黄河司，由外都水监的都大司负责河清兵的调遣。

《长编》卷二九八记载有提举导洛通汴司在元丰二年（1079年）六月甲寅的话，说："清汴成 四月甲子起役六月戊申毕工凡四十五日 自任村沙谷至河阴瓦亭子 并汜水关北通黄河（中略）已引洛水入新口斗门通流入汴候水调匀可塞汴口 乞徙汴口官吏河清指挥于新开洛口 从之"。引黄河入汴河，由于泥沙淤积，每三年必须清淤一次。后又决定引洛河水入汴河，并成立了导洛通汴司。河道工程从巩县任村到河阴县瓦亭子，共计四十五天的工作量。为此将原住汴口的河清军士全部转移到了洛口。同时，增派河堤使臣，增加河清士兵，还将后勤和财务一并转交给了导洛通汴司[12]。

《长编》卷四五四，元祐六年（1091年）春正月记载是月御史中丞苏辙的话："且自置修河司以来（中略）今岁春夫共役一十万人 而北流止得三万 东流独占七万 盖自来河北只管一河东西两岸而已 今为分水之故添为两河东西四岸 内北流横添四十五埽使臣三十四员 河清兵士三千六百余人 物料七百一十六万三千余束（下略）"。意即北京大名府治水、回河东流治水、特设都大提举修河司，河清兵士与春夫、使臣一同归属其管辖，并在河清兵士和厢军平常的例行工作上再增加治河工役一项[13]。

由上可知，河清兵士也经常被从都水监抽调到特设的街道司、疏浚黄河司、导洛通汴司、修河司等提举河事司从事其他劳役（差事）。其中常设点有汴口、洛口等黄河汴河、洛水的节点处。那么，河清兵士是如何被抽去当差的呢？

《长编》卷二七八，熙宁九年（1076年）冬十月记载的是月判大名文彦博说："所置河清六百人 乃云诸埽各取七人可充六百之数 诸埽即未销添填 此乃欺诞之语 如七人是诸埽额外剩数 即便合省罢减得岁费衣粮 诸埽既是阙人相次 便须添填 其六百人终是创增请受只要时下欺诉"。注释说计划选拔河清兵600人，从各埽的埽兵中各选7人凑够600人。可是各埽都说自己的埽兵没有达到定额，这是欺瞒。如果哪个埽的埽兵超过定额7人，就应该罢免该埽负责官员，减少每年的费用和服装及粮食供应。各埽如的确缺人，则应该即刻招满。这里所说的600人实际成了虚报的数字，为的是骗取粮饷。这里重要的是说明了河清兵是从各埽的埽兵中特别挑选出来的。

《长编》卷二六六记录了同判都水监侯叔献、监丞刘璹于熙宁八年（1075年）秋七月戊寅时的叙述，说："近诏汴口并黄汴诸河埽河清广济兵士增募二分 以八分为额 窃详减罢客军 本欲省费 若河清等例增二分 则岁费钱粮数倍 欲依旧以六分为额 罢所差客军 仍诏诸路客军额减五千人 王韶论不当罢客军 招河清致费财 上曰但当论河清可减而已 罢客军非不利也 安石曰诚如圣旨"。近日接到皇上诏书,汴口以及黄汴各河道河清广济士兵,名额增加二成,以达到满额的八成,我认为这是为了减少客军以节省经费之举。如果与河清军一样增加二成,而一年的费用钱粮就会增加数倍。请求按照以往的方法以六成为限,多余的客军复员回家,并请求下诏各路取消客军名额 5 000 人。王韶反对这一裁军措施,但神宗和王安石表示赞成侯叔献的建议,同时减少河清二指挥[14]。因此,汴口以及其他各埽的河清军士虽然有定额,但大多数情况下是缺员状态。

《会要》一九三册,方域一五,治河下记载了政和三年(1113 年)三月十六日勅中书省尚书省、送到屯田员外郎刘绛劄子契勘,其中有这样一段话:"河清兵级于法诸处不得抽差 其擅差借或内有役使者徒一年 盖废功役者有害 堤防诸处功作 名目抽差占破 官司临时申 尽画朝旨须至发遣不能占留 遂使本河阙人(下略) 诏从之"。是说,原本法律就规定各处不得抽调河清兵从事不相干的差使,如有人擅自借用或内部差使者,即刻处以一年徒刑。就是因为如果河清兵从事与治河无关的差役,对国家会有极大的危害。如擅自从事其他与治河护堤不相干的事情时,可临时申诉官司,必须依法判刑,不得留用,这也致使本河人员缺失。另外,沿汴河的装卸河清兵以及马递铺的军丁在营铺关闭之后,擅自离开营铺者,打一百军棍[15]。还有的河清兵因私自挖井灌溉自家的园地而被处罚[16]。

《会要》一九三册,方域一五,治河下记载了政和三年(1113 年)正月二十三日的诏书。诏书中说:"访闻 黄河诸埽 自来招填阙额兵士多 是于系人作弊 乞取钱物 将本营年小子弟 或不任工役之人 一例招刺致防工役 枉破招军 例物衣粮请受 自今后可将合招河清兵士令外丞司 委都大并巡河使臣拣选少壮勘任工役之人 招刺逐施 据招到人 申都水监 差不于碍 官覆验如有招下年小或不堪工役之人 乃立法施行"。意思是说,听说黄河各埽原本要招募许多新兵,这完全是由于人为造成的弊端,还在套取钱财。将本处的少年和无法从事工程工作的人一并招募进来从事堤防类工作,白白浪费了按规定发放的钱物、服装、粮食,还有薪饷。从今往后可以将招募河清兵的事交给外丞司,由外丞司分别委托都大及巡河使臣具体负责招募、挑选精壮人员从事工役,并将招募到的人员上报都水监,不得有误;再由官员负责复验,如发现招募的有童工或不堪工役的人员,则依法予以严惩。仅在宣和四年(1122 年),朝中就有文武官员 120 余人的姓名涉及黄河大堤堤道治理工程,但也只是提到姓名而已,真正去履职的只有十之一二,就是说仅有 11 人正式就职了,其他的全部免职了[17]。

洪迈《夷坚志》中道士赵三翁传,记载说他曾经是黄河埽兵,为逃避河役逃跑了,后受孙思邈点化,在中牟县的淳泽村常年修道,并于宣和四年 108 岁时受到召见,依据皇命移住葆真宫[18]。

如上所述,仅从黄河河埽沿岸即可管窥北宋末期的社会现象,当时沿岸群盗蜂起,军贼四处流窜。

苏轼撰《苏东坡全集》的奏议集卷二中记载,太常博士直史馆权知密州军州事苏轼于熙宁七年(1074 年)十一月的状奏说:"河北京东自来官不榷盐 小民仰以为生(中略) 旧时孤贫无业 惟务贩盐 所以五六年前 盗贼稀少(中略) 欲乞特敕两路应贩盐小客 截自三百斤以下并与权免收税(中略) 凡小客本少力微 不过行得三两程(下略)"。苏轼在奏折中请求说,河北京东两路原本就未实行食盐专卖,主要是为了给一般百姓一个生计。旧时孤独贫困者无业生存,就靠贩盐了。从五六年前开始盗贼越来越少的一个原因主要就在于此。因此,请求对贩盐在300斤以下的小贩给予免税。这些小贩财力有限,行程也不过两三天。

另外,《会要》一三三册,食货二四,盐法一文也记载有给事中上官均于建中靖国元年(1101年)十月一日的奏折,其中说:"河北系黄河流行 人使经由道路 每年人户应副工役比他处尤为劳费 昨因河流决溢累年饥荒民益重困 愿陛下深饬有司考究利害 循守仁宗诏旨罢去禁榷 赡养贫乏宁固根本 诏选三省"。上官均同样请求说,河北是黄河终年流经地段,也是人员、使者的必经之地。每年都有大量人员从事河役,比其他地方更加劳累费神,去年黄河决口,加之连年饥荒,百姓生活极其困苦。恳请陛下责成有司,认真研讨利害,遵循仁宗旨意,废除禁令,休养生息,安定强固国家之本。在河北,从仁宗时代就开放了食盐专卖,给小贩们一个生计[19]。这与河役及饥荒密切相关,非常值得关注。埽兵赵进逃跑后躲进了道观,百姓小贩贩卖私盐,因此生命都得到了延续。这两件事的发生都与河北有关,很容易产生联想。

《长编》卷四一六记载有签书枢密院赵瞻于元祐三年(1088年)十一月甲辰的进言,说:"京东河北累岁饥歉民多流移 近兖州称 民有夫妻相食而村野新殡率被发掘啖其尸肉 使天下生灵有至于此 而议者犹欲配夫出钱 州县且将敛率鞭棰驱索于门"。赵瞻汇报说,京东河北两路连年饥荒,百姓流离失所,甚至出现了夫妻相食、挖尸食肉的现象。在这样的情况下依然抽夫、收钱。

《长编》卷四二二,元祐四年(1089年)春正月己亥记载有左谏议大夫梁焘、右正言刘安世的奏请,说:"臣闻昨来沙堤之破 北京官吏科配稍草 调发丁夫 期会严峻甚于星火 民间劳敝固已不堪 今回大河计其薪刍之费 恐须百倍于前日 虽朝廷已降指挥禁戒骚扰 而有司苟避督责急于办集 名为和买实是抑配 若欲来岁兴工恐日月逼促 地产有限物价踊贵重困民力"。北京的河堤决口,需要紧急调配稍草、丁夫,因此市面上粮食和牧草的价格急速上涨了百倍,有司为了逃避责任,名义上是和气买卖,实则强行摊派。这就是物价飞涨的原因,使得百姓生活更加困苦不堪。这也是产生大量流民的主要原因。

《长编》卷二一八记载了熙宁三年(1070年)十二月丁丑(二十一日)河北屯田司的上奏,奏折中说:"保州闭北奇水口 居民张用张吉张澄 鸣鼓集众遮止 乞流配 中书拟配 用卫州 吉怀州 澄澶州编管 上批配过与河淮南"。保州对鸣鼓聚众反对并阻挠封闭北奇水口工程的张三人判处流放。同是这个保州,在真宗天禧年间,还发生过逃亡的士兵躲藏在榆柳林里杀害站岗士兵的事件,事后也让他们去把那片榆柳林采伐了[20]。

《长编》卷三四五还记载了中书省在元丰七年(1084年)夏四月戊子时的上奏,说:"河北路频奏群党一二十人以至三二百人 盗取河堤林木梢芟等 欲令监司体量有无"。就是说元丰时期,河北群盗众多,他们少则一二十人,多则二三百人,横行乡里,还盗取河堤的护堤林木和梢芟等。

《会要》一七七册,兵十二记载了宋徽宗于大观二年(1108年)正月六日发布的诏书,说:"访闻今岁河北西路多有小贼群聚攘夺道路(中略) 于濒河多有贼盗"。诏书指出,河北西路小股盗贼众多,特别是沿河地带盗贼更多,而且众所周知,梁山泊也是个水贼聚集之地[21]。

欧阳修的《欧阳文忠公集》十三河北奉使奏草上卷中奏报了洺州盗贼情况(庆历三～四年),说:"右臣昨自到任 累据北京邢洺磁等州节次申报 军贼或十人十五人至二十人在西路数州之内惊劫人户 掠夺递马并乡村生马骑乘 攸忽往来 不弁头首姓名(中略)近日大名府走却壮城兵士九人共两火 略知姓名(中略)巡历到洺州南(中略)有军贼一十四人(中略)磁州申武安县军贼二十人"。庆历四年八月甲午,保州军叛乱,同月癸卯日,欧阳修任河北都转运按察使。估计朝廷就是派他去了解叛军情况,才有这个上奏的吧。自从到任后,接到了北京、邢、洺、磁各州一份又一份的汇报。河北西路数州的军贼分别由10人一伙、15人一伙到20人一伙,他们抢劫人家,骑着抢来的马又去抢别村的生马来骑,往来奔突。其首领姓名不详。近日大名府逃走了壮城的9名士兵,共分两伙。当巡历到洺州时,此处有军贼14人,磁州武安县有20人。这些州县正是前面提到的富弼写的《论河北流民》一书中说的流民的产生地。

欧阳修的《欧阳文忠公集》十二,奏议集第七卷的"论捕贼赏罚劄子"中庆历三年(1043年)记载说:"臣伏见方今天下 盗贼纵横 王伦张海等所过州县 县尉巡检有迎贼饮宴者 有献其器甲者 有畏懦走避者 有被其驱役者(中略)初任临江军新淦县 三年之内 大小贼盗 获四十余火 内虽小盗数多 其如强劫群贼 亦不为少(中略)臣料(一作谓)天下州县 盗贼之多无如新淦 天下县尉能捉贼之多 亦无如区法 又闻法次任吉水县尉 使其县民结为伍保 至今吉水一县 全无盗贼 民甚便之 法为县尉 官至卑贱(中略)一臣谓天下群盗纵横 皆由小盗合众 今但患其大 而不防其微 故必欲止盗 先从其小 能绝小盗者 巡检县尉也"。王伦、张海等恶贼所过州县,有县尉、巡检迎接宴请、奉献武器者;有畏惧逃跑者;还有为其跑腿办事者[22]。我初次任职江南西路临江军新淦县时,三年间查获大小盗贼共四十余伙,其中虽然小盗居多,但也有不少大股劫匪。天下能拿贼的县尉不少,但都不懂区法。听说在吉水县实施区法,把县民每五家结成一保,相互照应,至今吉水全境全无盗贼。我认为天下群盗横行,就是由于小股盗贼聚合,势力坐大,才成为朝廷大患。所以当他们还处在初期阶段时,巡检、县尉就应该剿灭他们。吉州是欧阳修的原籍。当时南北各地盗贼群起。区法指的是五保法。

欧阳修的《欧阳文忠公集》十三河北奉使奏草(庆历三～四年)的五保牒中对"五保"是这么说的:"当司检会辖下诸州军 近年不住申报盗贼群火极多 盖缘盗贼必先须乡村各有宿食窝藏之处 及所得赃物 常有转卖寄附之家 然后方能作贼 所以自来每有群盗惊劫 及至官司捕捉 又却分散 不见踪迹 卒难寻觅 盖为乡村不相觉察 致得奸盗之人 到处便可容隐(中略)近岁黎阳卫县 各将乡村之人 五家结为一保 自结保从来 绝无逃军贼盗"。当司辖下的诸州军近年不断汇报说盗贼团伙极多,盗贼肯定事先在各村找好了食宿窝点,转卖销赃,这样才能作贼。所以每当发生抢劫事件,官府前去缉拿强盗时,强盗就四下分散,逃得无影无踪。原因就是由于各村之间相互缺乏联系沟通,以至于给了强盗以可乘之机[23]。近年来,浚州的黎阳、卫县两县把各村百姓联合起来,五家结为一保,联合自卫。自从成立五户联保以来,逃兵、盗贼就踪迹皆无了。由此可知,盗贼的据点就在乡村。河北西路信阳军人孙青就是一个例子,孙青强悍凶狠,官府费了很大的劲也没能使他伏法[24]。

诚如所知,欧阳修之所以如此关心盗贼,是因为"自古国家祸乱 皆因兵革先兴 而盗贼继起 遂至横流"[25],与国家的兴亡关系重大。苏轼还认为,"京东之贫富系河北之休戚 河北之治乱系天下之安危","自古立法制刑皆以盗贼为急"[26]。

《长编》卷四六八,元祐六年(1091年)十二月乙卯朔记载:"礼部侍郎兼侍讲范祖禹转对言四事(中略)其四曰臣闻自古重法以止盗者莫如(中略)太祖皇帝代虐以宽消轻盗法 累聊仁厚 递加减贷 故窃盗遂无死刑 然编敕所定盗赃重犹于律三倍 岂可更增重乎 臣伏见熙宁四年(1071年)中书检正官奏请 开封府东明考城长垣等县 京西滑州 淮南宿州 河北澶州 京东应天府濮齐徐济单兖郓沂等州 淮阳军 别立盗贼重法"。我听说自古以来就是靠重法防止盗抢。太祖时期以宽政代替虐政,减轻对盗贼的重法,并且取消了死刑。即使这样,编敕中对盗贼的刑罚规定,仍然比律法规定的重三倍。熙宁四年中书检正官上书奏请将开封府的东明、考城、长垣等县以及京西路滑州、淮南路宿州、河北路澶州和京东路的应天府、濮、齐、徐、济、单、兖、郓、沂等州,还有淮阳军均特设为盗贼重法区[27]。这些重法区几乎涵盖了黄河流域所有灾害频发的府州军,其中澶、滑、濮是宋代最大的决口地域。

陈师道撰《后山先生集》卷一二,"记"部中有一篇《彭城移狱记》,其中写到:"庆历(1041—1048年)皇祐(1049—1054年)之间曹濮两州称为盗区 始用权制而徐故无也 治平末(1067年)有为徐守舍 萧盗夜穴其室私其装焉 于是情用重法而盗由兴 古之为盗有三 堕民无生业 恶子多费 取资于人 凶年穷里老弱死 间巷壮者起而自救 郡国亡命依阻探 凡以缓朝夕 今之为盗有二 两君亡卒无以自存 县之尉士终更罢归 凡民去未耜 更邑市偷 堕侈靡不能自达 而其技足使 重法之盗有二 奸猾诱民为盗 而反告逐捕之吏以窃为强 上下相通以掠取之 不然毒死狱中以幸赏 徐之盗有二(下略)元祐七年(1092年)六月十五日 陈师道记"。庆历、嘉祐年间,曹濮两州被称为盗区。初期动用国家机构实施重压,而相邻的徐州却没有盗抢事件发生。治平末年,徐州修建了官员住宅,可萧县的盗贼夜晚把官舍的墙挖了个大洞,把屋内的物品全都偷走了。古代盗贼有三种:恶徒游手好闲没有生计,却大手大脚地花钱,其实都是从别人那里抢来的,这是其中一种。灾荒年,食物贫乏,乡里老弱者饿死,年轻人为了自保而当起了盗贼,这是第二种。各地躲避官府追拿的逃亡者,为朝夕果腹而偷盗,这是第三种。现在的盗贼有两种:两国逃亡的军卒没有活路,县里的尉士也被罢免归乡沦为盗贼,此为其一。农民舍弃农具,离开乡村,跑到城里,懒惰奢侈浪费,而不能自给,于是乎开始偷盗,此为其二[28]。重法的盗贼也有两种:奸猾者诱使他人为盗,然后去官府告发他们,这应该是上下串通诈取他人钱财,这是一种[29]。还有把被诱骗为盗的人毒死在狱中,然后去领赏,这是又一种。懒惰无赖、游手好闲之人最终走向盗窃犯罪,这是古今不变的。荒年也有义盗救济老幼难民,这也是自古常有的事。由于亡国而亡家成为盗贼的情况,实际在唐末五代社会激烈动荡时期都可以大量看到。重法区的豪绅奸吏更可恶,因此这些地方也就出现了与之强烈对抗的义贼集团。相对于古代的盗贼,这里列举了具有宋代特点的两种盗贼情况。所谓两君,一是指宋初臣服于宋的其他王朝,另外一君是指宋代自身。宋代为减轻农民负担和振兴农业,推行合并县乡,劝导官吏弃官归田。陈师道说的"二君亡卒"为盗的盗贼,应该指的就是这一部分失业的官吏,又没有可去的地方,就转而做贼了。而另一部分指的是离开农村到都市去,因无以为继只好沦为盗贼了。相同的是,他们都是城乡的失业者。还有一部分是属于读书人以及底层的公职人员。由于各州县乡村都在实施保甲法,社会监管日趋严厉,这些盗贼不得不潜入新兴村落、集镇、草市里。

这里罗列了很多资料,但产生了一个构思。可以以活动在黄河沿岸土地上的流民、佃户、河清兵和流寇盗贼等最下层的民众为焦点,来探究北宋末期的社会动态。结论是,王安石极力推行的变法,在黄河流域的百姓身上以及土地上都有所反映。随着历史走近北宋末期,已经出现了亡国的征兆。历史脉搏的跳动在这些毛细血管的末端也可以深切地感受到。现在,让我们在这里就这些变化加以总结概括。

富弼对河北流民进行了实际调查,并对此作了详细的报告。流民多是第四等户及以下的不济户和浮客,绝无第三等户以上的。流民形成的原因是灾害和物价飞涨。富弼提议给流民提供官田和衣食,最初推行劝导流民返乡政策,并不许把官田出租给这些佃户。但到了哲宗末年,逐渐也开始允许流民和受灾的第三等户以下的租种官田了。这正是在王安石的新法推动下,都水监程昉等人大力实施治理田地、引水淤田的政策,才有了这么多的官田出租。

河床上的土可分为黏土、碱土、沙土三种,到了夏季涨水期,上游冲下来的黏土最肥沃,被称为矾山水,正好用来淤田灌溉。被洪水淹没的耕地叫"黄河等灾伤逃户田"、"黄河积水流移人户田土"、"积水灾伤田"、"积水占田处"等。而水退后露出的耕地叫"退水地"、"黄河退背田"、"黄河新堤外退水良田"、"退水河淤地"、"黄河弃堤退滩地"、"河北路退滩地"、"夹河间公私废田"等。靠近大堤的耕地一般叫河壖地。大堤到岸边之间的土地叫"退滩地"、"退河淤地",在堤外的叫"堤外退水良田"、"退背田"。这些地在土地台账上一律归为官田,被称为退滩、没纳(籍没)、户绝、天荒田。租种这些耕地的人,就是河边的居民,真宗大中祥符年间说他们是"形势请射"、"彊户侵耕",还说他们"买耕河壖地",对他们税收也不很严格。熙宁以后按土居五等人实行结保承佃,以一到二顷地为限,一顷免收税,以后再收税。但特许流民以及受灾第三等户以下则免税三年。熙宁初期规定"客人请射不可",出卖土地也绝对禁止。对于"民间冒佃"和"欺隐税租"的,鼓励邻里之间相互告发,也进行调查,当然也允许本人自首,而无需专门派遣特使。这里可以用来种麦、种稻、植树、放马、芟滩牧地。由于北流闭塞更使沧州的塘泊干涸,于是就招募百姓租种或屯田。同时,还鼓励当地官员退出良田,并根据面积给予奖赏。

富弼给河北流民三十万救济,得九指挥兵卒,河埽兵中还有河清兵。本城、牢城的无赖之徒众多,河清兵在守卫河堤的同时也时常有犯罪现象。河清兵卒的称呼,从真宗的大中祥符年间开始逐渐出现。新设都水监后,归入其控制之下,月薪三百钱。设置街道司后,又给它配了一位指挥及五百人的河清兵。另外还设置有疏浚黄河司、导洛通汴司、修河司等提举官,都是从都水监外丞下的各埽抽调来的。在汴口、洛口等漕运重点部位,特别设置了常驻河清兵。还有的被抽调去加入禁军,边关如有战事,他们还被派遣结队共赴前线。河清兵以六分定额,禁止借调去从事其他事务。北宋末年,各埽普遍出现了缺员的情况,甚至有拉儿童和不堪劳作的老弱者充数的倾向,许多官员也只挂个名,呆在家里从不上堤,而每月照样领取工资,这些都是朝代末期日薄西山的征兆。

河北的河役等重体力劳动几乎就没断过,为给小商小贩提供生计,放松了对食盐专卖的限制,允许私人贩卖食盐。逃跑的河埽兵,躲进道观,长期隐居,最后成了得道的道士;有的灾民夫妻相食,掘坟挖尸而食;还有的抛弃孩子;在保州,还有从事黄河治理工程的民众聚集反抗,食盐与宗教、饥饿与反抗,这些因素在河北各地引发了强烈的社会震荡。据富弼的报告,河北有流浪者三十万,形成了数千个移动的集团。他们主要的聚居地就是京东、京西各路。其中从流民演变成流寇的地区主要集中在河北、京东路。一般地讲"濒河多盗",特别是堤上的大树提供了很好的隐蔽场所。盗贼平常以乡村为据点,并有自己的销赃渠道。因此,欧阳修提出为了提高乡村警戒能力,实行了五保联合自警,杜绝一般盗贼的生存土壤。王安石推行了保甲法。盗贼团伙一般也就是十到二三十人,大的有二三百人。在县乡他们公然招摇过市,抢夺财物、马匹,让百姓供吃供喝,甚至公开驱使公务人员。更为严重的是他们还有兵革与之合流,几乎可以影响国运了。因此,国家以京东为中心,将河北沿黄的澶、滑、濮等黄河频繁决口的几个州定为盗贼治理重点区,加强防范,但是宋代末期盗贼却越防越多,以聚集在水泊梁山的宋江一股最为强大。严打区域的盗贼与官府相互勾结,同流合污,为害一方,这是最可恶的。宋代的强盗大多都利用当时的官僚制度,伪装自己逃避法律。综上所述,黄河流域每当黄河决口,就有大批土地被淹没,失去生计的民众必然成为流民、流寇,其中时常蕴涵着革命的危险[30]。

**【注释】**

[1]《宋史》卷三一三,列传七二,介绍富弼(1004—1083年)生平中有:"庆历四年(1044年)知青州兼京东路安抚使 河朔大水(中略)熙宁元年(1068年)徒判汝州"。

[2]见富弼的《论河北流民》(收录于范祖禹撰《皇朝文鉴》四五奏疏)及《宋史》卷二○三、芸文志一五六的"富弼救济流民经画事件一卷"。

[3]《会要》一二一册,食货一,农田杂录农田一,文中说到:"熙宁元年(1068年)六月十五日 京西提刑徐亿言 知唐州光禄卿高赋 招两河流民及本州客户 开垦荒田 招到外州军及本州人户请过逃田又兴修诸陂堰 望加恩奖 有诏褒谕",这一年,唐州组织了河北、河南两路的流民和唐州的客户开垦荒田。

[4]引自《长编》卷四○太宗至道二年(公元996年)秋七月庚申,陈靖的奏疏:"以膏沃而无水旱之患者为上品 虽沃壤而有水旱之灾 埆瘠而无水旱之虑者为中品 既硗瘠复患于水患者为下品 上田人授百亩 中田百五十亩 下田二百亩 并五年后收其租"。

[5]《长编》卷二八三,熙宁十年(1077年)六月壬辰记载:"权判都水监程师孟(中略)等引河水淤京东西沿汴田九千余顷也"。

[6]《会要》一二四册,食货七,水利上记载,熙宁八年(1075年)五月二十五日,右班殿直勾当修内司杨琰的上奏:"开封陈留咸平三县种稻 乞于陈留县界旧汴河下口 因新旧二堤之间修筑水塘 用碎甓筑成虚堤五步以来取汴河清水入塘灌溉 诏琰管勾罢勾当修内司 依旧兼巡护惠民蔡河京索金水河斗门堤岸河道 令开封府界提点司提举 候灌溉有实保明以闻"。

[7]《会要》一二一册,食货一,农田杂录农田一中记载:"熙宁四年(1071年)十月 提举京东常平仓王子

渊言 定职事之中在农田尤为先务 如本路济州有南李堰 濮州有马陵泊等处 久为积水所占 昨已疏治修复良田约四千二百余顷 昨来夏秋民间耕种 所取菽麦约三二百万余硕 此乃干常岁之外所获之物 散在公私以备饥岁(中略)差拨春夫者具事状以闻"。

[8] 《长编》卷二四七记载了熙宁六年(1073 年)九月戊戌，王安石对神宗的询问的回答,说:"邓艾得并水东下 营田者以不赖蔡河漕运故也 自来赖蔡河漕运 故并水东下作邓艾 遗迹不可得 今蔡河作重闸无所用水 则欲并水东下无所不可 若相旱地为塘 多引沟洫作水田 则陈颖数州自足食 除及京师矣 此须择一能干事人方了此"。

[9] 《会要》一二四册,食货七,水利上记载,熙宁五年(1072 年)十二月四日,权发遣河北两路提刑公事李南公上奏说:"先是沧州北三堂等塘泊为黄河所注 其后大河改道 而泊逐淤淀 程昉尝请开琵琶湾引黄河水灌之 其功不成 (阎)士良建言 堰绝御河引西塘水之 灌今从其请"。

　　另外,《长编》卷二五四记载了熙宁七年(1074 年)六月庚午,河北东路察访司曾孝宽乞上奏:"自本司差官 同安抚转运司 相度沧州三塘及缘界河经黄河填汙地募人种木 从之"。

[10] 《会要》一四四册,食货四六,水运,太平兴国八年(公元 983 年)九月十三日记载:"帝曰诸道州府多差部内有物力人户充军将 部押钱帛粮斛赴京 此等皆是乡村之民 而篙工水手及牵驾兵士皆顽恶无赖之辈 岂斯人可擒制 即侵盗官物 恣为不法者十有七八 及其欠折 但令主纲者填纳甚无谓也 亡家破产往往有之(中略)前诏不得差大户押纲"。"景德四年(1007 年)五月诏河北沿河州军纲运 自今以军士充役 勿役部民"。

[11] 《会要》一九三册,方域志一七,大中祥符八年(公元 983 年)九月,入内殿头李怀宾上言记载:"金水河与湖河合流 多秽浊 乞畎湖 别常切巡护 逐年检计工料差夫并逐坝兵士 淘取泥土修贴堤岸 每春率逐坝兵士 干牵路外多栽榆柳 如河堤无虞 林木青活 年终令辇运司点检不虚(下略)"。这里记录的是坝兵的任务,河清兵的任务也大抵如此。

[12] 《长编》卷二九九记载,元丰二年(1079 年)七月戊戌的诏书:"导洛入汴已通漕 乡缘河水湍怒 纲运阻难 增置河堤使臣河清军士拔头水手应舍营房请受水脚工钱及汴口每年开闭物料兵夫之 费自可裁损 其令发运使卢秉条析以闻"。

[13] 《长编》卷四三九记载,元祐五年(1090 年)三月辛未,御史中丞梁焘上奏说:"贴黄臣近日箚子言乞修见今大河向着堤岸 其意为见管河清兵士及年例上河兵士人数自己不少 或更就近差拨厢军添工役(下略)"。

[14] 《长编》卷二六六记载,熙宁八年(1075 年)秋七月甲戌,同判都水监侯叔献上奏说:"乞从本监选举小使臣二员勾当汴口 兼领雄武埽 减罢本埽巡河使臣 京西都大使臣各二员 所领河清广济 依旧以六分为额 减罢河清二指挥 从之"。

[15] 《长编》卷四九四,元符元年(1098 年)二月丁亥,刑部的上言:"沿汴装卸河清及马递铺兵级 应闭营铺后 擅离营铺者各杖一百"。

[16] 《长编》卷四四九记载,元祐五年(1090 年)冬十月己酉,御史中丞苏辙上奏说:"新除顺安军王世安前任都大提举河埽 日差河清兵士掘井灌园 虽罢知事仍擢为京西南路都监 乞追回新命下所属按治 诏世安罢京西南路都监 其违法事令都水监依条施行 若不该责降邵与枢密院差遣"。

[17] 《会要》卷一九三,方域一五,治河下一文记载,宣和四年(1122 年)七月二十九日,臣僚的上言中说:"伏见恩州累修立大河堤道 都水监行催促工事等事为名 举辟文武官甚多 至千百二十余员 例皆受牒家居系名 本监漫不省 所领为河事 其间曾至役所者十无一二焉"。"诏除正差官一十一员外余并罢"。

[18] 洪迈撰《夷坚志》卷一九,赵三翁一文中记载:"赵三翁者名进字从先 中牟县白沙镇人 本黄河埽兵

避役亡命 遇孙思邈于枣林 授以道要久之 孙舍去令只去县境淳泽村 曰切勿离此 非天子诏不可往 俟我再来与汝同归 宣和壬寅四年(1122年)岁年一百八矣 果被召见 馆于葆真宫(下略)"。

[19] 苏轼撰《苏东坡全集》,奏议集二,论河北京东盗贼状一文中记载:"臣闻天圣中 蔡齐知密州 是时东方饥馑 齐乞放行盐禁 先帝从之(下略)"。

[20]《长编》卷九二,天禧二年(1018年)冬十月辛亥 河北缘边安抚副使张昭远上言记载:"保州等处所种榆柳 多匿亡命军士 亦尝杀害守卒 又缘边寨栅多种此树 久亦非便 望加采伐 从之"。

[21] 李心传撰《建炎以来系年要录》卷三三,建炎四年(1130年)五月乙丑记载:"水贼张荣往来其中 荣梁山泺取渔人 聚众梁山泺 有舟数百 尝却金人"。
《宋史》卷四六八,宦者三,杨戬,政和四年的条目记载:"筑(梁)山泺 古巨野泽 绵互数百里 济郓数州赖其蒲鱼之利 立租算船纳直"。
这些内容在周藤吉之的《北宋末的公田法和华北的诸叛乱》以及他的《唐宋社会经济史研究》中都有收录。

[22] 洪迈撰《夷坚志》卷十一,张十万女中记载:"绍兴初(1131—1162年)巨盗桑仲横行汉沔间所过赤地 张(豪民张祥雄)闻其且至 以赀财孥累之众 不能移避 于是整顿舍馆 烹牛屠猪酿酒先路迎之 桑甚喜 为之驻留至于累月 凶徒相随 日夕醉饱 仍各有缣银之赠 桑约饬丁宁 秋毫不犯(中略)桑怒曰吾业为不义杀人如践蝼蚁(下略)"。记录了鄂州豪民张祥雄欢迎巨盗桑仲的内容。

[23] 苏轼撰《苏东坡全集》奏议集卷二,论河北京东盗贼状,熙宁七年(1074年)十一月记载:"臣伏见河北京东比年以来蝗旱相仍盗贼渐炽(中略)一 勘会诸处盗贼 大半是按问减等灾伤免死之人 走还旧处 挟恨报仇 为害最甚 盗贼自知不死 既轻犯法 而人户亦忧其复来 不敢告捕 是致盗贼公行(下略)"。

[24] 洪迈撰《夷坚志》(乾道七年(1171年))卷四三,介绍信阳孙青一文中说:"信阳军百姓孙青久为凶盗 事败伏法"。

[25] 欧阳修撰《欧阳文忠公集》十二,奏议集二,论沂州军贼王伦事宜箚子,庆历三年记载:"臣窃见自右国家祸乱 皆因兵革先兴 而盗贼继起 遂至横流 后汉隋唐之事 可以为鉴 国家自初兵兴 必知须有盗贼 便合先事为备 而谋国之臣 昧于先见 致近年盗贼纵横 不能扑灭"。

[26] 苏轼撰《苏东坡全集》,奏议集二,论河北京东盗贼状一文中记载了太常博士直史馆权知密州军州事苏轼于熙宁七年(1074年)十一月△日的奏章,奏文说:"自古立法制刑 皆以盗贼为急 盗窃不已 必为强攻 强劫不已 必至战攻 或为豪杰之资 而致胜广之渐 而况京东之贫富 系河北之休戚 河北之治乱 系天下之安危(下略)"。

[27] 苏轼撰《苏东坡全集》卷一二,奏议集十五,代李琮论京东盗贼状元丰年间记载:"右臣伏见 自来河北京东常苦盗贼 而京东尤甚(中略)近者李逢徒党 青徐妖贼 皆在京东 凶愚之民殆已成俗(中略)臣愿陛下精选青郓两师京东东西职司及徐沂兖单潍密淄齐曹濮知州论以此意 使阴求部内豪猾之士(中略)如此之类皆召而劝奖使以告捕自效(下略)"。

[28]《长编》卷三六四,监察御史王严叟于元祐元年(1086年)春正月戊戌的奏疏:"伏见自行雇法以来天下仓场库务 皆市井流浪无本业之人 应募以当役 通保人家庭有不满一二百千 而主当官物数十万缗者 其人既无所籍赖 往往轻于犯法一为欺盗 随即逃去(下略)"。

[29] 洪迈撰《夷坚志》卷四六,祝吏鸭报一文中记载:"铅山县吏祝六 每往亲朋家 饮酒半醉必索活鸭"。

[30] 王之望撰《汉滨集》卷五,荆门军替回论禁约公人下乡奏议中说:"方今郡县之间 为民之害者 莫大于公人无赖不逞之徒 散出乡村 乘威恃势 恐喝良善 小邀酒食 大索货财 秋取稻米 夏求丝麦 稍不如意 鞭笞随之 民之畏怖 甚于盗贼 而郡守县令 不严禁约戢(下略)"。

## 二 黄河流域的村落及客户

宋代乐史撰《太平寰宇记》与王存撰《元丰九域志》成书大约相隔了一个世纪。从中可以了解到太平兴国至元丰年间出现了很多新的村落"镇"。仁宗末年随着都水监的设立,在黄河各地堤防的施工现场都设置了外都水监丞司,来管理各地的埽岸。埽岸都分有等级,平均一埽配备河清兵 80 人、役兵 300 人、船 1～3 艘、春夫 1 300 人(全国 80 埽,每年共计 10 万人)、使臣 1～2 人(文武各一),每年还需要配备大量的春料,支付免夫钱[1]。此外,在重要的漕运路上,设有很多渡口,那里聚集着装满人员和物资的车船。

黄河由北宋建国之初的京东河改道横陇河,改道商胡北流,再分成二股河,河道不断发生激烈的变化。这期间黄河附近的县和埽的关系用表 2-11 来表示。如表 2-11 所示,各县多位于距离黄河五十里左右的地方,各府州各有这样的县两到三个。急夫从这些县里的乡村抽调。埽数最多的是大名府和澶州,其次是滑州。这三个府州也是发生决口次数最多的地方。平原地区上游的孟、怀、郑三个州埽岸数量最多,决口的次数也多。下游部分的郓、冀两州也如此。所以,黄河发生决口最多的地方是华北平原中部地势较低的澶、滑两州,以及北流的中部大名府,其次是入海口附近的地区及山地和平原的交会处[2]。特别是孟、怀、郑三州是距离首都开封很近的重要地区。在这些府州军县中,外都水监丞南司设立在河阴县,下辖怀、卫、西京、河阴、酸枣、白马等四都大河事。北司都大司设在北京金堤,下辖澶、濮的金堤、东流南北两岸等四都大河事,统管南北两司的外都水监丞司设在澶州[3]。

那么,这些与黄河关系密切的府州军县下的村落是如何演变的呢?最明显的变化发生在太平兴国(公元 976—公元 983 年)到元丰(1078—1085 年)年间的约一个世纪中,这期间新的村落急剧增加。这是一个全国范围的现象。首先,我们通过表 2-12～表 2-15 来看看"黄河和村镇"的关系。西部地区的中心城邑是西京河南府(见表 2-12)。根据《元丰九域志》中记录有 13 个县 22 个镇 41 个乡。村镇的中间有 4 个原来为县(洛阳、福昌、伊阙、缑氏),加上原有的县共计 17 个。与《太平寰宇记》中提到的 18 个县基本一致。22 个镇中,减去 4 个原来的县还有 18 个镇。关于各县乡的数量,《太平寰宇记》与《元丰九域志》的记录基本一样。所有镇当中除原来的 4 个县变成镇外,还有 18 个镇是新形成的村落。根据表 2-16"太平兴国元丰年间黄河沿岸的府州军户数"可知,户数在太平兴国时期为 81 957 户(主户 42 818,客户 39 139),元丰年间达到 115 675 户(主户 78 550,客户 37 125),增加了 33 718 户,而且客户减少,主户增加明显。平均每年增加 236 户,按一户 2 人计算,可出正丁 472 人,按一户 5 人的话,则是增加 1 180 人[4]。其中大部分来自新出现的村落镇。关于河南府的镇,参照表 2-12"黄河和村镇(一)"可知,有建春门镇、彭婆镇、洛阳镇、龙门镇、上东门镇 5 个镇。建春门是府的北大门,上东门是东大门,门前的集市非常发达,洛阳则是原来的县。龙门和黄河有着很深的关系。彭婆应该是因古迹得名。河南府东西 380 里,南北 147 里(45 260 平方里),地域广阔,河流纵横,有黄、伊、洛、洧、溵、谷等河流。河清县是三门白波发运使的官衙所在地,是个有埽岸的城市,与黄河的关系最深。另外,永寿、渑池、偃师三个黄河流经的县也都各有一个镇。

表 2-11　黄河和村落的位置关系及相关埽名

| 府州军 | 《太平寰宇记》 | 县名（记录） | 埽名（参考《宋史》《长编》《会要》） |
|---|---|---|---|
| 开封 | 一二二卷河南道 | 阳武（黄河在县北25里）、酸枣（金堤在县西南23里） | 阳武、宜村、酸枣3埽 |
| 大名 | 五四卷河北道 | 朝城（黄河在县东29里） | 孙杜、侯村、魏第4、大名第6、鱼肋、南乐、金堤、内黄3埽内黄第1埽及其他6埽 |
| 郓 | 一三卷河南道 | 平阴（黄河离县10里）、阳谷（黄河在县北20里） | 三百步、博陵、关山、子路、竹口、张秋、王陵 |
| 澶 | 五七卷河北道 | 清丰（黄河在县南50里）、临河（黄河在县南5里） | 大吴、横陇、王八、王楚、巺固、濮阳、商胡、灵平（曹村）、明公、依仁、大北、岗孙、陈固、小吴、德清 |
| 滑 | 九卷河南道 | 白马（黄河距城外20步,黄河在县西10里） | 房村、韩村、鱼池、大韩、天台、石堰、凭管、州西、迎阳、七里曲、龙门 |
| 孟 | 五二卷河北道 | 河阳（城西临黄河）、汜水（黄河自巩县界流入）、河阴（汴渠在县南250步接入黄河） | 河阳上埽、雄武、广武上下、河阳北岸、河阳第一 |
| 濮 | 一四卷河南道 | 鄄城（黄河自西流入濮阳界,北流离县21里又东流入范县） | 任村、东、西、北 |
| 淄 | 一九卷河南道 | 邹平（黄河从西北自齐州临济县东流入县西以,距县80里） | |
| 齐 | 一九卷河南道 | 禹城（黄河在县南70里）、长清（黄河在县南160里） | 采金山、史家涡 |
| 沧 | 六五卷河北道 | 无棣（黄河在县南） | 盐山、无棣 |
| 棣 | 六四卷河北道 | 厌次（黄河在县南3里）、滴河（黄河在县南18里） | |
| 滨 | 六四卷河北道 | 蒲台（黄河西南去县70里）、渤海（旧黄河在县西北60里） | 聂家、梭堤、锯牙、阳成 |
| 德 | 六四卷河北道 | 安德（黄河南去县80里）、平原（黄河在县南50里） | |
| 怀 | 五三卷河北道 | 武德（平阜陂南即黄河）、获嘉（黄河在县南40里） | |

续表 2-11

| 府州军 | 《太平寰宇记》 | 县名（记录） | 埽名（参考《宋史》《长编》《会要》） |
|---|---|---|---|
| 博 | 五四卷河北道 | 聊城（黄河南去离县 43 里）、武水县（黄河在武水县南 20 里）、高唐（黄河在县东 45 里） | 博州 7 埽,堂邑 |
| 卫 | 五六卷河北道 | 汲（黄河西自新乡县界流入,经县南去县 7 里） | 黄沁,王供 |
| 郑 | 九卷河南道 | 原武（黄河在县北 20 里）、荥泽（金堤在县西北 22 里） | 原武,荥泽 8 埽 |
| 河南 | 五卷河南道 | 巩（黄河西自偃师县界流入）、王屋（黄河在县南 50 里）、河清（贞观中县界黄河清） | 清河 |
| 陕 | 六卷河南道 | 陕（黄河自灵宝界流入）、平陆（黄河离县 200 步）、灵宝（黄河在县西北 5 里）、阌乡（黄河在县北 3 里） | |
| 虢 | 六卷河南道 | 恒农（黄河在县 45 里） | |
| 通利军 | 五七卷河北道 | 黎阳（黎阳津在县东 1 里 5 步,名为白马津） | 齐贾,苏村 |
| 冀 | | 以下 7 个州府军的有关诸县,在王存撰写的《元丰九域志》中都明确标注了与黄河的位置关系 | 房家,武邑,枣疆,南宫上下,南宫第 5,信都 |
| 瀛 | | | 乐寿,乌栏 |
| 相 | | | 安阳 |
| 永静军 | | | 将陵,阜城下埽 |
| 邢 | | | 平乡,钜鹿 |
| 真定府 | | | 获鹿 |
| 深 | | | 枣彊上 |

注:大名府其他 6 埽为临河、临平、元城、元城第 2、阚村和宗城等。

分析表2-12～表2-15"黄河和村镇"就可以得出以下结论。

**表2-12　黄河和村镇(一)**

| 府州 | 县名 | 镇名(参考《元丰九域志》) | 镇数 | 乡数(太平) |
|---|---|---|---|---|
| 西京河南府 | 河南 | 建春门、△彭婆、洛阳(旧县)、龙门、上东门 | 5 | 4(40乡15坊) |
| | 登封 | △颖阳、△曲河、△费庄 | 3 | 2(2) |
| | 寿安 | 柳泉、福昌(旧县)、△三乡 | 3 | 8(8) |
| | ○永宁 | △府店 | 1 | 5(5) |
| | 长水 | 上洛 | 1 | 3(3) |
| | 新安 | 慈涧、延禧 | 2 | 2(2) |
| | △伊阳 | 小水、△伊阙(旧县) | 2 | 4(4) |
| | 密 | 大槐 | 1 | 1(元9) |
| | ○渑池 | 土壕 | 1 | 3(4) |
| | ○△×河清 | △长泉、△白波 | 2 | 3(元3) |
| | ○偃师 | 缑氏(旧县) | 1 | 2(元3) |
| | 永安 | 孝义 | 1 | 3(?) |
| | 计 | 巩县没有镇,乡数为1(太平4) | 23 | 40(?) |
| 陕州 | ○陕 | 石壕、乾壕、故县 | 3 | 6(5) |
| | ○平陆 | 张店、三门、集津 | 3 | 5(5) |
| | 夏 | 曹张 | 1 | 7(7) |
| | ○阌乡 | 歇马、关东 | 2 | 1(2) |
| | 计 | | 9 | 19(19) |
| 虢州 | ○恒农 | 玉城(旧县) | 1 | ?(4) |
| | 卢氏 | 栾川冶 | 1 | 1(2) |
| | 计 | | 2 | ?(6) |
| 怀州 | ○河内 | ○武德(旧县)、宋郭、清化、万善 | 4 | 7(6) |
| | ○武陟 | 修武 | 1 | 6(4) |
| | 计 | | 5 | 13(10) |
| 卫州 | 汲 | 杏园、新乡(旧县)、淇门 | 3 | 5(3) |
| | 计 | | 3 | 5(3) |
| 孟州 | 氾 | 熙宁五年省氾水县为镇入河阴……元丰三年复置氾水县 | | |
| 郑州 | ○管城 | 圃田 | 1 | 4(4) |
| | ○×原武 | 阳桥、陈桥 | 2 | 4(4) |
| | 新郑 | 郭店 | 1 | 2(4) |
| | ○荥阳 | 贾谷、永清、须水 | 3 | 2(4) |
| | ○·荥泽 | 没有镇,有8个埽 | | 2(4) |
| | 计 | | 7 | 14(20) |

注:1.○指临黄河的县,△指有税务,×指有埽的县,太平指《太平寰宇记》的乡数。

　　2.摘自《元丰九域志》。

表 2-13　黄河和村镇（二）

| 府州 | 县名 | 镇名（参考《元丰九域志》） | 镇数 | 乡数（太平） |
|---|---|---|---|---|
| 开封府 | 开封 | 赤仓 | 1 | 6（18 乡 8 坊） |
| | 浚仪（祥符） | △陈桥、郭桥、八角、△张 | 4 | 8（12 乡 8 坊） |
| | 封丘 | 潘（△郭店） | 1 | 6（7） |
| | 陈留 | 北、南、城西、城南、城东、△河口、萧馆 | 7 | 4（7） |
| | 尉氏 | 米曲、△宋楼、虚馆 | 3 | 8（10） |
| | 雍丘 | △围城 | 1 | 7（8） |
| | 襄邑 | 阙化、黎驿 | 2 | 6（7） |
| | ○×阳武 | △阳武埽 | 1 | 10（8） |
| | 中牟 | 白沙、圃田、万胜 | 3 | 5（5） |
| | 太康 | 高柴、△崔桥、青桐 | 3 | 8（7） |
| | ○×延津（酸枣） | △草市 | 1 | 5（6） |
| | 扶沟 | △建雄、义声 | 2 | 5（11） |
| | 鄢陵 | △马栏 | 1 | 4（7） |
| | 东明 | 故济阳 | 1 | 6（6） |
| | 计 | | 31 | 88（119 乡 16 坊） |
| 澶州 | ○临河 | 土楼 | 1 | 2（3） |
| | ○清丰 | 清丰、旧州 | 2 | 1（4） |
| | 计 | | 3 | 3（7） |
| 濮州 | ○鄄城 | 永平、张郭 | 2 | 10（旧 8） |
| | 临濮 | 徐村 | 1 | 5（5） |
| | 雷泽 | 瓠河 | 1 | 5（5） |
| | ○范 | 安定 | 1 | 5（4） |
| | 计 | | 5 | 25（22） |
| 滑州 | ○白马 | ○灵河（旧县） | 1 | 4（5） |
| | 韦城 | 武丘（旧县） | 1 | 5（7） |
| | 计 | | 2 | 9（12） |
| 郓州 | 寿张 | ×竹口 | 1 | 4（4） |
| | ○平阴 | 祖欢、石沟、界首、宁乡、滑家口、传家岸、翔鸾 | 7 | 2（旧 13） |
| | 东阿 | 景德、杨刘、×关山、铜山、北新桥 | 5 | 2（4） |
| | ○阳谷 | 安乐、公乘 | 2 | 3（6） |
| | 计 | | 15 | 11（27） |

注：1. ○指临黄河的县，△指有税务，×指有埽的县，太平指《太平寰宇记》的乡数。

　　2. 摘自《元丰九域志》。

表 2-14 黄河和村镇(三)

| 府州 | 县名 | 镇名(参考《元丰九域志》) | 镇数 | 乡数(太平) |
|---|---|---|---|---|
| 大名府 | ○元城 | ×大名(旧县)、故城、安定、安贤 | 4 | 2(6) |
| | 莘 | 马桥 | 1 | 4(5) |
| | ○朝城 | 韩张 | 1 | 2(4) |
| | 成安 | 洹水(旧县) | 1 | 4(3) |
| | ×魏 | 李固 | 1 | 2(4) |
| | 临清 | 延安、永济(旧县) | 2 | 4(6) |
| | 宗城 | 盖馆、武道、经城(旧县) | 3 | 5(5) |
| | 夏津 | 孙生 | 1 | 2(3) |
| | ○冠氏 | 清水(旧县)、博宁、普通、刘勋、桑桥 | 5 | 3(4) |
| | 计 | | 19 | 28(40) |
| 永静军 | 东光 | 新高、弓高(旧县)、袁村 | 3 | 4(4) |
| | ○×将陵 | 安陵、吴桥、仁高、赵宅、王琮 | 5 | 3(？) |
| | 计 | | 8 | 7(？) |
| 冀州 | 信都 | 刘固、宗齐、来远 | 3 | 5(8) |
| | 南宫 | 长芦、新河(旧县)、堂阳(旧县) | 3 | 3(4) |
| | 武邑 | 观津 | 1 | 2(4) |
| | 枣强 | 汤家 | 1 | 2(4) |
| | 计 | | 8 | 12(20) |
| 瀛州 | 河间 | 东城(旧县)、永牢、北林 | 3 | 5(9) |
| | ×乐寿 | 景城(旧县)、刘解、沙涡、南大刘、北望 | 5 | 6(？) |
| | 计 | | 8 | 11(？) |
| 博州 | ○聊城 | 兴利、广平、王馆、沙冢 | 4 | 4(3) |
| | ○堂邑 | 回河 | 1 | 4(3) |
| | ○高唐 | 夹滩、新刘、固河、南刘 | 4 | 3(2) |
| | ○博平 | 旧博平 | 1 | 3(2) |
| | 计 | | 10 | 14(10) |
| 德州 | ○安德 | 响化、縻村、将陵(旧县)、怀仁、德平(旧县)、重兴、盘河、磁博 | 8 | 8(？) |
| | ○平原 | 药、水务 | 2 | 2(旧18) |
| | 计 | | 10 | 10(？) |
| 棣州 | ○厌次 | 归仁、七里渡、脂角、达多、永利 | 5 | 5(4) |
| | ○商河 | 宽河、太平 | 2 | 3(3) |
| | ○阳信 | 钦风、西界、新务 | 3 | 5(6) |
| | 计 | | 10 | 13(13) |

注:1. ○指临黄河的县,×指有埽的县,太平指《太平寰宇记》的乡数。

　　2. 摘自《元丰九域志》。

表 2-15　黄河和村镇（四）

| 府州 | 县名 | 镇名（参考《元丰九域志》） | 镇数 | 乡数（太平） |
|---|---|---|---|---|
| 滨州 | ○渤海 | 宁海、东永、和通宾、旧安定、三叉、×浦台（旧县）、新安定、李则、丁字河 | 9 | 3（9） |
| | 招安 | 永丰、马安庄 | 2 | 2（?） |
| | 计 | | 11 | 5（?） |
| 沧州 | 清池 | 任河、长芦（旧县）、郭疃、饶安（旧县） | 4 | 11（13） |
| | 盐山 | 会宁、通商、韦家庄 | 3 | 4（4） |
| | 乐陵 | 归化、屯庄、马逮、郭桥、杨攀口、东西、保安 | 7 | 7（5） |
| | ○×无棣 | ×无棣、剧口、东店 | 3 | 5（5） |
| | 南皮 | 南皮、马明、乐延、临津（旧县） | 4 | 6（3） |
| | 计 | | 21 | 33（30） |
| 真定府 | 获鹿 | 石邑（旧县）、井陉 | 2 | 3（7） |
| | 行唐 | 灵寿（旧县）、慈谷 | 2 | 6（8） |
| | 计 | | 4 | 9（15） |
| 相州 | ×安阳 | 天禧、永和（旧县） | 2 | 4（3） |
| | 临漳 | 邺（旧县） | 1 | 2（2） |
| | 计 | | 3 | 6（5） |
| 邢州 | ×钜鹿 | 平乡（旧县）、新店、团城 | 3 | 4（3） |
| | 沙河 | 綦村 | 1 | 3（3） |
| | 南和 | 任（旧县） | 1 | 3（3） |
| | 内邱 | 尧山（旧县） | 1 | 5（3） |
| | 计 | | 6 | 15（12） |
| 淄州 | 淄州 | 金岭 | 1 | 2（5） |
| | 长山 | 陶唐口 | 1 | 1（旧19） |
| | ○邹平 | 孙家、赵岩口、淄乡、临河、喠婆 | 5 | 2（4） |
| | 计 | | 7 | 5（28） |
| 济南府齐州 | 齐河 | 晏城、刘宏、新孙耿 | 3 | （?） |
| | 历城 | 盘水、中宫、老僧口、上洛口、王舍人店、遥 | 6 | （2） |
| | ○禹城 | 墙新安、仁水寨、黎济寨 | 3 | （8） |
| | 临邑 | 新镇、安肃、新市 | 3 | （5） |
| | 章邱 | 普济、延安、临济、明水 | 4 | （2） |
| | ○长清 | 赤庄、莒镇、李家庄、归德、丰济、阴河 | 6 | （3） |
| | 济阳 | 回河、曲堤、旧孙耿、仁丰 | 4 | （2） |
| | 计 | | 29 | （22?） |

注：1. ○指临黄河的县，×指有埽的县，太平指《太平寰宇记》的乡数。

　　2. 摘自《元丰九域志》。《元丰九域志》缺关于济南府的记事，因此采用《金史地理志》的记载。《宋史》地理志和《太平寰宇记》中缺少济河、济阳两县的记载。宋代济阳县属章丘县管辖，金代从章丘县划出设县，宋代的临济县到了金代成为镇并入章丘县。

表2-16　太平兴国元丰年间黄河沿岸的府州军户数

| 府州军 | 领县数 B（元） | 今 | C | D | A 户 | B 主户 | B 客户 | B 计 | C 主户 | C 客户 | C 计 | D 户 | D 口 | 土产上供种类 B | 土产上供种类 C | 土产上供种类 D | 户数增长（C/D） |
|---|---|---|---|---|---|---|---|---|---|---|---|---|---|---|---|---|---|
| 开封 | 6 | 16 | 17 | 16 | 82 100 | 90 232 | 88 399 | 178 631 | 183 770 | 51 829 | 235 599 | 261 117 | 442 940 | 5 | 5 | 5 | 1.32 |
| 大名 | 10 | 17 | 13 | 12 | 117 175 | 55 987 | 20 985 | 76 972 | 102 321 | 39 548 | 141 869 | 155 253 | 568 976 | 5 | 4 | 4 | 1.84 |
| 郓 | 10 | 7 | 6 | 6 | 33 387 | 15 108 | 27 724 | 42 832 | 67 260 | 66 777 | 134 037 | 130 305 | 396 063 | 4 | 2 | 2 | 3.13 |
| 澶 | 7 | 6 | 5 | 7 | 7 300 | 19 317 | 4 223 | 23 540 | 36 637 | 19 352 | 55 989 | 31 878 | 82 826 | 6 | 2 | 3 | 2.38 |
| 滑 | 8 | 4 | 3 | 3 | 53 627 | 11 946 | 1 596 | 13 542 | 20 959 | 2 423 | 23 342 | 26 522 | 81 988 | 4 | 1 | 1 | 1.72 |
| 孟 | 5 | 5 | 6 | 6 | ? | 14 239 | 7 557 | 21 796 | 22 742 | 7 333 | 30 075 | 33 481 | 70 169 | 3 | 1 | 1 | 1.38 |
| 濮 | 5 | 4 | 4 | 4 | 17 780 | 11 726 | 4 282 | 16 008 | 45 367 | 14 469 | 59 836 | 31 747 | 52 681 | 2 | 1 | 1 | 3.74 |
| 淄 | 5 | 4 | 4 | 4 | 42 737 | 11 282 | 18 770 | 30 052 | 32 519 | 24 008 | 56 527 | 61 152 | 98 610 | 4 | 3 | 3 | 1.88 |
| 齐 | 10 | 6 | 5 | 5 | 49 157 | 12 803 | 19 315 | 32 118 | | | | 133 321 | 21 467 | 6 | 5 | 4 | （4.15） |
| 沧 | 9 | 7 | 5 | 5 | 114 042 | 22 375 | 27 315 | 49 690 | 52 376 | 4 535 | 56 911 | 65 852 | 118 218 | 12 | 2 | 2 | 1.15 |
| 棣 | 5 | 3 | 3 | 3 | 25 545 | 15 685 | 40 493 | 56 178 | 30 580 | 8 363 | 38 943 | 39 137 | 57 234 | 2 | 2 | 1 | 0.69 |
| 滨（旧棣州） | | 2 | 2 | 2 | | 9 185 | | 9 185 | 14 612 | 31 721 | 46 333 | 49 991 | 114 984 | | 1 | 1 | （5.04） |
| 德 | 5 | 5 | 2 | 2 | 61 770 | | | | 18 811 | 18 027 | 36 838 | 44 591 | 82 025 | 4 | 1 | 1 | |
| 怀 | 5 | 5 | 2 | 3 | 43 170 | | | | 19 234 | 13 682 | 32 916 | 32 311 | 88 185 | 5 | 1 | 1 | |
| 博 | 6 | 4 | 4 | 3 | 37 470 | 16 207 | 13 331 | 29 538 | 49 854 | 23 038 | 72 892 | 46 492 | 91 323 | 3 | 1 | 1 | 2.47 |
| 卫 | 4 | 4 | 4 | 4 | 30 666 | 8 514 | 1 968 | 9 482 | 33 843 | 13 873 | 47 716 | 23 204 | 46 365 | 3 | 2 | 2 | 5.03 |
| 郑 | 7 | 5 | 5 | 5 | 64 619 | 10 737 | 6 538 | 17 275 | 14 744 | 16 632 | 30 976 | 30 976 | 41 848 | 3 | 2 | 2 | 1.79 |
| 河南 | 26 | 18 | 13 | 16 | 194 746 | 42 818 | 39 139 | 81 947 | 78 550 | 37 125 | 105 675 | 127 767 | 233 280 | 11 | 2 | 2 | 1.29 |
| 陕 | 6 | 8 | 7 | 7 | 47 326 | 12 544 | 4 899 | 17 443 | 32 840 | 11 552 | 44 392 | 47 801 | 135 701 | 7 | 4 | 4 | 2.54 |
| 虢 | 6 | 4 | 3 | 4 | 17 743 | 4 473 | 4 679 | 9 152 | 10 606 | 6 965 | 17 671 | 22 490 | 47 563 | 9 | 3 | 3 | 1.93 |
| 通利军 | | 1 | | 2 | | | 主客 1 360 | | 属卫州 | | | 3 176 | 3 202 | 3 | | | |
| 冀 | 10 | 8 | 6 | 6 | 94 120 | 18 635 | 3 712 | 22 347 | 42 000 | 9 136 | 51 136 | 66 244 | 10 130 | 3 | 1 | 1 | 2.29 |
| 瀛 | 7 | 4 | 2 | 3 | 98 018 | 18 364 | 3 001 | 21 365 | 31 601 | 1 726 | 33 327 | 31 930 | 60 204 | 4 | 1 | | 1.56 |
| 相 | 11 | 6 | 4 | 4 | 78 000 | 11 789 | 10 126 | 21 915 | 26 753 | 21 093 | 47 846 | 36 340 | 71 635 | 5 | 3 | 1 | 2.18 |
| 永静军 | | | | 3 | | | | | 22 173 | 13 112 | 35 285 | 34 193 | 39 022 | | 2 | 2 | |
| 邢 | 9 | 8 | 5 | 8 | 58 820 | 15 408 | 14 420 | 29 828 | 38 936 | 21 697 | 60 633 | 53 613 | 95 552 | 4 | 3 | 3 | 2.03 |
| 真定 | 10 | 13 | 8 | 9 | 42 594 | 38 407 | 10 570 | 48 977 | 69 753 | 12 854 | 82 607 | 92 353 | 163 197 | 5 | 3 | 1 | 1.09 |
| 深 | 8 | 6 | 5 | 5 | 42 215 | 15 488 | 5 782 | 21 360 | 33 515 | 5 250 | 38 765 | 38 036 | 83 710 | 3 | 1 | 1 | 1.81 |

注：乐史撰写的《太平寰宇记》所收录的开元年间的户数＝A，太平兴国年间的户数＝B，王存撰写的《元丰九域志》所收录的元丰年间的户数＝C，《宋史》地理志所收录的崇宁的户口数＝D。

在《元丰九域志》与《太平寰宇记》的记载中,乡数基本相同的村落有陕、卫、棣、相等4个州。这些州都有新的村镇形成。

两书中乡村数量有1~4个差别的有怀、濮、博、沧、邢等5个州。这些州也有新的村镇形成。

《元丰九域志》所记载的乡和镇的数相加,与《太平寰宇记》的乡数基本相同。府州有开封府及郑、冀、澶、滑、郓等五州,还有真定府。这些府州原来的乡村演变成了新的镇。

例如大名府,镇数和乡数加起来的数字明显大于原来乡的数字,由此可以看出人口急剧增加。与黄河治水关系深刻的大名府崇宁的人口超过首都开封府,达到26 036人[5]。

《长编》卷一四三记载,仁宗庆历三年(1043年)九月丁卯,范仲淹、韩琦、富弼等上奏说:"八曰 减徭役 臣观西京图经 唐会昌中(八四一~八四六)河南府有户一十九万四千七百余户 置二十县 今河南府主客户七万五千九百余户 仍置一十九县(主户五万七百,客户二万五千二百) 巩县七百户 偃师一千一百户 逐县三等 而堪役者不过三百家 而所要役人不下二百数 新旧循环 非鳏寡孤独不能无役 西洛之民最为穷困 臣请 依后汉建武六年故事 遣使先往西京并省诸邑为十县 其所废之邑并改为镇 令本路举文资一员 董权酤关征之利兼人烟公事 所废公人除归农外有愿居公门者 送所存之邑 其所在邑中役人 却可减省归农 则两不失所候西京并省 稍成伦序 则行于大名府 然后遣使诸道 依此施行"。"仍先指挥 诸道防团已下 有使州两院者 皆为一院 公人愿去者 各放归农 职官厅可给本城兵士七人至十人 替人力归农 其乡村耆保 地里近者 亦令并合 能并一耆保管亦减役十余户 但少徭役人 自耕作可期富庶"。

建议河南府19个县减少至10个,其余的9县改为镇,让原来的公职人员回归务农,减少人民的徭役,州里的使院也减少至一院,其余合并至乡村相应的机构,减少兵士和役人,令他们回乡务农,使人民得以休养生息,逐渐富裕。

这个上奏的部分内容在次年得到实施。根据《会要》一九二册,方域一二,市镇杂录,仁宗庆历四年(1044年)五月二十八日的记载:"省河南府颍阳、寿安、偃师、缑氏、河清五县 并为镇 令转运司举幕职州县官使臣两员 监酒税 仍管勾烟火公事等复借 时参知政事范仲淹 以天下县邑之多役众而民贫 故首自河南府省之"。当时将河南府的颍阳、寿安、偃师、缑氏、河清的5县撤并为镇,令转运司派幕职、州县官使臣两人,监督收取酒税,管理烟火公事。这是应范仲淹的建议实施的,由于天下县邑的公职人员过多,人民负担过重,希望通过这种方法减轻徭役,使人民富庶。

王存撰《元丰九域志》卷一,西京河南府河南郡、县十三条记载:"熙宁三年(1070年)省洛阳县入河南 颍阳县为镇入登封 伊阙县为镇入伊阳 福昌县为镇入寿安 偃师县为镇入缑氏 以王屋县隶孟州 八年复置偃师县省缑氏县为镇入焉"。从中可知寿安、河清、偃师后来又恢复县制。

《长编》卷三六九,哲宗元祐元年(1086年)闰二月壬寅记载了左司谏王严叟的上奏:"臣蒙圣恩许 就寒食假中展坟 于河阴道过管城县之孙张村 有耆老为臣言 本村旧七十余户 今所存者二十八家而已 皆自保甲起教后来消灭 至此当时人人 急于逃避 其家薄产 或委而不顾 听任官取 或贱以与人自甘佣作 今虽荷至恩得免冬教而业已破荡 无由可归(中略)且恐府界三路 若此类者甚多"。从中可知人民的徭役负担之重。

村镇大量出现的理由最初是为了减少公职人员,减轻人民负担[6,17]。这个政策也为王安石新法采用。

《长编》卷四〇七记载,哲宗元祐二年(1087年)十二月丙甲,臣僚上奏说:"伏见熙宁元丰之间 并废州县甚多 其大要欲以省官吏宽力役也 近岁议者颇谓 并废州县 虽可以省官吏宽力役 而不能尤害者封疆既阙 则输税租者 <u>或咨怨于道途</u> 官吏既去则为盗贼者 <u>或公行于市邑 以至讼诉追呼 皆非其便</u>(中略) 缘此诸路已废之州县 并多兴复 今年十一月内兴复者四处 河南府之洛阳县颍阳县 横州之永定县连水军是也 臣愚窃谓 兴复州县 若别无大利害 则惟坊郭近人人户便之 乡村上户乃受其弊也(中略) 自元祐元年二月九日降敕 相度几二年矣 其利害明白(中略) 仍迁延至今 彼坊郭上户倡率同利之人 诱乡村之下户 共为陈请(中略) 其元祐元年二月九日敕 更不施行 从之"。由于元祐旧法党的反对,河南府的洛阳和颍阳又从镇改回为县。由于行政原因形成的镇不断发生着更改和动摇[7]。

但是大多数镇都是由于经济因素而形成的。下面我们就考证一下这样的镇。

《会要》一九二册,方域一二,市镇杂录记载了高宗绍兴元年(1131年)十一月二十二日,襄阳府邓随郢州镇抚使桑伸的上奏:"襄阳府至邓州 相去一百八十里 路当冲要 其邓城县横林市 系在两州中路 乞将横林市 改为横林镇 寄差监镇官一员 并巡检 招集商贾 往来巡警 从之"。由于横林市地位重要,所以要求设立横林镇,派遣监镇官一名和巡检,招集商人,管理市集[8]。

乐史撰《太平寰宇记》卷六四,河北道十三,德州安陵县记载:"福城 唐元和三年横海军节度使郑权奏 德州安德县渡黄河 南邻齐州临邑县 有灌家口草市者 须成德军 于市北十里 筑城名福城 城缘隔黄河与齐州临邑县对岸 又居安德平原平昌三县疆 界境阔远 易动难安 请于此置县以归化为名 诏从之 今废为镇"。唐元和三年(公元808年),德州的官衙所在地安德县南八十里就是黄河,过了黄河二十里就是齐州的临邑县[9]。渡口有个叫灌家口的小集市,由此再向北十里建有一城,取名福城。福城与齐州临邑县隔黄河相望。那里有安德、平原、平昌三县,地域辽阔,但不容易管理,因此请在此设县,取名"归化",现在县已废为镇。根据《元丰九域志》的记载,宋初归化县并入德平县,熙宁六年(1073年)德平县改为镇并入安德县[10]。平昌县也就是德平县,成德军即真定府镇州,相离很远。估计是因此才修筑福城的吧。灌家草市→福城→归化县→德平县→德平镇→安德县,有着复杂的沿革过程。德平镇是由渡口村落的草市发展而来的。将此设为镇也是熙宁新法实施的政治需要。

《会要》一九二册,方域一二,市镇杂录,高宗绍兴七年(1137年)二月二十日的记载:"建州建阳县地名麻沙 见今居民繁盛 接连邵武 最为冲要 乞改为麻沙镇 仍依湖州新市镇例 差京朝官一员 充监镇 监务兼烟火公事"。"诏将建阳县正监官员缺 改差京朝官 就麻沙收税 仍管烟火公事"。在居民众多的繁华要地设立镇,派一名京城官员去负责收税和管理烟火。之所以要派一名京城官员,是因为建阳县有四个银场,邵武县有三个银场、一个铜场、两个铁场,是重要的银铜铁的产地[11]。

根据同书绍兴九年(1139年)十二月十三日记载,醴州武功县扶风店地处交通要道而设为镇,后改名为长宁镇。《九域志》中没有这个镇名的记载[12]。

同书绍兴七年(1137年)四月五日记载:"其扬州柴墟镇系大江津渡 人烟颇众 乞依旧置巡检一员 巡检盗贼 从之"。即在渡口集落形成的镇派遣巡检一人进行管理。

《会要》一九二册,方域一三,市镇杂录记载了孝宗乾道九年(1173年)十二月四日,四川宣抚使司的上奏说:"开州旧管三邑 今所存者 开江清水两县 其新浦县自庆历间废以为镇 缘本镇去州遥远 山谷穷深 奸豪巨蠹肆居 其间昨差置酒官一员 在本镇兼烟火公事 至绍兴二十六年(1156年)酒官复省无官 弹压居民不安 窃见本州管界巡检一员不兼他职 乞移就浦镇置司弹压实为经久利便 从之"。开州历来管理三邑,如今只是开江和清水两县。新浦县在庆历四年(1044年)废县改镇。该镇位于开州西南九十里处,地处深山,奸豪巨蠹聚集,曾派遣酒官一名管理,但绍兴二十六年撤回管理官员。派巡检一名负责管理。万岁县后更名为清水县[13]。

《会要》一九二册,方域一二,市镇杂录还记载了高宗绍兴三年(1133年)十一月十九日,淮南本路安抚提刑司的上奏说:"楚州吴城县 所管止有八十八户 乞依旧为镇 差置武臣监镇 废罢巡检县尉 从之"。从中可以看出当时镇的规模。吴城县所管的户数为八十八户,请依旧为镇,派一名武臣担任监镇,废止巡检和县尉。由于人口的减少,把县改为镇。

同书还记载绍兴五年(1135年)五月二十九日,徽州上奏说:"歙县西地名严寺 县东地名新馆两处 商旅聚会 近岁本州差官 往逐处拘收税钱 内严寺去年收到六千三百余贯 新馆二千一百余贯 欲乞将严寺 新馆 以地升改为镇 拘收酒税课利 下本路监司看详 岩(严)寺可升为镇 新馆虽客旅过往 缘本处不满百家不可为镇 从之"。这是根据税收多少来设立镇的例子。一般来说,不足100户不能成为镇,虽然有88户由县改镇的例子,但100户左右是设立镇的最低限,另外税收只有两千贯的也不能成为镇。

同书方域一三,市镇杂录记载了孝宗乾道九年(1173年)十月十一日,四川宣抚使司的上奏说:"蜀州新渠镇 旧系新渠寨 直西去西门楼 与蕃部扑界相距止三十里 旧差武臣一员 主管烟火公事 后以运司并废 务官镇官一概罢去 缘本镇人户近千余家 年有外方军贼作过 无官弹压民不安居 乞依旧差置主管烟火公事一员 从之"。蜀州的新渠镇是由新渠寨升格的[14]。蜀州的西城门距离蕃部仅30里,以前曾派遣武官主管烟火公事。后来由于转运使合并,务官和镇官都取消了。现今该镇有人户千余家,外有军队盗贼祸害,人民不能安居。因此,请求仍派一名官员管理烟火公事。寨子升为镇虽然一度中止,考虑到维持治安的需要,1 000户以上的人家,仍需要派遣1名管理烟火公事的官员。

《会要》一九二册,方域一二,市镇杂录记载,徽宗大观元年(1107年)九月四日,京畿计度转运使宋乔年上奏请旨说:"应京畿下诸镇 已有武臣处 只令专管酒税 外别差经文臣一员管勾镇事 仍兼酒税 其民旅稠穰 见无监官去处 亦乞依此官 从之"。但大观三年六月十四日的诏书却说:"添差文臣指挥 更不施行",即取消文臣管理,只派武臣管理酒税。

《会要》一九二册,方域一二,市镇杂录记载了高宗绍兴十四年(1144年)七月十四日,臣僚上奏:"诸路镇市本属县邑 在法止令监镇官 领烟火公事 杖罪情重者 即归于县 比年以来转置牢狱械系编氓事 无巨细遣吏追呼 文符交下 是一邑而有二令也 乞应天下监镇官 依条止领烟火公事 其余婚田词诉 并不得受理 辄擅置牢狱者 重寘典宪 诏令刑部堂条申严行下"。各路的镇市隶属原来的县邑。根据规定监镇官只管理烟火公事。犯罪之人交县里处置。但近年来镇里私设牢狱,百姓的纠纷事无巨细,都有官吏重复发文处理。一个邑有两个令在管理。今后所有的监镇官只允许管理烟火公事,不允许受理有关结婚、田地等诉讼。私设牢狱的应判重罪。这里可以看出县和镇在职务范围内有重叠的内容,所以规定镇只管烟火公事,其他事务全归县务负责。

《会要》一九二册,方域一二,市镇杂录记载,高宗绍兴二十九年(1159年)七月三日,知杨邓根、淮南路转运判官孟虔义上奏说:"本州绍伯镇监闸 已有监镇一员 今欲令监镇兼监闸 从之"。

《会要》一九二册,方域一三,市镇杂录记载了嘉定九年(1216年)三月二十三日的诏书:"无为军金牛镇 置巡检一员 专一巡视修治城壁关防盗贼等事 令淮西安抚司公共奏碑一次 其请给等并依本军指使则例支破 以知滁州赵逢言 乞创置巡检一员 招募泰兵四十八 充本镇名额故也"。作为监镇官的职责又加上了监闸,在镇里安排巡检1人负责巡视城墙的修治、关防、防盗等。巡检每个月的薪水按本军的指挥使的标准支付,巡检可以招募兵丁48人。这是因为金牛镇地位重要,所以需要的费用比较高,属于特别的处置[15]。

这里有一些关于镇名的资料可以参考。《会要》一九二册,方域一二,市镇杂录记载,高宗绍兴元年(1131年)四月八日,新通判建昌军庄绰的上奏说:

"窃见大观中(1107—1110年)忌讳曰广县邑 有君主龙天万年万寿之类县邑称呼例进奏院状

邠州龙全镇改作清泉镇 西京龙门镇改作通洛镇 济南府龙山镇改为搬水镇 中山府龙泉镇改为灵泉镇 常州武进县万岁镇改为阜通镇 秀州青龙镇改为通惠镇

皆改易有识观之以为靖康之诫 欲乞应缘避前项众字令如改 进奏院供 海州龙首巡检等 诏并改正"。

与《元丰九域志》对比可知,邠州龙全镇、龙泉镇改名为清泉镇。总之县邑的名字中,如有君主专用的龙天、万年、万寿等词语,出于忌讳都要改名。《元丰九域志》中可以看到改名前的县邑名[16]。

加藤繁在《唐宋时期的草市及其发展》(《中国经济史考证》上,东洋文库,1974年4月1日出版)中写到:总之,宋代名为村镇和集市的小都市的兴起,是一个显著的事实。它是在草市的基本上形成的。探究其起源,或形成于农村,或形成于驿站,或形成于关隘,还有的是以旅馆为中心形成的小部落,也有的是在桥头渡口人群聚集的地方形成,从镇的名字就可以看出这一点。但是在发展成镇或市的过程中,一般称为草市,属于初级阶段的叫法。

从《黄河和村镇》的一览表中可以看到很多例子。三乡、徐村、袁村、綦村、糜村、宁乡等很明显是由乡村发展而来的。其他还有以庄宅等起名的。由馆驿发展而来的有府店、张店、郭店、贾店、新店、东店、萧馆、宋楼、虚馆黎驿、土楼、盖馆、王馆等。还有以关隘渡口得名的,如集津、灵河、观津、临津、传家岸等。另外,由河流泉泽沟渠得名的镇也很多。特别是东京开封、西京河南府、北京大名府等河川交通要地的府州县的镇最为发达。国家的边境也有很多镇,比如沧州的二十个镇就属此类。还有以场务、监、陵墓、瑞祥、年号等作为镇名的例子。沧州等边境地区的镇特别多,主要是流亡逃难的流民,被招安后成为主户,为了防止成为敌方的攻击目标,所以采取散居形式,形成很多村落。所以,这些区域的全户数中客户的比率是最低的。

北宋时期黄河决口最多的地点为澶、滑、濮三州的地域。这三个州在黄河河畔呈鼎立之势,形成分别由河北东路、京西北路、京东西路流入黄河的重要地域。治理黄河的中心地区为澶州。黄河穿过澶州,分处南北两岸的都邑是交通上的要道,澶渊之盟就是在此签订的。外都水监丞司的衙门也设立在这里,根据表2-16太平兴国元丰年间黄河沿岸的府州军户数可知,元丰时户数比太平兴国时的户数增加了两三倍[18]。滑州是北宋前期黄河决口频发的地区,黄河改道北流后,澶州取代了滑州。滑州属于京城开封管理,有时归属开封府管理。元丰时户数增加了1.72倍。根据表2-17"元丰年间黄河沿岸的路府州军户数"可知,客户占全户数的比例,澶州为35%,滑州最低,为10%。滑州是进入河北西路的重要渡口集镇[19]。澶州作为进入河北东路的黄河渡口的集镇也发挥着同样的作用。濮阳户数增加了3.74倍[20],客户占全户数的比率为24%。这里也是进入京东西路的重要入口。卫州的户数增加了5.03倍,客户占全户数的比率为29%[21]。对岸的郑州增加了1.79倍,客户占全户数的比率为52%[22]。两者是京城圈和河东路山地的重要节点。位于河北平原中间位置,商胡北流横贯全境的北京大名府是北宋后期与澶州同为黄河治水问题的核心区域,户数增加了1.84倍,客户占全户数的比率为28%。根据崇宁年间的人口数量统计,京城开封人口达到126 036人以上[23]。总之,黄河沿岸的22个府州军的户数增加了1~3倍。

表2-17　元丰年间黄河沿岸的路府州军户数

(一)

| 路 | 府州军 | 县 | 乡 | 镇 | 主户 | 客户 | 计 | 客户占比(%) | 临黄河县数 |
|---|---|---|---|---|---|---|---|---|---|
| 河北东路 | 北京大名府 | 13 | 41 | 20 | 102 321 | 39 548 | 141 869 | 28 | 5 |
| | 澶州 | 5 | 17 | 3 | 36 637 | 19 352 | 55 989 | 35 | 4 |
| | 沧州 | 5 | 33 | 21 | 52 376 | 4 535 | 56 911 | 10 | 1 |
| | 冀州 | 6 | 16 | 10 | 42 000 | 9 136 | 51 136 | 18 | 有 |
| | 瀛洲 | 2 | 11 | 8 | 31 601 | 1 726 | 33 327 | 5 | 1 |
| | 博州 | 4 | 14 | 10 | 49 854 | 23 038 | 72 892 | 32 | 4 |
| | 棣州 | 3 | 13 | 10 | 30 580 | 8 363 | 38 943 | 21 | 3 |
| | 莫州 | 1 | 8 | 1镇2寨 | 13 000 | 436 | 13 436 | 3 | |
| | 雄州 | 2 | 7 | 8寨 | 8 707 | 262 | 8 969 | 3 | |
| | 霸州 | 2 | 5 | 1镇8寨 | 14 102 | 9 057 | 23 159 | 39 | 有 |
| | 德州 | 2 | 10 | 10 | 18 811 | 18 027 | 36 838 | 49 | 2 |
| | 滨州 | 2 | 5 | 11 | 14 612 | 31 721 | 46 333 | 68 | 1 |
| | 恩州 | 3 | 12 | 14 | 32 535 | 22 049 | 54 584 | 40 | 有 |
| | 永静军 | 3 | 9 | 8 | 22 173 | 13 112 | 35 285 | 37 | 有 |
| | 计 | 53 | 201 | 127(63%) | 469 309 | 200 362 | 669 671 | 30 | 21有4 |

（一）

| 路 | 府州军 | 县 | 乡 | 镇 | 主户 | 客户 | 计 | 客户占比（%） | 临黄河县数 |
|---|---|---|---|---|---|---|---|---|---|
| 河北西路 | 真定府 | 4 | 37 | 4 镇 1 寨 | 69 753 | 12 854 | 82 607 | 16 | 1 |
| | 相州 | 4 | 8 | 3 镇 1 务 | 26 753 | 21 093 | 47 846 | 44 | 2 |
| | 中山府定州 | 7 | 23 | 3 镇 1 寨 | 44 530 | 14 730 | 59 260 | 25 | |
| | 邢州 | 5 | 18 | 6 镇 1 务 | 38 936 | 21 697 | 60 633 | 36 | 有 |
| | 怀州 | 2 | 13 | 5 | 19 234 | 13 682 | 32 916 | 42 | 2 |
| | 卫州 | 4 | 12 | 5 镇 1 监 | 33 843 | 13 873 | 47 716 | 29 | 1 |
| | 深州 | 5 | 18 | 0 | 33 518 | 5 250 | 38 768 | 14 | 有 |
| | 磁州 | 3 | 6 | 8 镇 1 务 | 20 024 | 9 101 | 29 125 | 31 | |
| | 赵州 | 4 | 18 | 4 | 35 481 | 6 256 | 41 737 | 15 | |
| | 保州 | 1 | 8 | 0 | 21 453 | 3 420 | 24 873 | 14 | |
| | 安肃军 | 1 | 3 | 0 | 5 097 | 1 004 | 6 101 | 16 | |
| | 永宁军 | 1 | 7 | 0 | 13 582 | 9 057 | 22 639 | 40 | |
| | 广信军 | 1 | 4 | 0 | 3 173 | 180 | 3 353 | 5 | |
| | 顺安军 | 1 | 2 | 0 | 6 106 | 3 830 | 9 936 | 39 | |
| | 计 | 43 | 167 | 38（23%） | 361 483 | 136 027 | 497 510 | 27 | 6 有 2 |
| | 东京开封府 | 17 | 103 | 31 | 183 770 | 51 829 | 235 599 | 22 | 2 |
| | 西京河南府 | 13 | 40 | 22 | 78 550 | 37 125 | 105 675 | 35 | 4 |

注：摘自《元丰九域志》。

（二）

| 路 | 府州军 | 县 | 乡 | 镇 | 主户 | 客户 | 计 | 客户占比（%） | 临黄河县数 |
|---|---|---|---|---|---|---|---|---|---|
| 京西北路 | 颍昌府许州 | 6 | 29 | 10 | 31 675 | 25 777 | 57 452 | 45 | |
| | 郑州 | 5 | 14 | 7 | 14 744 | 16 232 | 30 976 | 52 | 4 |
| | 滑州 | 3 | 13 | 2 | 20 919 | 2 423 | 23 342 | 10 | 2 |
| | 孟州 | 6 | 15 | 0 | 22 742 | 7 333 | 30 075 | 24 | 3 |
| | 蔡州 | 10 | 28 | 13 | 62 156 | 75 930 | 138 086 | 55 | |
| | 陈州 | 4 | 22 | 8 | 25 649 | 18 584 | 44 233 | 42 | |
| | 颍州 | 4 | 13 | 11 | 45 624 | 45 784 | 91 408 | 50 | |
| | 汝州 | 5 | 8 | 9 | 24 139 | 28 236 | 52 375 | 54 | |
| | 信阳军 | 2 | 4 | 1 | 5 666 | 12 732 | 18 398 | 69 | |
| | 计 | 45 | 146 | 61（0.42%） | 253 314 | 233 031 | 486 345 | 47 | 9 |

| 路 | 府州军 | 县 | 乡 | 镇 | 主户 | 客户 | 计 | 客户占比（%） | 临黄河县数 |
|---|---|---|---|---|---|---|---|---|---|
| 京东东路 | 青州 | 6 | 23 | （2 务）4 | 67 216 | 25 846 | 93 062 | 28 | |
| | 密州 | 4 | （13?） | （?） | 73 642 | 76 505 | 150 147 | 51 | |
| | 济南府齐州 | 5 | （22 以上） | 29 | 35 120 | 24 969 | 60 089 | 42 | 2 |
| | 登州 | 4 | 9 | （2 寨）4 | 49 560 | 28 670 | 78 230 | 37 | |
| | 莱州 | 4 | 12 | 2 | 75 281 | 47 700 | 122 981 | 39 | |
| | 潍州 | 3 | 10 | 0 | 36 806 | 13 125 | 49 931 | 26 | |
| | 淄州 | 4 | 7 | 7 | 32 519 | 24 008 | 56 527 | 42 | 1 |
| | 淮阳军 | 2 | 11 | 3 | 33 948 | 51 541 | 85 489 | 60 | |
| | 计 | 32 | 107 以上? | 49? | 404 092 | 292 364 | 696 456 | 42 | 3 |
| 京东西路 | 兖州 | 7 | 16 | 2 | 56 178 | 39 524 | 95 702 | 41 | |
| | 徐州 | 5 | 20 | 5 | 84 870 | 19 046 | 103 916 | 18 | |
| | 曹州 | 5 | 19 | 1 | 42 358 | 20 252 | 62 610 | 32 | |
| | 郓州 | 6 | 21 | 15 | 67 260 | 66 777 | 134 037 | 50 | 4 |
| | 济州 | 4 | 19 | 3 | 41 045 | 14 453 | 55 498 | 26 | |
| | 单州 | 4 | 19 | 1 | 48 470 | 11 807 | 60 277 | 20 | |
| | 濮州 | 4 | 25 | 1 | 45 367 | 14 469 | 59 836 | 24 | 2 |
| | 南京应天府 | 7 | 40 | 13 | 65 490 | 25 844 | 91 334 | 28 | 1 |
| | 计 | 35 | 139 | 41（0.2%） | 451 038 | 212 172 | 663 210 | 32 | 7 |
| 总计 | | 238 | 903 以上 | 369 以上 | 2 201 556 | 1 162 910 | 3 354 466 | 35 | 58 |

注:摘自《元丰九域志》。

表 2-17 的（一）、（二）合并起来就是表 2-18（A）"四京华北五路户数"的内容。四京华北五路总户数 335 万余,其中客户 116 万强,占 35%。把表 2-17 的（一）、（二）中的各府州军的总户数与客户按比率分为七级就是表 2-18（B）"四京华北五路的客户"的内容。根据表 2-18（B）制成的分布图可知,河北路最北端的边境地域客户最少,越往南越多。这就是河北路的流民大多数是从京东路、京西路流入的证明。另外,以京东路为中心设置盗贼严防区的理由也在于此。根据表 2-11"黄河和村落的位置关系及相关埽名",将黄河沿岸的府州军在太平兴国至元丰期间的户数的增加进行分类,就是表 2-19"太平兴国～元丰年间户数的增加"的内容。从此表可以看出户数增加 30% 以上的村落的客户数也增加 20%。其他的村落户数的增加既有客户增加的因素,也有自然增加及其他的因素。

表 2-18（A） 四京华北五路户数

| | 县 | 乡 | 镇 | 主户 | 客户 | 计 | 客户占比（%） | 临黄河县数 |
|---|---|---|---|---|---|---|---|---|
| 河北东路（含北京） | 53 | 201 | 127 | 469 309 | 200 362 | 669 671 | 30 | 25 |
| 河北西路 | 43 | 167 | 38 | 361 483 | 136 027 | 497 510 | 27 | 8 |
| 京西北路（含东西京） | 75 | 299 | 114 | 515 634 | 321 985 | 827 619 | 38 | 15 |
| 京东东路 | 32 | 107以上 | 49 | 404 092 | 292 364 | 696 456 | 42 | 3 |
| 京东西路（含南京） | 35 | 139 | 41 | 451 038 | 212 172 | 663 210 | 32 | 7 |
| 总计 | 238 | 903以上 | 369以上 | 2 201 556 | 1 162 910 | 3 354 466 | 35 | 58 |

注:摘自《元丰九域志》。

表 2-18（B） 四京华北五路的客户

| 客户占比（%） | 河北路 | | 京西路 | 京东路 | | 计 | 临黄河县数 | 镇数 |
|---|---|---|---|---|---|---|---|---|
| | 东路 | 西路 | 北路 | 东路 | 西路 | | | |
| 1~9 | 沧、瀛、莫、雄 | 广信军 | 0 | 0 | 0 | 5 | 2 | 30 |
| 10~19 | 冀 | 真定、深、赵、保、安肃军 | 滑 | 0 | 徐 | 8 | 5 | 25 |
| 20~29 | 棣、大名府 | 定（中山府）、卫 | 开封府、孟 | 青、潍 | 济、单、濮、应天府 | 12 | 17 | 91 |
| 30~39 | 澶、博、霸、永静军 | 邢、磁、顺安军 | 河南府 | 登、莱 | 曹 | 11 | 15 | 70 |
| 40~49 | 德、恩 | 相、怀、永宁军 | 许、陈 | 齐、淄 | 兖 | 10 | 10 | 88 |
| 50~59 | 0 | 0 | 郑、蔡、颍、汝 | 密 | 郓 | 6 | 8 | 55以上 |
| 60~69 | 滨 | 0 | 信阳军 | 淮阳军 | 0 | 3 | 1 | 15 |

注:摘自《元丰九域志》。

表 2-19 太平兴国~元丰年间户数的增加

| 户数增加百分数（%） | 沿河的府州军 |
|---|---|
| 1~9 | 棣 |
| 10~19 | 开封府、大名府、滑、孟、淄、沧、郑、河南府、瀛、真定府、深 |
| 20~29 | 澶、博、陕、冀、相、邢 |

| 户数增加百分数(%) | 沿河的府州军 |
|---|---|
| 30~39 | 郓、濮 |
| 40~49 | 齐 |
| 50~59 | 滨、卫 |

## 【注释】

[1] 参考本书第三章第三节"一 都水监官制"。

[2] 参考本书第二章第二节"黄河的自然条件"中收录的"宋代黄河决溢表"。

[3] 参考本书第三章第三节"一 都水监官制"中的"都水监官制"(外监)。

[4] 参考《宋史》地理志中收录的崇宁户口数统计。《长编》列举了崇宁末年的户口数,根据其计算多为一户两人多。

[5] 开封府的人口为 442 940(《宋史》卷八五,地理志三八),大名府人口为 568 976(《宋史》卷八六,地理志三九)。

[6] 根据《长编》卷二四六记载,熙宁六年(1073 年)秋七月庚午河北路察访司的上奏:"乞省并真定府井陉等二十八县 减官七十六员及 役人三千一百二十七人 从之"。

[7] 根据《黄河和村镇》中的表所示,镇的总数为 257 个,其中由县改镇的只有 38 个,不过 15%。黄河沿岸的镇的数量为 257 个,全国的镇数为 1 800 个,占总数的 14%强。

根据《会要》食货一五,商税,熙宁十年(1077 年)的统计,列举了东京开封府和西京河南府的商税所在地以及税额。与元丰三年(1080 年)成书的《元丰九域志》所记载的镇名对比的话,就会发现《九域志》里见不到的镇名有开封府的武丘镇、荥泽镇、郭店镇以及河南府的长泉镇等。仅仅三年期间就发生了这么多的变动。

[8] 参考王存撰《元丰九域志》卷一,京西南路望襄州襄阳郡的记载:"望邓城(州北二十里八乡牛首樊城 高舍三镇有浣河泌泉)"。

[9] 参考乐史撰《太平寰宇记》卷六四,河北道十三,德州安德县的记载:"黄河南去县八十里";同书卷一九,河南道,齐州,临邑县的记载:"古黄河在县南二十里";同书卷六四,河北道,德州,德平县记载:"本汉平昌县"。

[10] 参考王存撰《元丰九域志》卷二,河北东路,上德州平原郡军事,县二条记载:"乾德六年(公元 968 年)省归化县入德平(中略) 熙宁六年(1073 年)省德平县为镇入安德";"望安德(八乡、向化、向村、将陵、怀仁、德平、重兴、盘河、磁博八镇有黄河鬲津河)"。

[11] 参考王存撰《元丰九域志》卷九,广南东路,上建州的记载:"望建阳(州西一百三十里六乡黄柏 洋武 仙 大同山 瞿岭四银场)",同书同卷下州邵武军的记载:"望邵武(五乡 营名一镇黄土 邹溪寺抗三银场龙须一铜场宝积万德二铁场)"。

[12] 参考王存撰《元丰九域志》卷三,永兴军路,次府京兆府的记载:"次畿武功"。

[13] 参考乐史撰《太平寰宇记》卷一三七,山南西道五,开州的记载:"开江县 万岁县(东北四十里元六乡)新浦县(西南九十里元四乡)"。

参考王存撰《元丰九域志》卷八,夔州路,下开州盛山郡军事的记载:"县二(庆历四年省新浦县入开江)","上开江(一十二乡)","中万岁(六乡温汤 井场二镇有石门山清水)"。

[14] 参考王存撰《元丰九域志》卷七,成都府路,紧蜀州唐安郡军事县五的记载:"望永康(州西五十里

八乡新渠一镇一茶场)"。

[15] 参考王存撰《元丰九域志》卷五,淮南路东路,大都督府扬州广陵郡淮南节度治江都县的条目记载:"紧江都(二十五乡 扬子、板桥、大义、栾头、邵伯、宜陵、瓜洲七镇)"。同书淮南路西路,同下州无为军,县三的记载:"望庐江(军西一百四十里一十乡<u>金牛</u>、清野、罗场、矾山、武亭、昆山六镇 昆山一场)",说明元丰时期就有邵伯、金牛镇了。

[16] 参考王存撰《元丰九域志》卷二,河北路西路,上定州博陵郡的记载:"上曲阳(州西六十里三乡<u>龙泉一镇</u>)"。同书卷三,永兴军路,紧邠州,县四的记载:"上三水(州东北六十里 九乡能江本作<u>龙泉一镇</u>)"。同书卷五,两浙路,望常州,县五的记载:"望武进(一十五乡、奔牛、青城、<u>万岁</u>三镇)"。同书卷五,两浙路,上秀州,县四条目记载:"紧华亭州东(一百二十里 一十三乡<u>青龙</u>一镇 一盐监 浦东袁部青墩三盐场)",可以看到龙泉镇、万岁镇、青龙镇的名字。

[17] 参考王存撰《元丰九域志》卷三,陕西路永兴军路,雄虢州虢郡军,县三条目的记载:"建隆元年改洪农县为常农(中略)","熙宁二年以西京伊阳县栾川冶镇隶卢氏 四年省<u>玉城县</u>为镇入虢略"。王存撰《元丰九域志》卷三,陕西路永兴军路,大都督府陕州陕郡保平军节度,县七条目的记载:"熙宁四年省<u>湖城县</u>为镇入灵宝 六年省<u>硖石县</u>为镇入陕 元丰六年复置湖城县",说明在熙宁期间把县并入镇的例子很多。

[18] 澶州的户数——唐开元年间(公元713—公元741年)有7 300,太平兴国年间有23 540,元丰年间有55 989。

[19] 滑州的户数——开元年间有53 627,太平兴国年间有13 524,元丰年间有13 342。

[20] 濮州的户数——开元年间有17 780,太平兴国年间有16 008,元丰年间有59 836。

[21] 卫州的户数——开元年间有30 666,太平兴国年间有9 482,元丰年间有47 716。

[22] 郑州的户数——开元年间有64 619,太平兴国年间有17 275,元丰年间有30 976。

[23] 大名府的户数——开元年间有11 715,太平兴国年间有76 972,元丰年间有141 869。崇宁的人口有568 976。开封府人口有442 940。

# 结束语　澶州曹村埽堵口工程的历史意义

水流动,人和物随之而动。人和物一动,钱和地随之而动。水按照自身的规律而流动。人类为此而修筑大堤,河川亦因此而成并得名,在历史的长河中展现其雄姿。河流本身并不具备令修筑大堤的人和物动起来的力量。把人类集团和大量物质聚集在河两岸的力量只能来自统治广阔地域的政治权利,大河文明因此而形成。

北宋后期大规模的黄河治水工程有澶州曹村埽工程和北京大名府工程。这里我们以曹村埽为例,考察一下人与物、钱与地的变动。这个工程始于熙宁十年(1077年),一直持续到元丰年间,是北宋最兴盛时期的黄河治理工程,它还与北宋文化有着深刻的关系。可以说这个治理工程关乎着中国文明的前进还是后退。

首先我们来介绍一下整个工程的全貌。为此我们有必要搞清年月,幸好有事件亲历者孙洙(1032—1080年)撰写的《澶州灵津庙碑文》作参考[1]。据《长编》卷二八七,元丰元年(1078年)闰正月庚辰的记载:"命御史中丞邓润甫 知制诰孙洙 并兼详定重修编敕"。《长编》卷二九五,元丰元年十二月丙辰也记载:"仍令修入灵津庙碑"。

《长编》卷三〇八记载,元丰三年(1080年)九月辛酉,权知都水监丞公事苏液上奏说:"河北 京东两路缘河决被患人户 蒙朝廷优恤赈济放税 计钱谷等共七十二万七千二百七石有奇 而灵津庙碑失载其实 乞以其事付史馆 从之"。虽然可能有所谬误和粉饰成分,但应该基本属实。宋代吕祖谦编撰的《皇朝文鉴》卷七六,碑文条目里收录了知制诰孙洙的《澶州灵津庙碑文》,全文共计 1 941 字,为古文文体。以神宗熙宁十年(1077 年)七月十七日澶州曹村下埽黄河大规模决口作为文章的开始,此时的黄河澶州段多次决口,土质松软。埽兵此时正巧在进行其他的工程,工料准备也不足。大堤的南部溃堤后,河水流入梁山泊,一部由南清河流入淮河,一部分夺北清河入海。95 个州县遭受水灾,其中濮、齐、郓、徐四州尤其严重。官舍民居被毁数万,田地被淹 30 万顷。朝廷努力为灾民提供食物,租借耕地耕牛,振恤安抚民众。以上是澶州曹村埽黄河决口和水灾的状况[2]。

第二段中详述黄河治水的情况。作为治河策略,首先维持现状"河输入淮海",决定到明春堵塞决口。计算出工期、工料,同时制定临时性措施——免夫钱制度。改元后的元丰元年闰正月,举行祭河仪式后工程开工。决口已经从 600 步扩大到 1 000 步。先在东西两侧修筑签堤挡水,设置鸡距(马头)、锯牙阻挡水流,收窄决口。河水水深也由 1 丈 8尺变成 110 尺,薪草因此不足。所以,急增大量的急夫和兵夫,从其他埽调集梢芟,从 4 月23 日起,运用转运使提出的新技术横埽法进行施工,5 月 1 日竣工,恢复北流[3]。

接着记录的是对官师、督师、小吏以及濮、齐、郓、徐四州的守臣、吏卒等论功行赏。对老幼病人等施舍医药及衣物,对有死者的家庭给予抚恤,允许逃亡者"自出编户",急夫免除一年半的春夫等。从开工到竣工共 109 天,共使用劳工 3 万,官派壮劳力 10 万,材数1 289 万,钱米 30 万,筑堤 110 余里,埽名为灵平埽,因此建立灵津庙。这里的数字中的"钱米三十万"是误记,苏液更正为"钱谷七十二万七千二百七石有畸"。以上为第三段的内容,分别记述了论功行赏、医药、抚恤、免罪、急夫减役、全工程费用、埽的更名、建庙等[4]。

第四段记述了灵平的由来,赤蛇的出现预示着祥瑞,归功于神灵,所以改曹村埽为"灵平埽",并立庙碑记述[5]。

第五段讲述了这个工程的历史意义。汉唐以来曹卫地区频繁发生决口,宋代时澶州也是决口最多的地区。汉武帝时瓠子河治理用了三十年,现在只用两年就完成了。古今一比较就可以知道"圣功博大,从古到今是没有过的"[6]。

第六段记述了灵津庙祭典的目的。黄河的利害很大,即使是工程完工,也需要祈求上苍保佑河定民安,不再发生决溢。孙洙奉诏将天子的心愿刻于石上,传给后世[7]。

第七段记录了祭文。自大禹治水到战国齐赵魏都进行治水和水利建设,从汉到现在的一千三百年间,虽然水患频繁严重,但圣明的天子继承尧禹之德,善政泽及蛮夷草木。

熙宁十年澶州虽然决口,但上下齐心治水,终于迎来了民安地平的日子,这归功于天子的圣明。文章以"新庙春秋承祀 以祈灵保臣"作为结尾[8]。

通过碑文就可以了解到整个治理工程的全貌。在神宗统治时期,王安石实施变法,国家政策发生急剧变化,人们也忙于应付。这一时期狂暴的黄河也发生了重大的改道,致使广阔地域上的人和物发生急剧的变化。这个国家级的大工程在北宋熙丰最盛期投入全力实施,并取得圆满的成功,可以说是北宋文化的成果。不可否认该工程给后来留下了严重的创伤,但在文明的发展进程中也有很多积极的意义。

首先,澶州曹村埽决口地点的最后合龙工程曾一度失败,最终成功合龙采用的施工方法,是转运使王居卿发明的横埽法。王居卿发明了一种叫"连三灶"的方法,充分利用薪刍[9]。另外,在工程进行过程中,于熙宁十年十一月采用了"列到土法"的"工"的计算法[10]。熙宁四年,王安石变法派的治水官员程昉所采用的剥机,非常适用于采伐沿岸的榆柳[11]。熙宁五年,在王安石的倡导下正式使用新发明的濬川杷。熙宁七年,设置疏濬黄河司,濬川杷得到了推广,元丰元年得到广泛使用。以后不断地使用这个工具对卫州到入海口的河道进行疏浚[12]。澶州建有浮桥。元丰元年制造出火叉,用以装备火筏、火船顺流而下,另在澶州配置战船二十艘,河清兵一百人,组成桥道水军[13]。澶州曹村埽河堤决口的原因,是护埽的兵丁被派去从事其他事情,梢芟等物料储备不足。元丰三年(1080年)制定了"埽岸制度",规定堤埽的向著和退背各设三个等级,同时施行外都水监丞的南司和北司制度,其南北外都水丞司衙门都设在澶州[14]。这年的 6 月制定"到官日限法"[15],招募缺衣少食的灾民补充兵丁的缺额,从事工程施工[16]。当时的淤田水利司致力于耕地的改造,将被淹的田地、梁山、张泽两泺等积水土地进行排水造田,招募客户等到此安家等,实施积极的安民政策[17]。

在澶州曹村埽工程的施工过程中,实行了临时的免夫钱制度,这个制度在经过半个世纪后,终于成为正式实施的政策。免夫钱的课赋区取消距离规定后,不仅在黄河流域实施,从江北最后扩展到全国范围。免夫钱与度僧牒等一起,用于河埽物料的购买、雇夫钱,以及河役兵丁的特别支出等费用[18]。

宋代政权采用的黄河流向沿东西向贯穿华北平原。万里长城为国防的第一道防线,长城内的燕云十六州在外敌的掌握之中。黄河的流路形成了一个巨大的自然壕沟,成为国防的第二道防线。长城的国防线丧失后,如果黄河的防线再失守,宋代的政权就面临重大问题,正是基于这一原因,因此坚持黄河东流的政策。澶州是军事上的一大要地。前线虽然有沧州和北京大名府,但澶州作为最后的黄河渡河点,在军事上有着重要的地位。因此,在这里配置战船,设置外都水监丞司,以备非常时期之用。澶州曹村埽工程在政治上、军事上都有着重要意义。

**【注释】**

[1]《宋史》卷三二一,列传八十记载:"孙洙字巨源 广陵人 羁北能文 未冠擢进士 包拯 欧阳修 吴奎举应制科(中略) 王安石主新法 多逐谏官御史 洙知不可而囁嚅不能有所言 但力求补外 得知海州(中略) 元丰初兼直学士院 澶州河平 作灵津庙 诏洙为之碑 神宗奖其文 擢翰林学士 才逾月得疾(中略) 卒年四十九(下略)"。孙洙(1032—1080 年)死于元丰三年(1080 年)。灵津庙碑文作于元丰元年(1078 年),是他晚年的名文,得到神宗皇帝的认可,因此提拔为翰林学士。

[2] 灵津庙第一段的碑文如下:"熙宁十年秋大雨霖 河洛皆溢 浊流淘涌 初坏孟津浮梁 又北注汲县 南泛酢城 水行地上 高出民屋 东郡左右地最迫隘 土尤疏恶 七月乙丑 遂大决于曹村下埽 先是积年稍背去 吏情不虔 楗积不厚 主者又多以护埽卒给它役 在者才一二 事失备予 不复可补塞 堤南之地斗绝三丈 水如覆盎 破缶从空中下 壬申 澶渊以河绝流 闻河既尽徙而南 广深莫测 坼岸东汇于梁山张泽泺 然后派别为二 一合南清河以入于淮 一合北清河以入于海 大川既盈 小川皆溃 积潦狼集 鸿洞为一 凡灌郡县九十五 而濮齐郓徐四州为尤甚 坏官亭民舍以钜数万 水所居地为田三十万顷 天子哀悯元元 为之盱食 初遣公府掾 往俾之循视 又遣御史往委之经制 虚仓廪开府库 以振救之 徙民所过无得呵 吏谨视遇不使失职 假官地予民使之耕 而民不至于太转徙 质私牛于官贷之牛 而牛不至于尽杀食 其蠲除约省劳 来安集 凡以除民疾苦 其事又数十然后人得不陷于死亡矣"。

《长编》卷二八四记载,熙宁十年(1077 年)八月丙戌,京东路体量安抚黄廉的上奏:"条举百余事 大略疏张泽泺至滨州 以纾齐郓 而济单曹濮淄齐之间 积潦皆归其壑 郡守县令能救灾养民者 劳来劝诱使即其功 发仓廪府库以赈 不给水占民居 未能就业者 择高地聚居之 皆使有屋 避水回远未能归者 遣吏移给之 皆使有粟 所灌郡县 蠲赋弃责 流民所过 毋得征算 使吏为之 道地止者 赋居行者 赋粮忧其无田 而远徙 故假官地 而劝之耕 恐其杀牛而食之 故质私牛而与之钱 弃男女于道者 收养之 丁壮而饥者 募役之 初水占州县三十四 坏民田三十万顷 坏民庐舍三十八万家 卒事所活 饥民二十五万三千口 壮者就功而食又二万七千人 得七十三万二千工 给当牛借种钱 八万六千三百缗 归而论荐士大夫 后多朝廷所收用云"。碑文讲的就是这个内容。

[3] 灵津庙第二段的碑文如下:"天子乃与公卿大议塞河 初献计者有欲 因其南溃 顺水所趋 筑为堤 河输入淮海 天子按图书 准地形 览山川 视水势 以谓 河所泛溢绵地数州 其利与害可不熟计 今乃欲捐置旧道 创立新防 弃已成 而就难冀惮 暂费而甘长劳 夹大险 绝地利使东土之民为鱼鳖食 谓百姓何 国家之事固有费 而不可省劳 而不获已者也 天赞圣德 圣与神谋 诏以明年春作始修塞 乃命都水吏 考事期 审功用计徒庸程畚筑 峙粮粮 伐薪石 异时治河 皆户调楗 民多贱鬻货产 巧为逃匿 上虑人习旧常 而胥动以浮言也 先期戒转运使 明谕所部 告之以材出于公 秋毫不以烦民 然后民得安堵矣 物或阙供 皆厚价和市 材须徙运 皆官给傜费 唯是丁夫古必出于民者 乃赋诸九路 而以道里为之节适 凡郡去河颇远者 皆免其自行 而听其输钱以雇更 则众虽费 可不至于甚病 而役虽劳 可不至于甚疲矣 材既告备矣 工既告聚矣 明年立号元丰 天子遣官以牲玉祭于河 而以闰正月丙戌首事 方河盛决时 广六百步 既更冬春益侈大雨 涘之间遂逾千步 始于东西签为堤以障水 又于旁侧阔为河以脱水流 渠为鸡距以酾水 横水为锯牙以约水 然后河稍就道 而人得奏功矣 既左右堤疆而下方益伤矣 初刉河深得一丈八尺 白水深至百一十尺奔流悍甚 薪且不属 士吏失色 主者多疾 置闻请调急夫 尽彻诸埽之储 以佐其乏 天子不得已 为调于旁近郡 俾得蠲来岁春夫以纾民 又以广固壮城卒数千人往奔命 悉发近埽积贮 而又所蓄食藁数十万以赴之 诏切责塞河吏 于是人益竭作 吏亦毕力俯瞰回渊 重埽九绋而夹下之 四月丙寅 河槽合水势颇却 而埽下湫流 尚驶堤 若浮寓波上 万众环视 莫知所为 先是运使创立新意制为横埽之法 以遏绝南流 至是天子犹以为意 屡出细札 宣示方略 加精致 诚潜为公 祷祥应感 发若有灵契"。

参照本书第一章第一节"宋代黄河堤防考证"。

《长编》卷二八七记载,元丰元年闰正月,提举修闭曹村决口所上奏说:"以今月丙戌 筑签堤开脱水河"。

[4] 灵津庙第三段的碑文如下:"五月甲戌朔 新堤忽自定 武还北流 奏至群臣入贺 告类郊庙 劳飨官师遂大庆赐自督师 而下至于勤事 小吏颁器币各有差 第功为三品 各以次增秩焉 濮齐郓徐四州守臣 以立堤救水 城得不没 皆赐玺加奖 吏卒自下捷至竣事而归 凡特支库钱者四 初天子闵徒之遭疠者 连遣太医十数辈往救治之 以车载药 而行春尚塞 赐以襦袍 天初暑给以台笠 人悦为力 用忘其劳于是又命籍其物故者 厚以分恤其家 逃亡者听自出 以贯编户 乘急出夫者 蠲春役一岁有半 仁沾而恩洽矣 自役兴至于堤合 为日一百有九 丁三万 官健作者 无虑十万人 材以数计之 为一千二百八十九万 费钱米合三十万 堤百一十有四里 诏名曰灵平 立庙曰灵津 归功于神也"。

《长编》卷二八九,元丰元年五月甲戌条记载:"是日曹村决口新堤成 河还北流 自闰正月丙戌首事 距此凡用功一百九十余万 材一千二百八十九万 钱米各三十万 堤长一百一十四里(此处《会要》及灵津庙碑)濮齐郓徐四州守臣 以立堤救水城得不没 皆降诏奖谕(四州奖谕处灵津庙碑必自有月日但实录不书今附此)赐兵夫死于役者 家钱三千(新纪有之)"。

同卷五月己卯条记载:"群臣上表贺塞曹村决口 河复故道 孙洙灵平('津'的误写)庙碑可考详 诏塞决河 亡卒听自陈免罪 仍被差急夫合如何优恤 其部夫官分若干等以闻(戊戌分三等赏功)"。

《长编》卷二八八,元丰元年二月庚戌条记载:"诏提举修闭曹村决口所 察视兵夫饮食 如有疾病 令

医官悉心治疗 具全失分厘以闻 当议赏罚"。

《长编》卷二八九,元丰元年(1078年)夏四月甲子条记载:"诏太医局选医生十人 给官局熟药 乘驿诣曹村决河所 医治见役兵夫"。

《长编》卷二九○记载有元丰元年(1078年)六月己酉的诏书:"河北路转运司 昨发塞决河急夫 候发春夫计日折免 更蠲五分"。

[5] 灵津庙第四段的碑文如下:"方天子忧 埽于合未固 水道内讧 上下惴恐 俄有赤蛇 游于埽上 吏置蛇于盆 祝而放之 蛇亡而河塞 天子闻而异之 命褒神以显 号而领于祠官 曲加礼焉 有诏臣洙作为庙碑以明著神贶"。

《长编》卷二八九记载元丰元年(1078年)夏四月戊辰的诏书:"改新闭曹村埽曰灵平 遣枢密直学士陈襄祭谢 仍以都总管燕达兼都大提举修护务令坚实 及遣中使抚问赐燕达以下御筵 役兵禁军等特支钱有差 灵津庙神济夫人 进封灵显神妃 初决口屡塞 不能绝流 财力俱竭 达等相视无策 有小赤蛇出于上流 众以为神共祷之 一夕沙涨 河遂塞 故赐名 埽曰灵平 庙曰显灵神妃 殆非人力也"。

《长编》卷二八四,熙宁十年(1077年)九月丙子条记载:"黄河诸埽龙女庙 并以灵津为名 封神济夫人"。

[6] 灵津庙第五段的碑文如下:"臣洙窃迹汉唐而下 河决常在于曹卫之域 而列圣以来泛澶渊为尤数 虽时patterns用patterns患殊而成功 则一然必旷岁 历年穷力殚费 而后仅有克济 固未有洪流横溃 经费移徙 不逾二年 一举而能塞者也 何则孝武瓠子甚可患也 考今所决适值其地 而害又逾于此焉 然宣房之塞 远逾三十年 费累亿万计 乃至于天子亲临沈玉 从官咸使负新 作为歌诗 深自郁悼 其为艰久 亦已甚矣 视往揆今 则知圣功博大 阔远古来有也"。

[7] 灵津庙第六段碑文如下:"呜呼 河之为利害大矣 功定事立 夫岂易然哉 主吏诚能拨明诏 规永图 不苟务 裁费径役 以日为功 而使官无旷职 卒无乏事 缮治废堤 常若水至 庶几河定民安 无决溢之患矣 臣洙既奉诏为庙金石刻 因得述明天子所以御灾捍患 计深虑远独得于圣心而成 是殊尤绝迹 遂及治河曲折 在官调度 与夫小大献力 内外协心 概见其使后世有考焉"。

[8] 灵津庙第七段碑文如下:"臣洙谨拜手稽首 而献文曰 浑浑河源 导自积石 逆折而东 久辄羡溢 维古神禹行水地中 顺则所适不为防庸 降及战国 濒齐魏赵 陂障以流与水争地 酾为之渠 利用灌溉 水无所由 因数为败 由汉迄今千三百岁 出地而行 患又滋大 明明天子缵尧禹 服恩均蛮貊 泽润草木 丁巳孟秋 淫雨漏河 河徙而南 千里涛波 天子曰咨水实徽 予勤民之力 其得已乎 申命群司 鸠材庀工 上志先定 庶言则同人乐输费遗力 圣诚感通河即顺 塞钜野既潴淮泗 既道川无狂澜 民得烝罩 东土其又徐 友宁宁 芒芒原隰 既夷且平 水所渐地更为沃野 人恣田牧施 及牛马盈宁 士女相与歌呼 微我圣功 人其为鱼 四郡守臣 舞蹈上章 微我圣功 城其为隍 帝厘山川 鱼兽咸若万方归之 如水赴壑 凡厥士吏迨及庶民 其谨护视烝徒孔勤 维是汤河作固 京室在庭 圣独前识九类攸叙六府允修 丕冒日出 覃被海陬归惠尔 新庙春秋承祀 以祈灵保臣"。

[9] 《长编》卷二八四,熙宁十年(1077年)八月癸卯条记载:"权京东转运使王居卿 乞改制连三灶 用薪刍至少 而见功多 乞下其法诸路 从之"。

[10] 参考本书第二章第二节"宋代的河工——关于'工'的含义"。

[11] 《长编》卷二九二,元丰元年九月条记载:"丁丑 又诏都水监相度 沿河榆柳 令地分使臣兼管 剥机及委都大官提举具利害以闻"。同年九月戊辰条目中也有关于剥机的记载。

[12] 《长编》卷二八八,元丰元年(1078年)三月戊寅条记载:"诏都水监调拨汴口水势 接淮汴行运 其曹村大河决口水 虽已还故道 然未通顺 宜用潩川杷疏濬 三日一具疏濬 次第以闻"。

[13] 《长编》卷二九三,元丰元年(1078年)冬十月壬戌条记载:"军器监言 昨赞善大夫吕温卿言(中略) 朝廷差官制造澶州浮梁火叉 其为防患 不为不预 然恐万一寇至 以火筏火船 随流而下 风顺火炽 桥上容人不多 难以守御 不若别置战舰 以攻其后 乞造战舰船二十艘 仍于澶州界 置黄河巡

检一员 择河清兵五百 以捕黄河贼盗为名 习水战以备不虞下大名府路安抚司相度 本司言澶州界
黄河旧无巡检一员 择河清兵五百 以捕黄河贼盗为名 习水战以备不虞下大名府路安抚司相度 本
司言澶州界 黄河旧无巡检 当北使路 若增创战船 窃虑张皇欲止 选河清兵百人 为桥道水军 令习
熟船水 可使缓急御捍上流舟筏及装驾战舰 本监欲依安抚司所陈 从之"。

[14]《长编》卷三〇四,元丰三年(1080年)五月丙戌条中有关于"埽岸制度"的记录。

《长编》卷三〇六,元丰三年(1080年)秋七月壬子,中书吏房上奏中有"都水监丞南北司"的记录。
同书卷三〇八同年九月丁亥条中也有"南北外都水丞旧澶州置司"的记录。

[15]《长编》卷三〇五,元丰三年(1080年)六月丙辰,对御史满中行的上言中,有"诏中书立到官日限
法"的记录。

[16]《长编》卷二九一记载元丰元年(1078年)八月庚午的诏书说:"青齐淄三州被水流民 所至州县募
少壮兴役 其老幼疾疑无依者 自十一月朔 依乞人例给口食 候归本土 及能自营或渐至春暖停给"。

《长编》卷二九六记载元丰二年(1079年)二月乙卯的诏书说:"兖郓齐济滨棣德博州饥甚 艰食之
民颇多 可遣官分往诸州 益募民为兵 以补开封界京东京西将兵阙额"。

[17]《长编》卷二八八记载了元丰元年(1078年)二月甲寅,都大提举淤田司的上奏:"京东西淤官制利
瘠地五千八百余顷 乞依例差使臣等管勾 从之"。

《长编》卷二九〇,元丰元年(1078年)六月癸卯,京东体量安抚黄廉的上言也有记载:"澶州及京
东河北淤官地 皆上腴 乞募客户依其土俗 私出牛力 官出种子 分收 选晓田利官两员 诣京东河北
计会 转运提举二司及逐县令佐相度 招募客户 自今秋营种 并下司农寺详定条约 从之"。

元丰元年六月己酉记载,京东路体量安抚黄廉的上奏说:"乞申敕有司 检计沟河 候丰熟 令所属调
丁夫 濬治梁山张泽两泺 累岁填淤浸民田 亦乞自下流浚至滨州 从之 开濬沟河 令都水监遣官同
转运司检视工科"。

[18]《长编》卷二九〇记载元丰元年(1078年)六月己未的诏书:"都水监 应河埽物料 于合应副 路转运
及开封府界提点司 取三年中一中数为额 委逐司管认应副钱物关本监计置"。

另外,《长编》卷二九一,元丰元年八月丁巳的条目也有记载:"赐度僧牒六百付都水监(中略) 予
买修河物料 以其半市梢草还诸埽"。同书卷二九四同年十一月癸巳记载:"乞支见钱二十万缗 趁
时市梢草(下略)"。同书卷二八八,同年三月戊寅的条目也有"役兵一万八千四百〇七人,给予特
别支出的津贴"的记录。其他的金钱方面的支出有"坊场钱、常平谷、封桩钱"等用词。

# 第三章　宋代的黄河治水政策

## 第一节　宋代初期的黄河堤防管理

### 绪　言

堤防是自然流动的"水"与荣枯兴衰轮回的人类社会的连接线,它确保着自然和社会的秩序,是流水与人类共同作用的产物。根据河流的大小不同以及水流的涨落,堤防有各种不同的功能和规模,世界上屈指可数桀骜不驯的黄河更是如此。历经唐末到五代战乱与分裂时期后建立的宋王朝,为了保证国家统一和长治久安,强化并完善了中央集权统治。这一点从黄河大堤频繁的决口和堵口工程可见一斑。随着宋代中央集权的不断完善与强化,堤防管理机构也自上而下,由近及远,从溃堤频发地点到全流域,随着几上几下、几聚几合,其集约的能力和辐射的广度都得到了进一步的强化与深化。

太祖太宗时期,国家初创,就已经编制了堤防管理体制的大纲。到第三代真宗时期,对大纲又加以完善。而到了第四代仁宗时期,却出现了诸多问题。历经真宗、仁宗两朝的滑州天台埽治理工程虽然完工,但是紧接着黄河的澶州横陇埽段又发生大规模决口,其治理工程陷入停滞状态。庆历八年(1048 年)澶州商胡埽段再次发生大规模溃决,黄河改道北流,河道发生了巨大改变,而且在这个基础上河水又出现了分流,成为两股河。政治上正值范仲淹、韩琦、欧阳修等人争执不休之际。横陇埽到商胡埽工程的二十年间,正是宋代河务体制的改革实验阶段,商胡北流的出现对旧体制向新体制过渡起了决定性的作用。

当时政界也出现了新、旧两个党派,在激烈的党争中,在王安石变法后新体制的强力推动下,黄河的治理得到了大力加强。根据国防的需要,对商胡北流进行了大规模回河东流的疏导工程。在新体制下,新的课题不断地被提出来,比如数额巨大的工程资金及材料的保管问题;如何简化复杂的河务行政组织问题;如何改善河役夫的劳动条件以及治水技术问题等,这些问题的逐步解决,是对国家有非凡意义的好事。本节将从行政方面解读宋代初期黄河大堤的管理体制。

### 一　地方官制度与黄河堤防的管理

嘉祐三年(1058 年)十一月,朝廷增设都水监。自此宋初的一百年间,太祖、太宗、真宗、仁宗四代皇帝延续了这种水务体制。

《宋史》卷九一,河渠志四四,太祖乾德二年(公元 964 年)记载:"遣使案行 将治古堤 议者以旧河不可卒复 力役且大 遂止 但诏民治遥堤 以御冲注之患"。是说太祖时期派官吏整修古堤,但修复旧河需要大量的民工,有反对者,所以中途停工,但却下令百姓整治遥堤防止水害。当时民工不足,同时工程材料也不足。

《长编》卷三,建隆三年(公元962年)九月丙子记载:"禁民伐桑枣为薪 又诏黄汴河两岸 每岁委所在长吏 课民多栽榆柳 以防河决"。要求黄、汴两河沿岸的百姓每年种植河务用的榆柳树。另外,《会要》一九二册,方域一四,治河上记载,建隆三年(公元962年)十月的诏书也说:"沿黄汴河州县长吏 每岁首令地分兵 种榆柳以壮堤防"。每年春天黄、汴两河沿岸州县的长吏要督促下属兵丁在堤防上种植榆柳树,并且要求负责到底。

《会要》一九二册,方域一四,治河上,开宝五年(公元972年)正月的诏书记载:"每岁河堤常须修补 访闻科取梢捷 多伐园林 全亏劝课之方 颇失济人之理 自今沿黄汴清御河州县人户 除准先敕种桑枣外 每户并须创柳(或榆)及随处土地所宜之木 量户力高低分五等 第一等种五十株 第二等四十株 第三等三十株 第四等二十株 第五等十株 如人户自欲广种者亦听 孤老残患女户无男女丁力作者 不在此限"。每年受命修筑河堤时,为了获取梢木等材料,砍伐园林的事件非常多。虽然不合理,但也没有办法。因此,今后黄、汴、清、御等河沿岸州县的居民,根据户力的高低,不仅要种桑枣树,还要广种榆柳等适合当地水土的树木,规定一等户必须种50棵,二等户40棵,三等户30棵,四等户20棵,五等户10棵,但是孤残老人、女户无男丁者除外。

《长编》卷八,乾德五年(公元967年)春正月戊戌(同《宋史》)记载:"分遣使者 发畿县及近郡丁夫数万 治河堤自是岁以为常 皆用正月首事季春而毕"。当时每年派遣使者赴京都及附近的各县,组织、发送民夫数万人赶赴修治河堤,这已成为惯例。施工期为正月到季春时节,后称为"春夫",工期固定在寒食节前一个月。这个时期还设立了"河堤使"。

《长编》卷八,太祖乾德五年(公元967年)春正月辛卯(同《宋史》)记载:"今开封、大名府、郓、澶、滑、孟、濮、齐、淄、沧、棣、滨、德、怀、博、卫、郑等州长吏 并兼本州河堤使(以下只有《宋史》记载) 盖以谨力役 而重水患也"。

《会要》一九二册,方域一四,治河上,开宝五年(公元972年)三月的诏书也记载:"朕每念河堤溃决 颇为民灾 故尝置使以专掌之 思设佐僚共济其事 自今(以下十七府州名省略)各置河堤判官一员 以逐州通判充 如阙通判 以本州判官兼领"。在设定"春夫"的同时,十七府州设立河堤使,在强化五等户种树的同时,又任命了河堤判官负责工料及民夫的组织,强化管理机关职能,使之成为实权机构。那么堤防管理的实际情况又如何呢?

《会要》一九二册,方域一四,治河,淳化二年(公元991年)三月的诏书中说:"今岁时雨滂霈 州流暴涨 虑河堤脆薄之处 或有蛇鼠所穴 牛羊践履 岸缺成道 积水冲注 因而坏决 以害民田 宜委诸州河堤使'长吏以下及巡河主埽使臣 经度行视预图缮治 苟失备虑 或至坏隳 官吏当写于法'('  '中的内容《宋史》中没有)"。其中要求对堤防的薄弱处、蛇鼠洞、牛羊踏坏处、堤岸缺损成为道路、水注等地方,一旦发现要及时整修。这是河堤使的工作,就是文中提到的"巡河主埽使臣"。各埽的工程材料的管理也由中央派遣的使臣负责。这个职责采取了连坐制。下面举几个与河防有关的犯罪案例。

《长编》卷一一记载,开宝三年(公元970年)春正月己巳的诏书中说:"河防官吏 毋得掊敛丁夫缗钱 广调材植 以给私用 违者弃市"。

《长编》(《永乐大典》一二三〇六收录),开宝三年(公元970年)十一月庚戌记载:"河决澶州 东汇于郓濮 坏民田 上怒官吏不时上言 遣使按鞫 庚戌 通判司封郎中姚恕

坐弃市 知州左骁卫大将军杜审肇免归私第"。规定官吏若收受民夫的钱财,冒领工程材料私用,将处以闹市杀头。当时就有黄河发生决口造成水灾,但通判姚恕却不上报,结果被判闹市处决,而知州杜审肇被免职回家。杜审肇由于是太祖和太宗皇帝生母的哥哥,因此才得以减刑,免于一死的吧。

《长编》卷三四,淳化四年(公元993年)冬十月庚申记载:"先是大名府豪民 有崎叠荚者 将图利 诱奸人 潜穴河堤 仍岁决溢 知府事赵昌言 识其故 一日堤吏告急 昌言命径取豪家廥积以给用 由是无敢为奸利者"。

《会要》一九二册,方域一四,治河上,景德五年(1008年)七月的诏书中说:"自今修缮河堤 不得更减功料 是春阳武酸枣河堤使者 以省功料 为劳课 亟命选勤干者代之"。太宗时期严厉打击豪绅囤积刍荚也就是物料,然后再指使他人偷挖堤防,制造溃堤,以牟取暴利的行为。到了真宗时期实施对换节省的物料,以奖励节约用料。就这样,太祖把遥堤交给民间管理,大堤则由地方官僚和中央的使臣进行层层严格管理。太祖的"大堤官治 遥堤民治"的河防政策由此得以确立。

太宗时期黄河的治理政策有"埽制"和"开渠分水策",这些在前面的宋代黄河堤防考证"二 埽"的章节中已有所论述。真宗时期的堤防管理重点则放在地方制度的完善和强化上。

《长编》卷四七,咸平三年(1000年)五月丁未诏书中说:"缘黄汴河令佐 常巡护堤岸 无得差出 有阙流内铨即时注拟 勿使乏人"。令黄、汴两河沿岸各县的县令要经常巡视堤岸,不得有误,如有人员不足,须立即在管辖范围内挑选,并对继任者进行任命,不得缺员。

《长编》卷四七,咸平六年(1003年)八月戊寅诏书中说:"沿黄汴河知州通判 每两月迭巡河津"。诏书中命令黄、汴两河沿岸的知州和通判每两个月必须巡视河津一次。

《会要》一九二册,方域一四,治河上,景德元年(1004年)三月的诏书中说:"每岁遣使 阅视黄汴河堤 回日具委保以奏 异时有坏决 连坐其罪 修护渠 各有官属使者 暂往安可专责 自今罢之"。命令每年派遣使者巡视黄、汴大堤,巡回的日期及负责人姓名须上报朝廷。如果负责的河段溃决须承担连带责任。修整河渠由各官选派使者负责,由于是临时前往,所以无法负全责,也就不再负连带责任。

《会要》一九二册,方域一四,治河上,景德二年(1005年)十月的诏书中说:"沿河州军长吏 通判 自今任满 候水落乃得代还 又令沿河县令主簿 更互出视堤防"。

《长编》卷六一,景德二年(1005年)十月己卯的诏书中说:"缘河官吏 虽秩满 须水落受代 知州通判每月一巡堤 县令佐官迭巡 转运使勿委以他职 又申严盗伐河上榆柳之禁"。沿河州军的长吏、通判即使是任期已满,工作交接也必须在河水水位降低之后进行。沿河的县令和主簿要互相巡视堤防。州的知州和通判每月巡视一次。转运使不得将此工作委托给他人。另外,严禁盗伐河堤上的榆柳树。咸平及景德四五年间,沿河各州县的长吏佐官就这样严格按规定去完成自己的职责。

《会要》一九二册,方域一四,治河上,景德五年(1008年)十二月的诏书中说:"沿黄河州军知州通判令佐等 在任三年 修护堤埽 牢固别无遗累 得替日免短使 依例磨勘 与家便差遣 令佐亦放选注家便官"。黄河沿岸各州军知府、通判、令佐等在三年任期内必须维护、加固大堤,不允许遗留给下任。如果完成工作,则在交接的时候可免除依例的短使考察,直接携家眷奔赴新职。令佐也可以选择携带家眷的官职。也就是说,免除黄河沿岸各州县的官吏的短期考察,并享受直接带家眷赴任的特权。

《会要》一九二册,方域一四,治河上,大中祥符九年(1016年)四月的诏书中说:"自今沿黄河令佐 三年二年在本县地分 修护河堤埽岸 一年差出别县界 亦修护堤 并得牢固者 只免选注合入官 即不注家便 如三年内俱在本县地分 修护河堤 别无疏虞 即依先降敕命施行"。诏书明确说,从现在开始,黄河沿岸各县令如在两三年内在本县养护河堤和埽岸,一年转任其他县继续养护堤防并护堤有功者,可免于考察,继续为官。同时,也可以不必考察直接携家眷上任。只要在三年任期内,养护县里的堤防没有发生事故者,都可以按以前的诏书的规定执行。

《长编》卷九五,天禧四年(1020年)五月己卯的诏书中说:"应缘河州军 自今每岁令长吏等与巡河及本地使臣 躬亲检视堤岸 当浚筑者连署以闻 勿复减省功料 以图恩奖 违者重置其罪"。诏书要求全体沿河州军,从现在开始,每年长吏、巡河使臣要会同本地使臣一起巡查堤防,如有需要整治的河段,必须联合上书报告。不允许为获得褒奖而违规节省工料,违反者将严厉处罚。这里明确了地方官员与中央派遣的河防官员的共同责任。

下面的资料总结了州县河防官员的职责:

(1)真宗时期基本确立了由州县的河务官员负责堤防管理的体制。

(2)河堤的日常管理主体是令佐(即县令)、佐官(即县丞、主簿、县尉),特别是县令和主簿负主要责任。州军是知州和通判。

(3)主要职责。

元代沙克什撰写的《河防通议》卷上,河议第一,河防令中记载:

一是"州县提举管勾河防官 每六月一日至八月终 各轮一员守涨 九月一日还职"。

二是"沿河兼带河防知县官 虽非涨月 亦相轮上堤控"。

此书是在北宋沈立(1007—1078年)撰写的《河防通议》的基础上编辑而成的,从中可以看到北宋河务官员的工作状况:

(1)州县河务官每年六月一日至八月末,各选一员轮流巡视河防。九月一日回任地复职。特别是黄河沿岸的知县官员要兼顾河防,即使不是六月到八月的汛期也必须轮流上堤巡视并上报。根据对决口月份的调查,决口发生最多的月份是六月和七月,其次是八月,九月和十月次之。

(2)知州、通判每月要巡视堤防一次,县令和主簿要互相交换去巡视对方的堤防。

(3)沿河的官员任期届满后的调换必须在汛期过后进行。

(4)任职期间不得离开工作地点。

(5)州军的长吏、巡河使臣、本地使臣必须亲自巡视堤防,有需要疏浚的地方,要联合上书报告。

(6)三年任期结束时堤防依然牢固的官员,可免除短期考察,直接携家眷赴任新职。免除对在任期间的工作情况的考察,并优先调任。

《会要》一九二册,方域一四,治河上,大中祥符八年(1015年)三月记载:"诏 京西转运使 俟农隙日量发二匠 课取石假 备修河阳埽岸"。

《会要》一九二册,方域一四,治河上,天圣元年(1023年)六月也记载说:"是月鲁宗

道言 近奏郑州判官王述 前安利军判官葛湛 充滑州职官 同管修河公事 今点检滑州奏状 幕职多出外县 不亲书名 欲乞特申戒约 并须同共商议 亲书文奏 如有功过 应于修河官并与知州已下一例施行 从之"。景德二年(1005年)禁止转运使将河务工作委托他人处理,但是京西转运使应在农闲时每天派出两名石匠,开采石材以备河阳埽岸使用。仁宗天圣二年(1024年),滑州的官员很多被派往外县常驻,大多数派驻人员的姓名都没有记录。今后要共同商议,确定后在文件中记载姓名,如有功过,全部依据修河官或知州以下的定例施行。地方官员可追究上至转运使、下至州幕官员的河务治理的责任。

《会要》一九二册,方域一四,治河上,天圣元年(1023年)六月记载:"供奉官合门祇候签书滑州事张均('君'字的误写)平言 签书州事 兼管河堤 将来修塞河口 功料排备物料分领役兵 伏缘往来隔河 恐失点检 况修河亦有都监名目 欲勉('免'字的误写)签书州军 专令管勾河口 别命太常博士李渭为北作坊副使充修河都监"。同书天圣六年(1028年)三月十六日也记载:"是月诏 澶滑州签判职官 自今与知州同判管河堤事"。在澶州、滑州这样黄河频繁决口的州里,签书州事和签判职员也必须尽力履行管理河堤的职责。

《会要》一九二册,方域一四,治河上,天圣七年(1029年)正月记载:"滑州言 得殿中丞签书节度判官厅公事花尹等状 尝准州牒守宿 巡掌物料堤埽 缘旧勒只有知州同判 无职官防护条例 河防重难 深虑小人疏虞 一例负责 自今澶滑州签判职官 候得替日 与依知州同判例施行"。对知州通判的奖励政策也作了规定。

《会要》一九二册,方域一四,治河上,天圣五年(1027年)九月八日记载:"京西转运使(《长编》中用'张亿'的名字)泊滑州 自今每五日一次 具修河次第 修叠步数 堤岸平安 闻奏"。滑州天台埽工程进行时,每五天要上报一次工程进展状况。

如上所述,真宗时期的黄河堤防管理已经涉及地方的下级官员,而到了仁宗时期则更加完善。

## 二 中央使臣与黄河堤防的管理

太祖、太宗两朝时期开始派遣使臣对堤防和工料的使用情况进行调查,这些在我列举的史料中都有涉及。太祖乾德二年(公元964年)就有"遣使案行 将治古堤"的记载了。据《长编》卷一八,太平兴国二年(公元977年)秋七月戊寅记载(《宋史》卷九一),到了太宗朝时期:"遣左卫大将军李崇矩驰驿 自陕至枪('沧'的误写)棣按行河势 视堤岸之缺亟缮治之 民田被水灾者 悉蠲其租"。左卫大将军就是诸卫大将军、环卫官(月俸禄二十五贯),属于重要使臣。身为左卫大将军的李崇矩身负对陕州到沧州、棣州一带的堤岸及河流状态进行调查的任务。

《长编》卷一九,太平兴国三年(公元978年)春正月辛丑记载(《宋史》卷九一):"分遣使十七人 治黄河堤 以备水患"。

《长编》卷二四,太平兴国八年(公元983年)十一月丙寅记载:"巡检河堤作坊使郝守濬 责授慈州团练副使坐不救河决 擅赴阙奏事也"。中央频繁地派遣使臣巡视黄河大堤。当时郝守濬没有组织全力抢险,却擅自返回朝廷汇报,结果被降职处理。

《长编》卷四七,真宗咸平三年(1000年)五月甲辰记载:"河决郓州王陵埽(中略) 知州马襄 通判孔勗 坐免官 巡堤左藏库使李继元(《会要》中为'原')配隶许州"。郓州王陵埽决口,追究了知州、通判以及巡河堤左藏库使三个官员的责任。景德元年(1004年)二月的诏书中要求"每岁遣使阅视黄汴河堤",取消了"连坐其罪"的规定。

《长编》卷六八,大中祥符元年(1008年)夏四月巳未诏书中说:"今后入内内侍省 更互逐年差使臣 巡黄河堤"。

《会要》一九二册,方域一四,治河上,大中祥符元年(1008年)四月记载:"同月 遣中使四人 分护郓濮等河堤 以驰道所历 谨备予也"。真宗大中祥符元年(1008年)夏四月,从入内内侍省的宦官中选调巡河使臣,选出四人分赴郓、濮等州负责养护河堤。

《会要》一九二册,方域一四,治河上记载,大中祥符八年(1015年)四月诏书中说:"沿河诸埽巡河使臣 各给当直军士五人 监物料 使臣各三人 并以本城充 自今不得辄差河清卒"。沿河各埽的巡河使臣各拨给军士五人。负责监督物料的使臣各拨给三人。全部用本城的军士来充任,不得动用河清卒。上述巡检司负责黄河堤防管理,负责官员均由入内内侍省的宦官担任,其指挥动用兵士时,不得使用各埽所属的河清卒,而只能由本城的役兵来充当。

《会要》一九二册,方域一四,治河上,大中祥符八年(1015年)三月记载:"令滑州都监 监押二员 每月更巡河上 提辖六埽修河物料"。同书天禧元年(1017年)十月也记载:"滑州监押侍禁勾重贵言 准先降敕 知州军通判官令佐巡检河堤埽岸使臣 得替后并有酬奖 惟不及都监监押 诏自今替日与免短使"。还是同一本书,天禧四年(1020年)十二月记载:"知滑州陈尧佐请 令兵马总管 同管勾堤事 从之"。在滑州这样的黄河频繁决口的地区,整治水利的责任已经贯彻到行政机构的基层组织。都监和监押两人每月轮流上堤巡察,管理六埽的修堤物料。知州军、通判、令佐、巡检河堤、埽岸使臣等也有同样的责任。作为奖励,可享受减免短期考察的特权。另外,兵马总管也要督管堤防事务。

《会要》一九二册,治河上,天圣元年(1023年)六月的记载中,有像前述张君平上奏那样的内容,由于堤防管理和修整河道难以兼顾,所以设立专门的修河都监专管此事。

《长编》卷一〇六,仁宗天圣六年(1028年)夏四月庚辰记载:"折郓州张秋埽 为三百步埽 增巡护使臣一员 三百步其地名也"。将郓州张秋埽拆分,设立新的三百步埽,增加一名巡护使臣。

《长编》卷一〇七,天圣七年(1029年)闰二月丙申记载:"以左藏库使沧州钤辖阎文应 兼雄霸沿界河同巡检"。沧州钤辖阎文应(《宋史》卷四六六,宦者)要兼顾雄霸一带界河的巡检工作。

《会要》一九二册,方域一四,治河上,天圣七年(1029年)十二月记载:"都大巡护澶滑「州」河堤高继密请「差近上官相度河北岸」 自澶州巵固埽下接大堤 以「次」东北「就」高阜「地」「创」筑遥堤(《长编》卷一〇八缺少「」内的文字)"。都大巡护要负责滑州、澶州河堤巡护,所以前面缀上"都大"两个字,与"都大巡检"意思差不多。他提请创建遥堤。

《长编》卷一一〇,天圣九年(1031年)九月丙子朔记载:"内殿承制合门祗候都大巡

检汴河堤孙昭请 雍邱县漱口 治木岸以束水势 从之"。这里出现了"都大巡检汴河堤"的说法。在前文中可以看到,太祖时期对不如实上奏河流发生决堤的官员进行严厉处罚的记载。

《长编》卷八七记载,大中祥符九年(1016年)五月戊午诏书中说:"黄汴广济石塘河催纲 巡河京朝官使臣 自今每岁许一次入奏 三门白波发运判官 每岁许二人更番入奏"。诏书要求负责黄、汴、广济、石塘河的催纲的巡河朝廷使臣从这一年起,每年必须返回朝廷汇报情况。三门白波发运判官也要每年两人轮流回朝汇报情况。

由以上记载可以看出,北宋初年以黄河为中心的堤防管理是如何实施的,它是通过府、州、军、县的地方官员和中央派遣的使臣来共同管理的。宋代的官僚体制既复杂又难以理解,黄、汴等河的管理体制也同样非常复杂。北宋时期的河渠管理体制招致很多批评,所以设立了都水监,依据可能是嘉祐三年(1058年)闰十二月三日河渠司勾当公事李师中的上奏(《会要》六二册,职官五,河渠司所收)。有关内容将在都水监的章节中论述。

## 结束语

宋初的一百年间,黄河的堤防管理在治理工程中同样是通过实行复杂的二重结构的官僚制度来实现的。

黄河沿岸的地方官员有兼顾河务的职责。这种体制在真宗时期就已经基本确立。河务的责任自上而下依次分解,其内容对时间、地点、工期都做了滴水不漏的安排,而且定下了严格的奖惩制度。虽然委托地方官员管理,但同时也从中央派遣巡河使臣前往各埽,严格监督沿河地区的人和物的管理。

在北宋前半期的后期采用了文洎提议的埽岸合理化管理体制和欧阳修的以德治水理论以及李师中提出的河渠管理体制精简方案。随着澶州商胡埽决口、"商胡北流"的出现,黄河治理工作发生了历史性的转变,其标志是新设立了都水监。

# 第二节　宋代初期的黄河治水机构

## 一　宋代的黄河治水对策

黄河决堤,依靠国家权力来进行封堵。宋代建国初期,黄河各处频繁决口,因此沿河十七州设置河堤使[1]。征调附近的民夫,利用每年正月至晚春间的农闲期,整修堤防,这已成惯例[2]。在建国之初就确定了"官治大堤,民治遥堤"的政策[3],这时的民夫就是后来的春夫。这一政策的改变是在太宗太平兴国八年(公元983年),在十州二十四县进行大规模遥堤调查的基础上,采用了新的"分水之制"和埽这种大堤护岸工程技术[4]。这个政策此后一直被延续下来。

从表3-1中可以看出,滑州灵河县的工程约3个月,滑州濮阳和开封府阳武的工程约8个月,滑州房村埽工程约11个月,滑州分水渠工程前后用了2年,太祖、太宗两朝的施工期相对较短。

表 3-1　太祖、太宗两朝黄河治水略年表

| 太祖朝 | | 太宗朝 | |
|---|---|---|---|
| 961.7 | 陈承昭修棣滑淤塞 | 982.7 | 刘吉在郓州利用埽治水 |
| 963.1 | 陈承昭修堤(丁夫数万) | 982.9 | 10州24县进行遥堤调查 |
| 964 | 下诏民治遥堤 | | 改行"分水之制" |
| 966.8 | 滑州灵河县大决口 | 983.5 | 滑州房村埽大决口 |
| 966.10 | 工程完工(数万人) | 984.4 | 工程完工(15万人) |
| 967.1 | 17州设置河堤使 | 993 | 提出建立分水渠 |
| 972.1 | 17州设置河堤判官 | 994.1 | 新渠完工,另建成分水渠(17万人) |
| 972.5~6 | 濮阳、阳武大决口 | | |
| 972.12 | 工程完工(5万人) | | |

注:摘自《长编》、《会要》、《宋史》。

由表 3-2 中可知,滑州天台埽工程约 8 年,澶州横陇埽工程约 7 年,商胡、六塔河两个工程是系列工程,用了约 8 年。总之,真宗、仁宗两朝的工期基本是七八年,而且决口的地点多集中在澶、滑二州,决口规模大,受害范围广。

表 3-2　真宗、仁宗两朝黄河大工程年表

| 滑州天台埽工程 | | 澶州横陇埽工程 | |
|---|---|---|---|
| 1019.6 | 黄河决口 | 1034.7 | 黄河大决口 |
| 1020.2 | 黄河淤塞 | 1034.12 | 开工封堵决口 |
| 1020.5 | 开挖减水河 | 1035.3 以后 | 各地继续整修金堤 |
| 1020.6 | 再次大决口 | 1036.5 | 工程重启,中止的大名府金堤进行加固工程 |
| 1022.2 | 真宗驾崩,仁宗即位 | 1041.3 | 出现封堵的意见,整修决口工程停止 |
| 1023.4 | 工程重启 | 1041.8 | 倡议建分水河,让水自行分流 |
| 1023.8 | 工程中止 | | |
| 1027.7 | 工程再次开工 | | |
| 1027.10 | 工程完工 | | |
| 澶州商胡埽工程 | | 澶州六塔河工程 | |
| 1048.6 | 黄河大决口 | 1054.12 | 调查京东故道 |
| 1048.7 | 应急工程 | 1055.3 | 欧阳修反对回河故道 |
| 1048.8~ | 分水、故道、商胡 | 1055.9 | 欧阳修反对六塔河京东河对策 |
| 1051.1 | 3 种治水策略 | 1055.12 | 采用六塔河分水策,欧阳修提出反对意见 |
| 1051.5 | 设置三司河渠司 | | |
| 1051.7 | 郭固口工程 | 1056.4 | 六塔河口工程失败 |
| 1052.1 | 六塔河实施分水策 | 1056.11 | 处分六塔河工程有关人员 |
| 1052.1 | 六塔河实施分水策 | | |

注:摘自《长编》、《会要》、《宋史》。

在治水工程过程中,由于各地的情况不同,所以不能一概而论。宋初比较典型的工程是滑州的天台埽,我们就通过对天台埽的分析来探讨宋代的黄河治理政策。

表3-3分析了各工程的治水过程并将其进行分类。滑州天台埽基本上就是按照这个过程进行的。

表3-3　黄河治理过程的类型分析

| 工程过程(记号) | 资料中相应的词语 |
|---|---|
| 上奏、提案(A) | 言、闻、请、欲、乞、课、议 |
| 视察、赈恤(B) | 按视、安抚、存抚、赈贷、济、赐钱衫袴 |
| 工程计划(C) | 相度、计度、赋、科析、视度 |
| 工程担当(D) | 领、护、董、总、督 |
| 工程复查(E) | 复检、检视、议 |
| 祭河(F) | 致祭、祭河、往祭、设祭 |
| 奖罚(G) | 赐、弃市、坐、劾、褒、奖、酬奖、免、置狱、授官 |
| 立碑纪念(H) | 纂、作、图、著、刻、制、製、撰述 |

注:本文中A~H的记号全部代表上表中的内容。摘自《长编》、《会要》和《宋史》。

真宗天禧三年(1019年)六月三日夜,滑州天台山附近黄河漫堤,随后在州城西南岸,出现一个长约700步(约1 050米)的决口。河水一部分流入梁山泊,其余部分则涌入淮河。受灾范围达三十二个州邑,溺死军士上千人。决口的消息最先由滑州上奏,随后范围极广的各州均上报受灾情况,因此史料中没有明确记载上奏者,只记录了府州上奏(A)[5]。根据这个报告,武臣率军卒四百人赴灾区巡护。同时,中央派使者乘船进行救济(B),另派文武两个大臣会同河北、京东、京西三路转运使制订应急工程计划(C)。紧接着任命相度水口官、都部署(总管)、部署(副总管)、钤辖、都监等工程负责人,推动工程的实施。不久接到工程现场申请要求拨付修河材料和木工、石匠各一百人的请求,遂派文臣一名,使臣一名,入内内侍省的宦官率马步卒二百四十人,巡护黄河两岸(D)。由御史追究滑州官吏的责任(G)[6]。

以上是决口后6、7两个月作出的应急对策。随后的8到12月的5个月是工程的准备期,确定了开工日期,作了所需劳动力和修河材料的准备工作。这个工程计划由学士院代为立案,实际堵口队伍的总指挥、工程的负责者,均由京东、京西、河北三路转运使担当[7],第二年正月开工,调集军士67 000人,民夫2万人进行施工[8]。修河材料50万由开封府各县的中等户以上,以折抵秋税的形式征收(C)[9],并且要不断安抚修河兵丁(B),为了应对封堵决口后的涨水,又命各州将旧堤加高1~2尺(D)[10]。

在上述周密计划的基础上,第二年即天禧四年(1020年)正月,工程正式开工,一个月后完工,随后举行祭河仪式(F),并派修河都部署带领兵夫1万人对工程进行复检守护(E)。据报告,该工程实际使用材料1 600万,兵夫9万人(C)[11]。

二月群臣来贺,并立滑州修河碑(H),在宫观诸陵庙祭谢岳渎(F),对修河官吏进行奖赏,对将士赏赐缗钱,处置逃跑役卒(G)[12]。

自此第一次工程结束,耗时共8个月。但是工程并没有完全解决问题,只是先在天台决口旁修筑一条月堤,然后封堵了滑州西南堤决口(E)。6月16日滑州再次发生比上次更大的溃决[13]。由于这次工程量过大，封堵决口一再延期，只得另开挖了一条减水河（D），并举行了祭河仪式[14]。此时是天禧五年(1021年)五月十三日，距决口发生已经11个月有余。

后来真宗驾崩，仁宗继位。其间发生了一系列重大政治变化，更换了寇准、李迪、丁谓等大臣，王曾任宰相，吕夷简、鲁宗道等就任执政，因此乾兴元年(1022年)没有黄河治理方面的记录。次年天圣元年(1023年)四月到六月，鲁宗道、孙仲、张君平、李渭就黄河治理事宜发生纷争，致使已开工的工程再次停工（D）[15]。也许正是由于此事，堵口用的材料征集由河北、京东、京西三路扩大到陕西、淮南等地（C）[16]，同时也开始改善修堤役卒的待遇，不仅赐钱，同时也开始关心役卒的伙食（B）[17]。到了天圣五年(1027年)七月，动员民夫38 000人，兵卒21 000人，筹集缗钱五十万重启工程（C）[18]，八月黄河回流故道。为了确保安澜，还对大堤的薄弱处进行了加固（D）[19]。

工程施工期间暂停了其他工程，对兵夫、工程材料进行再次调查（C）[20]，工程进度每五天上奏一次（A）[21]，在安抚修堤兵夫（B）[22]方面也做了细致慎重的安排。工程于这一年的十月竣工（D）。随后举行祭河仪式、群臣来贺、建灵顺庙等（F）[23]，十二月开挖疏浚减水河（D），翌年三月撰刻天台埽塞河记（H）[24]，第二次天台埽工程告终。

现试列举一下这个工程的特点。

（1）工程分第一次和第二次。

（2）第一次工程结束后，兵夫进行了整休，同时征集了工程材料。

（3）最后决口封堵前，为了防止漫堤，对附近的堤防进行了加高加固。同时，为了加快进度，对兵士进行大范围赏赐。

（4）在加高堤防的同时，开挖疏浚减水河。

（5）人工和材料的来源地由河北、京东、京西三路扩大到陕西、淮南、河东六路。

（6）整个工程程序化。如表3-3所示，程序如下：上奏（A）、视察（B）、工程计划（C）、任命工程负责官员和工程担当（D）、工程复查（E）、祭河大典（F）、奖惩（G）、立碑纪念（H）。

通过对天台埽工程进展程序的分析，可以得出上述结论。可以说这里列举的模式就是典型的宋代黄河治水策略，并以A～H的程序为尺度进行了考证和论述。

**【注释】**

[1]《长编》卷八，乾德五年春正月辛卯。
　　《宋史》卷九一，河渠志四四。
　　《会要》卷一九二，方域一四，治河上。
　　《永乐大典》二三〇六收录的《长编》开宝五年春正月丙子的诏书。

[2]《长编》卷八，乾德五年春正月。《宋史》卷九一，河渠志四四。

[3]《宋史》卷九一，河渠志四四，乾德二年。

[4]《长编》卷二四，太平兴国八年九月戊午。《宋史》卷九一，河渠志四四。

[5]（　）内的A～H的含义如表3-3所示。

[6]《会要》一九二册，方域一四，治河上，天禧三年(1019年)六月(《长编》卷九三，《宋史》卷九一，河渠志四四，同年六月乙未夜)记载："滑州河溢州地西北天台山旁　俄复溃于城西南岸（Ｉ）摧七百步

漫流州城 民多漂没 历澶濮曹郓 注梁山泊 济徐州界又合清河古汴河上流入淮 军士溺死者千余人"(《宋史》中记载"州邑罹患者三十二",《长编》中记载"州邑被患者三十二 于是遣中使捄 溺 赐其家缗钱 近臣祭决河 御史劾官吏之罪")。"遣马步都军头(《长编》'兴州刺使')崔銮 领<sup>(D)</sup>宣武卒四百人 巡<sup>(B)</sup>护"。

"诏 光禄少卿(《长编》中称'光禄卿',同卷九四,秋七月的条目称'光禄少卿')薛颜 西上合门使张昭远体量规<sup>(C)</sup>画 仍与京东、京西、河北转运使会议(《长编》中有'计度以闻') 遣使(《长编》中是'中使')具舟以济<sup>(B)</sup>行者"。

"又遣合门祗候薛贻廓 相<sup>(C)</sup>度水口 以侍卫步军都虞候冯守信 为滑州<sup>(D)</sup>修河总管兼知滑州 虢州团练使郝荣副<sup>(D)</sup>之(癸卯的条目记载'为滑州修河部署') 崇仪使入内押班邓守恩为钤辖(《长编》供奉官合门祗候)薛贻廓(《长编》没有'廓'字)内殿崇班杨怀吉 并为都<sup>(D)</sup>监"。

"遣御史驰驿 劾<sup>(G)</sup>滑州官吏之罪"。

"贻廓言 修河物料 望差官提<sup>(C)</sup>点支纳 及差木石匠各百人 从之 命屯田员外郎崔立 内殿崇班阎文庆往<sup>(C)</sup>涖"。

"其令入内供奉官史崇 杨继斌 以马步卒二百四十人 巡<sup>(D)</sup>逻两岸 捕缉贼盗 修护堤岸"。

[7]《会要》一九二册,方域一四,治河上,天禧三年(1019 年)八月(《长编》丁亥"三日")记载:"命枢密直学士王晓 客省副使焦守节 驰驿诣滑州 与冯守信等议 京东西 河北转运使 合要人夫与役时日 及具役合役日限以闻 其本州合要修河物料钱帛粮草等 除见有备外 仍令时等同知 拨般运 应办给用连书以闻<sup>(A)(C)</sup> 仍赐<sup>(G)</sup>宴犒"。

[8]《长编》卷九四,真宗天禧三年(1019 年)八月丁亥记载:"既而冯守信言<sup>(A)</sup> 河水湍急 未可兴作 请俟来岁正月 诏至 时军<sup>(C)</sup>士六万七千 丁夫二万充役(守信所言在壬寅,今并书)"。

《会要》一九二册,方域一四,治河上,天禧四年(1020 年)正月的记载:"仍诏冯守信 俟河平 留兵夫万人护<sup>(D)</sup>之 是役凡赋诸州<sup>(C)</sup> 薪石楗芟竹千六百万 发兵夫九万人治之"。

[9]《会要》一九二册,方域一四,治河上,天禧三年(1019 年)九月记载:"三司请<sup>(A)</sup>于开封府等县 敷配修河榆柳<sup>(C)</sup>杂梢五十万 以中等以上户秋税科折 从之"。

[10]《会要》一九二册,方域一四,治河上,天禧三年(1019 年)十二月记载:"都官员外郎郑希甫言 通利军至澶州 黄河堤岸沙淤 虑将来堰塞河口 水迁注旧河 冲注溢岸 望令逐州军 增筑旧堤一二尺备之 诏可"。关于安抚兵夫的记载见《长编》卷九四,真宗天禧三年冬十月辛亥的诏书。

[11]与注释[8]同。

[12]《会要》一九二册,方域一四,治河上,天禧四年(1020 年)二月记载:"河堤塞 群臣入贺<sup>(F)</sup> 帝制滑州修河碑 建于福宁院乾文殿 以纪成功 又命翰林学士承旨晁迥祭谢 分遣官谢宫观陵庙岳渎(《长编》后缀'灵山胜境') 群臣称贺 赐修河官吏(《长编》有'庚子群臣请崇德殿称贺 赐修河部署、钤辖、转运、都督、官吏、使臣等')衣服金银带器帛 将士缗钱有差"。

《长编》卷九五,天禧四年(1020 年)二月壬寅(二十日)的诏书:"应缘滑州役卒亡命者 限两月首罪 优给口粮 送隶本军 其因罪为部署司所移 配者亦送还本籍 所在揭榜告谕之"。

[13]《长编》卷九五,天禧四年(1020 年)六年丙申(十六日)记载:"滑州言<sup>(A)</sup> 河决于天台山下 初议修河 以天台决口 去水稍远 聊兴葺之 及西南堤成 乃于天台口旁 筑月堤 亦非<sup>(E)</sup>牢固 议<sup>(A)</sup>者咸请再葺 修河都部署冯守信曰<sup>(E)</sup> 吾奉诏止修西南埽 此非所及也 会马军都指挥使王守赟外任京师缺旧城 巡检 守信承召亟归 及是河复决 走卫南 汜徐济 害如三年而益甚 人皆以罪守信焉 守信通孝经论语 后迁威塞节度使"。

[14]《长编》卷九六,真宗天禧四年(1020 年)秋七月辛酉(十二日)记载:"知制诰吕夷简言<sup>(A)</sup> 伏见河再决滑州 计功钜万 以臣所见 未宜修塞 俟一二年间 渐收梢芟 然后兴功(下略) 从之"。

《长编》卷九七,真宗天禧五年(1021 年)春正月癸巳(十七日)记载:"以上疾稍平 德音降天下(中略）权<sup>(D)</sup>罢滑州修河"。

《长编》卷九七,天禧五年(1021年)五月丁亥(十三日)的记载:"滑州言<sup>(A)</sup>开减水河功<sup>(D)</sup>毕 渐复北岸 命右谏议大夫李行简致<sup>(F)</sup>祭"。

[15]《长编》卷一〇〇,仁宗天圣元年(1023年)夏四月己酉(十六日)记载:"以京西转运使 祠部郎中孙冲 兼权滑州 河阴至泗川 都大巡河 东头供奉官 合门祗候张君平 签书滑州事"。

《会要》一九二册,方域一四,治河上,仁宗天圣元年(1023年)五月记载:"右谏议大夫 参知政事鲁宗道往滑州 相<sup>(C)</sup>度修塞河口功料 又遣太常博士李渭 随宗道相<sup>(B)</sup>视 时滑州计度修塞功料闻<sup>(A)</sup>奏 又渭尝言<sup>(A)</sup>修河利害(见《沿河十策》) 故遣之"。

《长编》卷一〇〇,仁宗天圣元年(1023年)六月丙申(四日)记载:"张君平求<sup>(A)</sup>免签书滑州事 专领修河 仍乞增置都监 且荐太常博士李渭"。"庚子(八日) 渭换授北<sup>(D)</sup>作坊副使 与君平俱为修河都监 鲁宗道用渭策 欲<sup>(A)</sup>盛夏兴役 孙冲谓<sup>(A)</sup>徒费楗薪 困人力 虽塞必决 乃徙冲知河阳 既而役兵多渴死 君平议<sup>(A)</sup>减其功半 渭不听 君平独以闻<sup>(A)</sup>乃斥渭不用 君平亦徙他官 河卒不塞 渭河阳人也"。

[16]《长编》卷一〇一,仁宗天圣元年(1023年)八月乙未(四日)(《宋史》卷九一,河渠志四四)的记载:"募京东、河北、陕西、淮南民 输<sup>(C)</sup>刍 塞滑州决河 又发卒伐濒河榆柳 有司请调丁夫 上虑其扰民 故以役兵代焉"。

《会要》一九二册,方域一四,治河上,天圣元年(1023年)八月记载:"中书言<sup>(A)</sup>令京西等路色人有情 愿进纳修河<sup>(C)</sup>梢草者 逐州军数目十分中特与减放一分 令出榜晓示 从之"。

《长编》卷一〇一,仁宗天圣元年(1023年)九月己巳(八日)记载:"京东西路先配率塞河梢芟数千万 期又峻急 民苦之"。

[17]《长编》卷一〇一,仁宗天圣元年(1023年)九月癸未(十五日)记载:"赐滑州修河役卒缗钱"。

闰九月壬辰朔的条目也有记载:"诏<sup>(A)</sup>如闻 滑州修河役兵 暴露作苦 而所饭<sup>(C)</sup>菽粟 或蠹未熟 乃不可食 宜遣使臣往<sup>(B)</sup>视之"。

[18]《长编》卷一〇五,仁宗天圣五年(1027年)秋七月丙辰(十八日)记载:"诏 发<sup>(C)</sup>丁夫三万八千 卒二万一千 缗钱五十万 塞滑州决河"。"丁巳(十九日) 以马军副都指挥使彭睿 为修河都部署 内侍押班岑保正为钤辖 礼宾副使文应 供备库副使张君平 并为都监"。

[19]《会要》一九二册,方域一四,治河上,天圣五年(1027年)八月,中书门下上言记载:"近差内殿崇班史崇信 入内供奉官段文德 往滑州 修<sup>(D)</sup>叠固护怯薄堤 官员照管两堤 恐将来水复旧河 别有疏虞 从之"。

[20]《会要》一九二册,方域一四,治河上,天圣五年(1027年)九月二日记载了御史知杂(《长编》卷一〇五,九月己亥的条目中有"度支员外郎并侍御史知杂事")王臻的上书:"伏观 敕命塞叠河口 窃惟濮卫之郊 连苦水旱 赵魏之境 昨经螟蝗 倘加役使重益困穷 欲乞应在京 见有土木工不急修造处 一切权罢那充河口差使 讼从其请 又遣知制诰程琳 西上合门使曹仪 往<sup>(B)</sup>滑州 与修河总管等相度兵夫功料数 及密体量有无 未便事件"(《长编》卷一〇五,同年九月癸卯有记载)。

[21]《会要》一九二册,方域一四,治河上,天圣五年(1027年)九月八日(《长编》卷一〇五,同年九月乙巳)记载:"诏 京西转运使(《长编》有'张亿') 泪滑州自今每五日一次 具<sup>(A)</sup>修河次第 修叠步数 堤岸平安闻<sup>(A)</sup>奏"。

[22]《长编》卷一〇五记载,仁宗天圣五年(1027年)九月丙辰(十九日)的诏书中说:"滑州修河兵夫比多疾<sup>(B)</sup>病 其令医官院 遣医分治之候 罢役较其失亡之数以闻"。

冬十月辛未(五日):"赐滑州修河役卒缗钱"。

冬十月戊寅(十二日):"诏修<sup>(C)</sup>河兵夫 候功毕日 其少壮愿隶禁军者听之"。

冬十月乙酉(十九日):"赐<sup>(B)</sup>滑州修河役卒缗钱"。

[23]《长编》卷一〇五,仁宗天圣五年(1027 年)冬十月丙申(二十六日)(《会要》一九二册,方域一四,治河上《宋史》卷九一,河渠志四四)记载:"滑州言 塞决河毕 是日旬休 上与太后特御承明殿 召辅臣谕曰 河决累年 一旦复故道 皆卿等经画力也 王曾等再拜称贺 诏速第修河臣僚劳效以闻 作灵顺庙于新堤之侧"(《会要》有"诏新修埽以天台埽为名 群臣称贺于崇德殿")。

[24]《会要》一九二册,方域一四,治河上,天圣六年(1028 年)三月六日记载:滑州寇城(《宋史》卷三〇一,列传六〇有"右谏议大夫")言[A]天台埽塞河 望付有司 撰记 诏翰林学士宋绶(《宋史》卷二九一,列传五〇有"左司郎中")撰述。

## 二 黄河的治水官员

### (一)上奏、视察、计划

滑州天台埽决口记录中没有明确记录上奏者的名字,一般说来,府州负责堤防管理,所以多数是由府州上报的。有关治水政策,不仅要靠朝中京官,还要广泛征集民间的良策[1]。宋初的百余年间,在治水策略的提案者中著名的有:真宗时期的李垂、张君平,仁宗时期的欧阳修、贾昌朝等人。

根据这些上奏和建议,中央派出调查官员对灾民进行赈恤,随后会同地方官员一同制订堵口方案,该方案及依据该方案确定的工程指挥监督官员,在工程中起到了决定性作用。下面对此进行论述。

在表 3-4 中,滑州天台埽工程由薛颜、张昭远两位文武大臣牵头,河北、京东、京西三路转运使参与确定应急方案。薛颜(今山西山泉人)在河中府修筑浮桥,开挖支渠,待水势减弱后,又引水淤灌农田,取得了良好的成绩。张昭远(今山东省无棣人)在知雄州任上修筑长堤,知成德军时滹沱河决口,在城外修筑环堤挡水。这二人均熟知水务工作。该工程计划任命王曙、焦守节文武二臣和当地工程总指挥冯守信为沿河三路的转运使,协调上报所需的民夫、开工时间和工期,同时联名上报除滑州现有工料钱粮外,还需要多少工料、钱帛和粮草。根据这个预算方案,三司共得到五十万的工料,并于次年一月开工。另外,为了防止工程完工后河水漫堤,郑希甫建议命各州军将旧堤加高一两尺。

王曙(今河南洛阳人)是宰相寇准的女婿,是位有多部著作传世的学者。焦守节(今河南许昌人)和父亲一样是著名的武将。冯守信也是位清廉并精通《孝经》和《论语》的武将。

**表 3-4 滑州天台埽工程中上奏、前往视察、计划者官职**

| 役名 | 人名 | 职务名(俸禄、职钱) | 《宋史》(籍贯) |
|---|---|---|---|
| 滑州天台埽第一次 | 薛颜 | 光禄少卿(35) | 卷二九九 河中万泉 |
| | 张昭远 | 西上合门使(27) | 卷三二六 沧州无棣 |
| | 王曙 | 枢密直学士(40) | 卷二八六 河南府 |
| | 焦守节 | 客省副使(20) | 卷二六一 许州长社 |
| | 冯守信 | 侍卫步军都虞候(20)英州防御使(35)修河总管、知滑州 | |
| | 郑希甫 | 都官员外郎(30) | |
| | 章得象 | 直史馆 | 卷三一一 泉州→浦城 |
| | 张士安 | 合门祗候 | |

| 役名 | 人名 | 职务名(俸禄、职钱) | 《宋史》(籍贯) |
|---|---|---|---|
| 滑州天台埽第二次 | 鲁宗道 | 右谏议大夫(40)参知政事(200) | 卷二八六 亳州谯 |
| | 孙冲 | 京西转运使祠部郎中(35)兼权知滑州 | 卷二九九 赵州平棘 |
| | 张君平 | 都大巡河、东头供奉官(10)合门祗候签书滑州事 | 卷三二六 磁州滏阳 |
| | 李渭 | 太常博士(20)→北作坊副使(25) | 卷三二六 西河→河阳 |
| | 李垂 | 度支员外郎(30)秘合校理 | 卷二九九 聊城 |
| | 张君平 | 内殿崇班(14)合门祗候 | 卷三二六 磁州滏阳 |
| | 程琳 | 知制诰 | 卷二八八 永宁军博野 |
| | 曹仪 | 西上合门使(27) | 卷二五八 真定灵寿 |
| | 徐奭 | 知制诰 | 欧宁 |

天禧四年(1020年)六月,天台埽再次发生更大规模的决口,次年天禧五年一月,章得象(福建晋江人)、张士安文武二臣前往安抚。章得象是闽地遗臣,后升任宰相。

真宗到仁宗期间,天圣元年(1023年)根据孙冲(河北赵人)、张君平(河北滏阳人)的上奏,朝廷派遣以参知政事鲁宗道(安徽谯人)为首,加上李渭(山西汾阴人)等四人主持了第二次工程。由于四人各自坚持自己的意见,工程被迫中止。孙冲在棣州河流决口时曾主持了治河工程,上奏"河书",人们评价他对河堤的管理非常严格。李渭在天圣初年,曾上书"治河十策"。张君平与李垂并称当时的水官第一人。鲁宗道是这次治河工程的总负责人。

澶州横陇埽工程中上奏、前往视察、计划者官职见表3-5。

表 3-5 澶州横陇埽工程中上奏、前往视察、计划者官职

| 役名 | 人名 | 职务名(俸禄、职钱) | 《宋史》(籍贯) |
|---|---|---|---|
| 澶州横陇埽 | 王沿 | 户部副使(50)工部员外郎(30) | 卷三〇〇 大名馆陶 |
| | 孙昭 | 供备库使(25) | |
| | 杨偕 | 侍御史(30)知杂事、户部员外郎(30) | 卷三〇〇 坊州中部 |
| | 王惟思 | 入内押班(25) | |
| | 康德舆 | 合门祗候、西头供奉官(10) | 卷三二六 河南洛阳 |
| | 文洎 | 三门白波发运使 | 卷三一三 汾州介休 |
| | 张宗彝 | 殿中丞(20)通判齐州 | |
| | 郭劝 | 度支副使(50)工部郎中(35) | 卷二九七 郓州须城 |
| | 夏元亨 | 四方馆使(27) | |
| | 杨告 | 户部副使(50) | |
| | 刘从愿 | 入内内侍省内侍押班(25) | |
| | 姚仲孙 | 河北都转运使、礼部郎中(35)龙图阁直学士 | 卷三〇〇 陈州商水 |
| | 李迪 | 资政殿大学士、翰林侍读学士、知天雄军 | 卷三一〇 赵郡→幽州 |

商胡埽工程调查派遣团见表3-6。

工程中止的原因是几人对工期和工料的意见不一。此后对工料的调配更加注意。由李垂和张君平负责调查河势,派程琳和曹仪对工料及兵夫情况进行再核查。李垂(山东聊城人)是当时黄河治理学者第一人,他的理论成为后来黄河治理的指导理念之一,代表

作是《导河形势书》。程琳(河北博野人)曾任宰相,非常爱民,名望也非常高,在世时百姓就造祠供奉。曹仪(河北正定人)是后周皇戚出身的武将,父亲曹彬平定蜀、江南,北汉时武功卓越。滑州工程结束后,鱼池埽告急,徐奭上书提议疏浚减水河。徐奭(福建建瓯人)天圣初年任两浙转运使,为防苏州水患,修筑石堤,架设桥梁[2]。

表3-6　商胡埽工程调查派遣团

| 次数 | 时间 | 职务名(俸禄、职钱) | 人名 | 《宋史》 | 调查事项 |
|---|---|---|---|---|---|
| 1 | 1048.6 | 权发遣户部判官事、屯田员外郎(30) | 燕度 | 卷二九八 | 商胡决口 |
| 2 | 1048.7 | 翰林学士(50)<br>入内都知(25) | 宋祁<br>张永和 | 卷二五二 | 商胡工料 |
| 3 | 1048.11 | 盐铁副使(50)吏部员外郎(30)<br>供备库使(25)恩州刺史、入内都知(25) | 陈洎<br>张惟吉 | 卷四六七 | 商胡堤岸 |
| 4 | 1048.12<br>1049.2 | 翰林侍读学士、兵部郎中(35)<br>入内都知(25)<br>河北转运使<br>京西转运使 | 郭劝<br>蓝元用<br>崔峄<br>徐起 | 卷二五七<br><br>卷二九九<br>卷三〇一 | 黄河故道 |
| 5 | 1049.1 | 度支副使(50)刑部员外郎(30)天章阁侍制<br>洛苑使(25)眉州坊御使、入内副都知(25) | 吴鼎臣<br>蓝元用 | 卷三〇二 | 商胡工料 |
| 6 | 1049.9 | 龙图阁学士(50)<br>入内都知(25)<br>供备库副使(20) | 张奎<br>张惟吉<br>郭恩 | | 商胡决口经度 |
| 7 | 1050.1 | 御史中丞(50、55)<br>入内都丞(25) | 郭劝<br>张惟吉<br>蓝元用 | | 黄河故道工料 |

下面就澶州横陇埽工程加以论述。

澶州横陇埽决堤的奏报是澶州方面递交的[3]。遭灾范围波及德、博等州,大名府提出要求早日堵口。于是朝廷据此派遣王沿、孙昭前往调查,结果是"功大,未可遽兴"。继而又派遣杨偕(陕西中部人)、王惟忠、康德舆(河南洛阳人)与前去调查,上奏建议在两岸兴建马头,当时先在马头间堆放刍藁,待来年秋天由民夫修建封堵工程[4]。这里出现的"马头",是黄河治理技术中令人瞩目的一项技术。

王沿(山东馆陶人)熟知农田水利知识,倡导恢复历史上的十二渠。杨偕广南刘氏的遗臣。康德舆活跃在阳武埽封堵工程中,任堤防巡查、汴口事务官,也曾活跃在兴建斗门的水利工程中。在小吴埽决口时,曾亲率巨船五十艘顺流而下救济灾民[5]。文洎(宰相文彦博之父,山西介休人)提倡对河埽工程的备料进行合理管理,而后提出建议制定"埽岸制度"[6]。张宗彝在大名府倡导修筑新的金堤,为此项工程确定了大方向[7]。以上是景祐元年(1034年)到次年的应急工程方案。

该工程预定在景祐三年(1036年)五月开工,同年三月郭劝(河南滑县人)和夏元亨对横陇埽所备的钱粮刍藁以及王楚埽减水河开浚工程进行了前期调查[8]。

横陇埽工程并没有如期进行,庆历元年(1041年)三月,先是大名府提出金堤方案,随后杨告、刘从愿也提出工程延期进行。另据姚仲孙(今河南商水人)的上奏,朝廷特派李迪(今河北赵人)、河北转运使、都大巡河使臣等当地有实权的地方官员前往进行调查。大家认为横陇埽工程巨大,需要的财力和物力都过于庞大,难以达到预期效果,因此决定修建大名府金堤,防御下游的水害。对这个结果起决定作用的姚仲孙在任河北转运使期间,曾多次亲赴黄河进行实地调查,做出详细报告上报朝廷。他还修建了明公埽浮桥。李迪历任宰相和知天雄军,他也赞同这个决定[9]。

澶州商胡埽、郭固口、六塔河工程的上奏、计划者官职表和河渠司见表3-7。

**表3-7　澶州商胡埽、郭固口、六塔河工程的上奏、计划者官职表和河渠司**

| 工程名称和管理部门 | 人名 | 职务名(俸禄、职钱) | 《宋史》籍贯 |
|---|---|---|---|
| 澶州商胡埽 | 贾昌朝 | 武胜军节度使、检校太傅、同中书门下平章事、判大名府兼北京留守司、河北安抚使 | 卷二八五　真定获鹿 |
| | 丁度 | 观文殿学士 | 卷二九二　清河→祥符 |
| | 施昌言 | 河北都转运使 | 卷二九九　通州静海 |
| 三司河渠司 | 刘湜 | 盐铁副使(50)户部员外郎(30) | 卷三〇四　徐州彭城 |
| | 邵饰 | 金部郎中(35) | |
| 郭固口 | 丁度 | 观文殿学士、尚书右丞(50) | |
| 澶州六塔河 | 蔡挺 | 河北安抚转运使、知博州 | 卷三二八　宋城 |
| | 张惟吉 | 入内都知(25) | 卷四六七　开封 |
| | 欧阳修 | 翰林学士(50)吏部郎中(35) | 卷三一九　庐陵 |
| | 李仲昌 | 殿中丞(20)勾当河渠司事 | 卷二九九　聊城 |
| | 孙抃 | 翰林学士承旨(50)兼侍读学士 | 卷二九二　眉州眉山 |

下面我们谈谈澶州商胡埽、郭固口和六塔河工程。

庆历八年(1048年)六月六日,黄河澶州商胡埽大堤出现一个558步(约840米)的决口,东流的河水涌出河道改向北流,黄河发生了新的"商胡北流"[10]。是回河东流还是任河北流,对宋代来说是重大的抉择。对此,贾昌朝(河北获鹿人)、李仲昌(山东聊城人)和欧阳修(江西吉安人)各自提出了治理方案,并且先后七八次派出人员进行调查(参照表3-6)。6月6日决口,9日临时派出户部判官事燕度(山东益都人)进行视察并紧急施工[11]。7月翰林学士宋祁(河北安睦人)和入内侍省内侍都知张永和共同对施工现场的工料进行复检[12]。8月判大名贾昌朝上书提出回河东流策略,并会同侍制以上及台谏官一起详细研究了此方案的利害关系[13]。同时,观文殿学士丁度(河北清河人)等提出开挖减水河的方案[14]。11月盐铁副使吏部员外郎陈洎和供备库使恩州刺史入内都知张惟吉赴商胡埽考察[15]。12月贾昌朝提出更加详尽完善的回河东流方案[16]。次年即皇祐元年(1049年)二月,郭劝、蓝元用接替京西转运使徐起(山东濮人)、河北转运使崔峄,对横陇埽到郓州铜城镇地段进行了考察,他们表示赞同修复黄河故道[17]。同年一月吴鼎臣(山东惠民人)和蓝元用赴澶州调查治河经费问题[18]。九月张奎(山东濮人)、张惟吉、郭恩考察商胡埽决口处,次年的皇祐二年正月,郭劝、张惟吉、蓝元用等人又对黄河故道的物料情况共同进行考察。

在 19 个月间进行了七到八次实地调查,充分说明商胡北流治水的困难程度,以及当时确定是东流还是北流的难度。派遣的人员成员由学士院、三使司的高官文臣,以及入内内侍省、大使臣、内臣等与皇帝亲近的武将组成。文臣麾下配属武将,实质上是文武并用。

那么这些由朝廷派遣活跃在治河一线的官员们对治河的思考和行动是怎么样的呢? 燕度提出"成败悉以所储荄橜御之 埽赖以不溃",重点放在强化堤防上。曾参与六塔河工程方案遭贬秩的宋祁以新唐书的编撰者而驰名,也曾参与诸司库务的改革。贾昌朝曾任宰相,六塔河工程时活跃在滨、棣、德、博等州的灾区进行赈灾,也是六塔河工程结束后扳倒文彦博、富弼等人的幕后关键人物,更是商胡埽和六塔河工程的政治波澜的幕后推手。丁度历任枢密副使、参知政事等职,著有多部著作,最早提出减水河的方案,也就是后来六塔河分水方案的雏形。宦官张惟吉先参与了天台埽工程的筹划,后作为钤辖亲临六塔河工程,每每与水事有关,可称为宦官中的治水官员第一人。崔峄反对施昌言立即封堵决口的方案,与张惟吉等人一起以遭灾严重、工程条件不足为理由要求工程延期。徐起、吴鼎臣同属三司官员,后者会同内臣蓝元用负责物料的调查。张奎为后唐遗臣,其弟张亢作为武将功勋卓著,张奎则是以孝心仁厚而闻名的官员。可以看出启用的官员多为山东、河北人士[19]。

前面我们讲到虽然为了朝廷治理商胡北流问题曾七八次派出特使进行调查,但仍然未能定下大政方针,反而从贾昌朝和施昌言的对抗中看出,商胡治水问题已呈现向政治问题发展的趋势[20]。皇祐三年(1051 年)作为治水的统一管理机关,三司河渠司从三司河渠案中独立出来,刘湜(江苏铜山人)和邵饰成为主管[21]。刘湜曾任河东转运使,开挖了河阴新渠,开通了汴水。

这一时期的治水问题是围绕六塔河工程展开的。三司河渠司设置 50 天后,由丁度提出的馆陶县郭固口工程开工[22],工程于次年的皇祐四年(1052 年)正月完工。其后蔡挺、张惟吉提出六塔河工程方案,二月张惟吉亲临调查[23]。蔡挺(河北商邱人)曾任富弼的幕僚,后亲临六塔河工程。这个工程的背后有着富弼的影子,两人保持着长久而深厚的联系。

三年后的至和元年(1054 年)十二月,河北、京东两位转运使对郓州桐城镇段至入海口进行了考察[24]。一年三个月后的至和二年(1055 年)三月,欧阳修上书朝廷反对回河故道方案,同年九月再次上书反对贾昌朝的京东河回河方案和李仲昌的六塔河分水策略[25],提出了商胡北流的方案,但是孙抃(四川眉山人)赞成六塔河方案[26]。十二月决定实施六塔河方案[27]。欧阳修 3 次上书反对,但未能阻止,最终不幸被其言中,嘉祐元年(1056 年)四月一日六塔河工程虽然上马,但却以惨败而告终[28]。

欧阳修曾在揭发贾昌朝的支持者宰相陈执中的恶行时,愤而出极端之语:"陛下拒忠言 庇愚相 为圣德之累",质疑文彦博、富弼等支持的六塔河方案,但未能阻止。欧阳修同李垂一样,是宋初百年间熟知黄河者之一。孙抃反对贾昌朝的方案,同欧阳修一起上十疏弹劾陈执中一伙奸恶之徒。李仲昌是李垂之子,与父亲意见相左,主张回河东流,在六塔河工程中起了决定作用。

关于人工和物料的情况如表 3-8 所示。在宋初最大的工程澶州商胡埽工程中,如果贾昌朝采用京东河方案的话,按欧阳修的说法,需要动用六路 100 余州军、30 万兵夫、梢芟 1 800 万束。一般的大工程需要的劳动力不下 5 万,平均需要动用 10 万人左右。黄河投入的人工和物料对百姓的生活直接产生了深刻的影响。

大工程所需工程费用见表3-8。

表3-8　大工程所需工程费用

| 工程名(公历纪元) | | 人工物料(出典) |
|---|---|---|
| 滑州灵河县(966) | | 士卒丁夫数万人(《长编》卷四,《会要》一九二册,方域一四,治河上) |
| 澶州濮阳县(972)<br>开封府阳武县 | | 澶、濮、魏、博、相、贝、磁、洺、滑、卫等兵夫数万人(5万)(《会要》同上)<br>开封、河南13县,夫36 300人及诸州兵15 000人(《会要》同上) |
| 滑州房村埽(983—) | | 丁夫凡10余万,复决→卒5万(《长编》卷二四,《宋史》卷九一,河渠志四四) |
| 滑州分水渠(991—) | | 兵夫计工17万(《宋史》同上) |
| 滑州<br>天台埽 | 第一次(1019—) | 军士67 000丁夫20 000　薪石楗芟竹1 600万(《会要》同上,《长编》卷九四) |
| | 第二次(1023—) | 卒21 000丁夫38 000　京东西路梢芟数千万　缗钱50万贯(《长编》卷一○五) |
| | 减水河(1027) | 兵士12 000—70日,另役夫28 000余——一个月(《会要》同上) |
| 澶州横陇埽 | | 河北、京东西3路　梢芟500余万(以民租折纳)(《长编》卷一一六) |
| 澶州 | 商胡决口 | 工1 042万6 800、日役兵夫104 268、100日(《长编》卷一六五,《会要》同上) |
| | 横陇—郓州铜城 | 役4 490(《会要》194 960工)(《长编》卷一六六、《会要》同上) |
| | 京东河 | 6路100余州军30万　梢芟1 800万(欧阳修)(《长编》卷一七九) |
| | 六塔河 | 580万工、薪刍1 600万(周沆)工1万、薪刍300万(李仲昌)(《长编》卷一八二) |

### (二)工事、祭河、赏典

黄河治水工程如表3-8所示,需要投入数额巨大的人力和物力,所以必须有统帅三军能力的人来指挥。因此,黄河水利工程多启用武将负责。很多人认为治理工程就如同军事行动,所以相对于国防而言,称之为河防。

工程负责人(武将、内臣)见表3-9。

表3-9　工程负责人(武将、内臣)

| 朝代 | 役名 | | 职务名(月俸) | 人名(《宋史》卷) |
|---|---|---|---|---|
| 太祖朝 | 滑州灵河县 | | 殿前都指挥使(30)<br>马步军副都军头(10—3) | 韩重赟<br>王廷义(二五二) |
| | 澶州濮阳县<br>开封府阳武县 | | 颍州团练使(150) | 曹翰(二六〇) |
| 太宗朝 | 滑州房村埽 | 一次 | 内客省使(60)<br>殿直(5) | 郭守文(二五九)<br>刘吉 |
| | | 二次 | 侍卫都指挥使(30—15)<br>供奉官(10) | 田重进(二六〇)<br>刘吉 |
| | 滑州分水渠 | 一次 | 巡河供奉官(10) | 梁睿 |
| | | 二次 | 诏宣使(27)罗州刺史 | 杜彦均(四六三) |
| 仁宗朝 | 澶州商胡埽 | | 四方馆使(27)荣州刺史(100)知澶州 | 王德基 |

太祖时期整修滑州灵河工程时,韩重赟和王廷义的禁军部将督促数万兵夫担任修河

任务[29]。王廷义(山东掖人)为后周遗臣,与其父景一样精于弓箭之道。在其后的濮阳、阳武工程中,曹翰率兵夫5万人担任封堵决口的任务[30]。曹翰(河北大名人)在担任后周臣时就从事治河,在濮阳工程时献出自己的银器以保证工程进度。在阳武工程、太原工程、雄莫间的漕运等治水工程中都做出了卓越的贡献。

太宗时期的滑州房村埽工程中,最初由郭守文和刘吉负责堵口任务,但工程进行得极不顺利,后由田重进和刘吉接替并完成了此工程[31]。随后的滑州分水渠工程由梁睿和杜彦均担当负责人[32]。郭守文(山西太原人)父亲曾在北汉任职,女儿后来嫁给真宗成为章穆皇后。郭守文熟悉水务,承担了汴水宁陵和灵河房村工程。田重进(今河北北京人)后周时听命于太祖麾下,与刘吉共同负责房村堵口工程,取得了重大的成功。刘吉出身南方,熟知水务,太平兴国七年(公元982年)在郓州城水灾修复工程中使用埽法取得了巨大成功,房村埽工程也取得了成功,受到广泛称赞[33]。杜彦均为外戚。

以上所列举的太祖太宗时期工程负责人全部是高级武官,并配以内臣外戚,且都熟知水务,特别令人瞩目的是前朝遗臣居多,他们严谨追求治水责任的精神深得人们的认可。尤其是刘吉利用埽法取得重大成果,成为治水技术上可以大书特书的一笔。

到了真宗、仁宗两朝时,担任工程负责的武官都冠以都部署(总管)、部署(副总管)、都监、钤辖等职务名,其分类见表3-10。都部署由侍卫亲军等上级武官担任,副职和都监由大小使臣担任。钤辖由入内内侍省高官担任,另都部署以下也多由他们担任[34]。郭承祐为沙汰部,也就是西突厥人,父亲曾在后唐为官。李璋为外戚,阎文应、郭守恩同为宦官,特别是郭守恩,发挥了精于宫殿庙观营造技术的特长。

表3-10　工程负责人(武将官、内臣)

| 职务 | 工程名称 | 职务名(月俸) | 人名(《宋史》卷) |
|---|---|---|---|
| 都部署<br>(总管) | 滑州天台埽 | 侍卫步军都虞候(20)英州防御使(35) | 冯守信 |
| | | 马军副都指挥使(30—15) | 彭睿 |
| | 澶州商胡埽 | 侍卫亲军马军副都指挥使(30—15) | 郭承祐(二五二) |
| | 澶州六塔河 | 天平军节度观察留后(300)知澶州 | 李璋(四六四) |
| 部署<br>(副总管) | 滑州天台埽 | 虢州团练使(34) | 郝荣 |
| | 澶州横陇埽 | 天雄军部署、莱州团练使 | 邵复 |
| | | 供备库副使(20) | 王遇 |
| | | 右侍禁合门祗候(14) | 王昭序 |
| | 澶州商胡埽 | 马军副都指挥使(30—15) | 武安 |
| | | 建武节度使权知澶州殿前副都指挥使(30—15) | 郭承祐(二五二) |
| 都监 | 滑州天台埽 | 合门祗候 | 薛胎廓 |
| | | 内殿崇班(14) | 杨怀吉 |
| | | 都大巡河、东头供奉官、合门祗候签书滑州事(12) | 张君平(三二六) |
| | | 太常博士(20)→北作坊副使(25) | 李渭(三二七) |
| | | 礼宾副使(20) | 阎文应(四六八) |
| | | 供备库副使(20) | 张君平(三二六) |
| | 澶州横陇埽 | 内殿崇班(14) | 李保懿 |
| | 澶州六塔河 | 内殿承制(17) | 张怀恩 |

| 职务 | 工程名称 | 职务名（月俸） | 人名（《宋史》卷） |
|---|---|---|---|
| 铃辖 | 滑州天台埽 | 崇仪使（25）入内押班（25） | 郭守恩（四六六） |
| | 澶州横陇埽 | 仪銮使（25）雅州刺史、内侍副都知（25） | 王守忠 |
| | 大名府郭固口 | 北京钤辖（15—6） | 王逵 |
| | 澶州六塔河 | 知潭州内侍都知（25） | 邓保吉 |
| | | 内侍押班（25） | 岑保正 |

如表 3-11 所示，修建中堤防的巡护多由武将负责，宦官等内宫武将一般担当巡河使臣[35]。

表 3-11　堤防官（武将、内臣）

| 役名 | 修河差遣 | 官职名（月俸） | 人名 |
|---|---|---|---|
| 滑州天台埽 | 巡护（宣武卒 400） | 马步军头（10—3）兴州刺史 | 崔銮 |
| | 修筑加固堤防 | 内殿崇班（14） | 史崇信 |
| | 修筑加固堤防 | 入内供奉官（10） | 段文德 |
| | 加固维护大名府金堤 | 内殿崇班（14）修河都监 | 杨怀敏 |
| | 巡逻两岸（马步卒 240） | 入内供奉官（10） | 史崇信 |
| | 巡逻两岸（马步卒 240） | 入内供奉官（10） | 杨继斌 |
| 澶州横陇埽 | 管勾黄河南岸诸埽 | 崇仪副使（20） | 杨怀敏 |
| | 管勾黄河北岸诸埽 | 内殿崇班（14） | 吕清 |

以上论述了武将的工作职责。那么文臣都担当什么职责呢？ 太祖太宗时期，基本上看不到文臣担任工程负责人，如表 3-12 所示的文臣居多，特别是仁宗时期的文臣，成为工

表 3-12　工程负责人（文臣）

| 役名 | 修河差遣 | 职务名（月俸、职钱） | 人名（《宋史》卷） |
|---|---|---|---|
| 澶州商胡埽 | 管勾修河事 | 三司户部判官、屯田员外郎（30）知澶州 | 燕度（二九八） |
| | 都大管勾修河事 | 河北都转运使、户部郎中（35）天章阁待制（20） | 施昌言（二九九） |
| | 同管勾修筑河口 | 通判澶州、屯田员外郎（30） | 张谔（三〇一） |
| | 同管勾修筑河口 | 国士博士（20） | 张士程 |
| 大名府馆、陶县、郭固口 | 提举修河事 | 河北转运使、天章阁待制（20）龙图阁直学士 | 李东之（三一〇） |
| | 编栏 | | 吕公弼（三一一） |
| | 同管勾 | 通判 | 赵宗古 |
| 澶州六塔河 | 都大修河制置使 | 龙图阁直学士（30）→枢密直学士（40）知澶州给事中（45） | 施昌言（二九九） |
| | 权总管 | 河北转运使、天章阁待制（20） | 周沆（三三一） |
| | 都大提举河渠司 | 殿中丞（20） | 李仲昌（二九九） |
| | 勾当河渠事 | 提举开封界县镇公事 | 蔡挺（二三八） |
| | 同修河 | | 杨纬 |

程的总监督。商胡北流后,治水的政策和方案多出于文臣[36],同时文臣也亲临现场指挥施工。张谔(河南新安人)父亲为南唐遗臣,李东之是宰相李迪的儿子,吕公弼(山东掖人)是宰相吕夷简之子。周沆(山东益都人)就李仲昌的六塔河工程建议进行实地考察,曾就商胡堵口的物料问题上奏朝廷;也曾指出"此役若成,河必汜溢",虽然反对六塔河工程,但还是参与了此工作。施昌言(江苏南通人)虽然主持了六塔河工程,但是不断和贾昌朝发生意见冲突。

工程一旦竣工,要举行祭河、恩赏、庆典等活动。太祖时期,濮阳、阳武等地工程施工时,大雨滂沱,黄河决口,太祖作为天子向苍天祈祷[37]。滑州房村埽工程时,阴雨绵绵,工程停滞,皇上派特使到白马津献祭牺牲,向河中投入玉璧祭拜河神[38]。其他水灾时,如军民溺亡众多时也要祭河。其中规模较大的活动是天台埽祭河、赏典[39]。如表 3-13 所示,祭典通常派遣翰林两院、台谏官等高级文臣来主持。

表 3-13　祭河官

| 役名 | | 官职名(月俸、职钱) | 人名(《宋史》卷) |
|---|---|---|---|
| 滑州房村埽 | | 枢密直学士(40)右谏议大夫(40)签书枢密院事 | 张齐贤(二六五) |
| | | 翰林学士(50)中书舍人(45) | 宋白(四三九) |
| 滑州天台埽 | 第一次 | 右谏议大夫(40) | 张士逊(三一一) |
| | | 翰林学士承旨(50)刑部侍郎(50) | 晁迥(三〇五) |
| | | 翰林学士(50)右谏议大夫(40) | 盛度(二九二) |
| | | 右谏议大夫(40)集贤院学士 | 李行简(三〇一) |
| | 第二次 | 知制诰 | 徐奭 |
| | | 翰林学士(50)左司郎中 | 宋授(二九一) |
| 澶州横陇埽 | | 知制诰、兵部郎中 | 聂冠卿(二九四) |
| | | 内侍押班 | 蓝元用 |

张齐贤(山东菏泽人)任宰相,宋白(今河北大名人)是《文苑英华》的编修者。张士逊(湖北光化人)曾任宰相,晁迥(今河北清丰人)为精通儒佛之道的学者。李行简(陕西大荔人)曾任给事中,宋授(河北宁晋人)是《契丹行程录》、《宋会要》、《唐大诏令》等书的编著者。聂冠卿(安徽歙人)乃文章大家、翰林学士,盛度(浙江余杭人)是钱氏遗臣出身,参与编著《续通典》、《文苑英华》等书,历任参政、知枢密院事。徐奭(福建建瓯人)乃进士第一。这些人或是身居高位,或是文采出众。

以上就宋初以来百年间的大规模工程,按黄河治理策略来加以分类并进行了考证,以下总体上概括一下。参加大型工程的官员约 100 人,其中六成属 D、E、F、G 类,四成属 A、B、C 类。其中,半数人在《宋史》中有记载,而有传记的 50 人几乎都是文臣,由于实行文臣优先政策,其中人才济济就不难理解。表 3-14 将有传记的 50 人按出生地分类,其中河北、山东、河南等沿河地区出生者占六成,八成是北方人。另外,D 官中有宦官、外戚、外国人和前朝遗臣等。

表 3-15 将宋初的一百年即都水监设置之前的黄河治理官员,在《宋史·河渠志》、《宋·会要》、《长编》中有记载的 298 人按《宋史》列传中的人名和出生地加以分类。从中

可以发现,现在河南省出生的最多,加上河北、山东两省的共计 106 人,约占全部的 52%。从路别来看,河北路最多,加上京东西、京畿、河东共计 88 名,约占全部的 51%。两浙、淮南、江南、福建、成都等各路,也就是现在的福建、江西、四川等各省在治水方面,与沿河各州同属先进地区。出优秀官员的当属江西省。另外,黄河治理官员的出生地按府州军来分则如表 3-16 所示(表中的单位人数表示各府州军的人数),京城开封人才最集中是理所当然的,南方的福建、泉州次之,四川属成都府,北方是太原府,其他还有南、北、西三京,水灾频发的濮、郓、寿、博等各州。黄河像一把巨大的尺子,丈量着中国全境的人和地。

表 3-14　黄河大工程治水官出身地

| 省别 | A、B、C | D | F | 计 |
|---|---|---|---|---|
| 河南省 | 5 | 1 | | 6 |
| 河北省 | 8 | 3 | 3 | 14 |
| 山东省 | 8 | 3 | 1 | 12 |
| 福建省 | 2 | | 1 | 3 |
| 江西省 | 1 | | | 1 |
| 四川省 | 1 | | | 1 |
| 山西省 | 2 | 2 | | 4 |
| 安徽省 | 1 | | 1 | 2 |
| 江苏省 | 1 | | | 1 |
| 陕西省 | 1 | | 1 | 2 |
| 浙江省 | | 1 | 1 | 2 |
| 湖北省 | 1 | | 1 | 2 |
| 计 | 31 | 10 | 9 | 50 |
| 宦官 | 2 | 3 | | 5 |
| 外戚 | | 3 | | 3 |
| 西域 | | 1 | | 1 |
| 南人 | | 1 | | 1 |
| 计 | 2 | 8 | | 10 |
| 后周 | 1 | 3 | | 4 |
| 广南刘氏 | 1 | | | 1 |
| 后唐 | 1 | 1 | | 2 |
| 北汉 | | 1 | | 1 |
| 闽 | 1 | | | 1 |

表 3-15  宋初黄河治水官出身地(路别)

(按工程区划分)

| 路别出生地 | 人数 | 省别 | 人数 |
|---|---|---|---|
| 河北路 | 31 | 河南省 | 49 |
| 河东路 | 8 | 河北省 | 32 |
| 京东路 | 24 | 山东省 | 25 |
| 京西路 | 17 | 福建省 | 15 |
| 京畿路 | 8 | 江西省 | 14 |
| 永兴军路 | 8 | 四川省 | 14 |
| 秦凤路 | 1 | 山西省 | 11 |
| 云中府路 | 1 | 安徽省 | 11 |
| 淮南路 | 11 | 江苏省 | 8 |
| 两浙路 | 11 | 陕西省 | 7 |
| 江南路 | 18 | 浙江省 | 7 |
| 荆湖路 | 7 | 湖北省 | 7 |
| 成都府路 | 10 | 甘肃省 | 2 |
| 利州路 | 2 | 江南人 | 1 |
| 福建路 | 15 | 西域人 | 1 |
| 总计 | 172 | 总计 | 204 |

表 3-16  宋初黄河治水官出身地(府州军别)

| 单位人数 | 府州军名 | 计 |
|---|---|---|
| 8 | 东京开封府 | 8 |
| 7 | 福州 | 7 |
| 6 | 北京大名府、西京河南府、成都府 | 18 |
| 5 | 太原府、濮州、寿州、泉州 | 20 |
| 4 | 南京应天府、郓州、京北府 | 12 |
| 3 | 博州、明州、洪州、吉州、兴军 | 15 |
| 2 | 18 州军 | 36 |
| 1 | 44 州军 | 44 |
| 合计 | | 160 |

**【注释】**

[1]《宋史》卷九一,河渠志四四(《永乐大典》一二三〇六,《长编》),开宝五年(公元 972 年)六月的诏
书说:"凡荐绅多士草泽之伦(中略)并许诣阙上书"。
根据右太祖的诏书,东鲁的逸人田告的著作《禹元经》十二(《长编》中的"三")篇记载:"草泽王德
方上书修河利弊(《会要》和《长编》共为开宝六年(公元 973 年)八月丁亥)"。

[2] 滑州天台埽工程参照《宋代黄河治水对策》。各官僚列传参考《宋史》列传。表中记录了出处,后面
的记述皆相同。

[3]《长编》卷一一五,仁宗景祐元年(1034 年)秋七月甲寅(二十七日)澶州的进言:"河决横陇埽(《宋
史》卷九一,河渠志四四)乙卯(二十八日)命户部副使王沿 供备库使孙昭等视(B)之"(《宋史》无记
载)。

[4]《长编》卷一一五,景祐元年(1034 年)冬十月记载:"初大名府(A)言 自河决横陇 而德博以来皆罹
水患 请(A)早行修塞 即诏王沿等相(B)视 沿等以为河势奔注未定 且功大未可遽兴"。
癸亥(十月七日)记载:"复遣侍御史知杂事杨偕 入内押班王惟忠 合门祗候康德舆 同往视度 既而
偕言 欲且兴筑两岸马头 今缘堤预积刍藁 俟来年秋 乃大发丁夫修塞 从之"。

[5] 各官僚略传的出处如表 3-5 所示。

[6]《长编》卷一一四,景祐元年(1034 年)十二月癸未(二十七日)记载:"三门白波发运使文洎言 诸埽
须薪刍竹索 岁给有常数 费以钜万 计积久多致腐烂 乞委官检核实数 仍视诸埽紧慢移拨 并斫近
岸榆柳添给免采买搬载之劳 因陈五利 诏 三司详所奏 遂施行之 洎介休之人也"。
《长编》的这个内容是文洎上奏文章的简要内容,更详细的内容记载在《会要》一九二册,方域一四,
治河上天圣八年(1030 年)十月的条目中。

[7]《长编》卷一一五,景祐元年(1034 年)三月己丑(五日)记载:"殿中丞通判齐州张宗彝言 大名府新
作金堤 可以捍横陇决河水势 请今缓修塞之役 诏 河北转运司 绘黄河至海图上之"。

[8]《长编》卷一一八,景祐三年(1036 年)三月丙午(二十七日)记载:"度支副使郭劝(《宋史》卷二九
七)四方馆夏元亨 同点检修横陇埽 所储钱粮刍藁 及行视王楚埽 所开减水河利害以闻"。

[9]《长编》卷一三一,庆历元年(1041 年)三月庚戌朔(《会要》一九二册,方域一四,治河上)记载:"初
遣内侍王克恭 仪塞澶州决河 克恭请 先治金堤 继遣户部副使杨告与内侍押班刘从愿往规度 告
等请 乘岁稔塞横陇
而龙图阁直学士姚仲孙 罢河北都转运使入奏利害曰 臣行大河 自横陇以及 澶魏德博沧州 两堤间
或广数十里 狭者十余里 皆可以约水势 而博州延辑两堤 相距才二里 堤间扼束 故金堤溃 直于延
辑南岸 上自长尾道 下属之朱明口 治直两堤相距可七里 行视隘塞 皆开广之 又于堤之外 起商
胡埽至魏之黄城 治角直堤则水缓而不迫 可以无湍悍之忧 臣之所陈其利有八 一曰水不迫魏 二
曰河不忧徙 而贝冀沧景安 三曰延辑无壅 则堤不危 四曰横陇罢大役 五曰横陇不塞 则河水不啮
大韩埽 六曰诸埽无他虞 七曰河事宽则人工省 八曰阻水险以蔽京师议既上
诏京东河北转运使 巡河使臣 知天津军李迪权利害 而迪言 闭横陇功费大 恐不可就 宜修金堤 以
御下流 帝然其策 于是诏权停修决河"。

[10]《长编》卷一六四,庆历八年(1048 年)六月癸酉(六日)记载:"河决澶州商胡埽",《宋史》卷九一,
河渠志四四的同条中记载:"决口广五百五十七步"。

[11]《长编》卷一六四,庆历八年(1048 年)六月丙子(九日)记载:"遣权发遣户部判官燕度 行视澶州
决河"。

[12]《会要》一九二册,方域一四,治河上,庆历八年(1048 年)七月(《长编》"甲子"二十八日)记载:"是月 命翰林学士宋祁 入内侍省内侍都知张永和 往视商胡埽决河 及覆计工料"。

[13]《长编》卷一六五,庆历八年八月辛巳(十五日)记载:"判大名贾昌朝请 下京东州军 兴(D)葺黄河旧堤引水 东流渐复故道 然后并塞横陇商胡二口永为永利","诏待制以上并台谏官 亟详定利害以闻"。

[14]《长编》卷一六五,庆历八年八月辛卯(二十五日)记载:"观文殿学士丁度等合奏修河利害 曰天圣中滑州塞决河 积备累年始兴役 今商胡工尤大 而河北岁饥民疲 迫寒月难遽就也 且横陇决已久故河尚未填阏 宜疏减水河 以杀水势 俟来岁先塞商胡 从之","前遣内侍募民入薪刍者 皆还 但行诸路 自行诱劝"。

[15]《长编》卷一六五,庆历八年十一月癸丑(十九日)记载:"盐铁副使吏部员外郎陈洎 供备库使恩州刺史入内都知张惟吉同相度商胡堤岸"。

[16]《长编》卷一六五,庆历八年十二月庚辰(十六日)判大名府贾昌朝再次上奏说:"今澶滑之大河 历北京朝城由蒲台(山东省蒲台县)入海者 禹汉千载之遗功也 国朝以来开封大名怀滑澶郓濮棣齐之境河屡决 天禧三年(1019 年)至四年夏 连决天台山傍尤甚 凡九载乃塞之 天圣六年(1028 年)又败王楚 景祐初(1034 年)溃于横陇 遂塞王楚 于是河独从横陇出至平原 分金赤淤三河 经棣滨之北入海 近岁海口壅阏(《会要》为'闭')淖不可浚 是以去年河败德博间者凡二十一 今夏溃于商胡 经北都之东至于武城 遂贯御河历冀瀛(河北省河间县)二州之域 抵乾宁军南达于海 今横陇故水止存三分 金赤淤河皆已堰塞 惟出(《会要》有'水'字)壅 京口以东 大决(《会要》有'污')民田 乃至于海 自古河决为害 莫甚于此 朝廷以朔方根本之地 御备契丹(《会要》中为'戎虏') 取材用以馈军师者 惟沧棣滨齐最厚 自横陇决 财利耗半 商胡之败 十失八九 又况国家恃此大河 内固京师外限敌(《会要》中为'胡')马 祖宗以来留意河防条禁严切者 以此今乃旁流散出 甚有可涉之处

臣窃谓 朝廷未之思也 如或思之则不可不救其弊(《会要》中为'敌') 臣愚窃谓 救之之术 莫若东复故道 尽塞诸口 按横陇以东至郓濮间 堤埽具在 宜加完葺 其湮浅之处可以时发近县夫开导至郓州东界 其南悉沿丘麓高不能决 此皆平原旷野 无所陁束 自古不为防岸以达于海 此历世之长利也 谨绘漯川横陇商胡三河为一图上进 惟陛下留省"。

[17]《长编》卷一六六,皇祐元年(1049 年)二月甲戌(十一日)记载:"郭劝等言 与京西转运使徐起 河北转运使崔峄 自横陇(《会要》中加'水'字) 口以东至郓州铜城镇(《会要》规)度地(《会要》中加'势'字)高下 使河复故道 为利甚明(《会要》有'甚为大利') 凡濬(《会要》中有'开')二百六十三里一百八十步 役四千四百九十(《会要》中是'十九')万四千九百六十工(《会要》中有'功')议虽上未克行也"(《会要》中有"初河决商胡又决郭固 朝议修塞 卒以下不就")。

[18]《长编》卷一六六,皇祐元年春正月己亥(六日)记载:"命度支副使刑部员外郎吴鼎臣 洛苑眉州防御使入内副都知蓝元用 往澶州经度治河工费"。

[19] 各官僚的略传参考《宋史》列传。

[20]《长编》卷一六六,皇祐元年春正月庚子(七日)记载:"徙河北都转运使施昌言知兖州 昌言议塞商胡决河 令复胡道 与贾昌朝不合 故从之 以吴鼎臣为天章阁待制河北都转运使 昌言寻又改江淮荆浙发运使"。

[21] 参照《长编》卷一七〇,皇祐三年(1051 年)五月壬申(二十三日)(《会要》六二册,职官五),本书第三章第三节"一 都水监官制"。

[22]《长编》卷一七○,皇祐三年(1051 年)秋七月辛酉(十三日)记载:"河决大名府馆陶县郭固口",
　　　"同年九月壬申(二十三日)观文殿学士丁度等言 所议修塞决河 谓宜先塞郭固 其商胡俟岁稔 别
　　　计度之"。
　　《长编》卷一七二,皇祐四年(1052 年)春正月乙亥(二十八日)记载:"塞郭固口",《宋史》卷九一,河
　　　渠志四四二中记载:"而河势犹壅议者请开六塔以披其势"。

[23]《长编》卷一七二,皇祐四年(1052 年)二月己亥(二十三日)的诏书中说:"河北安抚转运使知博州
　　　蔡挺 与入内都知张惟吉 同议六塔河利害以闻 时郭固虽已塞而水势犹壅 议者议开六塔河以分
　　　其势 故命惟吉等按视之"。

[24]《长编》卷一七七,至和元年(1054 年)十二月壬子(二十三日)的诏书(《宋史》卷九一,河渠志四
　　　四,黄河上同条):"河北京东转运使 同诣郓州铜城镇海口 审度黄河高下之势 如兴工后 水果得
　　　通流 即条具利害以闻(开铜城 塞商胡议 自郭劝等始见 皇祐元年二月 河北周沉燕度 京东陈宗
　　　古也沉有论列当时六塔时)"。

[25]《长编》卷一八一,至和二年(1055 年)九月丁卯(十二日)的诏书中说:"自商胡之决大河注金堤
　　　寖为河北患(《宋史》为'注食堤埽为河北患') 其故道又以河北京东岁饥 未能兴役 今勾当河渠
　　　司事李仲昌 欲约水入六塔河 使归横陇旧河 以舒一时之急 其令两制(《宋史》加入'至待制'三
　　　字)以上台谏官与河渠司同详定开故道修六塔利害以闻"。

[26]《长编》卷一八一,至和二年(1055 年)九月甲申(二十九日),翰林学士承旨孙抃等上奏:"奉诏定
　　　黄河利害 其开故道诚为经久利 然功大不能猝就 其六塔河如相度容得大河 使导而东去 可以纾
　　　恩冀金堤患 即乞诉之 议开故道者贾昌朝也 陈执中主其议 执中既罢 文彦博富弼乃主李仲昌议
　　　欲修六塔 故抃等答诏如此"。

[27]《长编》卷一八一,至和二年(1055 年)十二月丁亥(四日)记载:"中书奏 自商胡决为大名恩冀患
　　　先议开铜城塞商胡 以功大难 卒就缓之 则忧金堤汎溢不能捍也 愿备工费 因六塔水势入横陇 宜
　　　令河北京东预完堤埽 并上河水所占民田(《宋史》加上'数')从之 始用李仲昌议也"。

[28]《长编》卷一八二,嘉祐元年(1056 年)夏四月壬子朔(《宋史》卷九一,河渠志四四,黄河中)记载:
　　　"李仲昌等塞商胡北流入六塔河 溢不能容 是夕复决 溺兵夫漂刍藁不可胜计"。
　　同癸酉的条目记载:"权盐铁判官屯田郎中沈立体量六塔河及北流河口利害以闻"。

[29]《宋史》卷九一,河渠志四四,乾德四年(公元 966 年)八月(《长编》第七卷,同年八月乙卯)。

[30]《宋史》卷九一,河渠志四四,开宝五年(公元 971 年)五月(《长编》,同年五月辛未(十三日))。

[31]《长编》卷二四,太平兴国八年(公元 983 年)九月戊午,同雍熙元年(公元 984 年)三月丁巳和己
　　　未,《宋史》卷九一,河渠志四四,太平兴国九年(公元 984 年)春 滑州复言。

[32]《宋史》卷九一,河渠志四四,淳化二年(公元 991 年)是岁的条目,淳化五年(公元 994 年)正月滑
　　　州言。

[33]刘吉传《宋史》未见记载,但在下文中偶尔可见。《长编》卷一九,太平兴国七年。同卷二四,太平
　　　兴国八年三月丁巳,同年十二月癸卯记载。

[34]参照本书第三章第二节"一 宋代的黄河治水对策"中的注释[6]和[7]。
　　《长编》卷一一五,景祐元年(1034 年)十二月癸未(二十七日)记载:"以天雄军部署莱州团练使邵
　　　复 为都大修河部署 供备库副使王遇为澶州部署 右侍禁合门祗候王昭序为沧州部署 并兼修河
　　　事"。
　　《会要》一九二册,方域一四,治河上,庆历八年(1048 年)七月记载:"是月命侍卫亲军马军副都指

挥使郭承祐 为澶州修河都总管 寻以知澶州 又命三司户部判官燕度 同知澶州 兼管勾河口事 时以河水为患也"。

[35] 参照本书第三章第二节"一 宋代的黄河治水对策"中的注释[6]和[7]。

[36]《长编》卷一六四，庆历八年七月甲寅(八日)记载："命河北都转运使户部郎中天章阁待制施昌言都大管勾澶州修河事 四方馆使荣州刺史知澶州王德基 同都大管勾 通判澶州屯田员外郎张谔国子博士张士程 同管勾修叠河口"。

同卷七月辛酉(二十五日)记载："权发遣户部判官屯田员外郎燕度 同知澶州兼管勾修河事"。

《长编》卷一七一，皇祐三年(1051年)九月壬申的诏书："河北都转运使李东之吕公弼 提举修郭固河事 北京钤辖王逵编栏 通判赵宗古及内侍凌守信同管勾"。

《宋史》卷九一，河渠志四四，黄河篇，至和二年(1055年)十二月下诏照奏："以知澶州事李璋为总管 转运使周沆权同 知潭州内侍都知邓保吉为钤辖 殿中丞李仲昌提举河渠 内殿承制张怀恩为都监 而保吉不行 以内侍押班王从善代之 以龙图阁直学士施昌言总领其事 提点开封府界县镇事 蔡挺勾当河渠事 杨纬同修河决"。

[37]《长编》(《永乐大典》一二三〇六收录)开宝五年(公元972年)五月辛未(十三日)(《宋史》卷九一，河渠志四四，黄河上)记载："于便殿上(《宋史》'太祖')谓曰 霖雨不止 又闻河决 朕信宿以来焚香上祷于天 若天灾流行 愿在朕躬 勿施于民也"。

[38]《宋史》卷九一，河渠志四四，黄河上，太平兴国八年(公元983年)五月(《长编》卷二四，九月丁丑)记载："时多阴雨 河久未塞 帝忧之 遣枢密直学士张齐贤 乘传诣白马津 用太牢加璧以祭十二月(《长编》'癸卯')滑州言 决河塞 群臣称贺 九年(公元984年)春(中略)又命翰林学士宋白 祭白马津 沈以太牢加璧 未几役成"。

[39]《会要》一九二册，方域一四，治河上，天禧四年(1020年)正月(《长编》卷九四，辛巳(二十九日))记载："又命右谏议大夫张士逊往祭(《长编》'诣滑州祭河')"。

二月(《长编》卷九五，己亥(十七日))记载："河堤塞 群臣入贺 帝制滑州修河碑 建于福宁院乾文殿 以纪成功(以下参照本书第三章第二节'一 宋代的黄河治水对策'注释[2])"。

《长编》卷九五，天禧四年(1020年)春正月戊午(六日)记载："以滑州将塞决河 命翰林学士盛度乘传致祭"。

《长编》卷九七，天禧五年(1021年)五月丁亥(十三日)记载："滑州言 开减水河功毕 河流渐复北岸 命右谏议大夫李行简致祭"。

《长编》卷一〇五，天圣五年(1027年)冬十月壬午(十六日)记载："遣知制诰徐奭 往滑州祭告河"。

《会要》天圣六年(1028年)三月六日记载："诏翰林学士宋绶选述"。

《长编》卷一三一，庆历元年(1041年)三月乙亥(二十六日)记载："以汴流不通 遣知制诰聂冠卿祭河渎庙 内侍押班蓝元用祭灵津庙"。

## 三 黄河的治水官制度

都水监设置(1058年)以前的宋初百年间，关于宋代的黄河治理政策以及工程方案的制订者、工程负责人、祭典官等，笔者挑选了主要工程，考察了治水过程的分类和治水官僚的略传，为了更深一步论述，还从《会要》《长编》《宋史》的有关黄河治理的资料中，收集了更多资料，在表3-3分类的基础上，制作出表3-17及以下各表，但是仁宗时期只选取了都水监设置之前的工程。表3-17和表3-18是最终统计的结果，得出此结论的过程在此不再叙述。

表 3-17　黄河治水官员所属机构及变迁（文官）

| 官员 | | 计 | A | B | C | D | E | F | G | 太祖 | 太宗 | 真宗 | 仁宗 |
|---|---|---|---|---|---|---|---|---|---|---|---|---|---|
| 文阶官 | 京官 | 7 | 5 | 2 | 0 | 0 | 0 | 0 | 0 | 0 | 4 | 3 | 0 |
| | 朝官 | 59 | 11 | 12 | 7 | 18 | 0 | 3 | 8 | 1 | 9 | 21 | 28 |
| | 卿监 | 5 | 1 | 2 | 0 | 1 | 0 | 0 | 1 | 0 | 0 | 3 | 2 |
| | 侍从以上 | 13 | 2 | 3 | 1 | 2 | 0 | 2 | 3 | 0 | 1 | 5 | 7 |
| | 计 | 84 | 19 | 19 | 8 | 21 | 0 | 5 | 12 | 1 | 14 | 32 | 37 |
| 职事官 | 宰执 | 16 | 9 | 2 | 3 | 0 | 0 | 1 | 1 | 0 | 1 | 3 | 11 |
| | 三司使 | 25 | 2 | 8 | 4 | 3 | 4 | 0 | 4 | 0 | 1 | 11 | 14 |
| | 计 | 41 | 11 | 10 | 7 | 3 | 4 | 1 | 5 | 0 | 2 | 14 | 25 |
| 地方官 | 路官 | 56 | 18 | 8 | 17 | 11 | 0 | 0 | 2 | 0 | 2 | 33 | 21 |
| | 府州县 | 55 | 18 | 5 | 8 | 20 | 1 | 0 | 3 | 0 | 1 | 27 | 27 |
| | 计 | 111 | 36 | 13 | 25 | 31 | 1 | 0 | 5 | 0 | 3 | 60 | 48 |
| 翰林学士院 | | 19 | 5 | 4 | 1 | 0 | 0 | 9 | 0 | 0 | 2 | 7 | 10 |
| 殿阁、馆职 | | 16 | 3 | 5 | 1 | 7 | 0 | 0 | 0 | 0 | 0 | 4 | 12 |
| 计 | | 35 | 8 | 9 | 2 | 7 | 0 | 9 | 0 | 0 | 2 | 11 | 22 |

表 3-18　黄河治水官员机构及变迁（武官、内臣）

| 官员 | | 计 | A | B | C | D | E | F | G | 太祖 | 太宗 | 真宗 | 仁宗 |
|---|---|---|---|---|---|---|---|---|---|---|---|---|---|
| 武阶官 | 小使臣 | 20 | 2 | 7 | 0 | 11 | 0 | 0 | 0 | 0 | 9 | 3 | 8 |
| | 大使臣 | 46 | 3 | 12 | 6 | 19 | 0 | 0 | 6 | 0 | 3 | 16 | 27 |
| | 正职以上 | 22 | 1 | 2 | 1 | 18 | 0 | 0 | 0 | 7 | 3 | 4 | 8 |
| | 计 | 88 | 6 | 21 | 7 | 48 | 0 | 0 | 6 | 7 | 15 | 23 | 43 |
| 环卫官 | | 6 | 0 | 1 | 0 | 4 | 0 | 0 | 1 | 2 | 4 | 0 | 0 |
| 禁军 | 殿前司 | 3 | 0 | 0 | 0 | 3 | 0 | 0 | 0 | 2 | 0 | 0 | 1 |
| | 侍卫亲军 | 10 | 1 | 0 | 0 | 9 | 0 | 0 | 0 | 0 | 2 | 6 | 2 |
| | 计 | 13 | 1 | 0 | 0 | 12 | 0 | 0 | 0 | 2 | 2 | 6 | 3 |
| 武官、内臣 | 横班 | 12 | 0 | 4 | 2 | 5 | 1 | 0 | 0 | 0 | 4 | 4 | 4 |
| | 合门祗候 | 14 | 2 | 5 | 6 | 0 | 1 | 0 | 0 | 0 | 0 | 5 | 9 |
| | 入内内侍省 | 19 | 2 | 4 | 5 | 7 | 0 | 1 | 0 | 0 | 0 | 4 | 15 |
| | 计 | 45 | 4 | 13 | 13 | 12 | 2 | 1 | 0 | 0 | 4 | 13 | 28 |
| 地方官 | 总管、 | 16 | 1 | 0 | 0 | 15 | 0 | 0 | 0 | 0 | 0 | 7 | 9 |
| | 副都监、 | 13 | 1 | 3 | 0 | 8 | 0 | 0 | 1 | 0 | 0 | 6 | 7 |
| | 监押钤辖 | 7 | 1 | 0 | 0 | 6 | 0 | 0 | 0 | 0 | 0 | 3 | 4 |
| | 巡检 | 7 | 1 | 6 | 0 | 0 | 0 | 0 | 0 | 0 | 0 | 2 | 5 |
| | 计 | 43 | 4 | 9 | 0 | 29 | 0 | 0 | 1 | 0 | 0 | 18 | 25 |

文臣中对黄河治理起决定作用的是朝官。朝官中又以员外郎和侍御史等为核心。如表3-19所示,正七品官员月俸30贯。根据表3-20对都水监官制的比较可知,判都水监与同判都水监官职相当。都水监官制规定判监和同判监必须由员外郎以上的官员担任,自宋初就如此。在表3-17中的59位朝官中,A、B、C有30位,占了一半多。D次之,其中D多集中在真宗、仁宗两朝,文臣填补了原来武将担任的职务。宰执在商胡和六塔河工程频频出问题的仁宗朝多集中在A、C两项。三司使多是副使和判官,也大多活跃在需要大量工料的真宗、仁宗两朝的大规模工程中。他们活动的领域多为A~D。三司使和副使薪金分别是200贯和50贯,判官的薪金和本官职一样。翰林学士院的带职官员们常常参与皇帝宰执的理论领域,所以在黄河治理方面他们常出现在A~D领域,而F项几乎被翰林学士独占。翰林学士的薪水是50贯。在19位官员中16位是翰林学士和知制诰,成为这个领域的核心。黄河堤防的日常管理责任由府州县担任,在A和D项中活跃的基本是府州县的长官,特别是知府州的D项。工程负责人同时还被任命为知府州,授予地方管辖权,可以看出是为了有利于工程顺利进行。在56个转运使和其副职中,由路官出任的占49件,其中37件属A、B、C三项,其次为D项,占11件。总之,转运使和知府州的活动对黄河治理起着关键性作用。尤其是河北、京东、京西三路以及澶、滑两州的官员责任最为重大。另外,还有发运使和提点刑狱,他们的月俸和同本官职相同。

表3-19　文、武官员俸禄表

| 资格(官阶) | | 品阶 | 月俸禄(贯) | 春冬绫绢合计(匹) | 冬绵(两) |
|---|---|---|---|---|---|
| 文臣 | 侍从(礼部尚书—谏议大夫) | 正2~从4 | 60~45 | 54~36 | 54~30 |
| | 卿监(左右司郎中以上) | 正5~正6 | 45~35 | 36~26 | 50~30 |
| | 朝官　正郎(前中后郎中) | 从6 | 35 | 26 | 30 |
| | 朝官　员郎(员外郎、御史、起居舍人、左右司谏) | 正7 | 30 | 20 | 30 |
| | 升朝官(太子洗马以上) | 从7~正8 | 20~18 | 26~14 | 30~15 |
| | 京官(将作监主簿以上) | 从8~从9 | 15~7 | 10 | 15~0 |
| 武官 | 横班(上合门副使以上) | 正5~从6 | 50~20 | 17~12 | 30~20 |
| | 大使臣　诸司正使 | 正7 | 25 | 17 | 30 |
| | 大使臣　诸司副使 | 从7 | 20 | 12 | 20 |
| | 小使臣(三班借职以上) | 正8~从9 | 17~4 | 12~6 | 20~0 |

注:《宋史》卷一七一,职官志一二四,俸禄制上,《会要》卷九三,职官五七俸禄,那珂通世著、和田清翻译的《中国通史》中收录的"宋百官品秩表",根据宫崎市定《宋代官制序说》制表。

以下来看看武官的情况,如表3-18所示,在88名武官中46人担当大使臣,其中西班占36人。即在大使臣当中属下级武官的西班武官在黄河治理中起决定作用。在职责上D项占19件,最多,说明主要是发挥他们的技术才能。B项和C项占18件。在全部88件中D项占48件,说明武官一般是作为工程负责人活跃在黄河治理工程中的。他们的月俸正职25贯,副职20贯。小使臣和下级大使臣中,有很多被任命为合门祗候的官职活

**表 3-20 宋初治水官和都水监官员的月俸对照表**

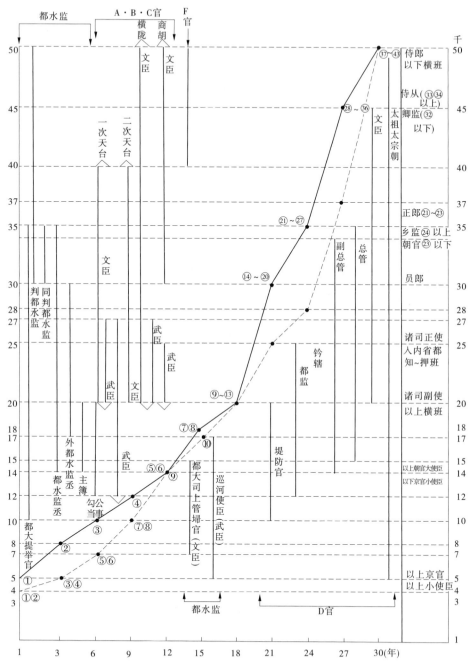

注:1.月俸线根据《叙迁之制》和《俸禄制上》(《宋史》卷一六九,职官志一二二)的实例制作。
　　实线代表文臣,虚线代表武将。
　　2.假设在职 3 年,随后依次加薪。
　　3.只显示建隆以后的本职月俸,元丰以后改善到 2 万以下。
　　4.①②③…的数字是《叙迁之制》中从下开始按顺序排列的序号。

跃在治理工程中,有合职的特别加薪 3 ~ 4 贯。除这些大小使臣外,还有天子身边的实职武官东西上合门副使以上的横班。在 12 件中有 7 件属合门使或副使,他们的月俸为 20 ~ 27 贯。

从文武官员的官阶来说,文有员郎(月俸 30 贯),武有大使臣西班(月俸 20 ~ 25 贯)以及合门职(月俸 27 贯),文武月俸同在 20 ~ 30 贯的官员是黄河治理中的核心阶层,加上小使臣,但从他们的月俸这点来看相当于外都水监丞的地位。

太祖和太宗两朝时期,被任命为环卫官等虚位的前朝遗臣起了很大的作用,到了真宗和仁宗两朝时,他们逐渐消失,被禁军的指挥官取代。真宗和仁宗时期,特别引人注目的是总管(都部署)、副(部署)、都监、监押、钤辖等工程指挥者,同时身兼地方官职。他们本职属中央管理,被派遣到治水一线。总管等还兼任知府州,掌握地方的文武实权,有利于工程的顺利进行。但是宋代对官员的管理严格,钤辖(月俸 25 贯)即负责任命入内内侍省高官,还负责监督牵制总管以下的各级官员,作为堤防官要巡视堤防,同时也肩负着对下级水利官员以及兵夫行动的监督职责。总管(都部署)、副(部署)、都监、堤防官的月俸从他们原本的官职来看,分别是 15 ~ 35 贯、14 ~ 34 贯、12 ~ 25 贯、10 ~ 20 贯。从月俸这点来看,总管(都部署)、副(部署)与都水监丞地位相当,都监、监押与都水监主簿地位相当,堤防官与巡河使臣、都大司、管埽官地位相当,从这个表中可以得出以下结论:

(1)坚决贯彻以文臣为主的方针,而且随着时间的推移越加明确。

(2)制定政策的官员(A、B、C)以文臣为中心,地位显赫,而且仁宗时期高于真宗时期。武官地位相对低一些,主要担当助手或情报官员。A、B、C 的官员应该相当于都水监的判监和同判。

(3)工程实施官员(D)以武官为主,但文臣也逐渐进入这个领域,且地位高于武官。D 官位相当于都水监丞。

(4)祭事官员(F)地位最高,由文臣担任。

(5)太祖和太宗时期治水的组织结构还不完备。经历真宗时期后,到了仁宗时期,三司河渠司、都水监设置大体完备,元丰年间其末端组织也设置完毕。

(6)堤防巡检由大小使臣担任。

(7)宋代初年水利官员资格并没有像都水监官员那么明确,但同样是职责明确的。

总之,宋初的一百年间,黄河治理的主宰者是皇帝,他从宋代的官僚机构中选出合适的人员担任黄河治理的各项职务。

# 第三节　宋代后期的黄河治水政策

## 一　都水监官制

民众团聚,整治水患,引水灌溉,培育万物。大河荡荡,不断催生人类与万物的结合。政治与社会、生产与经济,人类文明之花在这里绽放。

宋代的黄河异常暴虐。宋初的百年间完全是依靠皇权来治理黄河的,这些内容在上一节已经述及,但并不十分明了。黄河的暴虐愈发严重,东流的河水突然改道向北,饱含黄土的浊流横行在华北辽阔的平原上。宋代对此实施了强有力的回应,隐没在历史长河中的都水监制度也由此浮出了水面。这一措施很有效,不断取得成果,黄河再次回归东流。但是不知什么时候,黄河再次改道北流。

这里提到的围绕宋代黄河的人、制度和技术,是中国黄河文明的一个缩影。本节将对出现于宋代中叶的都水监到底取得了什么样的成果及其本质加以论述。

注:本节多使用公历纪元,与宋代年号的对照请参考本书末的"宋代黄河史年表(北宋)"。

### (一)六塔河工程及都水监的设置

嘉祐三年(1058 年)十一月,宋代新设都水监。《长编》卷一八八,仁宗嘉祐三年十一月己丑的诏书中说:"天下利害系于水为深 自禹制横溃 功施于三代 而汉用平当领河堤 刘向护都水 皆当时名儒 风迹可观 近世以来 水官失职 稽诸令甲品秩犹存 今大河屡决 遂失故常 百川惊流 或致冲冒 害既交至 而利多放遗 此议者 宜为朝廷讲图之也 朕念夫设官之本 因时有造 救弊求当 不常其制 然非专职守 则无以责其任 非遴择才能 则无以成其效 宜修旧制 庶以利民 其置在京都水监 凡内外河渠之事 悉以委之 应官属及本司 合行条制 中书门下 裁处以闻 其罢三司河渠司 以御史知杂吕景初判监 盐铁判官领河渠司事杨佐同判 河渠司勾当公事孙琳 王叔夏 知监丞事"。文中提到,大禹治水的恩泽惠及三代。汉代时期任命平当(《汉书》卷七一)为河堤使者,刘向(《汉书》卷三六)为都水使者,负责河防治水。近代的水利官员虽然空缺,但是政令和位禄依然存在。现在黄河屡次决口造成巨大灾害,必须加以解决。设置专门的官职是解决问题的根本措施。不一定要常设,但是如果不设专职,就会责任不清。如果选用的人员能力不足,同样难以取得好的效果,所以必须改革旧体制以利于民。特在京师设置都水监,总管内外河渠事务。都水监官员结构及工作条例由中书门负责编制并上报朝廷。此诏书废止三司河渠司,任命都水监各级官员。

王安石的《临川先生文集》卷六二,论述的"看详杂议"的"议曰废都水监"一文中说:"朝廷以为天下水利 领于三司 则三司事业 不得专意 而河渠堤埽之类 有当经治 而力不暇给 故别置都水监 此所谓修废官也 官修则事举 事举则虽烦何伤 财费则利兴 利兴则虽废何害 且所谓举天下之役 半在于河渠堤埽者(下略)"。天下的水利自古由三司负责,但三司事务繁忙,河渠堤埽的事务往往无暇兼顾,因此特设都水监。这个官职虽然不经常使用,但只要有实际的成绩,拨付经费也无妨。

仁宗初期的景祐元年(1034 年)澶州横陇埽黄河大堤溃决,施工 7 年迟迟未能堵复决口,工程于庆历元年(1041 年)被迫终止。7 年后的庆历八年(1048 年),澶州商胡埽再次发生大规模决口,发生了黄河史上的重大改道,史称"商胡北流"。此事震动朝野,围绕治理政策展开了激烈的争论。其代表是贾昌朝的京东河方案[1]、李仲昌的六塔河方案[2]、欧阳修的商胡北流方案[3],最终朝廷选择了六塔河方案。嘉祐元年(1056 年)四月一日开始堵塞北流决口迫使河水改流六塔河,但工程以彻底失败而告终。此后的 4 月、6 月、8月、11 月数次遭人弹劾,但始终未被问罪。而后来实际曾秘密修整过六塔河,但结果依然是重复失败[4]。由此可见宋代对六塔河工程的执著。在六塔河工程结束 7 个月后李仲昌受到处罚[5]。

六塔河工程前后有几个情况要明确,首先在政治方面,文彦博、富弼,还有李仲昌等与陈执中、贾昌朝的政治斗争激烈。特别是贾昌朝等内臣和司天官暗地结成朋党[6]。在财政方面,调动了六路100多州,募集30万之众[7],河北征收税赋170万石[8]。在社会方面,破产户达3万户,5个州受灾,溺死数千人。据说富弼在商胡决口时,曾救济过逃到京东路的河北流民50万,从中征兵上万人[9]。

宋代在治水技术方面出现了埽法以及在此基础上发展而来的锯牙和马头。马头最早出现在横陇埽工程中,商胡埽"合龙门"时使用了水工高超的"三节埽法"[10],但并不是特别成功。以至于成了欧阳修说的那样,横陇、商胡再次决口,说明三十余年没有一人能够治理好水事[11]。

六塔河工程善后处理约一年半后,设立了都水监。从设置都水监的诏书中,可以十分清楚地了解到22年间三大工程的艰难历程。改造自然的黄河就必须进行社会改造,其第一步就是着手对官僚体制进行改革。

我们先来探讨一下六塔河工程前后官僚体制改革的情况。都水监的前身是三司河渠司,三司河渠司是从三司河渠案中分离独立出来的。三司河渠司在商胡埽决口后的第三年,也就是皇祐三年(1051年)设置的[12],隶属于三司,专管黄、汴等河堤的工料等事务。表3-21是三司河渠司和都水监初期的官员以及李仲昌的官职。判都水监吕景初在六塔河工程停工后,看穿了贾昌朝的阴谋,任用了文彦博和富弼。同判都水监杨佐在京城治水,后升任判监。孙琳在熙宁八年(1048年)任京东转运使大常少卿权都大提举,活跃在冀、深等州的河堤整治等水利工程中。王叔夏在嘉祐七年(1062年)封堵北京第五埽河段。刘湜开通汴河漕运[13],其官职由盐铁副使变成侍御史知杂事。六塔河工程失败后设置了侍御史,为的是追究失败责任以及防止政治混乱。新设立的都水监,最高长官由三司的官员和其他系统的官员担任。寄禄官兼任户部员外郎(月俸30缗),其副职由三司盐铁判官担任,没有变化。河渠工作涉及大量的人、财、物,所以与三司有着密切的关系。李仲昌历任了勾当公事→勾当河渠司→都大提举河渠司。这些官职的月俸主要依据本官的月俸而定[14],另外也有一些津贴。这一点将另行论述。总之,都水监的官员多从三司河渠司中转化而来,主要任务是黄、汴两河的治理工作。

表3-21　三司河渠司和都水监

| 水官职 | 人名 | 本职 | 寄禄官 | 出典 |
|---|---|---|---|---|
| 三司河渠司 | 刘湜 | 盐铁副使 | 户部员外郎 | 《长编》卷一七〇(1051年) |
| 三司河渠司 | 邵饰 | 盐铁判官 | 金部郎中 | 《长编》卷一七〇(1051年) |
| 河渠司勾当公事 | 李仲昌 | | | 《会要》职官五(1051年) |
| 勾当河渠司事 | 李仲昌 | | | 《会要》职官五(1055年) |
| 都大提举河渠司 | 李仲昌 | | 殿中丞 | 《会要》职官五(1055年) |
| 判都水监 | 吕景初 | 侍御史知杂事 | 户部员外郎 | 《会要》职官五(1055年) |
| 同判都水监 | 杨佐 | 盐铁判官领河渠司事 | | 《长编》卷一八八(1058年) |
| 知都水监丞事 | 孙琳 | 三司河渠司勾当公事 | | 《长编》卷一八八(1058年) |
| 知都水监丞事 | 王叔夏 | | | 《长编》卷一八八(1058年) |

**【注释】**

[1] 本书第三章第二节"二 黄河的治水官员"的注释[16]中全文刊载。

[2]《宋史》卷九一,河渠志四四,黄河中。《长编》卷一八一,至和二年九月丁卯。

[3] 参照本书第四章第二节"欧阳修的黄河治水方策"。

[4]《长编》卷一八二,嘉祐元年(1056年)六月戊午记载:"龙图阁直学士给事中施昌言为枢密直学士 知澶州时六塔河既修复决 朝廷犹欲成之 因以澶州授昌言 冀便役事云"。同月辛酉记载:"提举黄河埽岸殿中丞李仲昌为大理事丞"。

[5]《长编》卷一八四,嘉祐元年(1056年)十一月甲辰记载:"降知澶州枢密直学士给事中施昌言为左谏大夫 知滑州天平留后李璋为邢州观察使 司封员外郎燕度为都官员外郎北作坊 叶州团练使内侍押班王从善为文思使 度支员外郎蔡挺追一官勒停 内殿承制张怀恩潭州编管 大理寺丞李仲昌英州衙前编管"。

[6] 这次政治争斗在《长编》[5]中有详细记载。

[7] 同注释[3]。

[8] 同注释[5]。

[9]《宋史》卷三一三,列传七三,皇祐元年(1049年)二月辛未(八日):"知青州资政殿学士给事中富弼为礼部侍郎 初河北大水 流民入京东者 不可胜数(中略)凡活五十余万人 募而为兵者 又万余人"。

[10] 沈括撰写的《梦溪笔谈》卷十一,官政一,以及本书第一章第一节"宋代黄河堤防考证"。

[11] 欧阳修《欧阳文忠公集》六,策问,"南省试进士策问三首"。

[12]《会要》六二册,职官五,河渠司,仁宗皇祐三年(1051年)五月二十三日(《长编》卷一七〇)记载:"三司请 置河渠一司 专提举黄汴等河堤功料事 从之 命盐铁副使刘湜 判官邵饰主其事"。

[13] 吕景初——《宋史》卷三〇二,列传六一。

杨佐——《宋史》卷三三三,列传九二。

孙琳——《会要》卷一九二,方域一四,治河上,熙宁元年七月十八日。

王叔夏——《会要》卷一九二,方域一四,嘉祐七年七月。

刘湜——《宋史》卷三〇四,列传六三。

[14]《宋史》卷一七一,职官志一二四,俸禄制上。

### (二)都水监官制(本监)

#### 1. 都水监官制的完备阶段

以下列举的统计数据主要出自《宋史》、《长编》、《会要》三部原著的相关部分。如表3-22所示,自1058年都水监设置到1127年首都南迁的70年间,都水监官员共计103人,将其分类可以发现,仅王安石临政的1070~1094年的25年间就有71名,占69%。在此期间,水利作为王安石变法的重要一环,得到了强力推进,回河东流、北流堵复两大工程先后上马。都水监的工作多种多样,非常活跃。其时正值1082年的元丰正名时期,都水监制度同时也得到正名和扩充。其中南北外监的组成最具特色。这期间黄河治水技术得到长足进步,随着都水监体制的逐步完备,以及强有力的治水官员的努力,彻底贯彻了北宋时期的黄河治理政策,取得了回河东流、北流堵复等一系列工程的成功,挽回了六塔河工程的不良影响。

#### 2. 判都水监事(都水使者)和同判都水监事

《宋史》卷一六五,职官志一一八,都水监一栏记载:"判监事一人 以员外郎以上充 同

175

判监事一人 以朝官以上充"。

表 3-22　都水监官员数及其类别

| 公历纪元(年) | 判监 | 同判监 | 监丞 | 外监丞 | 主簿 | 合计 |
|---|---|---|---|---|---|---|
| 1058～1069 | 4 | 2 | 5 | | | 11 |
| 1070～1081 | 13 | 6 | 14 | 7 | 5 | 45 |
| 1082～1094 | 7 | | 9 | 10 | | 26 |
| 1095～1100 | 2 | | 1 | 2 | | 5 |
| 1101～1110 | 7 | | | 1 | | 8 |
| 1111～1120 | 3 | | | 2 | | 5 |
| 1121～1127 | 3 | | | | | 3 |
| 计 | 39 | 8 | 29 | 22 | 5 | 103 |
| 人数 | 31 | 7 | 29 | 16 | 5 | 88 |
| 进士及第 | 6 | 1(1) | 5(3) | | | 12(4) |
| 补荫 | 3 | | 1(1) | | | 4(1) |
| 南人 | 5 | 1(1) | 4(3) | (1) | | 10(5) |
| 宋史有传 | 12 | | 5(3) | (2) | | 17(5) |
| 武臣 | 1 | | 1 | (1) | | 2(1) |
| 升迁 | 工部吏部 | | 判监 12 | 使者 3 | 判监 1 | 判监 13 |
| | | | 监丞 4 | | 监丞 1 | 监丞 5 |
| | | | | | | 使者 3 |

注:1. 1058 年——设置都水监， 1069 年——二股河疏浚、北流封堵，

　　1082 年——元丰正名， 1092 年——回河东流，

　　1094 年——封堵北流， 1099 年——内黄北流。

　　2. 表中( )内的数字意为重复内容。

　　3. 王安石略年表:1069 年参知政事,设立三司条例司,颁布农田水利规定;1070 年,同中书门下平章事;1076 年辞
　　去相位;1086 年去世。

判监事在元丰正名时更名为"都水使者"。判都水监事(以下略称"判监")新设以后,成为全年常设机构,在任者可以推选产生。在表 3-22 中 1070～1094 年的 25 年间有20 人。由于定额只有一人,所以冠以"权",同一年中有 2～3 名的判监,这种现象连续出现几年。同判都水监(以后略称"同判监")可以说也同样[1]。如表 3-23 所示,判监、同判监都必须由员外郎或者朝官以上的官员担任,但多是由"屯田"、"虞部"、"水部"、"工部"(即工部尚书的员外郎)(后行员外郎,月俸 30 缗)担任。工部比起其他五部序列略低,只有一例除外,就是"通直郎试都水使者赵霆"月俸 20 缗,但因为有个"试"字,虽然资序低却能担任高两级的职务[2]。赵霆 5 年后升任工部员外郎。判监的月俸上限在元丰以前与侍郎相同,以后与大中大夫相同,为 50 缗。因此,判监的月俸在 30～50 缗。同判监在元丰正名后取消,所以仅可见三例[3]。寄禄官是员外郎(月俸 30 缗)或郎中(月俸 35 缗),所以月俸应该在 30～35 缗。

如表 3-22 下半部所示,判监 31 人中 12 名在《宋史》里有传记,其中进士及第的 6 名,

而且均在北宋初期[4]。从仁宗发布都水监诏书中可以看出,虽然希望由儒臣担任治水官员,但实际上更多的是由熟悉水利技术的人员担任。与立朝之初一样,从事黄河治理的官员南方人不多。虽然有一个武官曾经担任过治水官员,但这是个例外。判监多由户部或工部侍郎升任[5]。这是由于河道治理与技术和经济息息相关。

让我们看一看判监和同判监到底做了什么实际工作。都大提举官主要负责了京东西引水淤田,管理淮南运河工作,其他还有参与修堵曹村埽决口、巡检小吴决口、原武埽决口和汴河口等工程的,还组建了修河司,组织开挖减水河工程,等等。当然也主持参与回河东流、大伾三山桥等大工程。从中可以发现他们活动的范围主要集中在黄河和汴河流域。

3. 知都水监丞事

《宋史》卷一六五,职官志一一八,都水监条目中记载:"丞二人主簿一人并以京朝官充 轮遣丞一人出外治河埽之事 或一岁再岁 而罢 其有谙知水政或至三年 置局于澶州 号外监"。

根据表3-22可知,在监丞29名中,23名的名字连续出现在1070～1094年之间。和判监一样,虽然定员是两名,但是同年中前面冠以"权"、"权发遣"、"管勾"等官名,共4人。在29人中,有5人在《宋史》中有列传。进士及第者有3人,补荫1人,南人4人,武臣1人。其中12人升任判监[6]。

根据表3-23可知,寄禄官中最下级的著作佐郎月俸为14缗,最高级的中行郎中月俸为35缗。这些人都是京官,没有人升任侍从。元丰之后,最下级为承务郎(月俸7缗,从九品,品官最下级),最高级为朝散大夫(月俸35缗,从六品)。他们活动的范围,从修筑北京第五埽、二股河东流,到主持沿汴河灌溉农田、汴口整治、管理河北粮草物资、修治广武埽,等等。这些工程也多集中在黄、汴两河流域。

4. 都水监主簿和都水监勾当公事

《宋史》卷一六五,职官志一一八,都水监条目中记载:"主簿一人并以京朝官充(中略) 元丰正名(中略) 主簿一人"。主簿主要掌管账簿[7],所以他们的活动范围相对比较受限,自然也就没有姓名留下来。从表3-23中可知,在都水监活跃期间仅有三例。无人进入《宋史》的列传中,也无进士及第者。其中升任判都水监的1人,升任都水监丞的也仅1人[8]。他们的待遇如表3-23所示,最高的是殿中丞(月俸20缗),最低的是大理寺丞(月俸14缗)[9]。他们的本职工作主要是内务工作,所以外勤很少,但是也有活跃在汴河流域主持民田灌溉的例子,以及因大河决口而受到处罚的例子。

表3-23　都水监官员的寄禄官

| 国初寄禄官 | 官品 | 判监 | 同判监 | 监丞 | 外监丞 | 主簿 | 计 |
|---|---|---|---|---|---|---|---|
| 5　大理寺丞 | 从八 | | | | | 1 | 1 |
| 6　著作佐郎 | 从八 | A | | 1 | | | 1 |
| 8　太子中允 | 正八 | | | 1 | | | 1 |
| 10　殿中丞 | 正八 | | | 2 | 1 | 2 | 5 |
| 11　太常、国子博士 | 从七 | C | | 1 | 1 | | 2 |

| 国初寄禄官 | 官品 | 判监 | 同判监 | 监丞 | 外监丞 | 主簿 | 计 |
|---|---|---|---|---|---|---|---|
| 14 后行员外郎 | 正七 | 4 | 1 | 1 | 2 | | 8 |
| 16 殿中侍御史 | 正七 | 1 | | | | | 1 |
| 17 中行员外郎 | 正七 | 2 | 2 | | | | 4 |
| 19 侍御史（知杂） | 正七 | 1 | | | | | 1 |
| 20 前行员外郎 | 正七 | | | 3 | | | 3 |
| 21 后行郎中 | 从六 | 1 | | 1 | | | 2 |
| 22 中行郎中 | 从六 | B | | 1 | | | 1 |
| 25 司农少卿 | 从五 | 1 | | | | | 1 |
| 37 工部侍郎 | 从三 | 1 | | | | | 1 |
| 42 吏部侍郎 | 从三 | 1 | | | | | 1 |
| 计 | | 12 | 3 | 11 | 4 | 3 | 33 |
| 元丰寄禄官 | 官品 | 判监 | 判监 | 监丞 | 外监丞 | 主簿 | 计 |
| 1 承务郎 | 从九 | | | 1 | 1 | | 2 |
| 4 宣义郎 | 从八 | | | | 1 | | 1 |
| 5 宣德郎 | 从八 | | | 1 | 1 | | 2 |
| 6 通直郎 | 正八 | 1 | | | | | 1 |
| 11 朝请郎 | 正七 | 1 | | | | | 1 |
| 12 朝奉大夫 | 从六 | | | 1 | | | 1 |
| 13 朝散大夫 | 从六 | 1 | | 1 | | | 2 |
| 20 大中大夫 | 从四 | 1 | | | | | 1 |
| 计 | | 4 | | 4 | 3 | | 11 |

注:1. 寄禄官左侧的数字见《宋史》卷一六九,职官志一二二,有关左迁的顺序序号分别标在下方;

2. A 线以下是京官,A～B 是朝官,B 线以上是侍从;

3. C 线是判监,表示同一判监最低位置的点线。

虽然没有关于都水监勾当公事的直接记载,但是主簿和勾当公事一般是并列出现的[10]。前文我们曾论述过三司河渠司的勾当公事,顺此线索继续探究一下。

《宋史》卷一六二,职官志一一五,三司使中记载:"勾当公事官二员 以朝官充 掌分左右厢检计定夺点检覆验估剥之事"。

《会要》六二册,职官五,勾当公事,仁宗康定元年(1040 年)十一月二十八日的诏书中说:"三司举系通判资序朝臣二人 充三司勾当公事 仍定年限酬奖 及月终闻奏"。

另外,《会要》六二册,职官五记载,神宗熙宁二年(1069 年)十二月二日的诏书中也说:"差委本司勾当公事官一员 就催辖司人吏簿历 专切管勾 检举催促诸案 勘会六路上供之物 应报发运"。就是说,三司的勾当公事官通常由通判资序的朝官二人来担任,主要负责经济上的收支以及对贪污等行为进行监察。由于都水监是从三司的河渠司中分离独立出来的,所以继承了原三司中河渠司的职责范围,人员和内容大都相同。因此,都水监的勾当公事的性质与三司的勾当公事非常相似,即在主簿之下掌管都水监的财务工作。事实上如果在史书中查询都水监勾当公事负责的公事活动,其主要记载有:上书报告汉州有积压的茶叶 1 577 驮[11],还有上书对各处埽岸工料进行审计的报告之类[12]。这些关于汇报和审计的工作与三司负责的公事职责是相同的。外都水监、外都水使者、疏浚黄河司也属勾当公事官[13]。都水监勾当公事官没有一定的人员定额,是 1～3 名[14]。三司河渠司勾当公事有的人在《宋史》里有列传,也有的人是进士及第[15],而都水监勾当公事却没有记载。疏浚黄河勾当公事李公义是卫尉寺丞(月俸 12 缗),都水监勾当公事杜常是维州团练推官(选人七等之一,从八品,月俸 15 缗)。1089 年,时任都水监勾当公事的李伟,到了 10 年后的 1099 年已经升任朝奉郎(正七品,月俸 30 缗)。三司河渠司勾当公事李仲昌则是殿中丞(正八品,月俸 20 缗)或者以下。由此可以推断出勾当公事官的月俸在12～20 缗。但是三司河渠司勾当公事有补助津贴[16],都水监勾当公事大约也有 15 缗的津贴(见表 3-24)。

5. 都大提举官

都水监官员作为都大提举官活跃在水利舞台上的事例在史料中很常见,然而都大提举官究竟是什么样的官职呢?

《长编》卷三〇四记载,神宗元丰三年(1080 年)五月甲申的诏书说:"都大提举导洛通汴司 为都提举汴河河堤岸司"。诏书明确指出,在导洛通汴工程结束后,其规模缩小,名字由都大提举司改为都提举司。估计其升格的顺序应该是提举→都提举→都大提举。

《长编》卷四〇六也记载,哲宗元祐二年(1087 年)冬十月丁亥,河北都转运使顾临的上奏说:"今与水官讲画合兴修去处 及所用工料 保明闻奏 续准朝旨 以讲议河事所为名 近因都水使者王孝先 将讲议河事所与提举修河所 并以都大提举修河司为名"。两个部门合二为一,命名为"都大提举"。

《宋史》卷一六七,职官志一二〇,提举坑冶司于绍兴五年记载:"饶州司官吏 除留属官一员外 并减罢并归虔州司 又加都大二字于提点之上"。两个提举官合二为一,同时前面加上"都大"两个字。

都水监设置后,以"都大提举"的名义负责的工程有:"恩、冀、深等修葺河堤"、"疏浚黄河"、"大名府界金堤"、"修塞北京第五埽决河"、"河阳、怀、卫州界黄沁河堤岸"、"制置淮南运河"、"京东西淤田"、"修闭澶州决口"、"修护澶、濮堤岸"、"修护西京、河阳黄河堤埽"等。这里注明了所有的施工地点以及在此地点指挥施工的官员级别。在上述这些工程结束后,官员即可卸任,不是常设机关,很明显是皇帝下令派遣来的。他的权力相当大,是代表皇帝行使权力。因此,《长编》卷三一〇记载,元丰三年(1080 年)十二月己巳知都水监主簿公事李士良上奏说:"乞今后河埽罢举官之制 并委审官西院三班院选差 其都大提举官 即乞且如旧 从之"。黄河大小使臣共 160 余人,他们的选派,过去是由都水监推举,现在改由审官西院及三班院来选举,这样就不会夹杂个人的好恶进去,也是贯彻元丰圣旨的本意,但希望都大提举官依然与过去一样,任命权由皇帝本人掌握,没有正式官名,仍沿用旧制。这里的"旧"将在后文加以阐述。

表 3-24　都水监月俸及其地位

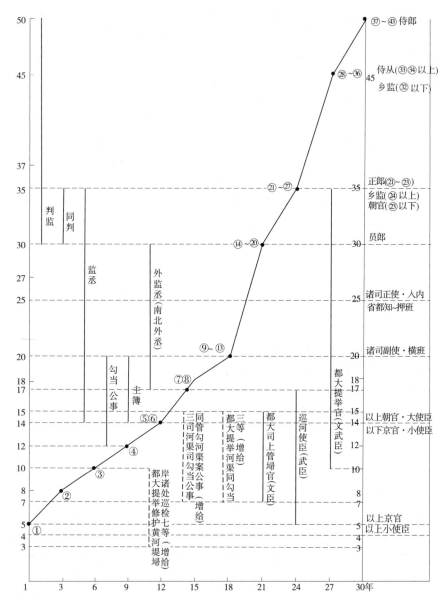

注:1. 文臣月俸线根据文臣《叙迁之制》和《俸禄制上》(《宋史》卷一六九,职官志一二二)的例子制作。

　　2. 假设在职 3 年,随后依次加薪。

　　3. 只显示本职月俸。

　　4. 是建隆以后的本职月俸,元丰以后改善到 2 万以下。

　　5. ①②③…的数字是《叙迁之制》中从下开始按顺序排列的序号。

　　　　例如,①代表诸寺监主簿等,⑥代表著作佐郎,⑦代表太子左右赞善大夫中舍洗马,⑨代表太常、宗正、秘书丞、著作郎,⑭代表后行员外郎,㉑代表后行郎中,㉓代表前行郎中,㉔代表左右司,㉝代表中书舍人,㉞代表谏议大夫,㊲代表工部侍郎。

　　6. 虚线代表增加的月俸。

　　　　　　　　　　　　　　　　　· 180 ·

下面来列举寄禄官名:殿中丞(正八品、月俸20缗),太常少卿(正六品、月俸30缗),驾部员外郎(前行员外郎、正七品、月俸30缗),虞部员外郎(后行员外郎、从六品、月俸30缗),东头供奉官(小使臣、从八品、月俸10缗),卫尉寺丞(京官、从八品、月俸12缗),内殿承制(大使臣、正八品、月俸14缗)等。任命了范子渊、王令图、程昉、张茂则、刘璯、吴安持、李伟等一批熟悉水利的得力官员。他们的原本职务是转运使、同管勾外都水监丞、入内副都知、同判都水监、知都水监丞、兵马总管等。此时不论文武、内外、身份的尊卑、官位的高低,一律因才定岗,何时需要随时任命。彻底贯彻皇帝意志的一大手段就是由皇帝直接任命都大提举官。担负如此重大的责任,必须有相应的理由和根据。都大提举河渠司勾当分7~15缗三个等级,都大提举修护黄河堤埽岸,各处巡检分3~10缗七个等级。勾当公事分7~15缗的津贴[16]。所以,都大提举官有相应的津贴是个明确的事实。都水监设置以前,黄河的治水工程如果是中央级工程,由中央直接任命工程负责官员,其地位相当于都大提举官。

## 【注释】

[1]
附表1　判都水监、同判都水监官员表

| 公历纪元(年) | 判都水监(都水使者) | 同判都水监 |
| --- | --- | --- |
| 1070 | 杨汲、张巩 | 张巩 |
| 1071 | 马仲南 | 宋昌言 |
| 1073 | 王亨? 高超? | 李立之、侯叔献 |
| 1074 | | 李立之、侯叔献、宋昌言 |
| 1075 | 侯叔献 | 李立之、侯叔献、宋昌言 |
| 1076 | 侯叔献、程师孟 | 李立之、刘璯 |
| 1077 | 宋昌言、刘璯、俞充 | |
| 1078 | 宋昌言 | 刘璯? |
| 1079 | | 宋用臣、范子渊 |
| 1080 | 刘定、张唐民 | (元丰正名后无记录) |
| 1081 | 李立之 | |
| 1082 | 李立之、范子渊、张唐民 | |
| 1083 | 范子渊 | |
| 1086 | 范子渊 | |
| 1087 | 王孝先、王令图 | |
| 1088 | 王孝先 | |
| 1089 | 吴安持、谢卿材 | |
| 1090 | 吴安持 | |

[2]《宋史》卷一六三,职官志一一六,吏部中记载:"元丰官制(中略) 除授皆视寄禄官 高一品以上者为行 下一品者为守 下二品以下者为试 品同者 不用行守试"。

[3] 只有三例:屯田员外郎(后行员外郎月俸30缗),度支员外郎(中行员外郎月俸30缗),金部郎中(中行郎中月俸35缗)。

[4] <u>吕景初</u>(《宋史》三〇二),<u>吴中复</u>(《宋史》三二二),韩赟(《宋史》三三一),韩玮(《宋史》三三〇),〇杨佐(《宋史》三三三),△张巩(《宋史》六二六张君平付传),△宋昌言(《宋史》二九一宋绶付传),〇俞充(《宋史》三三三),〇吴安持(《宋史》三三〇吴充付传),〇△曾孝广(《宋史》三一二曾公亮付传),×吴玠(《宋史》三六六),△王宗望(《宋史》三三〇)。

　　"__"表示出身望族,"〇"表示是南人,"×"表示是武官,"△"表示是荫补。

[5] 王宗望、吴安持、孟昌龄升迁为工部侍郎。吴安持同时任户部侍郎。如表3-24中所示,判监在任三年后转迁的例子最多。

[6]
附表2　都水监丞事的官员表

| 公历纪元(年) | 都水监丞事 | 公历纪元(年) | 都水监丞事 |
|---|---|---|---|
| 1070 | 侯叔献、杨汲 | 1079 | 范子渊 |
| 1071 | 程昉、周良孺 | 1080 | 苏液 |
| 1072 | 侯叔献 | 1082 | 苏液、张次山 |
| 1073 | 俞充、侯叔献、王令图 | 1083 | 陈祐甫、李士良 |
| 1074 | 王令图、刘璿、王孝先 | 1084 | 陈祐甫 |
| 1075 | 李立之？王令图、刘璿、王孝先 | 1085 | 钱曜、俞勤 |
| 1076 | 王令图、耿琬、霍翔、刘璿 | 1089 | 鲁君贶、郑祐 |
| 1077 | 范子渊 | 1093 | 鲁君贶、郑祐、冯忱之、郭佑 |
| 1078 | 范子渊、王谟微 | 1094 | 郑祐 |

　　《宋史》中有列传者:刘彝(《宋史》卷三三四),杨汲(《宋史》卷三五五),程昉(《宋史》卷四六八),俞充(《宋史》卷三三三),曾孝广(《宋史》卷三一二曾公亮付传)。

　　进士及第者:刘彝、杨汲、俞充;荫补:曾孝广;南人:刘彝、杨汲、俞充、曾孝广;武臣:程昉(宦官);升迁为判监者:李立之、宋昌言、侯叔献、俞充、王令图、刘璿、王孝先、范子渊、郑祐、鲁君贶、曾孝广、杨汲。

[7]《长编》卷三三七记载,神宗元丰六年(1083年)秋七月庚申的诏书:"寺监主簿 止是专掌簿书 其公事自当丞以上 通议施行 今取问寺监 有令主簿签书公事处(中略) 都水监使者丞主簿四员(中略) 内长式主簿 可并降一官 正丞并展磨勘二年 各不以去官原"。

[8] 在周良孺、刘璿、李黼、陈祐甫、李士良几人中,刘璿为判监,陈祐甫为监丞。

[9]《宋史》卷一七一,职官志一二四,俸禄制上有"主簿五千"的记载,这是一般情况,都水监主簿比这个规格高。

[10]《长编》卷三二三,元丰五年(1082年)二月丙子的诏书中说:"主簿李士良 都水监勾当公事 钱曜、张元卿 罚铜有差"。另《长编》卷二六五,熙宁八年六月丙午的诏书中说:"判都水监李立之丞王令图主簿李黼勾当公事陈祐甫各罚"。

[11]《长编》卷二六五,神宗熙宁八年(1075年)六月戊申记载:"都提举市易司言 汉州积滞茶 至千五百七十七驮 不如雇步乘 乞选管体量 诏遣都官郎中刘佐 维州团练推官都水监勾当公事杜常 往究利害以闻"。

[12]《会要》一九三册,方域一五,治河下,元丰二年(1079年)九月七日记载:"上批近差都水监干当公事钱曜 检定诸埽春料闻"。这里的"干当"与"勾当"相同。

[13]《长编》卷二五二,熙宁七年夏四月庚午记载:"诏置疏浚黄河司(中略) 又以卫尉寺丞李公义为勾当公事"。

　　《长编》卷三七四,哲宗元祐元年四月辛卯记载:"诏添置外都水使者勾当公事各一员"。

《会要》,方域一四,治河上,熙宁七年二月五日记载:"初外都水监丞同勾当公事张伦"(《长编》卷二五○为外都水监司勾当公事张伦")。

[14] 在注释[10]中连记两名。另《长编》卷二五八,神宗熙宁七年(1074年)十二月己巳记载:"仍令都水监丞勾当公事三员 内选留一员"。

[15] 三司河渠司勾当公事官《宋史》有列传者:李师中(《宋史》卷三三二),李仲昌(《宋史》卷二九九,李垂付传),李师中出身望族。

[16] 《宋史》卷一七二,职官志一二五,俸禄制下,增给中有记载。

### (三) 都水监官制(外监)

1. 外都水监设立过程

黄河沿岸各州县的长吏、通判、县令、主簿、都监、监押等官员以及转运使等,都各自肩负管理黄河堤岸的责任,中央派出的入内内侍省的大小使臣担负监察的责任。他们管理着堆积如山的应急物资,可以随时组织动员大量人员。所以,从天圣八年(1030年)开始,注重了对这些人力和物资的合理管理。都水监丞李立之在熙宁年间制订出了具体的方案,元丰四年(1081年)确立了"埽岸之制"。

《宋史》卷九二,河渠志四五,元丰四年(1081年)九月庚子记载:"分立东西两堤五十九埽 定三等 向著 河势正著堤身为第一 河势顺流堤下为第二 河离堤一里内为第三 退背 亦三等 堤去河最远为第一 次远者为第二 次近一里以上为第三"。根据堤防的等级不同,每年河清兵士的人数、物料、使臣的奖励都不相同。黄河治水技术在元丰和元祐期间得到了长足的发展,当时的状况是"锯牙马头互相连接,绵延数十里"(《长编》卷四八○),另有"天下工程集大成者,为河渠的堤埽"(《临川先生文集》卷六二)。《长编》卷三○七记载,元丰三年(1080年)八月壬子,中书吏房的奏折中也说:"外都水监丞南司治河阴县 旧都大司为治所 分怀·卫·西京·河阴·酸枣·白马 四都大河事隶之 自黄河南岸 上至西京河清县堤岸 下至白马县迎阳堤埽 北岸 上至河阳北岸埽 下至卫州苏村埽 西岸 共三十六埽","外都水监丞北司 治北京金堤 旧都大司为治所 分澶·濮·金堤·东流南北两岸 四都大河事隶之 自黄河北岸 上至澶州大吴埽 下至沧州盐山埽 南岸 上至澶州灵平上埽 下至沧州无棣埽岸 共三十三埽"。

朝廷派遣了"南北外都水丞各一 都提举官八人 监埽官百三有五人"(《宋史》卷一六五,职官志一一八,都水监)来进行管理。

2. 外都水监丞和南北外都水丞

神宗熙宁六年(1073年)的资料中经常看到外都水监丞。在此之前,驻澶州的都水监外勤叫都水监丞,没有外都水监丞的叫法。另外,还有外都水丞和外都水使者的叫法,一般来说统称为外都水监丞。

《长编》卷三○七记载,神宗元丰三年(1080年)八月壬子,中书吏房的上奏说:"都水监内外监丞 旧共三员 今止令外都水监丞二员 分管南北两司 留监丞一员与主簿同在本监 从之"。外都水监的寄禄官中有虞部员外郎(后行员外郎、正七品、月俸30缗),驾部员外郎(前行员外郎、正七品、月俸30缗),国子博士(朝官、从七品、月俸20缗),宣德郎(从八品、月俸17缗),等等,月俸在17~30缗。

如表3-22所示,1070~1094年间,南北外丞在内的外监丞共计17名。其中有的年份一年中有 2~3 人。《宋史》中有列传的有 3 人，内廷武官有 1 人，升任都水使者的有 3 人，转入本监者 4 人[1]。王令图、程昉、范子渊、陈祐甫、曾孝广、范子奇等人作为外都水监丞，在回河东流、疏浚黄河、灌溉、堤埽标准的制定中，均发挥了重大的作用。

《宋史》卷一六五，职官志一一八，都水监中续前文引述记载："元祐四年复置外都水使者 五年诏南北外都水丞 并以三年为任 七年方议回河东流 乃诏河北东西漕臣及开封府界提点各兼南北外都水事 绍圣元年罢 元符三年（元年的误记）诏罢 北外都水丞以河事委之漕臣 三年复置（中略）宣和三年诏罢南北外都水丞司 依元丰法通差文武官一员 分案七置吏三十有七 所隶有"。这里简单概括了南北外都水监的复杂演变过程。它的存废和转运司关系密切，因为职务上两者重叠交叉很多。

北外都水丞司也就是北司，在北京修筑了金堤，管辖的堤埽最初仅限北方，1083 年扩展至惠州[2]。1098 年河事的责任由转运司移交州县，北外都水丞没有了实际的职责，所以废止了一段时间[3]。1100 年再次设置。程昉、陈祐甫、曾孝广、孙迥、李伟、张克懋等作为北外都水丞，负责梢芟的管理、滹沱河的治理、东流工程的主持、苏村漫堤的调查、开挖直河等工作。直接的寄禄官名几乎没有记载，程昉在 1057 年前后任北外都水丞时，官位是皇城使（月俸 25 缗）带御器械遂州团练使。曾孝广是宣德郎（从八品，月俸 17 缗）。虽然例子不多，但大体可知北外丞月俸为 17~25 缗。黄河治理最活跃的是程昉，其次是李伟，都在现场发挥了巨大的作用。北外都水丞中也有升任判监和监丞的例子。

南外都水丞有李孝博、李伟、张克懋、张珺、荣恋、苏液等。其寄禄官只有承议郎（从七品，月俸 20 缗）。南司的辖区位于首都开封以北，管理汴口、广武上下埽等，属特别配置，所以没有北司那样的存废问题。

3. 都大河事司、管埽岸事、巡河使臣

如前所述，黄河上从西京河阳县，下到沧州的盐山、无棣的全域，以澶州为界分为南北司，各设立四都大河事司，也就是分成四都大司进行管理。北司管辖 33 个埽，南司下辖 36 个埽，一个都大司北司约有 8 个埽，南司 9 个埽，这是 1080 年的情况。在元丰正名之前，1074 年有 6 个都大司，1079 年有 7 个都大司[4]。到了 1080 年增至 8 个都大司，其后北司增加到 45 个埽，南司增加到 34~35 个埽[5]。随着北司治水区域的扩大，其下辖的埽数也在增加。

据《长编》卷二五二记载，神宗熙宁七年（1074 年）四月庚午的诏书中说："都水监黄河六都大司除开封府界白马等县黄河堤岸留二员 余各减官一员 并其余埽岸地里狭处使臣亦具相度减并以闻"。到 1074 年，黄河堤岸设六个都大司，各司配两名使臣。后来除京城开封北边的重要县外，使臣减为一名。1080 年中书吏房的上书中提到，在河阴县和北京金堤设都大司衙门，而且从"北京新堤第五埽使臣康景通"、"德博州都大李襄"、"灵平埽都大"、"澶州都大司"等记载中可以看出，元丰正名前，在北京的金堤、河阴县、德、博、澶等各州以及白马县均设有都大司。

那么，八都大司下辖的管埽岸事到底如何呢？《宋史》中记载有监埽官 135 人，1080 年配置大小使臣 160 余人。如果按已有的 69 个埽计算的话，每埽有使臣 2 名以上。据《长编》卷四一四记载，元祐三年（1088 年）九月戊申翰林学士兼侍读苏轼上奏说："臣闻自孙村海口旧管堤埽四十五 所役兵万五千人 勾当使臣五十员 岁支物料五百余万（中略）北外监丞司云四十五埽并属北外监丞司地分（以下略）"。

　　1080 年时，大体上是一处埽岸配一名使臣。《长编》卷四五四记载，哲宗元祐六年（1091 年）春正月，侍御史孙升的上奏说："北流横 添四十五埽·使臣三十四员 河清兵士三千六百余人 物料七百一十六万三千余束"。这是增加的数量，各埽的定员有多少，不明确，但是北流 45 埽增加使臣 34 人。急需人员的各埽大约每埽增员 1 人。

　　都大司及所辖各处埽岸的情况很难把握，现通过分析以下四组资料，试窥其一斑。

　　资料一：《会要》一九三册，方域一五，治河下，崇宁二年（1103 年）五月十八日，通直郎试都水使者赵霆的劄子契勘：

　　A　管[S6]埽岸文[a]臣 见今南[S4]北两丞地分 未有官员注授处甚多 盖缘文[a]臣管[S6]埽岸事 下与巡[S7b]河监场为敌 上为都[S5]大埽司所统（中略）

　　B　欲乞于大河 应系置都[S5]大去处 各添文[a]臣都[S5]大一员

　　C　仍令本[S3]监选举公[a]勤廉干之人以充 使之表[S5]里[S6]相援 安心职守

　　D　吏[S2]部取到都[S3]水监 备元丰元年闰六月六日勅节文 黄河[SX]遂处都大 并令本[S3]监不以文[a]武[b]官奏差

　　E　诏今后都[S5]大 并举文[a]臣[6]

　　资料二：《会要》一九三册，方域一五，治河下，宣和二年（1120 年）九月四日，工部尚书陆德先等的奏契：

　　F　黄[S4]河南北两外丞司管下文[a]武[b]都[S5]大官 所属河防职务 事体非轻 须是谙晓河事之人 方可倚弁

　　G　熙宁以前 选举曾经巡[S7]河两任以上使[b]臣 至元丰前 选一[S7]任之人[b]充 条路具存

　　H　比来所差都[S5]大官 往往不经河缓急 难以倚弁 乞今后依元丰选差 曾经一[S7]任河湍差遣 无遗阙之人充

　　I　诏依元丰法[7]

　　资料三：《会要》一九三册，方域一五，治河下，宣和三年（1121 年）六月二十三日吏部的上奏：

　　J　崇宁三年六月十五日勅 诸[S6]向着埽 添差承[a]务郎以上 或令录以一员充 管勾埽事

　　K　大观二年六月十四日敕 诸[S6]埽添差文[a]臣罢

　　L　政和二年七月五日 奉圣[S1]旨 南[S4]北外都水丞司管下 遂都[S5]大司 各置文[a]武[b]官二员 内文[a]臣 从朝[S1]廷选差 承[a]务郎以上 诸历河事人 武[b]臣令都[S3]水监 依旧条奏 举水部契勘

　　M　准元丰六年闰六月十八日勅 黄[SX]河都大 并令本[S3]监 不以文[a]武[b]官指名奏差南[S4]北都水丞司管下 遂都[S5]大司 元丰年 只是通差文[a]武[b]官一员为额

　　N　后来添增都[S5]大一员 即令每都[S5]大司 文[a]武[b]官都[S5]大各一员

　　O　诏添差文[a]臣 都[S5]大指挥 更不施行 见任并已差人并罢 乃依省罢法 今后依元丰法 通差文[a]武[b]一员[8]

　　资料四：《长编》卷三一○，元丰三年（1080 年）十二月己巳，知都水监主簿公事李士良的上奏：

P　黄河见管大[S5]小[S6,S7]使[b] 臣　一百六十余员　并委监[S3]丞已上奏举　往往有因缘　未必习知水事

Q　欲乞今后河[S5,S6,S7,b]埽　罢举官之制　并委审官西院　三班院选差

R　其都大提举官　即乞且如旧

S　从之

T　仍令内外官司　自来举官　泛滥　数多处　中书准此立法以闻[9]

以上的四个资料皆出自官方机构，如朝廷（S1）、吏部（S2）、都水监（S3）、南北外都水丞司（S4），S4管辖下的都大司（S5）、管埽岸司（S6）、巡河使臣（S7）、“黄河都大”及“黄河遂处的都大”（SX），还有都大提举官等。其中最为重要的机构是 S5 和 S6，下面就这两个部门进行整理。

就南北外都水丞司（S4）管辖下的都大司（S5）的变迁制成年表如下，即表3-25《都大司变迁表》。问题是该官职是文臣（a）还是武将（b）。

表3-25　都大司变迁表

| 公历纪元 | 都大司有关的记录 | 出处 |
|---|---|---|
| 1074 年以前 | 六都大司、各定员二 | 《长编》卷二五二，熙宁七年四月庚午 |
| 1074 年 | 六都大司、各定员一（一部两名） | 《长编》卷二五二，熙宁七年四月庚午 |
| 1066～1077 年以前 | 担任巡河两任以上的官员担任 | G |
| 1080 年以前 | 八都大司、都水监奏举 | P |
| 1080 年以后 | 由审官西院及三班院选出 | Q |
| 1083 年前后 | 由担任巡河一任的官员担任 | M、G |
|  | 定额为文武官员一人 | M |
| 1103 年 | 由文臣担任 | E |
| 1112 年 | 配文武二员 | L、N |
|  | 文臣—承务郎以上，由朝廷任命 | L |
|  | 武官由都水监举荐，水部会同考核 | L |
| 1120 年 | 由担任巡河一任的官员担任 | H、I |
| 1121 年 | 由文武官一员担任，南北外丞撤销 | O《宋史》卷一六五，职官志一一八 |

1074 年有六都大司，当时各埽配有两名使臣。从这一年起除开封白马县等重要的地点外，其他只配一名使臣。在熙宁（1068～1077 年）以前，必须由曾任过两任巡河的官员来担任（G），元丰（1078～1085 年）以前，参照 M，大约是到了元丰六年（1083 年），改为必须由担任过一任巡河的官员担任。根据 G 可知，在 1083 年的定员为文武官员各一名（M）。1080 年以前由都水监推举，后改为由审官西院和三班院推选（P、Q）。1103 年时，由于上下武将与管理埽岸的文臣极度不和，所以都大司改为文臣（E）。1112 年配置文武官员两名，文臣由朝廷任命，武官由都水监举荐水部会同考核（L）。N 的“后来”就是指这一时期。1120 年根据元丰法都大司恢复由担任过一任巡河的官员出任（H、I），1121 年根据元丰法派遣文武官员一名（O）。关于任用文官还是武官，到元丰正名为止，基本上都

是大小使臣中出任过巡河、熟知水利的武官一到两名。元丰时改为或文臣一名或武官一名，到了12世纪采用文臣，随后又改为文武臣各一名，再改为武官，最后改为或文臣一名或武官一名。用文臣还是武将，用一名还是用两名？这些问题不断反复纠结。那么如何解释这种现象呢？文武两方是互相对立、互相牵制的，文臣是由朝廷任命的，武官则是由都水监推荐的。由此可见，宋代开国之初就有以文抑武的传统政策，这一现象非常明显。但是在治水工程中文臣应该是难以胜任的。这一点如A所示，夹在大小武将之间的管埽官苦衷颇多，这就是在文武的任用上换来换去，不断反复的原因所在吧。从文臣的寄禄官为承务郎(从九品，月俸7缗)以上，武官须曾担任过一任或两任巡河这样的条件来看，都大司的地位要高于巡河使臣。

那么各埽的监督官也就是管埽岸的情况又如何呢？如果是文臣，上有都大司，下有巡河使臣，遭受两方面的挤压(A、C)。一般任命那些担任过一任都水监的官员(C)，文臣须承务郎以上或令录(从八品，月俸15缗)。但到了12世纪初，不再任用文臣(K)。

D项中不许都水监奏差的"黄河遂处都大(SX)"，还有M项中不许都水监指名文武官奏差的"黄河都大(SX)"应该是同一职位，但显然和都大司有所区别，应该是R项中所指的"都大提举官"之类。如果是这样的话，R中"如旧"的"旧"应该是说不允许都水监指名奏差，也就是说应该是敕任。

最后把话题转移到都大巡河使臣上来。

《会要》六二册，职官五，河渠司，嘉祐三年(1058年)闰十二月三日，河渠司勾当公事李师中的上奏文书中说：

A　自来受三司牒　令行下诸州军文字　虽令指挥辖下州军　缘别无定式　致诸处都大巡河使臣及县邑　多不申状　止行公牒　此于事体殊失轻重　以此亦难集事

B　乞指挥自今都大巡河使臣及县邑　应于河渠事　并具申状

C　如州县　有不应报事　或稽缓致误事者　许牒运司取勘　下都水监定夺

D　监司言　缘已准诏　置都水监　输知监丞公事孙琳　赴澶州　勾当河事

E　欲乞下转运司　指挥都大巡河使臣及县邑　如有应于河渠　并令供申　若州郡有不应报事　或稽缓致误事　许申本监　乞取勘施行　所贵集事检会

F　朝廷指挥治黄汴等河州军　诸路埽修河物料榆柳并河清兵士　不得擅有差借役占及采斫修　盖令转运司　河渠司、提刑安抚司、河渠司勾当公事　臣僚、都大巡河使臣　常切点检　今后稍有违犯　并仰取勘以闻

G　窃以都大巡河使臣　各隶本州　不当与监司及省司官　一例直行取勘

H　州军官吏　自今乞只令具事申转运司　差官取勘　监司今相度　欲依师中所请　从之

从这些资料中可知，都大巡河使臣与县邑位处同列(A、B、E、G)，受转运司指挥(A、B、E)及都水监的监督(E、C)，同时隶属于州军(G)，受三重支配。他们相互牵制、互相监督，而且都水监、转运司、州县的关系极为复杂，修河的兵夫物料的管理，不允许州军擅断，置于六只眼睛的监督之下(F)。"澶州曹村巡河"、"灵平埽都大及巡河等官"、"韩村埽巡河"、"诸埽巡河使臣"、"阳武上下、酸枣三埽巡河使臣"、"荥泽的八埽巡河兼巡检"等名字在史料中可以见到，每个都冠有埽的名字，由此可知，一个人负责数个埽。同样，其任务在史料中还有"应于河渠事并且申状"、"河水溢抹岸"、"大河风雨溢岸失于备预"、"河溢

失救护"、"兼巡检捕盗"等,主要是预防堤防溃决、救助灾民、缉拿盗贼等。其寄禄官有内殿崇班(大使臣的下级,月俸14缗)、内殿承制(下级大使臣,月俸17缗)、左班殿直(小使臣,月俸5缗)等,另有特恩的合门祗候。巡检和巡河并称,也有兼任的。"巡检河堤"、"巡护黄河堤岸"、"巡检河堤埽岸使臣"、"巡检汴河堤"等在资料中都可以见到。巡检如果在河畔,就叫巡河[10]。都水监设置后统一为巡河使臣。

**【注释】**

[1] 附表3　外都水监官员表

| 公历纪元(年) | 外都水监丞 | 北外都水丞 | 南外都水丞 |
|---|---|---|---|
| 1073 | 王令图(后本监丞、使者) | | |
| 1074 | 张伦 | | |
| 1075 | 程昉(曾任本监丞)、范子渊(本监丞使者) | 程昉(有传、武臣) | |
| 1078 | 陈祐甫、耿琬、王令图 | | |
| 1080 | 苏液 | 前南外丞 | |
| 1081 | 陈祐甫 | 陈祐甫 | |
| 1082 | | 陈祐甫 | |
| 1084 | 曾孝广(有传、使者) | 曾孝广 | |
| 1088 | 范子奇(有传) | | |
| 1089 | 范子奇 | 孙迥 | |
| 1092 | | 李伟 | 李孝博 |
| 1093 | 范缓 | 李孝博 | |
| 1094 | | | 李伟 |

(判一级中有侯叔献,后进升为临丞,同判)

《宋史》有传者:程昉(《宋史》卷四六八),曾孝广(《宋史》卷三一二,曾公亮付传),范子奇(《宋史》卷二八八,范雍付传);

内廷武官:程昉;

升任都水使者:曾孝广、王令图、范子渊;

转任监丞:程昉、侯叔献(升任同判)、范子渊、王令图。

[2]《长编》卷三三七,元丰六年(1083年)七月己酉记载,都水使者范子渊上奏说:"外监丞司旧于澶州置局　析为南北两丞　北丞所隶堤埽　尽在北州军　乞移北丞司于惠州　从之"。

[3]《会要》一九三册,方域一五,治河下,元符元年(1098年)九月十九日记载,水部员外郎曾孝广上言:"北外都水丞　别无职事　请并归转运司"。

[4]《长编》卷三○○,元丰二年(1079年)九月壬申记载:"上批　近差都水监勾当公事钱曘　检定诸埽桩料闻　二都大司　已计夫二十余万　外尚有五都大司　及诸河工料　如此则来岁虽三四十万夫　未能应副(下略)"。

[5]《长编》卷四一四,元祐三年九月戊申。

[6] 资料一的概要:管埽岸事文臣不多,受上下武官的压迫(A),所以增添文臣都大一员(B),以增加力量(C),由都水本监推荐,但不能奏报差遣,需要吏部任命(D)。

[7] 资料二的概要:黄河都大官员必须是熟知河事的文武官员(F),熙宁以前由曾任过两任巡河使的官

・188・

员担任,元丰以前由曾任一任巡河使的官员但任(G),今后依据元丰法(H、I)任命。

[8] 资料三的概要:1104 年管埽岸事文臣须任命承务郎以上或者令录一人(J),1108 年,停止任命文臣(K),1111 年都大司配文武两员(文臣敕令承务郎以上者,武官由都水监推荐水部会同考核)(L),1083 年黄河都大提举官不允许都水监奏报差遣(M),1121 年文臣一人或武官一人(O)。

[9] 资料四的概要:黄河大小使臣 160 余人,都水监丞以上职务的要奏报任命(P),后改为由审官西院或三班院来选差(Q),都大提举官维持旧制(R),近来举官制度很多,遂令中书以此为准立法(T)。

[10]《会要》八九册,职官四八,巡检记载:"江河淮海 亦有捉贼巡检使 又有驻泊捉贼及巡马递铺 巡河巡捉私茶盐之名。"

《会要》一九三册,方域一五,治河下,政和二年(1112 年)三月一日京畿转运提刑司记载:"荥泽等八埽巡河兼巡检 捕盗赏罚差破捉贼兵员等委见 别无违碍 经久可行 从之"。

# 结束语

都水监设立于仁宗嘉祐三年(1058 年)。这是继景祐元年(1034 年)以来,历经横陇治水,庆历八年(1048 年)商胡北流大改道,至嘉祐元年(1056 年)六塔河工程为止,22 年间黄河治水连续失败的转折点。六塔河工程是了解宋代黄河治水重要性的最好例子,它具有涵盖政治、经济、社会和文化等诸多方面的历史意义。

都水监由三司河渠司改组而来,主要任务是负责黄、汴两河的治理,在王安石变法时期得到发展。也就是行政力量推动了新法治水工程的进展。元丰正名时期得到进一步的完善和扩充,特别是外监分成南北两丞司,下设八都大河事司,有 80 个管埽岸事,配置了160 余个大小使臣和文臣,建立了一个滴水不漏的河防体制。第二次回河东流就是其成果。另外,在此期间治水技术得到长足发展也是不争的事实。

判都水监(都水使者)属中央级治水行政机构,同判都水监协助判监负责京城附近的治水工作。都水监丞中有一人属于朝廷特派的治水官员,另一人则作为外监长期派驻外地,负责北方的治水工作。都水监的主簿负责平常事务,勾当公事负责财务管理。在某些特定的治理工程中,选拔人员不按文武,被选中的人员派遣担任都大提举官一职。监察机关设有巡河使臣,他们隶属外监,负责几个埽的监察工作,有时朝廷还派出特派员监察各埽情况。

宋代的俸禄制在《宋史》中有两卷专门讲述。里面涉及的问题很多,首先我们只选取缗钱月俸,将其简化为曲线图,并附上津贴资格等,再选取史上有关都水官、寄禄官的月俸换算出数值,在表中加以定点,然后连接成线,成为表 3-24。从这个表可以得出表 3-26,从表 3-26 可得知都水监在官员体制中的地位。

由此可见,《宋史》职官志中记述的都水监的内容,非常具体翔实。从平均月俸上来看应该不算高[1]。只有判监的月俸、爵位、合班等的地位相对比较高[2],估计主要是判监所负责的治水行政机构设在京城,跟朝廷在一起的缘故。但从程昉的例子中可以看出,事实上实权掌握在皇帝、宰执以及相关的水利官员手上。"大河的官位,河北转运司隶属于转运司,都水隶属于都水"[3],"钱粮归转运司,常平属提举司,军器工匠属提刑司,埽岸物料兵士属都水监,所以这些没有统一的管理者"[4],能够统一管理的只有一人,就是皇帝,而皇帝的权威则是通过宰相和水利官员来实现的。程昉有着"同管勾外都水监丞"官职,所以可以在都水监畅通无阻。另外,"过去定员一人的官位现在有四五人,一名官吏的工作分摊给六七人来做"[5]。定员一至两人的都水官，在某种名义下增至三到四人，在武官中强制派驻朝廷的文臣，现场监察还有七层八层，这一点前文已经提到。这种条块分割和严格的监察制度，增加了官员的数量，加重了财政负担[6]。这种政策会给河防组织带来什么后果呢？北宋末年的黄河各埽有很多未成年人和不堪劳役者[7]，"三十四埽中缺少劳工四千七百七十人"[8]。在恩州堵口工程中，都水监推举需要文武官员120人，但是"接到官碟，却挂名呆在家里，到役所报到者不到十之一二"[9]，出现了种种典型的晚期没落迹象，甚至还出现了吃空饷、监守自盗的现象[10]，上下皆腐败堕落。到了靖康之变时期，发展到了由都水监自掘河堤[11]的绝境，于是北宋南迁的悲剧拉开了序幕。

表 3-26　都水监在官制中的地位

| 职位名 | 月俸（千） | 资格 |
| --- | --- | --- |
| 判都水监（都水使者） | 30～50 | 员外郎以上、侍郎以下 |
| 同判都水监 | 30～35 | 员郎以上、正郎以下 |
| 都水监丞 | 14～35 | 正郎以下的朝官 |
| 外都水监丞（南北外丞） | 17～30 | 员郎以下的朝官 |
| 都水监主簿 | 15～20 | 下级朝官 |
| 都水监勾当公事 | 12～20 | 下级朝官或上级京官 |
| 都大司和管埽官（文臣） | 7～15 | 下级朝官或中上级京官 |
| 巡河使臣（武官） | 5～17 | 下级大使臣或小使臣 |
| 都大提举官 | 10～35 | 正郎以下的京朝官或大小使臣 |

**【注释】**

[1]《宋史》卷一七一，职官志一二四，俸禄制上的俸禄平均值，文臣大约是73.6缗。都水监官僚的月俸的最高值，判监50缗、同判35缗、监丞35缗、主簿20缗、外监30缗，平均值为34缗，只有平均薪水的一半左右。《临川先生文集》第三九卷，书疏，上仁宗皇帝言事书记载："其下州县之吏，一月所得，多者钱八九千，少者四五千"。和地方上的官吏相比要高五倍。

[2]《宋史》卷一六八，职官志一二一，"合班之制"中记载：都水使者为正六品，都水监丞、主簿为从八品。

[3]《长编》卷三八三，哲宗元祐元年（1086 年）十月戊戌记载，御史中丞刘挚的上奏说："大河职事 河北转运司言之 则属转运司 都水言之 则属都水矣"。

[4]《长编》卷三四七，神宗元丰七年（1084 年）秋七月辛亥记载，大名府路安抚使王拱辰上奏说："凡于钱谷禀转运司 常平即提举司 军器工匠即提刑司 埽岸物料兵士即都水监 未尝有一敢专者"。

[5]《长编》卷四一五，哲宗元祐三年（1088 年）冬十月戊戌记载，御史翟思等上奏说："昔以一官之者 治之者今析而为四五 昔以一吏主之者 今增而为六七 故官愈多 而吏愈众 禄愈广而事愈烦（中略）水部之有都水监 皆重叠置官例 可减省兼头"。

[6]《会要》六六册，职官十一，磨勘，治平三年（1066 年）二月十九日记载，监察御史蒋之奇上奏说："大中祥符八年（1015 年）始降诏 京朝官并以三周年 令审官院磨勘引对与转官 是时仕路犹清 官员数少 厥后及今五十余年 约祥符初略计什倍 以故员多阙少 坐縻禄俸 方否无辨 差遣不行 考课之法难复施行 官制之弊 无甚于此"。

[7]《会要》一九三册，方域一五，治河下，政和三年（1113 年）正月二十三日的诏书说："访闻黄河诸埽 自来招填阙额兵士多 是于系人作弊 乞取钱物 将本官 年小子弟或不任工役之人 一例招刺致防 工役枉破 招军例物衣粮请受"。

[8]《会要》一九三册,方域一五,治河下,政和六年(1116年)闰正月二十八日工部上奏说:"知南外都水丞公事张克戬状契勘 本司管下三十四埽见阙四千七百七十人"。

[9]《会要》一九三册,方域一五,治河下,宣和四年(1122年)七月二十九日记载,臣僚的上言:"伏见恩州累修立大河堤道 都水监行催促 工料等事为名 举辟文武官甚多 至于百二十余员 例皆受牒家居系名 本监漫不省 所领为何(或为'河')事其间曾至役所者 十无一二焉"。

[10]吕祖谦撰写的《宋文鉴》一三八,程伯淳行状(程颐)记载:"广济蔡河的濑河刁民结党,烧毁船只数十艘,冒充船夫骗饷"。

《苏东坡全集》奏议卷一四,乞降度牒修定州禁军营房状,元祐八年(1093年)十月苏辙的奏状记载:甲仗库子军人张全盗窃铜锣十二面,什物库子军人田平等典卖库存物品八百余件,银二百五十两;军民皆赌博,出现"禁军日有逃亡 聚为盗贼"的情况。

[11]徐梦莘撰写的《三朝北盟会编》卷六三,靖康元年(1126年)十一月十三日甲戌记载:"都水监决水浸牟驰冈"。

# 二　都水监官员

### 序　言——二股河……朋党

黄河水含有大量泥沙,从孟津往下进入了地势低平、广阔肥沃的华北平原。由于水流变缓,泥沙沉积在下游河床,因此上游出现决口,形成水灾。这一点在宋代也是一样的。当时的地形东高西低,西边决河,河水就改道北流,给下游带来灾害。因此,要对北流的河水实施向东分流,使河水回到原来的河道。用锯牙马头设立分水口,让水向东流,即"回河东流"。根据水势将北流的分流口彻底封堵即"北流闭塞"。无视黄河北流的自然倾向,而坚持用人力恢复黄河东流,到底是什么原因让宋代做出这样的决定呢? 北流的黄河有三大祸患,"吞食民田"、"御河淤淀"、"塘泊之设(中略) 为平陆"[1]。另外,还有"壅遏西山之水 为深·赵·瀛·莫之患","堤坊卑薄 全不足恃","乾宁孤垒危","沧州在河之南 直抵京师 无有限隔","耗材用 陷租赋","占没西路 阻绝北使"等危害[2]。总之,北流侵占了大量的农田,影响御河的漕运,失去阻挡敌人的塘泊天险,结果铸成了北方国防失利。为消除北流的各种危害,有利于国防,就需要回河东流,这就是"东流说"的核心内容。与此相对应的"北流说"则认为,"坏御河 淹塘泺 害民田 此犹其小者耳 河渐北注 失中国之险 最莫大之患也(中略) 坏御河 淹塘泺 害民田 特数州之患耳 至失于中国之险 则又未然之事 有无盖未可知 而其患远者也 岂若举数路疲瘵之民 以任莫大之役 使之暴露饥冻 离乡失业 又有死亡逋窜之忧 其为祸博且近矣"[3]。即东流说所说的三患只不过是殃及数州的小忧患,失去国防之险虽为大事,但那毕竟是远忧,对现实没有实际影响。相比而言,动用数路民夫从事繁重劳役才是更大的忧患,况且其工费高昂,用尽河北、京东两地税赋。而对于北方,却是"自景德至今八九十年,通好如一家"[4]的和平景象。

宋代始终坚持"东流说",两次实施北流复堵,回河东流,工程都是由属于新法党的都水监推动的。在此期间宋代政权的实体显露无疑。本书就宦官程昉、宰相王安石及其下属都水官员李伟、王安石的女婿吴安持两个集团进行考证。

这里要提及一句,庆历革新的风潮是在黄河北流期间出现的,随着黄河北流、东流二股河的出现,引发了北流、东流之说,不久就开始提倡新法,新、旧两党的政治斗争进入白热化[5]。这正是所谓的天人感应。自然条件和社会条件互相影响,推动历史的车轮更快更好地向前滚动。

**【注释】**

[1]《长编》卷三九六,哲宗元祐二年(1087年)三月丙子(二十四日)记载右司谏王觌的上奏(《宋史》卷九二,河渠志四五,黄河中同条):"滨河之民居者 无安土之心 去者无还业之志 而又田为陂泽者虽欲还业 将安归乎 今河之为患者三 泛滥 汀溏 漫无涯涘 吞食民田 未见穷已一患也 缘边漕运独赖御河 今御河淤淀 转输艰梗 二患也 塘泊之设 以限南北 浊水所经 即为平陆三患也 此三患者 外则生退方窥觎之心 内则成仓廪空虚之弊 失田业者 虽遇稔岁 亦无还集之期 忧夫役者 虽非凶年 亦有转徙之意 其为患者如此"。

[2]《长编》卷三九九,哲宗元祐二年四月丁未记载侍御王严叟关于北流的上奏:
"今有大害者七焉 不可不早为计尔 北塞之所恃为险者在塘泊 黄河埋之 猝不可浚浸 失北塞险固之利 一也

横遏西山之水 不得顺流 而下蹙溢于千里 使百万生齿 居无庐 耕无田 流散而不复 二也

乾宁孤垒危 绝不足通 而大名深冀腹心 郡县皆有终不自保之势 三也

沧州扼北人海道 自河不东流 沧州在河之南 直抵京师 无有限隔 四也

并吞御河 边城失转输之便 五也

河北转运司 岁耗财用 陷租赋 以百万计 六也

六七月之间 河流暴涨 占没西路 阻绝北使进退有能 两朝以为忧 七也"。

[3]《长编》卷四一七,元祐三年十一月戊辰(六日)中书舍人曾肇上言。

[4]《长编》卷四一五,哲宗元祐三年(1088年)冬十月戊戌(二十六日)记载,尚书左丞王存关于孙村减水河工程的上奏中说:"修河兵夫钱等数 河北淮南京东西等路府界其差厢军并河清兵士二万八千余人 河北东西等路府界共差民夫三万五千余人 物料各四十余万贯 桩橛梢草栀木竹荻索等一千四百余万 见于陕西京东西淮南两浙江南东西等路计置 并本处移那收买 官员使臣共一百一十九人以上 只计开减水河等处使用 其浚故道 修旧堤 又约用物料一千万以上 不在此数 又贴黄臣等按孙村之役 所浚故道 修旧堤七八十里 及筑新堤 开生河 闭塞北流 所费不赀 其势须当劳动 河北京东两路灾伤 久困之民 调发所须寖及诸路 自景德至今八九十年 通好如一家 岂是设险之效 苟御失其道 如石晋末 耶律德光入汴 当时岂无黄河为阻 况今河流 未必便冲过北界"。

[5]持东流说者:朝廷、执政府、都水监、新法党、贾昌朝、富弼、文彦博、吕大防、王安石、司马光(后两流并存说)、顾临、王觌、安焘、王严叟、郭知章、许将、赵偁、沈立等(以上都水监官僚除外)。

持北流说者:翰林院、台谏、转运司等。欧阳修、韩琦、司马光(最初持东流说)、吕公著、孙抃、吕陶、韩绛、苏辙、范纯仁、王存、胡宗愈、曾肇、范百禄、刘挚、李常、范祖禹、孙升等旧法党官僚居多。但是执政府里的旧法党富弼、文彦博、吕大防等人持东流说。

### 正论——一股流……皇帝

#### 1. 神宗与王安石和程昉

历时六年的澶州横陇埽堵口工程在庆历年间停工,此时正值庆历革新之际。庆历末年(1048年)澶州商胡北流,黄河发生重大灾害。嘉祐元年(1056年)六塔河回河东流工程失败。嘉祐三年(1058年)设立都水监。嘉祐五年(1060年)黄河形成两股河道,即商胡北流河道和二股河东流河道。经过英宗的濮议,进入神宗的熙宁年间,都水监丞宋昌言、屯田都监内侍程昉等提出回河东流、北流堵复工程方案。熙宁二年(1069年)在翰林学士司马光、河北转运副使吕大防、秘书监张问、同判都水监丞张巩、知都水监丞李立之等的推动下,加上宋昌言、程昉的大力宣传,治理工程强行付之实施。此时,王安石作为参知政事参与执政府中,仿佛是期待着黄河治水的完工,这一年新法得到迅速推行。同时,程昉治水的功绩也开始显现。

程昉[1]，开封人。《宋史》宦官列传中 53 人有传记，其中 10 人[2]活跃在水利事务中，而程昉尤为出色。王安石慧眼识程昉，在熙宁水政中，重用他从事黄河治理工作。程昉先后负责回河东流、北流堵复，后又负责御河的疏导、塘泺的疏浚和蓄水、维修漳河、治理大名府第五埽及整修直河、疏导沙河、汴河的漕运、引漳沱河灌溉（淤田）、淮南水路及卫州界运河的整修等工程。前后历时九年，程昉一直在河水治理的第一线，可以说为治水倾其一生。程昉的寄禄官位的变迁和一般宦官相同，作为都水监官僚，先后历经河北屯田都监、签书外都水监丞事、都水监丞、外都水监丞、同管勾都水监丞、同管勾外都水监丞等，作为外监主要在工程现场从事指导和监督工作。连神宗也说这是对程昉的特别历练。作为提举官，都大提举黄河等河流、提举河北兴修水利、都大提举黄御等河公事、都大制置河北河防水利、相度淮南路水利、提举开卫州界运河等。从这些提举官可以看出程昉所担任的职务的本质，即只有都大提举官才是直接接受皇帝指派，是拥有专制权力的皇帝的代言人。程昉在冀州枣疆埽堵口时，尝试把锯牙工程用在黄河治水工程中。除这种筑堤技术外，在灌溉、架桥、置堰、剥机、车材、植树等方面都充分发挥了他的聪明才智。澶州曹村埽（后更名为灵平埽）工程时，开始使用由宦官走马承受韩永式正式引进推广的马头技术。锯牙、马头加上埽法，这些黄河治水技术都已经得到实际应用，充分显示继王安石、程昉之后，吴安持、李伟等同样使黄河治理有了显著的长足发展。从这种技术上的发展，也可以看出一个时代的发展趋势，特别是从这些宦官身上可以看出，宋代宫廷中有一批致力于促进这些技术发展的能工巧匠。大量采用浚川杷的王安石正是看中程昉的这一优势。治水技术的提高是伴随着自然学说，特别是"水学"发展起来的。与继承胡瑗的湖学水利学的刘彝的密切交往，使得程昉的技术和水利学得到很好的结合。作为屯田都监，在巡视北方的塘泺、回河东流、北流堵复的大工程中，会同司马光、吕大防等重要官员，以及熟知堤防学的李立之和黄河治理学者李垂并称的张君平之子张巩等，对黄河周边进行实地考察，这些经历使得程昉对黄河流域的水情、地理和人文有了深刻的了解（以上立论的出处请全部参考注释[1]《程昉略传》）。

神宗年仅二十岁时继皇帝位，接受王安石的变法倡议，着手开始变法革新。其时王安石四十九岁，学识渊博，经验丰富，为人正直，肩负着朝野新旧两党的希望，身居宰相之位。王安石对程昉有极高的评价："自秦以来，在水利上的贡献无人能及"[3]。就连时常批评程昉独断专行的神宗也认为："朝廷中不阿谀奉承我（中略），一旦发生决口，能用的唯有程昉"[4]，"能够依赖的内臣只有程昉，内臣中作为京官得到任用，自太祖以来没有先例"[5]。京官是指程昉被任命为都水监。压制宦官政策是太祖以来的传统。从宋代的最高统治者神宗皇帝破除祖法、重用程昉上来看，就可以看出这是一个锐意改革的青年皇帝。但是宦官程昉不过是赵王家的一名奴仆，神宗不可能直接认可程昉。神宗说："程昉性格轻佻，昨天在殿上对中书说'但凡河事必定问臣，臣说什么都会听取'。还恐吓张茂则（宦官、入内副都知）'已得到中书的意旨'。可以想到外官也受到他的胁迫。这种人虽有才能，但要进行有效的驾驭。"对此王安石进行了辩护，说："中书之所以重用程昉，是为了河事，正是用人所长，用人不疑。"神宗又说："我听说程昉任用的买草官都是内臣，滥用职权。"王安石回答："转运司购买梢草委托程昉，既然委托给他，就应该允许他任用所需之人。"次日,将买草官五人的姓名上报皇帝,都是些品行高尚之人。神宗又问:"程昉的人际关系怎么样?"王安石回答:"他最依赖的人是李立之,与李若愚没有矛盾,与张茂则关系密切。"[6]对于王安石"不要将程昉从入内押班中除名"的意见,神宗以"没有气度"为由拒绝[7]。韩宗师和盛陶列举程昉十六大罪状,对此神宗附和说:"修漳河漳河决堤,修滹沱有头没尾。"[8]盛陶指责说:"开挖城河之处,百姓家废,耗时费力没有成果(中略),漳河滹沱河工程,淹没邢、洺、赵、深、祁五个州的田地。"[9]神宗大概就是受了这些言论的影响。

针对对程昉的不信任和诽谤,王安石不断进行辩护,说:"陛下判定功罪不及太宗(唐)。程昉治理四河,除治理漳河、黄河外,还大搞灌溉淤田工程,仅退水造田就达四万余顷。自秦以来,在水利上的贡献无人能及。"[10]他还说:"当今人才匮乏,陛下应当明辨是非,赏罚分明(略)。程昉尽了自己的全力。兴大狱是危险之举。程昉没有可弹劾的罪行(略),反而一年中能在四五处大工程中效力。"[11]王安石甚至对神宗皇帝进行批驳。由此可以看出王安石的境界。

对程昉的弹劾虚构成分很多,我们举例说明一下。有人举报程昉开挖胡芦河引水,引入新疏浚的故道淹没农田,朝廷命令河北东路转运司进行调查,永静军判官林伸、东光县令张言举复命说:"新河比旧河高一丈,所以河水倒灌淹没农田。"对此程昉反驳说:"河水通畅,官私船只几乎没有滞阻,而且滹沱河下游通过河塘,宽达三十余步。"为此,李直在都水监丞刘璃和黄御的催促之下,亲临前往考察,上奏皇帝说情况确如程昉所说。于是处罚了林伸、张言举两人[12]。从这个例子可以看出对程昉举报的虚构性。同时,也可以看出地方官和都水监的对立。这种虚构和对立也与程昉自身的行为有关。下面就此举一两个例子。

根据宋代的法律,河清卒不得在其他工程使用,但当时身为外都水丞的程昉仗势不将州郡放在眼里,尽收各处埽兵准备用于二股河整治工程。程颢依法拒绝,程昉遂请朝命。朝廷拨给他八百人。当时天气极寒,程昉毫不体恤,驱使兵夫,结果众人逃回原处。众人聚集城门前,州官惧怕程昉不敢收留。程颢说:"他们死里逃生,如果不接纳必然作乱。如果程昉怪罪,让他找我。"亲自打开城门,安抚兵夫,并约定休整3天后复工。众人欢呼进城[13]。当时程颢是签书镇宁军节度判官事。

下面是御史刘挚的弹劾奏章:"内臣程昉与大理寺李立之,在河北开修漳河,工程浩大,征用兵夫九万,所用物料没有准备,而是临时索取,仓促间预备不来。于是官私不分征用应急。劳费需一百倍,除转运司供应的蒿草梢桩外,又擅自差人采伐漳河大堤上的榆柳以及监牧司地内的柳树,共计十万余株。这些都是诸州自管的津岸之物。因此,河北薪材奇缺,农村只能烧用麦秸等。待冬天过去春荒时节只能以观音土充饥,程昉却妄奏皇上,在民田内擅自收割。在工程上对待民夫极其苛刻,往往逼迫他们昼夜施工,且践踏田苗,掘人坟墓,毁坏桑拓,罄竹难书。(中略)在州县凌侮官吏,在洺州征调急夫,又不断要求征用兵夫。不胜扰攘,无以复加。本路的监司均惧怕程昉的势力,不敢违抗。"[14]虽然刘挚的说法不能全信,但说明程昉确实过于独断霸道。

皇权的专制统治、对暴虐黄河的治理和宦官程昉的野蛮以及王安石的变法的手段相互结合,社会时局不停地重复着非正常的激烈动荡。

附表4　程昉略传

| 年 | 月 | 记事 | 出处 |
|---|---|---|---|
| 1068 年（熙宁元年） | 六月 | 河北屯田都监（西京左藏库副使） | 《宋史》卷四六八，列传二二七 |
| | | 六月以后恩、冀、瀛诸州水灾 | 《宋史》卷九五，河渠志四八 |
| | | 都水监丞李立之、河北都转运司等"四州生堤说"（北流说） | |
| | | 都水监丞宋昌言、河北屯田都监程昉等"二股东流说"（回河说） | |
| | | 程昉、冀州枣疆埽堵口（首次使用锯牙技术） | 《宋史》卷四六八，列传二二七 |
| 1069 年（熙宁二年） | 四月 | 司马光、张巩、李立之、宋昌言、张问、吕大防进行大规模二股河东流调查（有上、下约） | 《宋史》卷九五，河渠志四八 |
| | 七月 | 二股河畅通，随后北流基本断流 | |
| | 八月 | 由张巩主持彻底封堵北流 | |
| | 闰十一月 | 程昉、刘彝进行御河调查，动员六州兵夫六万人进行疏浚 | 《会要》，方域一四，治河下 |
| 1070 年（熙宁三年） | 六月 | 御河完工（八月程昉调任宫苑副使） | 《长编》拾补六 |
| | 八月 | 会同王广廉对漳河等进行水利调查 | 《长编》卷二一四 |
| 1071 年（熙宁四年） | | 动员役兵九万开修漳河，袤一百六十里 | 《宋史》卷九五，河渠志四八《宋史》卷九五，河渠志四八 |
| | 三月 | 工程暂停，程昉请辞，五月刘挚上书弹劾程昉 | 《长编》卷二二三 |
| | | 程昉转任都大提举黄河等河签书外都水丞事 | 《宋史》卷九五，河渠志四八 |
| | | 又总领淤田司事 | 《长编》卷二一二 |
| | 七月 | 黄河大名府第五埽决口，八月同判都水监宋昌言、都水监丞河北兴修水利宫苑使、带御器械程昉同领此役 | 《会要》一九二册，方域一四，治河上；《长编》卷二二六、二二八 |
| | 十二月 | 开工修治二股河上游，并封堵第五埽决口（兵一千，夫十万） | |
| 1072 年（熙宁五年） | 一月 | 根据同管勾外都水监丞程昉上奏，在怀、卫二州置场，设官员四人，采买芟草三二〇万，对此神宗批评了程昉 | 《长编》卷二二九 |
| | 三月 | 由于第五埽封堵，二股河开修成绩显著，赐宋昌言、王令图、程昉钱绢 | 《宋史》，同《长编》卷二三一 |
| | 七月 | 外都水监丞程昉对沧、齐、棣等地区的塘泊植树情况进行调查 | 《长编》卷二三五 |

| 年 | 月 | 记事 | 出处 |
|---|---|---|---|
| 1072 年<br>（熙宁五年） | 闰七月 | 架设洛州浮桥 | 《长编》卷二三六 |
| | 九月 | 西作坊使程昉任皇城使及端州刺史，其时工程材料不论公私管理完善；<br>王安石提请程昉入押班，神宗不许 | 《长编》卷二三八 |
| 1073 年<br>（熙宁六年） | 三月 | 利用共城县旧河槽进行稻田灌溉 | 《宋史》，同前 |
| | 五月 | 掌大名府剥枇司，架设镇州浮桥 | 《长编》卷二四五 |
| | 七月 | 管勾外都水监丞程昉上奏保定军及乾宁军间七十里须开一川 | 《长编》卷二四五 |
| | 八月 | 上奏漳河沿岸须引水灌溉，王安石赞同 | 《宋史》，同前 |
| | 十二月 | 韩宗师、盛陶上奏弹劾程昉，王安石辩护<br>同管勾外都水监丞程昉在沿河得车材三千两，派军监护 | 《宋史》，同前<br>《长编》卷二五四 |
| 1074 年<br>（熙宁七年） | 二月 | 参与计划开挖大名府第五埽上下直河 | 《长编》卷二五〇 |
| | | 神宗和王安石就程昉进行评论 | 《长编》卷二五〇 |
| | 五月 | 王安石对程昉的滹沱河放水进行辩护 | 《宋史》，同前 |
| | 六月 | 河北东路转运使上奏因程昉引胡芦河水入沙河造成水灾 | 《长编》卷二五〇 |
| | 十月 | 皇城使、端州刺史、带御器械、同管勾外都水监丞提举河北兴水利程昉领达州团练 | 《长编》卷二五七 |
| | | 御史盛陶上奏弹劾程昉 | 《长编》卷二五七 |
| | | 这年秋天文彦博上书报告水灾情况（六十村一万七千户） | 《宋史》卷九二，河渠志四五 |
| | | 王安石离职宰相 | 《宋史》卷九二，河渠志四五 |
| | 十一月 | 同管勾外都水监程昉罚铜三〇斤 | 《长编》卷二五七 |
| | 十二月 | 程昉欲开琵琶湾引水未成 | 《宋史》卷九五，河渠志四八 |
| 1075 年<br>（熙宁八年） | 一月 | 赐外都水监丞程昉疏浚汴河的工费 | 《长编》卷二五九 |
| | 二月 | 同管勾外都水监丞程昉将京西三十六陂的水引入塘库，以此水利汴水的漕运 | 《长编》卷二五九<br>《会要》一九三册，方域一六，汴河 |
| | 四月 | 都大提举黄御河公事程昉上奏在滹沱河和胡芦河两河水，引到滹沱南北岸，将二万七千余顷贫瘠土地改成良田 | 《长编》卷二五九<br>《会要》一九三册，方域一六，汴河 |
| | 闰四月 | 废太原监及河北、河南监牧等，蔡确和程昉在此列 | 《永乐大典》一二五〇六 |

| 年 | 月 | 记事 | 出处 |
|---|---|---|---|
| 1076 年<br>(熙宁九年) | 六月 | 外都水监丞程昉同判刘瑾上奏朝廷,赏修治滹沱河,修灌溉渠的有功人员 | 《长编》卷二七六 |
| | 七月 | 程昉辞同管勾外都水监丞,任都大制置河北河防水利,这是不设司担任监丞的例子 | 《长编》卷二七七 |
| | 八月 | 程昉任"相度淮南路水利",没有"制置"两字 | 《长编》卷二七七 |
| | | 程昉任提举开卫州界运河 | 《长编》卷二七七 |
| | 九月 | 程昉去世,赐皇城使遂州团练使,带御器械程昉为耀州观察使,赐其两子官位和宅院 | 《长编》卷二七七 |

[2] 特别活跃的有以下七人:

太祖、太宗朝——刘承规、阎承翰;

真宗、仁宗朝——邓守恩、张惟吉;

神宗朝——张茂则、宋用臣、程昉。

[3]《宋史》卷九五,河渠志四八,熙宁六年十二月。

[4]《长编》卷二二九,熙宁五年春正月壬寅。

[5]《长编》卷二五○,熙宁七年二月丁丑。

[6]《长编》卷二二九,熙宁五年春正月壬寅。

[7]《长编》卷二三八,熙宁五年九月己酉。

[8]《宋史》卷九五,河渠志四八,熙宁六年十二月。

[9]《长编》卷二五七,熙宁七年冬十月丙子。

[10] 同注释[3]。

[11] 同注释[5]。

[12] 同注释[9]。

[13] 吕祖谦撰写《宋文鉴》卷一三八"程伯淳行状"(《宋史》卷四二七,列传一六七,道学一,程颢)。

[14]《长编》卷二二三,熙宁四年五月乙未(《宋史》卷九五,河渠志四八)。

2. 吴安持和李伟

神宗熙宁九年(1076 年),王安石辞去相位,程昉从黄河北岸消失的第二年,澶州曹村埽再次发生大规模决口。次年的元丰元年(1078 年)四月,决口再次复堵。活跃在这次工程中的主要是判都水监宋昌言、都水监丞刘瑾、外都水监丞王令图。到了元丰四年(1081年)四月,小吴埽决口,黄河改道北流,再次出现回河东流的问题。熙宁回河东流工程中,主张北流说的权知澶州、堤防权威李立之,又一次出任判都水监,并取得重大成果。疏浚黄河司范子渊曾与程昉同被称为王安石治水策略的左膀右臂,此时更名为"都水使者"登场,在京城开封正北黄河的重要工段原武和广武两埽发挥了重要的作用。元丰六年(1083 年)七月七日大名府元埽城黄河发生漫堤,致使北京城内浸水遭灾。至此小吴埽北流开挖减水河工程才被提到议事日程上来,李伟和吴安持正式登场。此后不久,政治上也从新法的天下转向旧法治世。

元丰八年(1085年)三月,神宗驾崩,哲宗即位,宣仁太后开始训政。曾在曹村埽工程中担任外都水监,现任知澶州的王令图提出回河东流方案。次年元祐元年(1086年)十一月,秘书监、相度河北水事张问提出在孙村口分水,引入商胡故道进行减水的方案。都水使者王令图也持相同意见。元祐二年(1087年)三月王令图去世,朝散大夫王孝先继任都水使者,他继承了王令图的衣钵。十月,在王孝先的倡议下,设立都大提举修河司,王孝先、俞瑾任提举。元祐三年(1088年)闰十二月,根据吏部侍郎范百禄、给事中赵君锡的上书,王孝先、张问以及西京左藏库副使孙勃,还有百禄、君锡等,各自进行井筒测量,得出相同的数据。根据这个实际调查的结果,回河减水方案在元祐四年(1089年)一月中止。从王安石离开相位到此时的16年间,东流说和北流说均无人提出完整的方案。同年八月都水监勾当公事李伟提出新的治水策略,同都水使者吴安持一起推进工程的实施。于元祐七年(1092年)冬十月,完成回河东流工程。这4年间,以都提举修河司这个特设机关为中心,在旧法党统治下,由新法党的都水监官员主持完成了该项工程。

元祐八年(1093年)九月宣仁太后去世,哲宗亲政,进入新法党时期。随后反复权衡确定黄河水害的关键所在,由都水使者吴安持、都水监丞郑祐主持整治水害。绍圣元年(1094年)三月,都水使者王宗望也一起参与实施北流复堵工程,七月北外都水丞李伟也再次加入,十一月工程完工。前后历时六年,第二次回河东流、北流复堵的工程终告结束。那么,让我们追寻一下李伟和吴安持在这一期间的行踪。

元丰四年(1081年)四月,澶州小吴埽黄河决口,河水改道北流后[1],沿岸频繁发生决堤事件,于是提出了二股河分水方案。但是如前所述,京城附近的治水迫在眉睫,所以这个工程只能往后放。北京大名府水灾使王令图、张问伺机将回河东流方案提上日程。王孝先主持该工程,但未能取得成功,元祐四年(1089年)一月工程被迫中止。同年八月李伟上奏说:"见今已为二股 约夺大河三分以来 今若得夫二万 于九月便兴工 至十月寒冻时已毕",再次设立都提举修河司,都水使者吴安持任提举,外都水使者范子奇任同提举,李伟任专切管勾,权陕西转运副使李南公任权发遣转运使,组织施工[2]。对此,右谏议大夫范祖禹、御史中丞溥尧俞以及梁焘、侍御史孙升等对李伟提出非难[3]。元祐五年(1090年)四月,李伟被解除职务[4]。

这些人都是《宋史》里有传者,都反对新法。虽然李伟被解职,但同年八月又被任命为提举东流故道[5],九月被任命为"右宣德郎权发遣北外都水丞提举东流",孙迥被任命为"右宣德郎知北外都水丞提举北流",两人共同提举北京黄河地区,掌管两河的人员、兵夫和物料的调动[6]。当月御史中丞苏辙上奏,要求取消修河司,放逐李伟。十月都提举修河司被取消[7],但是李伟作为外监丞"是以日夜经营造作",得到文彦博和吴安持的支援,工程仍然在如期进行[8]。苏辙对当时的工程是这样报告的:"惟北京之南孙村在其东岸 东接故道 其间数十里 地颇污下 每岁夏秋涨水 多自此溢 昔之治河者(中略)故于河之东岸 孙村之南 开清丰 以泄涨水 流入故道 于河之西岸 开阚村等三河门 亦以泄涨水 行无人之地 迤逦流 至馆陶 复合入大河(中略)自今建孙村回河之议 先闭塞阚村等三河门 又于梁村筑东西马头及锯牙 侵入河身 几半迫胁大河 强之使东"[9]。可见,回河东流时,河堤形成了"今锯牙与马头连互约及数十里"[10]的景象。

这里必须思考一个问题,就是在旧法党的统治下,新法党人是如何排除困难、使工程进行下去的。正如绪论中论述的那样,回河东流、北流堵复工程是与国防相关的国家工程,所以执行这个工程的机构是都大提举修河司,而都大提举官又归皇帝直接领导。这里我们看一下修河司的历史沿革。

都大提举修河司是根据都水使者王孝先的奏请,于元祐二年(1087年)十月冬设置的,是由负责筹划上报必建项目及其所需工料的讲议河事所与作为工程项目主管机关临时设立的提举修河所合并而成的。设置的理由有两点,其一是以前都是河水下降后再去当地对水势进行调查,比较考量其利害后再上报朝廷,难以预先设置与治水相关的司局衙门;其二是讲议和修河两项如果各行其事的话,名异实同,必然造成工作交叉[11]。

最初提举修河司的是都水使者王孝先和都水监丞俞瑾[12]。元祐四年(1089年),修河司有官员、使臣、军大将110余名(另有督促物料的使臣四五十人),兵夫63 000余人,共计530万工,钱粮392 900余贯、采购物料钱750 300余贯、工程材料290万余束,这是一个天文数字[13]。另外,根据修河司的申请,朝廷下令拨付河阴汜水等处纲米5万石,装卸兵士3 000人;洛口和雄武埽用锹手各300人;在京的箔场的芦苇4万等[14]。修河司用于回河工程的民夫8万,雇夫2万。据北外都水丞司的统计,北流用夫204 318人、故道用夫74 450人,两项共计278 768人,尔后都水监丞鲁君贶削减至194 098人。根据诏书,修河司的差夫从8万人削减至4万人,鲁君贶等将裁减下来的差夫10万人,归修河司用于修河工程[15],其余的仍归原处调用。

从63 000人的兵和夫的组成来看,厢军、河清兵28 000余人来自河北、淮南、京东西等路及府界;民夫35 000余人来自河北、京东西等路及府界;桩橛、梢草、榧木、竹荻索等1 400余万束由陕西、京东西、淮南、两浙、江南东西等路提供[16]。实则波及华北华中等七路。

这些计划先由讲议河事所进行研究。元祐二年(1087年)八月二十八日设置都提举修河司,当年十月孙村口回河东流工程开工时,讲议河事所组成人员有:上书要求设置都大提举修河司的给事中顾临、河北转运使谢卿材、都水使者王孝先、从承议郎发遣河北路转运副使调任河东路的唐义问、后升任河北转运判官兼北外都水丞陈佑之、增派的从权发遣京东西路转运判官改任河北路转运判官的张景先等[17]。顾临曾任河北都转运使,为不属于新旧两党任何一党的中立人士,是位有领导能力的人物。谢卿材是新法水政起步时期的活跃人士,持北流说,与王孝先和张景先对立。唐义问是唐介的儿子,与文彦博关系密切。张景先认为"议开孙村口减水河 与执政意合"[18]。关于陈佑之则不太清楚,后成为都水官员。由此可见,讲议河事所官员基本上都是曾在河北转运司工作并熟知水务的人,或者是都水监官员。与执政府的关系更多是依靠人缘关系,而不是行政统属关系。与修河司一样直属朝廷管理。因此,都大提举官权力很大。对于程昉的独断,王孝先提出反对意见,说:"今河议大臣可否者相半。近臣以谓不可者十六七。察于众人亦然"(《长编》卷四一六,元祐三年十一月甲辰,中书舍人彭汝砺言),李伟也指出"一路官吏 吞声屏息无复敢言 不独河北官吏如此 今朝廷士大夫 莫不以言回河为讳"(《长编》卷四四二,元祐五年五月,侍御史孙升言)。李伟、吴安持等的权力也不可小觑[19]。李伟和吴安持同属新法党人。吴安持是王安石的女婿[20]。在旧法党的统治下,新法党依旧推进着黄河治水。北宋政界的重量级人物文彦博、吕大防、富弼等,虽然支持旧法,但暗地里却认同回河东流[21]。神宗熙宁十年(1077年),澶州曹村埽工程中,作为非常手段推出了免夫钱,在免役法废除后依然存续,继续在黄河工程中发挥作用,并得到完善和发展。这个措施虽然是吴安持提出的,但作为李伟、吴安持的对立面的御史中丞苏辙也认同免夫钱的存续,并主张要进行完善[22]。吴安持可以自立条例,直接上书中书令申报,能向外监丞司行文,指挥各埽场,可以向所属的县镇直接发公牒,河埽使臣可以毫无忌惮地使用梢草桩橛等物料,不受州县的统辖和监督。吴安持还可以直接专门就各勾当人的情况进行上报[23]。这种新法的手段从程昉身上也可以看到,程昉一直受王安石庇护。吴安持和李伟的背后也有吕大防、文彦博等当朝者及新法回河论者的援助和支持[24]。旧法党人从儒学王道论出发,将黄河治理官员叫做小人[25],但这个并非恰当。井筒测量这种科学技术成果,和回河东流、北流复堵中使用的锯牙和马头等一样,都是不容忽视的先进技术。

都水监机构是在王安石的新法统治下发展起来的,至元丰正名期间得到了完善和扩充。都水监是新法党的重要据点。身为都水监的现场下级官员的程昉,发挥了宦官的技能潜质,作为都大提举官在黄河治水中纵横发挥,令北流的黄河改道东流,在治水的同时,还利用河水为人类造福。正如王安石所说,程昉是自秦以来黄河治理第一人,吴安持、李伟完整地继承了他的治水方法。但是这一切在黄河的威力面前根本不堪一击。这种身份和地位极低的治水官员,之所以能够充分地发挥其才能和技能,是因为他们身后有掌握强有力的专制权力的皇帝和执政官员。但是所有这一切在黄河的威力面前被击得粉碎,黄河依然向北流淌[26]。

**【注释】**

[1]《长编》卷三一二(《宋史》卷九一,河渠志四四),元丰四年(1081年)四月乙酉(二十八日)记载澶州的上奏:"河决小吴埽"、"自澶注入御河恩州危急"。

[2]《长编》卷四三〇,哲宗元祐四年(1089年)秋七月己巳朔记载:"冀州南宫等五埽危急"。
同月丙申也记载:"都水监言(中略) 今监勾当公事李伟状相视新开得第一口 水势湍猛 发泄不及 已不候功毕 更拨沙河堤第二口 减泄大河涨水 因而二股分行以纾下流之患(中略) 诏令河北路安抚司 监司 外使者 北外丞司 限十日具析保明以闻"。
《长编》卷四三二,元祐四年(1089年)八月乙丑(二十八日)记载都水监勾当公事李伟的上奏:"已开拨北京南沙河直堤第三铺 放水入孙村口故道 通行具到乘势 闭塞大河北流等利害 又言沙堤第三铺水势顺决 故道渐亦为备 朝廷今日当极力必闭北流 乃为上策(中略) 乞复置修河司 从之 乃以都提举修河司为名 差都水使者吴安持提举 外都水使者范子奇同提举以 李伟为专切管勾应缘回河等事 权陕西转运副使李南公权发遣转运使"。

[3]《长编》卷四三三,元祐四年(1089年)九月乙未(二十八日)右谏议大夫范祖禹的上奏及御史中丞傅尧俞的上奏。
《长编》卷四三五,元祐四年(1089年)十一月壬申(六日)给事中范祖禹的上奏。
《长编》卷四三七,元祐五年(1090年)春正月乙酉,及二月辛丑,御史中丞梁焘的上奏。

同卷三月戊辰(三日)侍御史孙升的上言等,都持对吴安持和李伟批判的立场。

[4]《长编》卷四四一,元祐五年(1090年)四月庚子记载:"诏李伟差遣候过涨水 检举取旨 从范祖禹三月辛未驳奏也"。

[5]《长编》卷四四六,元祐五年八月甲辰记载:"提举东流故道李伟言"。

[6]《长编》卷四四八,元祐五年(1090年)九月丁亥(二十六日)记载:"河北转运判官陈佑之 罢兼权北外都水丞 提举河北籴便粮草郑佑 罢提举 照管深州并焦家山公堤道 右宣德郎孙迥知北外都水丞 提举北流 右宣德郎李伟权发遣北外都水丞提举东流 同共提举北京黄河地分 仍挪移两河人兵物料"。

[7]《长编》卷四四八,元祐五年九月,御史中丞苏辙上奏:"同冬十月癸巳(二日) 诏罢都诏提举修河司"。

[8]《长编》卷四四九,元祐五年(1090年)冬十月癸巳(二日)侍御史孙升上奏(《会要》,方域一五,治河下):"谨按宣德郎李伟(中略) 内挟文彦博之势权 外仮吴安持之游说(中略) 近日都大修河司罢(十月二日)(中略) 而又授以外监丞之命 如此则是无功受赏 有罪不罚(下略)"。

[9]《长编》卷四五四,元祐六年春正月。

[10]《长编》卷四八〇,元祐八年(1093年)正月丁未中书侍郎范百禄上奏:"今锯牙与两马头……"。

[11]《长编》卷四〇八,哲宗元祐二年冬十月丁亥(九日),河北都转运使顾临等上奏:"续准朝旨 以讲议河事所为名 近因都水使者王孝先奏 将讲议河事所与提举修河所 并以都大提举修河司为名 窃闻 旧例须是已有兴修去处 始立提举修河司 总领其事 今来方候河水减落 见行港势所向 较量利害 申陈显见难以预置兴修司局 既将讲议河事所 并为都大提举修河司 又郄复分讲议与兴修河两项行遣 不惟名实异同 深虑文移交互 欲乞将应缘讲议河事行遣 并依元降朝旨 以讲议河事所为名 候议定合行开修去处 奏闻及依故事 朝廷差官 覆实委得允当许令兴工 即复为都大提举修河司 诏依所奏候议河事兴工 即复为都大提举修河司"。

[12]《长编》卷四〇六,元祐二年冬十月丁亥。

[13]《长编》卷四二〇,元祐三年闰十二月戊辰。

[14]《长编》卷四二一,元祐四年春正月辛卯。同书卷四二二,元祐四年二月。

[15]《长编》卷四三五,元祐四年十一月壬申。

[16]《长编》卷四三六,元祐四年十二月甲寅。

[17]《长编》卷四一五,元祐三年冬十月戊戌。

[18]《长编》卷四二五,元祐四年夏四月戊申。

[19]《长编》卷四二二,元祐四年二月己酉记载:"中书省勘会 到修河司兵士 逃亡三千九百九十一人 死损一千三百一十九人"。

[20]《长编》卷四五四,元祐六年正月甲申。拾补十一,绍圣元年十一月甲子和乙丑。

[21]《长编》卷四一六,元祐三年十一月甲辰,同书卷四四九。元祐五年冬十月癸巳。《会要》,方域一五,治河下。

[22]《长编》卷四四四,元祐五年六月。

[23]同注释[20]。

[24]同注释[21]。参考《长编》卷四五六,元祐六年三月。

[25]《长编》卷四三五,元祐四年(1089年)十一月壬申。同书卷四三八,元祐五年二月辛酉。同注释[21]。

| 年 | 月 | 记载 | 出处 |
|---|---|---|---|
| 1081 年<br>（元丰四年） | | 澶州小吴埽黄河决口改道北流；随后冀州的南宫宗城信都及恩州清河武邑相继漫堤决口；二股河分流方案确立 | 《长编》卷三一二<br>《宋史》卷九一 |
| 1089 年<br>（元祐四年） | 七月 | 都水监勾当公事李伟提出二股河分流方案，河北安抚司、监司、外都水使者北外都水丞司进行联合调查并上奏朝廷 | 《长编》卷四三〇 |
| | 八月 | 翰林学士苏辙上奏反对以李伟为首的河埽使臣都水监提出的回河东流方案。随后都水监勾当公事李伟上奏请求在北京南沙河直堤第三铺开口放水，引入孙村口故道，封堵北流，得到许可 | 《长编》卷四三二 |
| | | 设置都提举修河司，由都水使者吴安持提举，外都水使者范子奇共同提举；李伟任专切管勾；权陕西转运副使李南公任权发遣转运使 | |
| | 九月 | 根据右谏议大夫范祖禹的上奏，元丰八年（1085 年）以来，李常、冯宗道以及其后的范百禄、赵君锡等通过考察，提出北流说，士大夫当中反对北流复堵者十有八九。另直堤第四铺开口造成第七铺危急，所以八月八日起到二十八日调梢草百万，急夫七千人抢险，但未奏效，直堤决溃 | 《长编》卷四三三 |
| | | 御史中丞傅尧俞同样也反对并上奏提出取消修河司 | |
| | 十一月 | 给事中范祖禹上奏提出停止塞河让百姓休养生息 | 《长编》卷四三五 |
| 1090 年<br>（元祐五年） | 一月 | 御史中丞梁焘上奏，现今东流倾半个天下之力，北流却未加一夫一草，因此不用李伟兼管北流埽岸，改由都水监提举 | 《长编》卷四三七 |
| | 二月 | 御史中丞梁焘上奏，请求罢免小人李伟，全部权力下放都水使者、本路监司、州县官吏 | 《长编》卷四三八 |
| | 三月 | 侍御史孙升上奏，针对去年八月李伟的上奏指出"见今已为二股，约夺大河，三分以来，今若得夫二万，于九月便兴至十月寒冻时已毕"，针对后来的状况则断言"岂止为二股通行而已，亦将遂为回夺大河之计"，现在修筑锯牙和埽岸，到来年春夏时，可以全部回流故道 | 《长编》卷四三九 |
| | | 右谏议大夫范祖禹请旨，要求罢免李伟的差遣 | |
| | 四月 | 根据范祖禹的上奏，免除李伟的差遣 | 《长编》卷四四一 |
| | 五月 | 侍御史孙升上奏：遂又兴修减水河……黄河在梁村口决口，洪水流入孙村故道。但是大河东流口淤塞，河水向上游逆流，造成沙河直堤溃堤，危及北京。再开顺水堤以缓急流 | 《长编》卷四四二 |
| | | 孙升又上奏：现在朝廷重用李伟和吴安持，但吴居厚在京东兴业冶铁的后台就是李伟，他们有轻易违反市易法损害公私的能力。河北转运使谢卿材及河东转运使范子奇因持有不同见解被罢免。所有官吏皆口不敢言，就连朝廷和士大夫也不再发言 | |

| 年 | 月 | 记载 | 出处 |
|---|---|---|---|
| 1090 年<br>(元祐五年) | 八月 | 提举东流故道的李伟上奏:大河入五月日益水涨。最初北京南沙堤第七铺决口,河水从第三第四铺出清丰口,一股流入东流故道(河槽深三丈至一丈以上)。北流的水灾减少。如果不加整治的话东流会淤淀。见吴安持、监司、北外丞司、李伟等调查报告 | 《长编》卷四四六 |
| | 九月 | 右宣德郎孙迵知北外都水丞提举北流<br>右宣德郎李伟权发遣北外都水丞提举东流<br>共同提举北京黄河地分 仍挪移两河人与物料<br>这个月御史中丞苏辙请求,迅速取消修河司,放逐李伟<br>关于北京治水:过去涨水之时,打开西岸的三河门,把水引到西面的空闲之地,再在馆陶汇入主流。但李伟在空闲的三河门修筑截河马头和阻水的锯牙,迫使水向东流,东岸的第三第四第七铺河道决口,涨水倒灌北京,造成今年八月北京发生严重水灾 | 《长编》卷四四八 |
| | 十月 | 下诏取消都提举修河司<br>苏辙再次上言:今取消修河司是因为回河之策不可行,所以必须处罚李伟<br>侍御史孙升上言:宣德郎李伟内仰仗文彦博的权势,外借助吴安持的邪说,虽本月二日取消了都大修河司,但李伟仍以外监丞的身份"是以日夜经营造作故道减水之功诳惑朝廷也"<br>孙升还说:九月二十六日李伟任权北外监丞提举东流,孙迵提举北流。东流故道只起分流减水之用,所以北外监丞孙迵一人足矣。奸臣说今年汛期北流无水患是东流分流减水之效,其实是因为去年秋天起郑佑管护北流对堤防加以整修之故。如果将投入东流的物料和工力全部用于北流堤防的加高加固,就可确保深冀无水患之忧。应罢免李伟并追究其责。北京鱼池埽之危的原因也是源于吴安持和李伟的工程,历年吴居厚对东京百姓的盘剥也有李伟撑腰。必须罢免李伟和吴安持 | 《长编》卷四四九<br>《会要》,方域一五,治河下 |
| 1091 年<br>(元祐六年) | 正月甲申 | 侍御史孙升上奏<br>都水使者吴安持独断专行自立条例,直接发往各都省,通达中书—工部—诸路。而且各埽场间的文书往来直接在县镇间往来,不受指挥<br>当月御史中丞苏辙用详细的报告反对孙村回河工程 | 《长编》卷四五四 |
| 1092 年<br>(元祐七年) | 十月 | 冬十月辛酉因完成大河东流之功,吴安持任都水使者,李伟任都水监丞 | 《长编》卷四七八 |
| 1093 年<br>(元祐八年) | 正月 | 中书侍郎范百禄上书详细论述反对北流闭塞 | 《长编》卷四八〇 |

| 年 | 月 | 记载 | 出处 |
|---|---|---|---|
| 1093 年<br>(元祐八年) | | 戊寅门下侍郎苏辙上书通过对北流和东流的规模、软堰硬堰的好坏、分水的利害关系、埽的增加等方面论述了水官四个谬论 | 《长编》卷四八一 |
| | 九月 | 太皇太后驾崩,下诏停止修筑软堰 | 《长编》拾补八 |
| 1094 年<br>(绍圣元年) | 五月 | 北流闭塞,造成德清、内黄、梁村、阚村、宗城水灾 | |
| | 是年 | 河北路转运副使赵偶说:"北流断则塘泺遂淤矣,北流尚存则恩冀沧悉为河南地以河为限,此大利也" | |
| | 二月 | 吴安持、郑佑建议设立了"相度定夺黄河利害所" | 《长编》拾补九 |
| | 三月 | 相度定夺黄河利害所上书详论东流之利 | |
| | 六月 | 甲戌,吕大防、刘挚、苏辙离职 | 《长编》拾补十 |
| | 八月 | 壬午的诏书差权工部侍郎吴安持为都大提举开修新河工程,内外丞李伟主持洛口工程 | |
| | 十月 | 辛巳工部上言记载"全河悉已东还故道更无北流之水" | |
| 1097 年<br>(绍圣四年) | 十二月 | 诏书记载由于主张回河之功,郭知章、李伟、王孝先官升一级,授中散大夫王令图赠在中散大夫赏 | 《长编》卷四九三 |
| 1099 年<br>(元符二年) | 六月 | 己亥,黄河内黄决口,东流再断 | 《长编》卷五〇七 |
| | 冬十月 | 甲子处罚郭知章、吴安持、鲁君贶、王森、梁铸、郑佑、李仲、李伟、俞瑾、文及甫、吕希纯、王令图、王宗望、黄思等十六名官员,原因是"以元祐间主导河东流之议无功也" | |

### 结束语——乱流……群像

11 世纪末叶,哲宗元符二年(1099 年)六月末,黄河在大名府内黄段发生严重决口,河水取道钜鹿、南宫、信都、远来、枣强、衡水、强武、乐寿,河间向北流淌,这就是内黄北流。由此出现了内黄口到河间、孟州到内黄口之间的水患问题,对前者须强化堤防,对后者则由孟昌龄一家推行大伾三山桥分水方案。但是已经不再出现回河东流之说了。

回顾北宋统治的 170 年间,黄河从未停止过决口泛滥。特别是庆历八年(1048 年)澶州商胡埽大规模决口以后,黄河打破千年的流向改道北流,水务官员在朝廷的旨意下,直到内黄北流为止,与黄河乱流进行了长达半个世纪的斗争。都水监的水务体制到元丰正名为止,已经完备到滴水不漏的程度。熙宁、元丰、元祐(1068～1093 年)的约 30 年间是治理黄河的最盛期。新旧两朋党针对黄河的两个流向掀起了激烈的论争。在皇帝强权和朝廷高级官员的大力支持下,黄河回归到了原来的一条河道,但是黄河终于又违背敕命了。在这半个世纪中,黄河时而北流,时而又转回东流,循环往复,由此成就了大批的都水监官员。程昉和李伟是代表皇帝意志与黄河博斗的坚强战士。其他可以列出姓名的都水

· 204 ·

监官员达一百余人,很多人都被迫喝下因黄河而酿造的苦酒。表 3-27 为根据记录官员活动的各种资料制成的表格。表 3-27 中的②～④表示同时在同一官职的人数。例如 1063 年判都水监有 3 人在位。如表 3-27 所示,都水监官员的活动非常复杂。最为活跃的程昉的动向非常难以把握,他和李伟同为都水监官,其官级之低引人注目。堤防权威李立之与之有别,但持北流说的陈祐甫、曾孝广、谢卿材、范子奇都长期在低职位徘徊,他们的建议和宋代的治水政策相左。宋昌言、张巩、范子渊、王令图、王孝先、吴安持等人主持了回河东流、北流复堵等大工程。王孝先、侯叔献、刘瑃、陈祐甫则主持了引水淤田、运河等工程。由于是大规模的土木工程,所以他们掌握和指挥着大批的人和物,毁誉参半。如表 3-28 "都水监官员在监年数表"所示,在位时间都比较短。而且都水监官制复杂,很难有人能够按官制顺利升迁。宋代的新时代步伐和黄河乱流,孕育了复杂的人间群像。

**表 3-27　都水监官员晋升表(表中的②～④表示同时同职的人数)**

| 年份 | 判都水监(都水使者) | 同判都水监 | 知都水监丞事 | 主簿 | 勾当公事 | 都大堤举官 | 外都水监丞 | 北外都水丞 | 南外都水丞 |
|---|---|---|---|---|---|---|---|---|---|
| 1063 | ③ | | 李立之 | | | | | | |
| 1064 | 张巩 | | | | | | | | |
| 1065 | | | | | | | | | |
| 1066 | | | | | | | | | |
| 1067 | | | | | | | | | |
| 1068 | | | 宋昌言 | | | | | | |
| 1069(回流东流北流闭塞) | | | | | | | | | |
| 1070 | ② | | 侯叔献 | | | | | | |
| 1071 | | | | | | | 程昉 | | |
| 1072 | | | | | | | ④ | | |
| 1073 | ② | ② | 王令图 | 刘瑃 | | 范子渊 | ② | 王令图 | |
| 1074 | | ④ | 王孝先 | | 陈祐甫 | (相度) | | | |
| 1075 | | | ④ | | ③ | | | | |
| 1076 | ② | | ④ | | | | | | |
| 1077 | ③ | | | | | | | | |
| 1078 | | | | | | | | ③ | |
| 1079 | | | | ② | (相度) | | | | |
| 1080 | ② | | 李士良 | | | | | | |
| 1081(小吴北流) | | | | | | | | | |
| 1082 | ③ | | | ② | | | | | |
| 1083 | | | | | | | | | |
| 1084(大名大决) | | | | | | 曾孝广 | | | |
| 1085 | | | | | | | | | |
| 1086 | | | | | | | | | |
| 1087 | ② | | | | | | | | |
| 1088 | | | | | | | | | |
| 1089 | ② 吴安持 | | | 李伟 | | | | | |
| 1090 | | | | | | | | | |
| 1091 | | | | | | | | | |
| 1092(回河东流) | | | | | | | | | |
| 1093 | | | ④ | | | | | 1094~1099 | |
| 1094(北流闭塞)—1099 | 1099 | | 1095 | | | | 1098~1099 | | |

表 3-28　都水监官员在监年数表

| 人名 | 主簿 | 监丞 | 同判 | 判监(使者) | 转出 | 都大 | 外丞 | 在监年数 |
|------|------|------|------|-----------|------|------|------|----------|
| 刘璘 | 3(年) | 1 | 2 | | | | | 6 |
| 李士良 | 3 | 1 | | | | | | 4 |
| 陈祐甫 | 勾当2↘ | | | | | | | 11 |
| | 2 | 外丞2→2 | | | | | 2 | |
| | 外丞1↗ | | | | | | | |
| 李立之 | | 10 | 监丞1→8 | 2 | | | | 20 |
| 宋昌言 | | 3 | 6 | 2 | | | | 11 |
| 范子渊 | | 2 | 3 | 4 | | 2 | 1 | 12 |
| 侯叔献 | | 3 | 3 | 1 | 死 | | | 7 |
| 王令图 | | 14 | | 1 | 死 | | | 17 |
| 王孝先 | | 13 | | 2 | | | | 15 |
| 张巩 | | | 4 | 1 | | | | 5 |
| 曾孝广 | | 4 | | 2 | | | 7? | 4 |
| 吴安持 | | | | | 户部侍郎、工部侍郎 | 1 | | |
| 程昉 | | 2 | | | | 4 | 6 | 6 |
| 李伟 | | | | | | 4 | 6 | 10 |

注:1. 含李立之二十年中担任知府、判军都监等的时间。王孝先、侯叔献、曾孝广的年数也含担任知府、转运使等的时间。

2. 在监年数平均约10年左右,但估计实际更少。

# 第四章　欧阳修与黄河

## 第一节　青年时代的欧阳修与黄河

### 绪　言

天圣九年(1031年)梅尧臣从安徽省桐城调任河南省洛阳,时年30岁,正当壮年。次年,明道元年(1032年)妻兄谢绛赴任洛阳同判,为避亲友之嫌,仅在洛阳任职一年半的梅尧臣,在当年7月转任黄河北岸的河阳县主簿,第二年转任江西省德兴县知事[1]。

与梅尧臣终生相交为友的欧阳修[2],在天圣八年(1030年)中及第进士,天圣九年(1031年)三月赴任洛阳任留守推官。机缘巧合令两人在洛阳相遇。在当时的洛阳留守(市长)钱惟演[3]周围聚集了大批俊秀,日夜探讨古文诗歌,形成文冠天下之势[4]。年仅25岁的欧阳修刚一步入官场,就进入了北宋文化运动的中心西京洛阳,的确是一大幸事。特别是能与梅尧臣结交更令他高兴。明道元年(1032年)七月,梅尧臣转任河阳后,九月在谢绛[5]的带领下,欧阳修、尹洙[6]等五人登上嵩山,遗憾的是,梅尧臣没有参加。明道二年正月,欧阳修因公事赴京师开封,三月回到洛阳,其年仅17岁的夫人胥氏抛下出生仅一个月的孩子离世[7]。4岁丧父,被29岁的母亲郑氏一手带大的欧阳修,在即将踏入新的人生旅途时,遇此变故,不胜悲伤。同年九月,欧阳修操办完真宗的皇后庄献刘后和庄懿李后的陪葬事宜,又去了埋葬真宗的位于巩县的定陵。到了景祐元年(1034年)在西京三年任期满后,三月去了襄城,五月作为馆阁校勘进入京师开封。同年与杨大雅之女再婚。景祐二年(1035年)18岁的夫人杨氏也离开人间[8]。可见,青年时期的欧阳修家庭生活非常不幸。

欧阳修从天圣九年(1031年)三月赴任洛阳,到景祐元年(1034年)三月离开的这三年间,初次接触了中国的两大自然景观。一个是中国五岳之一的嵩山,一个是四渎之首的黄河。欧阳修与被称为"洛中俊"的朋友们的终生交往,对他的自然观、人生观产生了巨大的影响。谢绛在嵩山登高后给梅尧臣寄去纪行通信,梅尧臣则写诗唱和,欧阳修和梅尧臣还写下了诵和的诗歌"嵩山十二首"。有关同洛阳俊秀的交往、嵩山登高等都可以在欧阳修的人物述评、墓志铭、游记中读到。遭遇新妻抛下幼儿去世不幸的欧阳修,在年轻俊秀挚友的友情支持下,抚平了伤痛。后来飞黄腾达的欧阳修对先走一步的朋友遗属的关心照顾,那种人间温情大概就是这个时期形成的。洛阳的三年生活,不论于公于私都是年轻的欧阳修人生的一大转机。本章的主题"青年时代的欧阳修与黄河"就从这里开始。事实上就在欧阳修离开洛阳的景祐元年(1034年),黄河新建的澶州横陇埽发生大溃决,庆历八年(1048年)澶州商胡埽又发生决口,黄河改道北流。到至和二年(1055年)为止,欧阳修三次上书阐述自己的黄河治理方策,也是从这一阶段的体验和思索中得到的启迪。

**【注释】**

[1] 参考笕文生注释的"梅尧臣",收录在《中国诗人选集二集 3》(岩波书店,1962 年出版)。

　　昌彼得、王德毅、程元敏、侯俊德编写的《宋人传记资料索引》(台北,鼎文书局,1963 年刊印)集中了大量的有关梅尧臣等宋人的资料。

　　刘子健著《欧阳修的治学与从政》(香港,新亚研究所,1963 年)。

　　刘子健《梅尧臣、碧云霞与庆历政争中的士风》(《大陆杂志》17 章 11 节)。

　　刘子健《范仲淹、梅尧臣与北宋政争中的士风》(《东方学》,东京,一四辑,1957 年)。

[2] 《宋人传记资料索引》中标注了很多资料的出处。欧阳修的《欧阳文忠公集》收录了宋代胡柯撰写的"庐陵欧阳文忠公年谱"。也有另外的"欧阳文忠公年谱"(杨希闵编写的豫章先贤九家之二)。

[3] 《宋史》卷三一七,列传七六。

[4] 《欧阳修传》(《宋史》卷三一九,列传七八)中记载:"调西京推官 始从尹洙游 为古文 议论当世事 迭相师友 与梅尧臣游为歌诗 相倡和遂以文章名冠天下"。

[5] 《宋史》卷二九五,列传五四。

[6] 同注释[5]。

[7] 《胥氏夫人墓志铭》(《欧阳文忠公集》居士外集卷十二)。

[8] 《杨夫人墓志铭》(《欧阳文忠公集》居士外集卷十二)。

# 黄河诗词

　　黄河的治理问题自宋代建国之初就是一大课题。其中心地域就是滑州和澶州。可以想到洛中的俊秀们必定也对黄河治理给予极高的关注。欧阳修与梅尧臣之间有关黄河的数次诗词唱和就说明了这个问题。梅尧臣的文集《宛陵先生集》第一卷中就有以"黄河"为题的诗。

　　　积石导渊源

　　　沄沄泻昆阆

　　　龙门自吞险

　　　鲸海终涵量

　　首先对黄河的全貌进行了描述。黄河的上游出自昆仑山,过积石山滔滔不绝冲下阆苑。中游夺路过龙门天险,最终浩浩荡荡东流入大海。

　　　怒狖生万涡

　　　惊流非一状

　　　浅深殊可测

　　　激射无时壮

　　然后记述黄河的急流。潜流卷起数不清的旋涡,如激射般的流速,深浅无法测量。

　　　常苦事堤防

　　　何曾息波浪

川气迷远山

沙痕落秋涨

随后歌颂河役。修筑河堤十分艰苦,什么时候怎么样才能止息波浪? 河流在远山中隐现,沙滩上留下秋汛后的痕迹。

槎沫夜浮光

舟人朝发唱

洪梁画鹚连

古戍苍崖向

接着写黄河的漕运。船桨荡起的水沫在夜色里闪光,船夫喊起了清晨起航的号子。船的洪梁上画着几只鹚,古戍高高地耸立在苍凉的崖壁上。

浴鸟不知清

夕阳空在望

谁当大雪天

走马坚冰上

在畅想中回到现实的我,快马离开。小鸟在浊流中沐浴,夕阳西下,与挂在东方天空的月亮遥遥相对,雪后荒荄的原野上,打马走在结冰的路上。这应该是现实中的梅尧臣自己吧。这首诗创作时间不详,应该是梅尧臣在河阳期间的明道元年(1032 年)深秋到初冬时期的作品,随后这首诗送到了欧阳修处。

《欧阳文忠公集·居士集》卷一〇,有题为"黄河八韵寄圣俞(明道元年)"的律诗。这首创作于明道元年(1032 年)的诗很明显是为唱和梅尧臣的"黄河"诗而作的。随后《宛陵先生集》卷二中也收录了"依韵和欧阳永叔黄河八韵"这首诗。明道二年(1033 年)梅圣俞离开河阳赴任德兴令。次年的景祐元年(1034 年)欧阳修的诗作"书怀事寄梅圣俞"(收录在《欧阳文忠公集·居士外集》第二卷,古诗)中,一直追忆评论着谢绛、尹洙、尹源、富弼、王幾道、王质、杨偕等"洛中俊"的风貌,特别是对与梅尧臣的交往,写下了"相别始一岁 幽忧有百端(中略) 三月入洛阳 春深花未残 龙门翠郁郁 伊水清潺潺 逢君伊水畔 一见已开颜 不暇谒大尹 相携步香山 自兹惬所适 便若投山猿"的诗句,记述了和梅尧臣邂逅的经过,与俊秀同游嵩山时写下了"君吟倚树立 我醉欹云眠",这些诗是欧阳修和梅尧臣两人终生为诗友的绝妙写照。

黄河八韵寄呈圣俞与依韵和欧阳永叔黄河八韵如下:

| 黄河八韵寄呈圣俞 | 依韵和欧阳永叔黄河八韵 |
| --- | --- |
| 欧阳修 | 梅尧臣 |
| 河水激箭险 | 少本江南客 |
| 谁言航苇游 | 今为河曲游 |
| 坚冰驰马渡 | 岁时忧漭溢 |
| 伏浪卷沙流 | 日夕见奔流 |
| 树落新摧岸 | 啮岸侵民壤 |
| 湍惊忽改洲 | 漂槎阁雁洲 |

| 凿龙时退鲤 | 峻门波作箭 |
|---|---|
| 涨潦不分牛 | 古郡铁为牛 |
| 万里通槎汉 | 目极高飞鸟 |
| 千帆下漕舟 | 身轻不及舟 |
| 怨歌今罢筑 | 寒冰狐自听 |
| 故道失难求 | 源水使尝求 |
| 滩急风逾响 | 密树随湾转 |
| 川寒雾不收 | 长罾刮浪收 |
| 讵能穷禹迹 | 如何贵沈玉 |
| 空欲问张侯 | 川兴是诸侯 |

　　欧阳修的这首诗是为和梅尧臣的第一首诗"黄河"而写的。我们来看看欧阳修的诗，黄河的急流如利箭般湍流不息。岸边的芦苇丛中小船漂浮在水面，是谁策马从结冰的河面奔驰而过？现在不正是暗流卷起泥沙流过的时刻吗？欧阳修诗中的"激箭"对应梅尧臣第一首诗中的"激射"，"谁言航苇游　坚冰驰马渡"对"谁当大雪天　走马坚冰上"，"伏浪"对"怒湫"。

　　接下来，从黄河的急流转向岸壁。大树被冲倒，新堤被摧毁，急流改道，沙洲移位。下面一句"凿龙时退鲤　涨潦不分牛"我不太理解，大体应作如下解释：凿开大地在河水中游的龙时时击退逆流而上的鲤鱼，镇河的铁牛也抑制不住大水的涨溢[1]。梅尧臣第一首诗中"浅深殊可测　激射无时壮　常苦事堤防　何曾息波浪"，体现了作为河阳县官的治水的自信，对此欧阳修显然是有不同看法的。另外，"湍惊"对"惊流"。

　　随后诗歌又写到漕运和河工。万里之途仰仗那些摇着槎橹的船夫，他们起降船帆在河上漕运。河面上飘过船夫们哀怨的歌声，如今筑堤的工程已经停止。古老的河道已经难寻踪迹。这四句对"黄河"中的"槎沫夜浮光　舟人朝发唱"和"常苦事堤防　何曾息波浪"，这里同样能看到两人的看法不一致。

　　浅滩的流速很急，水声和着刮过水面的风声，河面上风凉刺骨，浓雾弥漫。怎么样才能览尽大禹治水的遗迹？就此想问张君，恐怕不会有什么结果。这里的"张侯"应该是当时钱惟演门下的张谷。其实欧阳修是"欲问梅侯"吧。对欧阳修关于"禹迹"的问题，梅尧臣在"依韵和欧阳永叔黄河八韵"中用"游、流、洲、牛、舟、求、收、侯"八韵来作应答。

　　依韵和欧阳永叔黄河八韵的解说如下：

　　年少之时我是江南人，现在游历在黄河岸边。作为河阳官员担心河水涨溢，关注着河水的日夜奔流。梅尧臣在这里第一次用了"江南客"一词，这个称谓深深打动了欧阳修，他的诗中频频出现。相对于欧阳修探寻远古大禹遗迹而言，梅尧臣则更关注现实的"我"。

　　黄河的急流蚕食河岸，侵蚀农田，河上舟楫林立，激流在陡峭的山谷间箭一般飞流而过，为了镇河向急流中抛下铁牛。前文欧阳修说到"不分牛"，梅尧臣现在又说"古郡铁为牛"。古郡是指铁牛庙所在的陕州，铁牛头在河南，尾在河北，大禹就是用它镇住了河水。

　　极目远望，天高云淡鸟儿飞过，但不及黄河之舟的速度快。这句与欧阳修的"万里通

槎汉 千帆下漕舟"相通。狐狸的疑心很重,它倾听着坚冰之下流动的水流,小心翼翼地渡河[2]。梅尧臣在"黄河"中写到"谁当大雪天 走马坚冰上",相反欧阳修写到"谁言航苇游 坚冰驰马渡",这又引出梅尧臣提到狐狸的故事,暗喻自己是坚冰之上渡河的勇敢的马,以此来反衬对手欧阳修的小心和狐疑。

最后四句是写梅尧臣登临黄河大堤,望着眼前的护岸工程,心生感慨。"密树"大概是指把树枝捆扎成束,放在河岸作护岸用的龙尾埽。在水湾里波涛翻滚。"长罾"是指装着石头的竹笼,放在岸边供护岸之用,用它减弱波浪对河岸的冲刷。这大概是受到欧阳修所述的"树落新摧岸"的启发吧。最后对祭河沈玉发出疑问,表达了对这种治水技术的信任。洛阳、河阳的年轻俊秀诗人们在黄河两岸不断地探索切磋,在这个过程中对黄河的认识也逐步加深了。

明道二年(1033 年)梅尧臣离开河阳的这年 9 月,欧阳修去了巩县。"巩县初见黄河"(《欧阳文忠公集·居士外集》第一卷古诗)这首诗就是这期间写的。这里所说的"初见"是指在巩县的初见。

> 河决三门合四水
> 径流万里东输海
> 巩洛之山夹而峙
> 河来啮山作沙嘴
> 山形迤逦若奔避
> 河益汹汹怒而詈

黄河切开砥柱山形成三门,汇集伊洛丹沁四条支流,向东万里奔流到海。欧阳修按下河源不提,从巩洛附近的三门四水下笔。这是以对巩洛的山河叙景为前提覆盖全体的写法。这首诗与前面那首诗不同,充满了现实感。和日夜身在黄河畔的梅尧臣的诗第一次做到旗鼓相当。对雄伟山河的描写超过了梅尧臣的作品。

> 舟师弭楫不以帆
> 顷刻奔过不及视

欧阳与梅的前三首诗必然涉及漕运,都描写了漕舟在黄河急流中飞驰而下的场景。

> 舞波渊旋投沙渚
> 聚沫倏忽为平地
> 下窥莫测浊且深
> 痴龙怪鱼肆凭恃

飞溅的波浪下深渊卷起旋涡,打在沙渚上飞散。飞沫时而聚集,忽又散去,露出平地。往下看浊流深不可测,大概住着迟钝的龙和奇怪的鱼吧。

对河流的形容有怒浃、惊流(梅)→伏浪、湍惊(欧阳)→漾溢、奔流(梅)→舞波、聚沫(欧阳)等。对堤岸的形容有改洲(欧阳)→雁洲、湾(梅)→沙嘴、沙渚(欧阳)等,毕竟是南方人风格,对水的描写非常细腻。针对梅尧臣的第一作"浅深殊可测",欧阳修则说"下窥莫测浊且深",更着眼于浊流之上。关于龙,梅尧臣只提到"龙门",欧阳修在第一首诗中的龙是开山凿河的龙,是跃入龙门的鲤鱼。在这里却写做迟钝的龙和奇怪的鱼,他在隐喻什么呢? 恐怕就是指欧阳修和梅尧臣二人吧。可以说他是对自己做了否定,那么是谁给了这个转机呢? 那个人就是梅尧臣。

> 我生居南不识河
> 但见禹贡书之记
> 其言河状钜且猛
> 验河质书信皆是

梅尧臣在第二首诗作中自称"少本江南客"。欧阳修受此影响写到"我生居南"。针对"今为河曲游 岁时忧漾溢 日夕见奔流"写下"不识河"。在南方时只在禹贡的书中读到黄河的凶猛,而今站在岸边,亲眼目睹在巩洛群山间奔流的黄河,深切体会到禹贡对悠久黄河的描写恰如其分。针对梅尧臣的"少",欧阳修则直接点明"我"。在梅尧臣将目光投向现实的黄河时,欧阳修不仅关注现实的黄河,还深入地了解了黄河的历史。自己不仅是从南方来的游客,还是诗中的我。这首诗取名"初见",不仅指对现实的黄河的"初见",更是指对历史的黄河的"初见"。

> 昔者帝尧与帝舜
> 有子朱商不堪嗣
> 皇天意欲开禹圣
> 以水病尧民以溃
> 尧愁下人瘦若腊
> 众臣荐鲧帝曰试
> 试之九载功不效
> 遂殛羽山斩而毙
> 禹羞父罪哀且勤
> 天始以书畀于姒

皇天→帝尧→帝舜(朱商)→鲧→禹他们依次对黄河治水作出了尝试。鲧历经九年治水终告失败。天书因此传给了禹。

> 书曰五行水润下
> 禹得其术因而治
> 凿山疏流浚畎浍
> 分擘枝派有条理
> 万邦入贡九州宅
> 生人始免生鳞尾

天书中的治水原理是基于"水润下"的水性。水流顺势而下,遇山开山,要疏浚河道,让水流畅通。同时,疏浚本支流全流域的水脉条理。这样方得万邦入贡,中国安定,人民免受水患,安居乐业。

> 功深德大夏以家
> 施及三代蒙其利
> 江海淮济泪汉沔

岂不浩渺汪而大

收波卷怒畏威德

万古不敢肆凶厉

惟兹浊流不可律

历自秦汉尤为害

崩坚决壅势益横

斜跳旁出惟其意

制之以力不以德

驱民就溺财随弊

大禹治水功德无量，不仅是夏代更福及殷周泽被三朝。天下诸水因其功德不再泛滥。但只有黄河的浊流难以驯服，自秦汉以来历代水患不断。治水只以力不以德，造成百姓屡遭水患，浪费国家财力。这里最引人注意的就是"浊流不可律"和"制之以力不以德"，最早提出黄河水患的根本是"浊流"，黄河治理的基本理念应该是"德治"。

盖闻河源出昆仑

其山上高大无际

自高泻下若激箭

一直一曲一千里

湍雄冲急乃逆溢

其势不得不然尔

这里黄河从三门四水转而溯流上昆仑，一直一曲一千里，如激箭般的急流回到了滑州的现在。

前岁河怒惊滑民

浸漱洋洋淫不止

滑人奔走若锋骇

河伯视之以为戏

呀呀怒口欠若门

日啖薪石万万计

欧阳修回顾真宗末年到仁宗初年天子交替期间，兴修滑州天台埽大规模水利工程的过程。这时令滑州百姓恐惧的象征黄河暴虐的河伯登场了，河伯自恃神力愚弄滑州百姓，狮子大开口吞噬大量的堤防用薪石。

明堂天子圣且神

悼河不仁嗟日喟

河伯素顽不可令

至诚一感惶且畏

引流辟易趋故道

闭口不敢烦官吏

遵涂率职直东下

咫尺莫可离其次

欧阳修在黄河治理的描写中将宋王朝的圣人天子和黄河王国的顽蛮河伯放在了对立位置上。河伯带领部下吞噬黄河大堤,用暴力将百姓置于苦难之中,宋代的二位圣人天子以仁德驱逐邪恶,将河伯及其属下逼回故道,封堵决口,归顺东流。

尔来岁星行一周

民牛饱刍邦美费

滑人居河饮河流

耕河之堧浸河渍

嗟河改凶作民福

呜呼明堂圣天子

在宋代圣人天子的仁德下,在完成黄河治水的几年中,住在河畔的滑州人饮河水,在河边田野上耕地,河水滋养着两岸人民,民众生活平静富裕,国家财力强盛。以歌颂高居明堂的圣人天子的恩德作为长诗的结束。

梅尧臣在诗歌方面的造诣要高于欧阳修,但欧阳修在经世治国的才能方面又要高出一筹。这就是欧阳修所说的"夫儒者通乎天地人之理 而兼明古今治乱之原 可谓博矣"[3]。欧阳修通晓天地人之道,弄清了自禹贡到宋代黄河治理混乱的根源,这种世界观的高度是梅尧臣难以超越的。

## 【注释】

[1] 诸桥辙次著《大汉和辞典》(大修馆书店,1955年)有"铁牛 用铁铸造的牛。用于治理黄河镇水之用"。陆游《大雪歌》也有"黄河铁牛僵不动 承露金盘冻将折"的诗句,以及"古人铸铁为牛 投入河中 以镇水患"。"中华古今注"中有"陕州有铁牛庙 牛头在河南 尾在河北 禹以镇河患 贾至(《新唐书》一一九,《旧唐书》一九〇)有铁牛颂"。《宋史》卷三〇九,列传卷六八,谢德权传中有"咸阳浮桥坏 转运使宋大初命德权规画 乃筑土实岸 聚石为仓 用河中铁牛之制 缆以竹索 缧是无患"。总之,治水和铁牛有着密不可分的关系。洪迈撰写的《夷坚志》第二卷,有"野牛滩上,龙化身为牛,与蛟搏斗,化解水患"的记载。本书第一章付论"宋代水则考证"中有李冰牛斗的传说。

[2] 郦道元撰写的《水经注》第一卷,河水注重记载"述征记曰 盟津河津恒浊(中略) 寒则冰厚数丈 冰始合 车马不敢过 要须狐行 云此物善德听 冰下无水 乃过 人见狐行 方渡"。

[3] 欧阳修撰写《欧阳文忠公集》外制集,第一卷,"颁贡举条制勒"。《长编》卷一四七,庆历四年(1044年)三月乙亥(十三日)的敕令。

# 结束语

景祐三年(1036年),受知开封府范仲淹政治失宠被免职的株连,欧阳修被贬为峡州夷陵令,景祐四年调任光化军乾德县令。康定元年(1040年)被召回任馆阁校勘,负责《崇文总目》的编修。庆历二年(1042年)任滑州通判,庆历三年任知谏院、知制诰,庆历四年任河北都转运按察使。庆历五年八月因党争失利,被贬为知滁州[1]。这一年的《与尹师鲁书》(《欧阳文忠公集·居士外集》卷一七)中记载:"即往德博视河功 比还马坠伤足 至今行履未得"，与黄河治水工程有关联。这是当年春天的事情。

《欧阳文忠公集·居士集》卷一五，《杂说》三首中记载：

"夏六月 暑雨既止 欧阳子坐于树间 仰视天与月星（也有为'日月星辰'）行度 见星有殒者 夜既久露下闻草间蚯蚓之声益急 其感于耳目者有动乎其中 作杂说"。

夏天的六月，酷暑的雨后，欧阳修走出家门，坐在附近的林间，仰望雨后清澈的星空，流星划过天际。夜深人静，露水滴落，安静得能听见蚯蚓在草根间鸣叫的声音，自觉耳聪目明，遂作杂说。接着又写到：

"蚓食土而饮泉 其为生也 简而易足 然仰其穴而鸣 若号若呼 若啸若歌（亦作'若歌若啸'）其亦有所求邪"。

蚯蚓以土为食山泉为饮，简单而容易满足。但是在穴中仰天鸣叫，似号似呼，似啸似歌，莫非它在寻求什么？

"抑其求易足 而自鸣其乐邪 苦（一作'抑叹'）其生之陋 而自悲其不幸邪

将自喜其声 而鸣其类邪 岂其时至气作 不自知其所以然 而不能自止者邪

何其聒然而不止也 吾于是乎有感（一本此属次篇）"。

它是因为满足快乐而鸣，还是为生于卑微感到痛苦不幸而悲鸣。亦或是为了求偶而鸣。又亦或只是当时鸣叫，自己也不知为什么鸣叫却又停不下来。为什么不能聒然停止鸣叫，我好像有所感悟。

"星殒于地 腥矿顽丑 化为恶石 其昭然在上 而万物仰之者 精气之聚尔 及其毙也 瓦砾之不若也 人之死 骨肉臭腐 蝼蚁之食尔 其贵乎万物者 亦精气也"。

星星陨落成为恶石，但昭然天上则万物敬仰，是因为星星聚集了精气，然而落到地上连瓦砾都不如。人死去骨肉腐烂，成为蝼蚁之食，人为万物之灵也是因为其精气使然。

"其精气不夺于物 则蕴而为思虑 发而为事业 著而为文章 昭乎百世之上 而仰乎百世之下 非如星之精气 随其毙而减也 可不贵哉

而生也利欲以昏耗之 死也臭腐而弃之 而（一无'而'字）惑者方曰 足乎利欲 所（一无'所'字）以厚吾身 吾以是乎有感"。

这种精气不被物欲消磨的话，就会孕育成思想，付诸行动就成事业，写出来就成文章。昭然百世中，百世之后被人敬仰。不像星星的精气随着陨落而消亡，这何其宝贵。但是如果活着的时候利欲熏心，死了也就腐烂被人抛弃。不明白的人只是追逐利益，满足自身的欲望。我于是有了感悟。

"天西行 日月五星皆东行 日一岁而一周 月疾于日（一本无'三'字） 一月而一周 天又疾于月 一日而一周 星有迟有速 有逆有顺

是四者 各自行而若不相为谋 其动而不劳 运而不已 自古以来 未尝一刻息也 是何为哉

夫四者 所以相须而成昼夜四时寒暑者也 一刻而息 则四时不得其平 万物不得齐生 盖其所任者重矣"。

天向西行，日月星辰皆向东行，各自运行而互不影响。它们不辞疲劳，运行不止，自古以来一刻也不停息，这是为什么呢？

这四者各自作用形成昼夜四季和寒暑。如果有一刻停止，将四季失衡，万物不能生长，所以它们是非常重要的。

"人之有君子也 其任亦重矣 万世之所治 万世之所利 故曰自强不息 又曰死而后已者 其知所任矣 然则君子之学也 其可一日而息乎 吾于是乎有感"。

人中有君子，他们负重前行治理万世，造福万代的重任。因此或说是"自强不息"，或说是"死而后已"，他们清楚自己的责任。君子做学问岂能停止一天呢，于是我有所感悟。

梅尧臣也有"蚯蚓"的诗，是庆历五年六月赴任河南许州的那年秋天作的。两者对比，从感想、用语都有相通的地方[2]。如果欧阳修是有感于梅尧臣的这首诗而写下杂说的话，那这篇文章应该写于庆历六年或七年在滁州的时候。当时的欧阳修年四十一二，正是壮年期，是人生观和世界观成熟的时期。欧阳修在洛阳登嵩山颂黄河时，应该是二十五、二十六、二十七岁这三年。那期间养成的自然观经历了河东、河北的历练，以及淮南的闲赋，长时间沉湎于思索，形成了"杂说"中的宇宙观。庆历八年（1048 年）转任知扬州时，黄河澶州商胡埽发生大溃决。

**【注释】**

[1]"庐陵欧阳文忠公年谱"（《欧阳文忠公集》收录）。

[2]梅尧臣撰写的《宛陵先生文集》卷二五"蚯蚓"：

蚯蚓在泥穴　　出缩常似盈　　龙蟠亦为蟠

龙鸣亦以鸣　　自谓与龙比　　恨不头角生

蝼蝈似相助　　草根无停声　　聒乱我不寐

每夕但欲明　　天地且容畜　　憎恶唯人情

从蚯蚓开始联想这一点上两者相通，欧阳修的"鸣其类"源自梅尧臣的"蝼蝈"，"聒然"源自梅尧臣的"聒乱"，可以说欧阳修的日月星辰与人的宇宙观和世界观的形成是在"天地且容畜 憎恶唯人情"的基础上深化发展而来的。

# 第二节　欧阳修的黄河治水方策

## 绪言　欧阳修的足迹与黄河

欧阳修结束了在洛阳三年难忘的任期，转到京城开封任职，这一年是景祐元年（1034年），黄河澶州横陇埽大规模决口。随后宋代政府在作了无用的努力后，横陇埽堵口工程于庆历元年（1041 年）中止。庆历八年（1048 年）澶州商胡埽大决口，黄河改道北流，引发了北宋后期关于黄河治水的大争论。但是争论的缘起还在于横陇埽决口，奇怪的是欧阳修踏入北宋政界正好也是同一个原因。

景祐元年，欧阳修离开洛阳到了开封，从事三馆密阁所藏的书籍总目录的编辑工作。景祐三年（1036 年）受范仲淹顶撞宰相被免职的牵连，欧阳修也被贬外任县令。康定元年（1040 年）春赴任滑州，6 月被召回中央，重新从事修订《崇文总目》的工作，庆历元年

（1041 年）十二月完成。庆历二年（1042 年）任滑州通判，庆历四年（1044 年）任河北诸州水陆计度转运按察使巡视河畔。庆历五年（1045 年）范仲淹、韩琦、富弼等人由于朋党之争，相继被免职，欧阳修上书为他们申辩，被降职为知滁州。庆历六年（1046 年）40 岁时自称"醉翁"，庆历八年任知扬州。皇祐元年（1049 年）任知颍州，皇祐二年任知应天府，至和元年（1054 年）九月回到中央任翰林学士。这期间放外任约 10 年，时年大概 48 岁[1]。这正是宋代黄河治水最困难的时期。

北宋时期黄河溃堤最多的地方是澶、滑、濮三州。任知滑州、河北都转运按察使等经历加深了欧阳修对黄河的认识。欧阳修回到朝廷时，正值庆历八年以来七八年间一直对商胡北流争论不休的时期，这期间欧阳修主持了一年左右的治水工作。从年轻时代在洛阳赋诗黄河以来就对黄河十分关注，积累了四分之一世纪的知识和经验，这时开始实施其为之奋斗终生的治水方策。

**【注释】**

[1] "庐陵欧阳文忠公年谱"（《欧阳永叔集》）。

## 一 第一次上书——让人民生活安定

李焘的《续资治通鉴长编》卷一七九（《宋史》卷九一，河渠志四四，黄河上），至和二年（1055 年）三月丁亥记载，有翰林学士欧阳修的上奏，奏文说："朝廷欲 俟秋兴大役 塞商胡 开横陇 回大河于故道 夫动大众 必顺天时 量人力 谋于其始而审（《宋史》有'于其终'）然后必行计 其所利者多 乃可无悔 比年以来兴役动众 劳民费财 不精谋虑 于厥初轻信利害之偏 说举事之始 既已仓皇群议一摇 寻复悔罢 不敢远引他事 且如何决商胡 是时执政之臣 不审计虑 遽谋修塞"。朝廷预备秋天上马大工程，堵塞商胡，开挖横陇，使大河回归故道。凡须动用大批民工百姓时，必须顺应天时，量力而行，开始工程前应该仔细谋划探讨，制订详细可行的计划，才可能收到预期的效果，不然则悔之不及。往年的工程动用大量民工，劳民又伤财，原因就是计划不周密，轻易地偏信利害，轻率动工，造成一开工就一片混乱，各执己见，然后再后悔停工。不用说远的，就是商胡决口，当时的执政官员们未进行仔细的考证，就轻率开工堵口。

文章一开头的二十个字简要阐明了宋代黄河治水的现状，明确指出了问题的症结所在。紧接着高调提出自己治水行政的基本原则是"顺天时 量人力 谋于其始而审 然后必行计"，接下来就对朝廷"群议一摇 寻复悔罢"的摇摆不定的立场进行了猛烈的抨击。接着又说："凡科配梢芟一千八百万 骚动六路一百余州军 官吏催驱 急若星火 民庶愁苦盈于道涂 或物已输官 或人方在路 未及兴役 寻已罢修 虚费民财 为国敛怨 举事轻脱遽为害若斯 今又闻复有修河之役 聚三十万人众 开一千里之长河 计其所用物力数倍往年 当此天灾岁旱 民困国贫之际 不量人力 不顺天时 知其有大不可者五"。需要科配梢芟一千八百万束，动员六路一百余州军。官吏催促驱赶，百姓愁苦盈道。或物已充官，或人已在途中。还未开工就已经中止，虚耗民财，怨声载道。轻率举事之害可见一斑。现在听说又要开工修河，需要三十万之众开挖千里长河，其所用物力是往年的数倍。近几年连年大旱,在国家贫困之际,不考虑人力物力,不顺应天时,其不可行者有五条。

所谓梢芟,是把山杂木、榆、柳的枝条同芦荻野草编在一起作修筑埽岸的材料,这些需要一千八百万束。同时还需集中动用河北、京东、京西、河东、淮南、京畿等六路一百余州军,三十万民工赴河岸施工。今年大旱,民困国贫,这个时候兴修如此大的工程,有违天时地利,不可行的理由有五,简单列举如下:"盖自去秋至春半年 天下苦旱 而京东尤甚 河北次之 国家常务安静赈恤之 犹恐民起为盗 况于两路聚大众兴大役乎 此其必不可者一也 河北自恩州用兵之后 继以凶年 人户流亡 十失八九 数年以来 稍稍归复 然死亡之余所存无几 疮痍未敛 物力未充 又京东自去冬无雨云 麦不生苗 将逾春暮 粟未布种 农心焦劳所向无望 若别路差夫 又远者难为赴役 一出诸近 则两路力所不任 此其必不可者二也 往年议塞滑州决河时 公私之力未若今日之贫虚 然犹储积物料 诱率民财 数年之间始能兴役 今国用方乏 民力方疲 且合商胡塞大决之洪流 是一大役也 凿横陇开久废之故道 又一大役也 自横陇至海千余里 埽岸久已废 顿须兴葺 又一大役也 往年公私有力之时兴大役 尚须数年 今猝兴三大役于灾旱贫虚之际 此其必不可者三也 就令商胡可塞 故道未必可开 鲧障洪水九年无功 禹得洪范五行之道 知水润下之性 乃因水之流 疏而就下 水患乃息 然则以大禹之功不能障塞 但能因势而疏决尔 今欲逆水之性 障而塞之 夺洪河之正流 使人力斡而回注 此大禹之所不能 此其必不可者四也 横陇湮塞已二十年 商胡决又数岁 故道已平而难凿 安流已久而难回 此其必不可者五也"。

去秋至今春这半年,全国大旱,京东地区最为严重,河北次之,国家应当给予赈恤,防止饥民盗抢。这个时候怎么能集中两路民工,兴修如此大的工程呢? 这是不可行的原因之一。河北恩州用兵以后,加上连年灾荒,人户流亡十之八九,近几年稍有恢复。但死亡的人众多,所剩无几,满目疮痍,物力不足。京东去冬无雨雪,麦苗不生长,到了暮春时节谷物也难以下种。农民心急如焚,又无可奈何。如果调用其他各路的民工,路途遥远难以赴任,如调用近处的民工,则可能两路都难以为继,这是不可行的原因之二。往年滑州决口堵复之时,国家与民众的实力都比现在要强大,即便如此,准备物料、集中民工尚需要数年才能开工,更何况现在正值国力匮乏、民力疲惫之时;商胡决口封堵是个大工程,开挖横陇久废的河道也是一个大工程;横陇至入海口千里有余,沿河埽岸大都荒废已久,这些埽岸的修缮整治又是一大工程。以往国力鼎盛时期,要搞这么大的工程尚需数年准备。现今旱灾之际、国力空虚之时,如何能兴此大役呢? 此是不可行的原因之三。即使商胡决口可堵,故道却未必能畅通。鲧治水以堵的方法治理 9 年时间无功而返。大禹得道洪范五行,熟知水性,采用疏导的方法,终于治理了水患。大禹之所以成功在于不用堵塞的方法,而是采取疏导的方法。现在违逆水性,采用堵塞之法,夺洪水的正流,以人力让它回归故道,这是连大禹也无法做到的,这是不可行的原因之四。横陇淹塞已有 20 年,商胡决口也已数年。故道已经淤平,难以开凿,即使河流回归故道也难以畅通无阻,这是不可行的原因之五。

这一节是上奏的中心,列举了反对上马大工程的五大理由。第一,去年秋天以来京东及河北大旱。第二,河北路兵荒马乱加上凶年,人口流亡十有八九,京东路大旱,百姓无法播种,忧心如焚。所以,这两路无法征用修河民工。从别路调用,路途遥远,也有困难。第三,商胡、横陇及故道三大工程同时上马困难很大。第四,堵塞的方法有违水流向下的自然规律,是不可行的。第五,商胡、横陇及故道都相对安定,开凿回河很困难。第一是天旱;第二是夺农时,同时不顺应天时;第三是工程浩大,人力不足;第四是不顺应水性;第五是没有考虑已经达到地理上的平衡关系,违背了自然规律。然后又写到:"臣伏思 国家累岁灾谴甚多 其于京东变异尤大 地贵安静 动而有声 巨岘山摧 海水摇荡 如此不止者仅十年 天地警戒 宜不虚发 臣谓变异所起之方 尤当过意防惧 今乃欲于凶旱之年 聚三十万之大众 于变异最大之方 臣恐灾祸自兹而发也 况京东赤地千里 饥馑之民 正苦天灾 又闻河役将动 往往伐桑毁屋 无复生计 流亡盗贼之患 不可不虞 宜速止罢用安人心"。

为臣我低头沉思,国家连年灾害频繁,尤其是京东地区最严重,保持当地的平稳发展至关重要。如果兴师动众必定招惹天地,山崩地裂,海水翻滚。这种不安宁的生活才仅有十年。天地的警告不能忽视。臣认为变乱的根源必须防范,现今大旱之年,集中三十万民工,非常容易引起动荡,臣恐灾祸自此发生。更何况京东赤地千里,饥饿的灾民正为天灾苦愁,现在又听说要征调河役,很可能会造成伐桑毁屋、丧失生计,成为流亡盗贼,臣认为不可不防。应速速停止工程,安抚人心。

欧阳修认为天地变异是一种天谴,所以上奏要求中止治水工程安抚人心。由此可以看出,这次上奏的河役观中贯穿着欧阳修治理黄河的基本理念是"安人心"。另外,令人注目的是"水性润下",揭示了水的自然法则,同时也是天人感应的思想体现。

图 4-1 为北宋中期黄河河道变迁想象图。

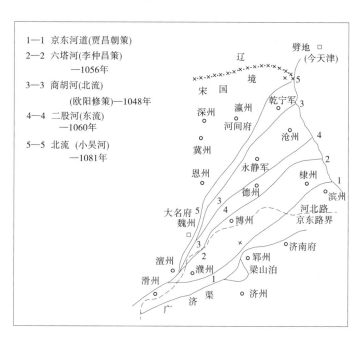

注:主要根据宫崎市制定的《王安石黄河治水策》(宫崎市编著的《亚洲史研究》,第二所收)。

**图 4-1　北宋中期黄河河道变迁想象图**

## 二 第二次上书——浊流入海

至和二年(1055年)三月,欧阳修关于中止黄河堵口的第一次上书未得到朝廷的采纳。其后关于黄河治理的议论也一直不断,学士院贾昌朝的回河东流策和李仲昌的六塔河回河策互相影响。这年九月欧阳修针对这两个方案上书反对,这就是第二次上书。《长编》卷一八一记载了仁宗至和二年(1055年)九月丙子欧阳修的第二次上奏,奏章中说:"伏见学士院集议 修河未有定论 岂由贾昌朝欲复故道 李仲昌请开六塔 互执一说莫知孰是 臣愚皆谓不然 言故道者 未详利害之源 述六塔者近乎欺罔之谬 今谓故道可复者 但见河北水患 而欲还之京东 然不思天禧以来 河水屡决之因 所以未知故道有不可复之势 此臣故谓未详利害之原也 若言六塔之利者 则不待攻而自破矣'且开六塔者 既说云减得大 河水势然'(《宋史》缺少' '中内容) 今六塔既已开 而恩冀之患 何为尚告奔腾之急 此则减水'之利虚妄可知'(《宋史》缺少' '中内容) 未见其利也 又开六塔者云 可以全回大河 使复横陇故道 见今六塔止是'分减之水'(《宋史》缺少' '中内容) 别河下流'无归'(《宋史》缺少' '中内容) 已为滨棣德博之患 若全回大河'以入六塔 则'(《宋史》缺少' '中内容) 顾其害如何 此臣故谓近乎欺罔之谬也"。

学士院对于河道治理的议论仍无定论,贾昌朝提议让河水复归故道,李仲昌则请求开六塔河分水,双方各执一词,互不相让。以臣之见两者皆不可行,回归故道说并没有详细探讨其利害,而六塔河分流简直近乎欺罔。现在赞成回归故道者只看到河北的水患,欲回河京东。然而并未考虑天禧以来河堤屡次决溃的根本原因,他们不知黄河故道早已不能畅通,回河也难以根除水患。这是没有真正了解黄河决口的原因所致。而赞同六塔河之说者的理论已经不攻自破,六塔河已经开通,按理黄河的水势应该减缓,但实际情况并非如此,恩州、冀州的水患为什么依然发生呢?可见减水的效果是虚妄之言,并未起到效果。主张开六塔河者说,可以让黄河之水全部回归横陇故道。现在六塔河仅分流了部分河水,黄河并未回归下游河道,反而给滨、棣、德、博各州带来水患。如果强行让河水全部回归进入六塔河,又会造成什么样的危害就不难想象了。所以,臣认为这简直就是欺罔之理论。

欧阳修认为贾昌朝对回河故道的利害并未详细探讨,他的理由归结为两条,一是只将河北的水患转移到京东而已,二是从天禧年间(1017—1021年)以来的决口情况来看,回归故道从未成功。同时,对六塔河之说分析后认为,一是虽然减少了商胡北流的水量,但北流区域恩、冀两州的水患并未减少,二是将商胡北流之水全部引回横陇故道,在六塔河进行了分水,但是黄河下流不畅,给滨、棣、德、博各州带来水患,所以说这个方案是行不通的。总之,欧阳修认为贾昌朝的方案在地势上是不可行的。李仲昌开六塔河打算归流横陇故道,不但分水没起到作用,而且由于下游河道堵塞反而变成了水患的原因。两者的共同之处都是将河北路恩、冀两州的水患转移到京东的滨、棣、德、博四州而已。

接下来欧阳修又说:"且'臣闻'(《宋史》缺少' '中内容) 河本泥沙 无不淤之理'淤淀之势'(《宋史》缺少' '中内容) 常先下流 下流淤高 水行不快 渐壅乃决上流之低下处 此其势之常也 然避高就下 水之本性 故河流已弃之道 自古难复 臣不敢'远引史书'(《宋史》缺少' '中内容) 广述河源 只且以今所欲复之故道 言天禧以来屡决之

因 初天禧中河出京东 水行于今所谓故道者 水既淤滞 乃决天台埽 寻塞而复故道 未几又决于滑州南铁狗庙 今所谓龙门埽者也 其后数年又塞 而复故道 已又决王楚埽 所决差小与故道分流 然而故道之水终以壅淤 故又于横陇大决 是则决河非不能力塞 故道非不能力复 所复不久终必于上流者 由故道淤高 而水不能行故也 今横陇既决 水流就下 所以十余年间河未为患 至庆历三四年 横陇之水又自下流海口先淤 凡一百四十余里 其后游金赤三河 相次又淤 下流既梗仍决 又淤上流之商胡口 然则京东 横陇两河故道 皆是下流淤塞 河水已弃之高地 京东故道屡复屡决 理不可复 '其验甚明 则六塔所开故道之不可复'(《宋史》缺少' '中内容)不待言 而易知也"。

而且臣听说,黄河含泥沙很多,没有不淤积的道理。一般都是下游先淤积,下游淤积造成河床抬高,就会造成水流不畅,淤积严重时水流就会向上游地势低洼处倒流,这是黄河的常态。然而水流从高处向低处流是由水的本性决定的,所以让河流回归已经废弃的故道是很困难的。臣不敢援引远古的史书高谈阔论河源之事。只讲现在欲回归的故道为何自天禧以来屡次决口的原因。最初在天禧年间河流是从京东流出的,水流到今日所说的故道时,由于泥沙淤积,水流不畅,随后在天台埽决口。封堵决口,河水回归故道,但是不久又在滑州的铁狗庙再次冲破大堤,就是我们现在所说的龙门埽。其后又用了数年时间封堵决口回流故道。可河水又在王楚埽决口。虽然进行了分流减水,但故道最终还是由于泥沙淤积堆满河道,终于在横陇埽再次发生了大规模决口。因此,决口不能靠人力堵塞,故道也不能用人力回流。即使强行使之回流,也必然给上游带来危害,这是因为下游故道淤积抬高,水流不能通行造成的。现在横陇埽既然已经决口,水流就顺势下行。所以近十余年没有再出现大的水灾。庆历三年(1043 年)、庆历四年(1044 年)泥沙又在横陇埽下游的入海口附近淤积长达一百四十余里,其后游金赤三河也相继淤积。下游再次淤积就造成上游决口。上游的商胡埽也淤积抬高了。而且京东、横陇两河故道的下游都已经淤积抬高了河床。河水流到已经抬高废弃的京东故道,所以屡次回河屡次决口。以此推理就很容易明白,开六塔河回归故道方案是不可行的,这是尽人皆知的常识。

这一节欧阳修的理论非常重要,他陈述了黄河治水的基本概念,也就是欧阳修"河本泥沙 无不淤之理 淤淀之势常先下流"的浊流观。随后用天禧以来的决口实例证实了"避高就下水之本性 故河流已弃之道 自古难复"的道理。指出京东故道和横陇故道下游泥沙淤积河床抬高,回河东流是不可行的,从而否定了贾昌朝和李仲昌的回河建议。

接下来欧阳修又说:"昨议者计度京东故道工料止云'铜城已上地高 不知大抵东去皆高 而'(《宋史》缺' '中的内容) 铜城已上乃特高尔 其东比(《宋史》有'北')铜城已上则似稍低 比商胡已上则实高也 若云铜城以东地势平下 则当曰水流宜决 铜城以上何缘而顿淤横陇之口 亦何缘而大决也 然两河故道既皆不可为 则河北水患何为而可去"。昨天计划统计京东故道所需工料时,听说铜城以上地势已经淤高。不知此去往东是不是全部已经淤高。但铜城以上特别高,其东面和铜城以上相比似乎略低一点,与商胡以上比则实际是要高的。如果铜城以东的地势平下的话,则水流会顺利通过,何以会在铜城以上淤积至横陇口呢? 又为什么会造成大决口呢? 两河的故道都行水不畅,河北的水患又怎么能根除呢?

这里讲的是位于京东河下游的铜城附近的地形,当地的地势已经被抬高,很难疏浚,所以河水在地势相对较低的商胡和横陇处造成大决口。用铜城的地势证实了"淤淀之势常先下流"的理论。

接着又说:"臣闻 智者之于事有所不能必 则较其利害之轻重 择其害少者而为之 犹愈于害多而利少 何况有害而无利 此三者可较而择也 又'臣见往年'(《宋史》缺''中的内容)商胡初决之时 议欲修塞 计用梢葽一千八百万 科配六路一百有余州军 今欲塞者 乃往年之商胡 则必须用往年之物数 至开凿故道 张奎所计工费甚大 其后李参等减损犹用三十万人 然欲以五十步之狭 容大河之水 此可笑也"。臣听说智者遇到难以解决的问题时,要比较其利害轻重有三种选择,一是择其害少而利多的,其次是害多而利少的,最后是有害无利的。臣又听说往年商胡刚决口时,计划封堵决口。用了梢葽1800万,动用了六路100有余的州军。现在又准备封堵决口,还是那个商胡口,所以至少还需要以往那么多的材料。至于开挖故道,张奎计算的工费非常巨大。虽然后来李参等做了精简,但仍需要30万人。以50步之狭,要容大河之水,实在是可笑至极。

欧阳修分析了贾昌朝的利害论。将利害分为"害少者"和"害多而利少"以及"有害而无利"等三种。还列举了工料和民工的投入数量来说明利害情况。这个数字在第一次上书时已经说到,这次再次提及。这里的"五十步之狭"指的是六塔河河口。50步之狭的河口怎么可能容下商胡北流的黄河主流?这简直是贻笑大方。

"又欲增一夫所开三尺之方 倍为六尺 且阔厚三尺 而长六尺 是一倍之功 在于人力已为劳苦 若云六尺之方以开方法算之 乃八倍之功 此岂人力之所胜 是则前功既大 而难兴后功 虽小而不实"。如果打算增加一夫开挖的土方即3尺之方,一倍为6尺,且阔和厚都为3尺,长为6尺,这是一倍之功。对于人力来说已是相当不易。如果以六尺开方来计算的话,乃是八倍,这岂是人力所能为的?因为前工已是巨大,而后工很难达到,虽然小但并不实在。

这里欧阳修涉及了总工程量计算的根本,即河夫一天的劳动量"工"。将其叙述表格化如下。

| | |
|---|---|
| 三尺之方 | $3 \times 3 \times 3 = 27$(立方尺) |
| 六尺之方 | $6 \times 6 \times 6 = 216$(立方尺) |
| 阔厚三尺<br>长六尺 | $3 \times 3 \times 6 = 54$(立方尺) |
| 一倍之功 | $54/27 = 2$ |
| 八倍之功 | $216/27 = 8$ |

他指出,以50步的狭窄河口容下大河的主流及有关"工"的量化,都存在欺罔之谬,欧阳修的考察细化到了身边的每一个劳工。

"大抵塞商胡开故道 凡二大役皆困国而劳人所举如此 而欲开难复屡决已验之 故道使其虚费 而商胡不可塞 故道不可复 此所谓有害而无利者也 就使幸而暂塞 复以纾目前之患 而终于上流必决 如龙门横陇之比 '重以困国劳人'(《宋史》缺''中内容)此所谓利少而害多也 若六塔者 于大河有减水之名 而无减患之实 今下流所散为患已多

若全回大河以注之 则滨棣德博河北所仰之州 不胜其患 而又故道淤涩 上流必有他决之虞 此直有害而无利尔 是皆智者之所不为也"。商胡封堵和开挖故道,实施两大工程时,国家贫穷百姓贫苦,这已经是不争的事实。开挖故道回河屡次失败,事实证明是不可行的。故道使工程白费工夫,商胡不应该封堵,故道不可能回流,这种做法是有害而无利的。即使是暂时封堵住,河水也回流了,解除了目前的水患,但终究上游会再次决口,如龙门和横陇那样。重复这种错误更使国亏民穷,这种做法利少害多。而六塔河工程行减水之名,实际并没有减少灾害。现今下游已经是灾害不断,如果河水全部回流,那么滨、棣、德、博、河北等州将不堪其患。而且故道又淤积不畅,上游必然还有决口之虞,这种做法只有害而无利。以上的做法都是智者不会选择的。

欧阳修用"困国劳人"的财政赋税状况对两种治水进行了利害三分论的分析。贾昌朝的"塞商胡开故道"属于"有害而无利"、"利少而害多";李仲昌的六塔河方案则是"有害而无利"。其理由是必然给上游带来决口灾害,河北及滨、棣、德、博等诸州会水患不断。这都不是智者选择的方法。

"今若因水所在增治堤防 疏其下流 浚以入海 则可以无决溢散漫之虞 今河所历数州之地 诚为患矣 堤防岁用之夫 诚为劳矣 与其虚费天下之财 虚举大众之役 而不能成功 终不免为数州之患 劳岁用之夫 则此所谓害少者 乃智者之所以宜择也 大约今河之势 负三决之虞 复故道上流必决 开六塔上流亦决 今河之下流 若不浚使入海 则上流亦决 臣请选知水利之臣就其下流 求入海之路 而浚之 不然下流梗涩 则终虞上(流)决为患无涯"。

现在如果在主流两侧修筑加固大堤,疏浚下游的河道,使黄河能够顺畅流入大海就可以解除决溢漫流之虞。现在河流经过的数州实在是灾患不断。每年用于堤防的民夫也很辛苦。与其虚耗天下财钱,动员大量民夫去作无用功,最终仍无法解决数州的水患,不如免其劳役,这种做法属于害少的,是智者的选择。现在的黄河决口有三种原因:一是回流故道,上游必决;二是开六塔河,上游也会决溢;三是河流的下游如果不加以疏浚,上游也会溃决。

这一段中欧阳修首次提出了自己的治河策略。疏浚商胡北流以下河道,使河水畅流入海,同时加固整修上游地势低处的堤防。这样既可以减少国家的财政支出,也可以减少百姓的差役。这个方案是"害少者",是智者的选择,如果不这样做其结果就是"患无涯"。

接着他又说:"臣非知水者 但以今事目可验者 而较之尔'言狂计过 不足以备 圣君博访之求此大事也 伏乞下臣之议广谋于众 而裁择之 谨具状奏闻 伏候敕命'(《宋史》缺''中内容) 愿下臣议 裁取其当焉"。臣不是懂水利的人,只是将以往的经验教训加以比较而已。或许有出言比较狂、计策不完备的地方,但圣上做此大事一定需要各种建议,所以就斗胆上书,希望能广为征求意见,进行裁择。仅以此奏上书,伏身听候敕命,希望能采用臣的建议。

这里欧阳修陈述了写该上奏的背景,是将以往的经验教训加以比较进行探讨。应该是参考了天禧以来的黄河治水的文献资料。李焘在第二奏的最后加上了批注,阐述了自己的观点,这些另外再作论述。

## 三 第三次上书——官员要明智

《长编》卷一八一,至和二年(1055年)十二月辛亥(《宋史》没有该文)欧阳修上奏如下:"朝廷定议 开修六塔河口 回水入横陇故道 此大事也 中外之臣皆知不便 而未有肯为国家极言其利害者 何哉 盖其说有三 一曰畏大臣 二曰任小人 三曰无奇策 今执政之臣 用心于河事亦劳矣 初欲试十万之人役 以开故道 既又舍故道而修六塔 未及兴役 逐又罢之 已而终为言利者所胜 今又复修 然则其势难于复止也"。朝廷已经决定要开修六塔河口,回水入横陇故道,这是件大事。很多内外臣子都觉得不可行,但是却无人肯为国家的利益进言阐述利害。这是为什么呢? 我以为原因有三,一是畏惧大臣,二是怕任用小人,三是没有良策。现在执政河事的大臣也已经心力憔悴。最初打算用十万人开挖故道,随后又舍弃故道开修六塔河。工程还未开始就又停了。但最终认为修六塔河有利者占了上风,现在又再次开工,其势难挡。

三月期间,北宋一举同时开工三大工程,一是封堵商胡北流,二是开挖横陇河,三是让黄河回归京东河道。九月时贾昌朝的回河京东河道方案与李仲昌的六塔河减水回河方案同时提出。到了十二月又决定上马李仲昌的开挖六塔河,回河横陇故道的方案。这个六塔河方案在第二次上书中,欧阳修说它是"欺罔之谬",但没有一个大臣说其不可行,主要还是畏惧执政大臣。李仲昌虽是小人物,但六塔河说却被认为是奇策。欧阳修首先提出当时的现实情况,明确指出了问题的所在。然后在事实的基础上,简明地提出自己的看法,最终把自己的结论和原则高调提出。这是欧阳修的一贯手法。第一次上书中提出反对的理由是五大不可行,认为应该停止河役对人民的酷使,主张要安定人心。第二次上书反对的理由是其三利害论的主张,认为应该遵循"水性润下"的自然规律,认清黄河富含泥沙的事实,这反映出了他的自然观。从第三次上书中可以看到欧阳修对官僚的看法,他对此进行了比利害论更为深刻的分析,提出治水没有奇策的自然观。接着说:"夫以执政大臣 锐意主其事 而有不可复止之势 固非一人口舌之说可回 此所以虽知非便 而罕肯建也 李仲昌小人利口伪言 众所共恶 今执政之大臣 既用其议 必主其人"。现在执政大臣锐意要采取此方案,已经是决意已定,不是有人提出异议就会终止的。所以,虽然有持不同意见的人也不会明确提出来。而李仲昌小人巧言令色,众人内心都很厌恶。但现今的执政大臣既然采纳了他的方案,就必然用他本人。

执政大臣热心处理河务,为李仲昌撑腰,别人就不可能再提不同意见了。

随后欧阳修指出:"且自古未有无患之河 今河侵恩冀 目下之患 虽小然其患已形 回入六塔 将来之害 虽大而其害未至 夫以利口小人 为大臣所主 欲与之争未形之害 势必难夺 就使能夺其议 则言者犹须独任恩冀为患之责 使仲昌得以为辞 大臣得以归罪 此所以虽知非便 而罕敢言也

今执政之臣 用心太过 不思自古无无患之河 直欲使河不为患 若能使河不为患 虽竭人力 犹当为之 况闻仲昌利口诡辩 谓费物少 而用工不多 不得不信 为奇策 于是决意用之 今言者谓 故道既不可复 六塔又不可修 诘其如何 则无奇策以取胜 此所以虽知不便 而罕肯言也"。

自古就没有无患的河流。现在黄河在恩冀造成水灾,但还不算很严重,如果回水六塔河的话,将来势必会造成更大的水患,虽然那种水患更大,但现在毕竟还未发生,加上有大臣撑腰,其他人也没法与他对抗。即使是推翻了他的方案,上言者必定要承担恩冀水患的责任,仲昌可以有托词,大臣也可以治他的罪。所以,明知道这个方案不可行,但无人敢出面反对。

现在的执政大臣心思太过缜密,他们不认为自古就没有无患的河流,总想一劳永逸让大河无患。只要能让大河无患,即使劳民伤财也在所不辞。更何况仲昌能言善辩,诡称费不了多少人力物力,令执政大臣信以为真,认为是奇策,于是决意采取这个方案。但如果有人进言说回河故道和修六塔河方案不可行,就会被问有什么对策,没有奇策当然就难以取胜。所以,就明知不可行却无人敢言反对。

商胡北流造成的恩州冀州间的水患"已形",而六塔河之患危害还"未形",在第二次上书中以利害论进行了探讨,在第三次上书中针对六塔河方案进行了更加深入的思索。恩冀已形成的水患有利于李仲昌,如果谁质疑六塔河工程,六塔河未形之患就会归罪于大臣。所以无人敢提出反对。

执政大臣虽然重复着治河努力,但是自古没有无患的河流,虽然希望治理工程一劳永逸,但是以人的能力是不可能做到的。李仲昌还有意少算工料,但是治河是从来没有奇策的。执政大臣和李仲昌的想法都是错误的。所以才斗胆上书。

"众人所不敢言 而臣今独敢言者 臣谓大臣本非有私 仲昌之心也 直欲兴利除害尔 若果知其为害愈大 则岂有不言也哉 至于顾小人之后患 则非臣之所虑也 且事贵知利害 权轻重 有不得 则择其害少已 而患轻者为之 此非明智之士不能也 况治水本无奇策 相地势 谨堤防 顺水性之所趋耳 虽大禹不过此也"。

众人皆不敢说,那么就由我来说吧,臣认为大臣们是没有私心杂念的,根源是李仲昌。只是要兴利除害,臣怎么能明知其害很大,却不敢提出呢?至于会不会遭小人之祸,臣是不会考虑的。凡事都应该考虑它的利害和轻重,选择危害小而且轻的,这非明智之士难以做到。况且治水本来就没有奇策,只能是根据地势,筑堤防范,顺应水性,疏导为上,大禹治水也不过如此。

上面连续三遍提到"罕敢(肯)言也"。这是对执政大臣含有敬意的一种客气的说法,应该说是为执政大臣辩护的说法。这里所提到的执政大臣应该指的是年轻时代在洛阳时的至交富弼。他明确指出了六塔河工程必然失败的结果,同时指出李仲昌的方法不是奇策,将责任的矛头指向李仲昌。这里他列举了大禹治水的事例,指出治水应因势利导,修筑堤防,顺应水性,以疏导为主。欧阳修第一次上书中提到"水性润下",第二次上书提出"河本泥沙",这里又提出了自己根据地势修筑堤防的对黄河治理的自然观。

"夫所谓奇策者不大利则大害 若循常之计 虽无大利 亦未至大害 此明智之士善择利者所为也 今言修六塔者奇策也 然终不可成而为害愈大 言顺水治堤者常谈也 然无大利亦无大害 不知为国计者欲何所择哉 若谓利害不可必 但聚大众兴大役劳民困国 以试奇策 而侥幸有成者 臣谓虽执政之臣 亦未必肯为也 况臣前已言 河利害甚详 而未蒙采择 今复敢陈其大要"。

臣认为所谓奇策的结果不是大利就是大害。按寻常规律办事可能没有大利,但也不会有大害,这是明智之士的选择。现在有人提出六塔河工程是奇策,但若是失败则危害巨大。顺应水性修筑堤防虽然是常规方法,没有大利,也没有大害,不知为国家考虑该选择哪个。如果不考虑利害,大批招募民工修建如此大规模的工程,必定会造成劳民伤财、国困民穷。这种奇策即使侥幸能成功,臣认为执政大臣也未必愿意实施。更何况臣曾上书,详谈了治河诸方案的利害,却未能得到采纳,所以今天再次上书申述其主要内容。

欧阳修对奇策的利害进行深入分析,认为六塔河方案虽为奇策,却一定会带来巨大的危害,明智之士不应该采纳。

"惟陛下计议之 臣谓 河水未始不为患 今顺已决之流 治堤防于恩冀者 其患一而迟 塞商胡复故道 其患二而速 开六塔以回今河者 其患三而为害无涯

自河决横陇以来 大名金堤埽 岁岁增治 及商胡再决 金堤益大又加功 独恩冀之间 自商胡决后 识者贪建塞河之策 未尝留意于堤防 是以今河水势浸溢 今若专意并力 于恩冀之间 谨治堤防 则河患可御 不至于大害 所谓其患一者 十数年间 今河下流淤塞 则上流必有决处 此一患而迟者也

其患二者 今欲塞商胡口 使水归故道 治堤修埽 功费浩大 劳人匮物 困敝公私 此一患也 幸而商胡可塞 故道复归 高淤难行 不遇一二年间 上流必决 此二患而速者也

其患三者 今六塔河口 虽云已有上下约 然全塞大河正流 为功甚大 又开六塔河道 治二千余里堤防 移徙一县两镇 计其功费又大 于塞商胡数倍 其为困敝公私 不可胜计 此一患也 幸而可塞 水入六塔而东 横流散溢 滨棣德博与齐州之界 咸被其害 此五州者 素号富饶 河北一路财用所仰 今引水注之 不惟五州之民 破坏田产 河北一路坐见贫虚 此二患也 三五年间 五州凋敝 河流注溢 久又淤高 流行梗涩 则上流必决 此三患也 所谓为害无涯者也"。

请陛下明鉴,臣认为要使河水不为患,顺应已决口的水流,在恩冀两州整修加固堤防,就可以延缓水患的来临;封堵商胡决口回流故道,则水患来得更快;开挖六塔河回河东流则是祸患无涯。

黄河在横陇决堤以来,大名府的金堤埽年年整修加固。商胡决口后,再次对金堤加固加高。只有恩冀两州之间商胡决口以后,一直争论要用堵河方案,根本没有修筑堤防,所以才屡次遭大河漫溢造成水患。现在如果专心一意在恩冀之间整治堤防的话,就能防御水患,不至于造成大的灾害。这是一种治理方法,十数年后河道下游淤积抬高,则上游必然出现决堤,所以这种方法只能延缓灾害的发生。

第二种方法是封堵商胡决口,让河水回归故道。这有两个后果,需要筑堤防修河埽,工程浩大,劳民伤财,使国家和百姓陷于困顿之中。这是这种方法的第一个恶果。即使商胡决口封堵,河水回归故道,但故道原本就已经淤积抬高,河流不畅,用不了一两年,上游又会再次决口,造成水患。这是第二个恶果。

第三种方法是六塔河东流方案。这有三个后果,虽然六塔河口上下都进行一定的整治,但是要封堵决口的主流则工程浩大,而且开挖六塔河道需要修整大堤二千余里,动迁一县两镇,需要大量的人力物力,是商胡封堵的数倍之多,因此造成的百姓和国家的负担无法计算。这是第一个恶果。即使封堵后主流回归六塔河东流，也会造成到处溢流漫滩，使滨、棣、德、博和齐等五个州遭受水患。这五个州素以富饶著称，河北一路的财政也要仰仗这五个州。如果引发水灾，不仅这五个州的百姓田产会遭受破坏，河北一路也会陷入财政危机之中。这是第二个恶果。三五年间这五个州就会经济崩溃，回流的河道又再次淤高，水流不畅，上游就必然发生决口。这是第三个恶果，正所谓祸患无涯。

欧阳修在这一章节中进行了更加深入的分析。把水患分为三类，延缓、加速、无涯。横陇埽和商胡埽发生两次决河以来，大名府的金堤年年都进行整修，而恩冀两州的堤防却没有进行整修，若对恩冀两州的堤防加以整治就可以防止水患的发生。但是几年后下游淤高，上游还是会决口。所以，这种方法是"此一患而迟也"。

第二类是封堵商胡口回河故道，但下游河道依然抬高，一两年内必定再次决口。所以，这一类方法会加速水患的再次发生，是"此二患而速者也"。

第三类是在六塔河口封堵黄河的北流水流，开挖六塔河，需要修整河道堤防二千余里，迁徙一县两镇，费用浩大，这是第一患；黄河主流入六塔河，必然给滨、棣、德、博、齐等五个州带来水灾，使河北一路失去财政后盾，这是第二患；三五年后下游河道淤高必然造成上游决口，这是第三患。考虑到费用浩大、五州水祸、上游必决三大后患，六塔河策可以说是危害"无涯"。从中可以看出欧阳修的理论基础是建立在第二奏中提到的"下流淤高，上流必决"的黄河浊流观上的，其治水方案就是整治恩冀两州堤防，维持商胡北流的方法。

接下来他还写到："今为国误计者 本欲除一患而又就三患 此臣所不喻也 至如六塔不能容大河 横陇故道本以高淤难行 而商胡决 今复驱而注之 必横流而散溢 自澶至海二千余里 堤埽不可率修 修之虽成 必不能捍水 如此等事甚多 此士无愚智 皆所共知 不待臣言 而后悉也

臣前未奉使契丹时 已尝具言 故道六塔皆不可为 且河水天灾 非人力可回 惟当治堤防顺水为得计 及奉使往来河北 询于知水者 其说皆然 而恩冀之民 今被水害者 亦皆知其不便 皆愿且治恩冀堤防为是"。

现有的方法是为了除去一患却带来三患，这是臣决不能认同的。六塔河河道狭窄无法容纳黄河主流，横陇故道原本就已淤高不畅，而商胡的决口封堵，回河故道必然造成河水漫溢。从澶州至大海 2 000 余里的堤防仍需整修，即使修成，也不可能防御洪水。诸如此类后患很多，这一点无论是愚者还是智者尽人皆知，不要臣讲大家都明白。

臣此前没有奉诏出使契丹时就曾经上书，故道和六塔河两个方案都不可行。况且洪水是天灾，非人力可阻挡。顺应水势修筑堤防才是上策。关于这一点臣奉旨出使河北，向熟悉水务的人咨询，大家都这么回答。现在恩冀遭受水害的民众，认为不可用故道和六塔河方案，恳请整治恩冀堤防为盼。

欧阳修提到的"欲除一患而又就三患"是什么意思呢？这里所说的一患应该是指商胡北流全境的水灾，另外的三患是指六塔河方案的工程费用浩大，会带来五州的水灾，上游淤决。特别值得一提的是，欧阳修是在担任契丹使节往来于河北途中，倾听民声，确立了商胡北流、恩冀治堤说。

"下情如此 谁为上通 臣既知其详 岂敢自默 伏乞圣慈特论宰臣 使审其利害 速罢六塔之役 差替李仲昌等不用 命一二精干之臣 相度堤防 则河水不至为患 不必求奇策立难必之功 以为小人侥幸 冀恩赏之资也 惟朝廷熟计 亟罢六塔之役"。

下情如此,谁来上达,臣既然知道得很清楚,就不能保持沉默,所以斗胆上书恳请圣上,命宰相大臣详细审核其利害,速停六塔河工程,罢免李仲昌,选一两名精干大臣负责整修堤防,这样可以防止水患的发生。如果为求奇策,必定难以达到目的,反而让小人侥幸骗到朝廷的恩赏。请求朝廷明查,速停六塔河工程。

李焘在这篇奏疏的最后付言说:"时宰相富弼尤主仲昌议,疏奏亦不省"。当时的宰相富弼也支持李仲昌的六塔河方案,欧阳修的这个上奏仍然未被采用,三奏皆归于尘封。其根本理由当然有必要进行考察,但是,要说的是,通过回河东流,便黄河成为一条国防防线,是北宋时期的一条基本战略方针。

## 四 第四次上书——天子也会遭天谴

嘉祐元年(1056年)四月一日六塔河工程上马。最终如欧阳修预见的那样以失败告终,带来巨大灾害。随后由于阴雨不断造成更大范围的水灾。

《长编》卷一八三记载,嘉祐元年(1056年)秋七月丙戌欧阳修上书说:"臣伏观近降诏书 以雨水为灾 许中外臣僚上封 言事有以见 陛下畏天爱人 恐惧修省之意也 窃以雨水为患 自古有之 然未有灾入国门 大臣奔走 淹浸社稷 破坏都城者 此盖天地之大变也 至于王城京邑 浩如陂湖 人畜死者 不知其数 其幸而存者 屋宇摧塌 无以容身 缚筏露居 上雨下水 累累老幼 狼藉于天街之中 又闻城外坟冢 亦被浸注 棺椁浮出 骸骨漂流 此皆闻之可伤 见之可悯 生者既不安其室 死者又不得其藏 此亦近世水灾 未有若斯之甚者"。臣读到近期的诏书说,由于雨水成灾,陛下要求内外臣僚上书,陈诉灾情及处置办法。这是陛下畏天爱民、恐惧修省的反映。臣以为雨水之患自古有之,但是从未出现过水灾波及京城的事。现在大臣奔走,社稷被浸,都城被毁,这是天地异变。王城京邑变成一片汪洋,人畜死伤无数。幸存者房屋倒塌无处容身,在筏子上露天而居,上面雨淋下面汪洋,累累老幼流落天街,还有城外坟冢被淹,棺椁冲出浮在水面,骸骨漂流,令人闻之伤感,不忍目睹。活着的人不得安居,死去的人不得安息。近世没有比这更严重的水灾了。

这年七月秋,阴雨连绵水灾不断,为此仁宗要求中外臣僚上书建议实际情况,开始上报朝廷。这是陛下敬畏天地、爱抚人民、恐惧修省意思的体现。欧阳修先写到水灾的异常严重,以及天子敬天爱民之念,反映了仁宗皇帝修省之意。随后详细描写了京城开封城内外的水灾状况,特别是通过关于社稷、坟冢、棺椁漂浮的叙述埋下崇敬祖先的伏笔。

接着又写到:"此外四方报奏 无日不来 或云闭塞城门 或云冲破市邑 或云河口决千百步阔 或云水头高三四丈余 道路隔绝 田苗荡尽 是则大川小水皆出为灾 远方近畿 无不被害"。另外各方的奏报每天都不断,或报告城门被堵塞,或报告市邑被冲毁,或报告大河决口千百步宽,或报告水头高达三四丈,道路隔绝,庄稼全被冲走。大河小河无不成水患,远近地方无不遭灾害。

"此陛下所以警惧莫大之变 隐恻至仁之心 广为咨询 冀以消伏",接着上一节记述了远近四方地区的水灾情况。

"窃以天人之际 影响不差 未有不召而自至之灾 亦未有已出而无应之变 其变既大 则其忧亦深 臣愚谓非小 小有为可塞 此大异也"。所以,陛下以恻隐仁慈之心,怀着对异变的警惧之情,广为咨询,希望消灭灾害。臣认为天人之间互为影响,没有不召自来的灾害,也没有无对应之策的变数。这种变数越大,则越令人忧虑。臣认为这不是小问题,小问题可以解决,这是大的变数。

欧阳修明确指出"以天人之际 影响不差"、"已出而无应之变",用天变水灾来证明天人感应的思想。紧接着又写到:"必当思宗庙社稷之重 察安危祸福之机 追已往之阙失 防未萌之患害 如此等事 不过一二而已 自古人君必有储副 所以承宗祀之重 而不可阙者也 陛下临御三十余年 而储副未立 此久阙之典也"。应当考虑宗庙社稷的重要性,洞察安危祸福的可能性,总结以往的经验教训,防患于未然,如此重大之事不过一两件而已。自古君王必然要有王储,他承担着继承宗祀的重任,不能缺少。陛下临政已经三十年有余,仍然未立王储,这是非常不安定的因素。

考虑宗庙社稷的重要性,君王必须立王储也就是太子。陛下治世已三十多年仍然未立太子,这是久阙的典型。下面引用了汉文帝、后唐明宗的事例,进谏必须尽快册立太子,以下述文字结束全文。

"凡世所谓五行灾异之学 臣虽不深知 然其大意可惟而见也 五行传言 简宗庙则水为灾 陛下严奉祭祀可谓至矣 惟未立储副 易曰主器莫若长子 殆此之警戒乎 至于水者阴也 兵亦阴也 武臣亦阴也 此类推而易见者 天之谴告 苟不虚发 惟陛下深思而早决 庶几可以消弭灾患 而转为福应也 臣伏读诏书 曰悉心以陈 无有所讳 故臣敢及之 若其他时政之失 必有群臣应诏为陛下言者 臣言狂计愚 惟陛下裁择疏"。

世上所谓的五行灾异学说,臣虽然了解得不深,但基本的内容还是知道的。按五行之说,"简慢了宗庙祭祀则水就会成灾",但是陛下对于祭祀可以说是严格坚守了,只是尚未册立王储。《易经》说"主器必定是长子的",所以这是上天对圣上的警示。水是阴性的,兵士、武臣也都是阴性的,以此类推,显而易见,上天的警告是不会虚发的。请陛下深思熟虑早下决心,这样就可以消除灾患转祸为福。臣恭读诏书,上面说"悉心以陈 无有所讳",其他的政事必然有其他人臣上书,所以臣斗胆上书只请册立太子。或许臣的上言狂妄,计策愚蠢,但请圣上裁度为盼。

欧阳修对阴阳五行说并非完全相信,所以用了"不深知"这个词,但是对《易经》的大意基本了解,并采用这个学说,全面利用这个学说去向仁宗进谏。据说如果简慢了宗朝的祭祀,就会招致水患,还引用五行之说,说明守护祭器职责非太子莫属,必须册立王储,这对宗庙是最重要的。这次的水灾就是上天的警示,必须尽快册立太子。然而欧阳修的这个上疏谏言最终被留中不发。

## 结束语　浊流·河夫·皇帝

欧阳修的黄河观认为黄河水是浊流。他的这个想法形成于洛阳任期并且终生未曾改变,对水的认识则继承了"水性润下"的传统认识。欧阳修在洛阳期间亲身体验到洛阳至

·229·

巩县间黄河飞逝如箭的急流,但是在滑州期间,在黄河大堤上则看到了黄河的"钜且猛"。欧阳修在"巩县初见黄河"的诗词中写到:"惟兹浊流不可律"。四分之一个世纪后的第二次上书中他说:"河本泥沙 无不淤之理 淤淀之势 常先下流 下流淤高 水行不快 渐壅乃决 上流之低下处 此其势之常也"。由此可以看出从洛阳黄河中游如激箭的浊流论向滑州下游漫流淤高观的发展。同时文中继续写到:"然避高就下 水之本性 故河流已弃之道自古难复"。这可以看出在向着"水性润下"的地势论的发展。这些对黄河的认识归结为一条,就是浊流论。在中游急流冲刷黄土地带,形成挟带大量泥沙的浊流,到了华北平原水流变缓,水中的泥沙沉淀,形成下游河道被抬高的特殊地形。"水性润下"的水的流动性与泥沙沉淀淤高河床,两者形成了高度的矛盾统一体,这就是黄河的本质。在这种认识的基础上,欧阳修就形成了一套治水理论,这套理论可以说是卓见。欧阳修的黄河观就建立在对"水性"、"地势"、"浊流"三点分析的基础上。

黄河治理工程需要投入大量的劳力、材料。关于河役在第一奏中有详细说明,但是其基本的想法如"巩县初见黄河"诗中"制之以力不以德"所说的那样,主张以德来治理黄河。其德治的内容是"夫动大众 必顺天时 量人力 谋于其始而审 然后必行计 其所利者多"。京东、河北路的旱灾和河北路的兵乱是逆天时而为的结果,商胡、横陇、回归故道三大工程同时上马,是人力、财力所达不到的。河役的民工历来是以农民为主,必须在农闲期才能施工,也就是说有工期。河役是个苦差事,所以一天的劳动量必须按适当的标准规定。工程需要的材料"工料"的收集也不可能是"急若星火",而是需要经年的充分准备。另外,还需要对水势和地形进行详细的调查,衡量国家的财力和民力才能着手施工。一般是征集河北、京东两路的农民来从事工程的施工,其他的如淮南、京西等地的农民距离太远,赶赴工地有困难。欧阳修从"地贵安静"、"天地警戒"、"用安人心"等国家政策的立场,对河役提出了诸多的问题。总之,欧阳修的河役观归根结底是基于河夫(农民)、工期(农时)、工料(国财)三点考虑的。这些问题在新旧两党的政治纷争中,不断地得以解决。这一点已经是有结论的。

欧阳修在第一次上书中写到:"朝廷欲",在第二次上书中写到:"学士院集议",在第三次上书中写到:"朝廷定议",说明黄河治理政策是由学士院集思广益、由朝廷作最终确定的。欧阳修可以说是北宋时期真正了解黄河的第一人,真宗时期的李垂也非常了解黄河,两者的学说都是基于禹河传统基础上的北流说。而北宋时期黄河治理政策是建立在国防基础上的回河东流策略,其代表人物是贾昌朝和李仲昌。最终采纳的是李仲昌的六塔河方案。李仲昌是李垂的儿子,继承了家传的水利学,但与父亲李垂的北流说不同,他主张东流说。欧阳修在第三次上书中列举了"畏大臣"、"任小人"、"无奇策"三点,来证实第二次上书中的"欺罔之谬",以此来反对李仲昌的方案。这里的"大臣"是指能够参与朝廷最高决策会议、对政策确定有发言权的"执政大臣","小人"多指官位低下的水务官员。因此,治水方案是由水务官员提出,交由朝廷讨论,由执政大臣也就是宰相推举裁决,由皇帝最终决定的。所以,欧阳修的第三次奏疏就直接给了皇帝本人。欧阳修关于黄河治理行政体制的建议即所谓的河政观,就是对皇帝、执政官员、水务官员这三方面要分别考虑。

第四次上书的内容和黄河治理没有直接关系。嘉祐元年（1056 年）夏四月一日六塔河工程以失败告终后，以京城开封为中心发生了大范围水灾，欧阳修就仁宗皇帝的后继者问题，提出了有关水灾天谴论的观点。前三次上书中没有直接提出皇帝也会遭到天谴的观点，但这次就仁宗皇帝的"久阙"进行了猛烈的批判。在"巩县初见黄河"的诗中就滑州天台埽的治水工程竣工书以"鸣呼明堂圣天子"结尾，强调了应以天子的圣德来治水的思想。

# 结　论

当《宋代黄河史研究》即将掩卷之时，我深深感慨于"中国的水的问题，始于黄河之水，也将结束于黄河之水"这句话的经典性。"治水"是让河水回归自然，"用水"则是将水汇入人类社会。黄河的历史由此而开始。

第一章中就黄河的自然、堤防和十二个月的水名以及水则进行了考证。黄河大堤和护岸及附属工程的修建，需要动用巨大的劳动力，还需要从广阔的地域来征集所需的工程材料。至今到了洪水季节仍然需要动用三十万的劳动力来保护堤防。十二个月的水名也是根据黄河两岸周边的风物和民俗来命名的。说起黄河的自然不能把黄河与人类之间的关系完全割裂开来，而应该对自然进行科学的分析，从中发现规律。要不断把人和黄河的自然有机地结合起来。黄河河水是浑浊的。黄河的急流从广阔的黄土高原挟带大量的泥沙，搬运淤积到华北平原，形成悬河。而河口附近淤积过高，其上游就会决口。黄河的浊流形成了高度的矛盾体，即水的波动性和泥沙的沉淀性。治理黄河就必须从分析解决浊流形成的这对矛盾着手。不论是欧阳修还是王安石，或是明代的潘季驯都深刻认识到黄河的本质是浊流，各自形成自己独立的治水策略，但是对浊流的分析并不科学。从这一点来看，虽然古代利用黄河河水，但是真正的黄河治理并没有进行。现在开始的在中游的黄土高原进行植树造林、水土保持工作，以及在下游的平原地区对浊流进行清水和泥沙的分离工作，应该说是真正的黄河治理才刚刚开始。欧阳修将黄河的危害形容为"害无涯"，黄河的治理对中华民族来说是关系到未来的大课题。

水则是立在河湖水边用以测量水深的工具，最早出现在秦汉时代，具有延长人类的手和身体的功能；而对堤防的地下水位的测量则使用"井筒测量"法。这些技术广泛应用于水利灌溉和水位调节，对农田开发和社会安定起了很大的作用，也是大家都能掌握的技术。十二个月的水名中正月的水名叫"信水"，信水水深一寸，则夏秋时水涨一丈，宋代时期利用这个方式来预测水位，但宋代时期黄河沿岸是否广泛使用水则却不是太清楚。大概是暴虐的黄河浊流难以用水则来测量吧。这也证明宋代关于黄河的科学认识并不成熟。

尽管黄河自然科学还如此不成熟，但对治理黄河的人民的统治却是完美的。通过"河堤夫"对漕运实现了全流域的统治，从而对"强干弱支"的中央集权统治起到了极大作用，通过"沟河夫"实现了内陆地区的农田水利建设，从而加强了中央集权，强化了中央对地方的管理和统治。"河堤夫"和"沟河夫"是北宋时期治水与水利建设的两大支柱。"河堤夫"也称"河渠夫"，"沟河夫"也称"沟洫夫"，应该是从《史记》的"河渠书"和《汉书》的"沟洫志"演化而来的。"河渠夫"的发展过程是"河堤夫→春料夫→春夫急夫→雇夫免夫钱"，而"沟洫河道夫"则始终就是"沟河夫"。自古以来治水和灌溉始终都是相辅相成的。北宋时期最具特色的河役就是在新法实施时的"雇夫·免夫钱"制度。通过这个制度将社会底层的流民、流寇、无业游民等都纳入了统治范围之内。河役既涵盖了坊郭也就是市民阶层，还通过"雇夫·免夫钱"制度很容易将新形成的商业村落"镇"里的市民也纳入国家统治之内。由于货币经济的发展，新的市民阶层产生了，他们的自由发展虽然有碍于中央集权的强化，但在国防和河防中也起到了相应的作用。"雇夫·免夫钱"制度最初是为了减轻远途赴劳役之苦而出现的，但随着距离限制的取消，演变成为一种附加税种，征收范围也扩展到了全国，于是朝廷费用流失，这种制度的弊端逐渐显现出来。在新法实施时期，为了实现工期和劳动量的合理化，制定了"春夫·急夫"和"工"（一天的劳动量）的制度，这样也实现了工料的换算，但是换算成"钱"的例子几乎没有。"工"和"钱"的出现可以看做是近代化的萌芽。

黄河流域是古代文明的发祥地，到了现在，变成了"革命之河"，旧貌换新颜了。两岸土地、人民不断变动。流民、流寇和军队也在两岸广大地域间流动，黄河的急流也增加了社会的不安定因素。宋代的黄河改变了千年以来的流向，由东流改道北流，再由北流回归东流，河水流向频繁改变。黄河被称为"革命之河"，大概就是因为这个原因吧。北宋时期的商胡北流成为王安石革新政治的起因。现在以延安为中心的黄河流域成为中国革命的根据地。这种改革的新风使人和物汇聚到黄河流域，从事新的生产。北宋初的一个世纪，华北地区的户口和村落显著增加。可以说新法实施期间，北宋集中了全部的人力、物力，在澶州曹村埽到北京大名府之间展开了全面的大规模综合水利设施建设。这也反映了黄河文明的一个片段。

如果把长江比喻成"经济之河"，那么黄河就是"政治之河"。宋代的黄河就是明证，以皇帝为中心的中央集权的官僚制度推动了治水的发展。从这个意义上来说，宋代的黄河也可以称为"皇帝之河"。都水监成立之前约一个世纪，宋代的黄河治水政策和机构如果详细分析的话，十分复杂，但归根结底很明确，还是以皇帝为中心，由此实现对人民的统治。这种黄河的治水政策一直延续到清代结束，此后至今黄河由"皇帝之河"变为"人民之河"。

# 宋代黄河史年表（北宋）

| 皇帝 | 治水策 | 河流 | 有关治水记事（出处） |
|---|---|---|---|
| 太祖<br>（960—975） | 官治大堤、民治遥堤 | | ・建隆三年（962）命黄河汴河沿岸州县长吏，率民众开春前在堤防上种植榆柳树（《宋史》九三，《会要》一九二）<br>・乾德二年（964）下诏命遥堤由民间治理（《宋史》九一）<br>・乾德四年（966）滑州灵河县黄河决口（《宋史》九一，《长编》七）<br>・乾德五年（967）在沿河十七州设置河使。各长吏兼河官，派丁夫每年正月到开春治理河堤（后称"春夫"）（《长编》八，《宋史》九三）<br>・开宝四年（971）黄河汴河御河沿岸四十七府州军进行丁籍登记，防止遗漏可抽调的"河堤役"的丁夫（《永乐大典》一二三〇六，《长编》，《会要》一二七，《文献通考》十一）<br>・开宝五年（972）沿河十七府州设置河堤判官（《会要》一九二）。濮阳、阳武黄河决口（《永乐大典》一二三〇六，《长编》） |
| 太宗<br>（976—997） | 埽制<br>分水策 | 京东河<br>（天禧河）<br>东流 | ・太平兴国七年（982）南人刘吉在郓州治水中首次使用埽的技术（《长编》二三）<br>・太平兴国八年（983）调查十州二十四县的遥堤，采用分水策（《长编》二四）<br>・太平兴国八年（983）滑州房村埽决口（《宋史》九一，《长编》二四）<br>・雍熙元年（984）分水渠完工（《宋史》九一）<br>・雍熙二年（985）陈尧叟等人上书请修复陈、许、邓、颖、暨、蔡、宿、亳、寿、春的农田水利设施（后称"沟河夫"）（《长编》三七） |
| 真宗<br>（997—1022） | | | ・咸平三年（1000）郓州王陵埽决口（《长编》四七，《宋史》九一）<br>・景德元年（1004）澶州横陇埽决口（《长编》五七，《宋史》九一）<br>・大中祥符五年（1012）李垂上书《导河形势（《宋史》作"胜"）书》三篇文章及地图（《长编》七七，《宋史》九一）<br>・大中祥符八年（1015）迁棣州城（《长编》八四，《宋史》九一）<br>・大中祥符九年（1016）动用八千民夫用一个月时间在沿河山林砍伐制成梢九十万束（《会要》九二） |
| | 滑洲<br>天台埽<br>工程 | | ・天禧三年（1019）滑州天台山旁黄河大决口（《长编》八四，《宋史》九一）<br>・天禧五年（1021）至乾兴元年（1022）黄河建有四五个埽，同时开始修筑锯牙马头（《宋史》九一） |
| 仁宗<br>（1022—1063） | | | ・天圣三年（1025）开封、应天府、陈、许、徐、宿、亳、曹、单、颖、蔡等州以及所属县的官员兼任开治沟洫河道事，朝廷设立沟洫河道司（沟河夫）（《长编》一〇三）<br>・天圣五年（1027）滑州天台埽工程完工（《长编》一〇五，《会要》一九二，《宋史》九一） |

| 皇帝 | 治水策 | 河流 | 有关治水记事（出处） |
|---|---|---|---|
| 仁宗（1022—1063） | 滑洲天台埽工程 | 京东河（天禧河）东流 | ·天圣六年（1028）澶州王楚埽黄河决口（《会要》一九二，《宋史》九一）<br>·澶州每年需要河堤春料夫上万人，还需要从濮、郓州抽调前往（春料夫）（《会要》一九二）<br>·天圣八年（1030）沿河诸埽岸的物料中，山梢每年需要动用河南、陕府、虢、解、绛、泽等州的民夫砍伐（今年需要民夫三万五千人，二三家抽一丁，应役人家达十万家）（《会要》一九二）<br>·天圣九年（1031）河北西路邢怀地区连年遭灾，难以出春夫（《会要》一五九） |
| | 澶州横陇埽工程 | 横陇河（东流） | ·景祐元年（1034）澶州横陇埽黄河大决口，形成横陇河（《长编》一一五，《宋史》九一）<br>·宝元元年（1038）撤销沟河司，规定每年沟河的民夫、兵丁、工料的数量（《会要》七五）<br>·庆历元年（1041）澶州横陇埽工程中途停工（《长编》一一五，《宋史》九一，《会要》一九二） |
| | 回河东流北流封堵 | 商胡北流 | ·庆历八年（1048）澶州商胡埽黄河大决口，造成商胡改道北流（《长编》一六四、一八一，《宋史》九一）<br>·至和二年（1055）欧阳修三次上书反对朝廷的回河东流政策（《长编》一七九，《宋史》九一）<br>·嘉祐元年（1056）澶州六塔河工程以失败告终，欧阳修上书说这是天谴（《长编》一八三）<br>·嘉祐三年（1058）设立都水监（《会要》六二，《宋史》九一） |
| 英宗（1063—1067） | | 二股河东流 | ·嘉祐五年（1060）生成向东流的二股河（《会要》一九二，《宋史》九一）<br>·嘉祐五年至元丰三年（1080），设立规定春夫的工期（二至三月的一个月，到寒食节前结束），参照本书第二章第一节"春夫与急夫" |
| 神宗（1067—1085） | | | ·熙宁二年（1069）通过二股河实现回河东流并成功封堵北流（《会要》一九二，《宋史》九一）<br>·王安石提出新法<br>·熙宁四年（1071）北京大名府、澶卫各州发生黄河决口（《宋史》九二，《长编》二二五、二二六、二二八，《会要》一九二）<br>·熙宁五年（1072）发明浚川杷。熙宁八年（1075）设置疏浚黄河司（《宋史》九二，《长编》二三六，《会要》六二）<br>·熙宁七年（1074）黄河夫的施工地点距离所属的府州五十里以上的情况下规正在施工本埽管理，急夫归都水监和所属的县管理（《会要》一九二）<br>·熙宁十年（1077）澶州曹村埽（更名"灵平埽"）黄河大决口（《长编》二八三，《宋史》九二） |

| 皇帝 | 治水策 | 河流 | 有关治水记事（出处） |
|---|---|---|---|
| 神宗<br>（1067—1085） | 回河东流北流封堵 | 二股河东流 | ·河北、京东西、淮南等各路均纳入免夫钱征集范围（《长编》二八五）<br>·实施"列到土法"（《会要》一九二）<br>·元丰三年（1080）都水监外监南北两司建立完备（《长编》三〇七）<br>·制定到官日限法（《会要》一九三，《长编》三〇五）<br>·河阴县规定用急夫抵春夫（《长编》三〇七） |
| | | 小吴北流 | ·元丰三至四年（1080—1081）间实施"埽岸制度"（《宋史》九二）<br>·元丰四年（1081）澶州小吴埽黄河大决口，改道北流东流河道淤塞（《长编》三一二，《宋史》九二，《会要》一九三）<br>·元丰五年（1082）北京大名府、澶、郑、沧各州及洛口大河决溢（《长编》三二八、三二九、三三一，《宋史》九二）<br>·元丰七年（1084）北京元城埽黄河大决口，大名府遭水灾。元丰八年再次发生水灾（《宋史》九二，《长编》三六〇，《会要》一九三） |
| 哲宗<br>（1085—1099） | 澶州孙村东流 | 孙村东流 | ·元祐二年（1087）新设立都大提举修河司<br>·元祐二至三年（1087—1088）冀州南宫发生大河决口<br>·元祐三年（1088）新颁布雇夫免夫钱（《长编》四四四）<br>·元祐四年（1089）冀州宗城大河决口（《长编》四四四）<br>·元祐五年（1090）吴安持修订免夫钱制度（《长编》四四四）<br>·元祐七年（1092）回河东流工程完工（《长编》四七八）<br>·规定本路距离施工地远的民夫担任沟河夫，距离施工地近的州县民夫担任河埽夫（《长编》四七八）<br>·除沟河夫外需要河防春夫十万人（《长编》四七六，《会要》一九三）<br>·修订免夫钱制度（《长编》四七七）<br>·元祐八年（1093）德清、内黄、梁村、阙村、宗城的各地均发生水灾，东郡浮桥冲毁（《长编》拾补五，《宋史》九三）<br>·实行"春夫一月为限"，修筑道路两天冲抵春夫一天（《长编》四八〇） |
| 徽宗<br>（1099—1125） | 大伾山三山桥、内黄、河间及内黄、孟州间治水 | 内黄北流 | ·绍圣元年（1094）封堵北流河道（《长编》拾补十一）<br>·元符二年（1099）北京内黄口黄河大决口改道北流，东流断绝（《长编》五〇七、五一一，《宋史》九三）<br>·元符三年至宣和三年（1100—1121）通利军、邢、冀各州均发生大河决口（《宋史》九三，《会要》一九三）<br>·崇宁二年（1103）废除免夫钱的距离限制，全国范围开始征收（《会要》一九三）<br>·政和五年（1115）大伾三山桥建成（《宋史》九三，《会要》一九三）<br>·宣和六年（1124）京西、淮南、两浙、江南、福建、荆湖、广南、四川各路开征免夫钱（《宋代编年纲目备要》二九）<br>·宣和七年（1125）停征河防免夫钱（《会要》一九三） |
| 钦宗<br>（1125—1127） | | | ·靖康二年（1127）北宋南迁（《建炎以来系年要录》五） |

# 后 记

我走过的路程是一条"战争与和平"的艰难之路。我的历史研究也是对"战争与和平"的体验和思考的过程。这部拙著《宋代黄河史研究》只是一个里程碑而已。前方的路依旧漫长而遥远，但我已经日薄西山了，必须以一种形式把接力棒传下去。我不知道这部拙著能否经受住学界的质疑，虽然才疏学浅，但在朋友的建议下还是决定出版。

马上就到8月6日了，广岛就要迎来第32年的和平典礼。在那个日子里，我的亲人有八位失去了宝贵的生命。我于昭和十三年（1938年）在广岛高等师范学院即将毕业前夕应征入伍，直到昭和十五年（1940年）退伍为止，差不多三年的时间，在华北和内蒙古接壤的地区、张家口、大同一带担任铁道警卫工作。那期间在酷寒的二月，曾在包头、五原间的黄河结冰的河上以及鄂尔多斯沙漠战斗。昭和十五年末到十七年（1942年）三月，在河北省石家庄日本人开办的学校任职。前后在中国呆了4年。昭和十七年到十九年（1944年）九月在广岛文理科大学史学科（专攻东洋史）就读，开始着手宋代史的研究。昭和二十年（1945年）再度应征入伍，在今天的北九州若松的山里迎来了战争的结束。原子弹爆炸使我失去了一切，曾在被称为"原子沙漠"的故乡广岛的北郊拓荒务农，昭和二十五年（1950年）供职于铃峰学园至今。我的前半生是从学校到军队、从学问到战争的30年，后半生是从事农业和教育以及学问研究的30年。

应该说，这部拙著的产生与我对战时的战争和战后的和平体验和思考不无关系。我曾转战的张家口到大同之间的长城内地，作为宋代的"燕云十六州"处于辽的统治之下，而包头和五原的平原则有着"塞上江南"的美誉，处于宋代西夏的统治之下。我曾任教的石家庄北面是北京，南面是开封，西面是太原，是历史上的重要交会点。战后从事农业的经历使我痛感水和农耕机械化的重要性。战争结束前艰难的战时大学生活，使我感到有必要在战后继续深造，很幸运一直在母校广岛大学恩师亲切而严格的指导下从事研究至今。战后的30年，世界发生了天翻地覆的变化，虽然也有曲折，但在铃峰学园的教育、广岛大学的学问研究、宋代史的研究这三者一直都持续下来了，只是一直没有大的研究成果，直到昭和三十九年（1964年）50岁时才迎来人生的转折，我开始专心研究黄河，经过13年的艰苦奋斗，我也迎来了63岁高龄了。在这种"战争与和平"的过程中产生的这部拙著，如果能成为日本和中国和平友好的引玉之砖，那可是意想不到的幸运。

我把这部拙著献给1973年9月3日与世长辞的恩师杉本直治郎先生、我的双亲，以及核爆炸中去世的哥哥、姐姐的在天之灵。同时，我要感谢广岛大学东洋史研究室的各位先生，特别是鸳渊一、板野长八、伊东隆夫、今堀诚二、横山英、今永清二、寺地遵等各位先生。也对提供帮助的中国水利史研究会、东京大学、京都大学的东洋学文献中心，国立国会图书馆、内阁文库、东洋文库、静嘉堂文库等研究机构深表谢意。

另外，这部拙著的发表还获得了文部省昭和五十二年度的科学研究费补助金（研究成果发表费），还有御茶水书房的桥本盛作总编、剑持隆也给予了大力协助，并得到各方热情帮助和支持，在此再次郑重表达我衷心的感谢。

吉冈义信
昭和五十二年八月于二叶山山麓